U0289127

吕敬人
著

敬人书语

重庆大学出版社

B o o K
D e s i g n

目录

序

社会、时代的阶梯式变迁对各行各业提出了新的任务，总有一些人物站出来承担，或者从另一个角度——“任务”机缘巧合落在了某某人头上。奇怪的是，时过境迁，你会发现，那些被偶然选中的，竟然从各个角度看都特别合适，好似早就预备好了一般。吕敬人就是这样的时代任务承担者之一。

中国书籍设计艺术有自己的传统。鲁迅等五四时代的出版人、艺术家是现代书籍设计的开拓者，古今中外，包容并蓄，创造力爆发，一时杰作纷出，却因战乱，戛然而止。20 世纪 80 年代始，中国现代出版进入第二个繁盛期，同时伴随着书籍设计的复兴。一个新的历史任务出现了：在继承和总结前人的基础上，创建当代中国书籍设计理论体系。能够完成这个任务的人必须具备三个条件：一、有综合、深厚的艺术和文化素养；二、有丰富、广泛的书籍设计实践；三、能够纳入学校教育体系。以我寡闻，二三十年来，一直在做这项工作并有所成者，吕敬人是其中第一人——已经出版多年，重印十多次的、厚重的《书艺问道》可资证明，即将出版的这本 30 万字的《敬人书语》也是一个证明。相比之下，《书艺问道》是教科书，严谨、全面，讲求逻辑递进；

《敬人书语》则严肃活泼并发，长文短文不拘，从书道谈开去，涉及书艺人物、创作心得、作品评论乃至往事家人，更繁复，也更好读。两本书互相补充，使吕敬人孜孜以求的书籍设计体系更为厚实，更具根基也更具发展性。

吕敬人从小受良好的家庭艺术氛围熏陶。长大下乡东北，因缘际会，与连环画家贺友直共事，视其为师；后因插画调入中国青年出版社；转而设计书衣，赴日学习，拜杉浦康平为师，得窥国际设计顶层之大貌。从此专心书籍设计，佳作频出，却又接受清华大学美术学院教席，将毕生所学理为系统，直至从心所欲不逾矩之年。在此期间，他还作为一个新设计理论和实践的热情推广者，组织和参与组织了许多国内、国际的社会活动，交流、研讨、培训、展览、评奖，到处都可看到他勤奋的身影。你不得不佩服他旺盛的生命力和广泛的影响力。他的设计作品和他的设计理念并行不悖，严整、规范、唯美；注重整体，也注重细节。记得有一次作为全国书籍设计奖的评委，投票时隐去设计师的名字，我票选的书，过后发现，竟然好几本是吕敬人设计的！

我不想重复吕敬人经过多年学习、创作和教育实践捋出来的体系内容——书在，不必赘言——只说说我读他的文章体会尤深的几点：

他是第一个明确提出从装帧到书籍设计观念的转换这一关键课题的，在本书中有多篇文章谈到这一点（比如《时代需要改变装帧观念》）。他认为书籍设计师不应该只是为书籍外表做打扮（装帧），而应与书籍的著作者一样，是一本书的文化与阅读价值的协同创造者。在这个论断的基础上，他梳理出书籍设计的三个组成部分：装帧、编排设计、编辑设计。他反复强调，书籍设计应该是一种立体思维，是注入时间概念的、塑造三维空间的书籍“建筑”；书籍设计应是在信息编辑思路贯穿下对封面、环衬、扉页、序言、目次、正文体例、传达风格、节奏层次，以及文字图像、空白、饰纹、线条、标记、页码等内在组织体，从“皮肤”到“血肉”四次元的有条理的视觉再现；书籍设计从整体到细部，从无序到有序，从空间到时间，从概念到物化，从逻辑思考到幻觉遐想，从书籍形态到传达语境的表现能力——是一个富有诗意的感性创造和具有哲理的秩序控制过程。

我们做出版的常说：编辑是作者和读者之间的桥梁。杉浦康平说：书籍设计的本质是要体现两个个性，一是作者的个性，一是读者的个性，设计即是在二者之间架起一座可以互通的桥梁。吕敬人深刻理解杉浦康平老师的观点，智慧地引进并阐发了“编辑设计”这一书籍设计的最高境界。可以说，吕敬人设计理论的总纲就是“编辑设计”，围绕这一总纲，各个设计环节有秩序地排列，俨然首尾衔接的体系，其中不乏新概念、新方法乃至新名词的建设。这种建设是艰难而又充满乐趣的。

在多年的探索中，吕敬人有很多十分自我的体会，在本书中时而可见：

我热衷于做书的全过程，这确实足以令我陶醉；

我喜欢把书称为信息（内容）诗意栖息的建筑；

我会把一本书看成透明的物体，每一张纸，每一层都要看在眼里，从头看到尾；

书有五感——视、触、听、嗅、味（品味）；

书籍不仅仅是一个视觉的媒体，同时是一个物化的立方体；

书籍不是静止不动的物体，而是运动、排斥、流动、膨胀、充满活力的容器；

……

与敬人兄相识快 20 年了。记得是通过中国青年出版社胡守文社长认识他的。那时他刚过知天命之年，成立了独立的设计工作室，尝试把一只脚伸出体制外，在业界已经很有名气。我深爱美术，深爱书，尤其喜欢鲁迅设计的书，从事出版以后，对书的设计很上心。出版社的专业流程是“编印发”，我心目中却是“编设印发”。那些年，举办全国书市时，有不少同行来我们小小的摊位，专看书籍设计。2000 年 9 月，敬人兄到出版总署举办的社长总编培训班讲课，我是那一届某班班长，留下一张我帮他侍弄投影仪的照片，一直保留至今。我记得他当时讲到设计如何表达内容，举例杉浦康平关于世界四大菜系的作品，还讲到通过一棵大树表现毛泽东的一生。2002年，我调到三联书店工作，前任美编室主任宁成春先生与敬人兄是多年朋友，而我所亲近的三联老领导范用先生也是敬人兄敬重的懂设计的前辈；后来我到人民美术出版社工作，敬人兄为我们设计了《剪纸的故事》《革命的时代》《红旗飘飘》等重要图书，《剪纸的故事》获得2012年度莱比锡“世界最美的书”银奖。人和人的交往就是这样，有时候很奇特，并无刻意而为，可总相逢相交。

很荣幸为敬人兄新著作序。认真拜读全书，对敬人兄有了新的了解，对他所创建的事业有了更深的认识，约略表达于上。这篇短文，也可以说是我们的又一次相逢吧！

汪家明

2017年9月

北京嘉铭桐城

汪家明

中国美术家协会理事，连环画艺委会副主任

中国版协常务理事

美术出版委员会主任

曾任山东画报出版社总编辑

生活·读书·新知三联书店副总编辑

人民美术出版社社长

策划出版《老照片》等图书

著有《难忘的书与插图》《丰子恺传》等作品

自序

走得慢，

走得远。

70 岁古稀之年，但还觉得年轻，一直有想爬上山峰的愿望，面前是杉浦老师这座山，知道这辈子攀登不上，但却成了我学习工作的动力和念想。

我出生在上海，家父喜好书画，令二兄和我自小拜师学画，家中洋溢着艺术的氛围，同时有着传统又严厉的家教，家父的座右铭“敬业以诚 敬事以信 敬民以亲 敬学以新”要我一辈子铭记：克己、诚信、至善、求新。

一日为师，终生为父。我的两位恩师：一位是中国的绘画大师贺友直，一位是日本的设计巨匠杉浦康平，这是我一生的幸运，我的人生没有什么可埋怨的了，我真的很幸福。

“文革”期间，我心中艰辛的下乡10年，劳动之余坚持绘画创作。突然有一天，一位儿时十分崇拜、“文革”中正在受批判的著名画家贺友直先生到我下乡的农场接受改造，并和作为农民的我一起完成一部内容至今看来十分荒谬的连环画，我们同吃、同住、同劳动，从贺老师那里学到创作的方法论和做人的品格，终身受用。

“文革”结束，带着当画家的梦想走进出版社：我的工作就是画插图，当时中国的设计流行俄罗斯的构成主义＋装饰主义，装帧就是画封面＝插图＋文字。由于政治、经济、观念的制约，人靠衣裳马靠鞍，封面就是唯一，内文无须设计，几乎千篇一律，编辑、设计、出版、印制各管一摊，书的阅读审美不是一个整体。

国门打开，读到很多国外内容和形式透着活力和叙述生动的书，为什么与中国的书有很大不同，难道外国的月亮要比中国的圆，在封闭的环境里很想走出去看看。一次到日本讲谈社研修的机会，把我带入杉浦康平的设计世界。

杉浦康平先生做书的语法不仅仅是装饰语言的应用，而是履行导演的职能，令我脑洞大开，每本书对内容会提出看法和态度，将作者、出版人、编辑、摄影、插图者、印艺人聚合在一起沟通交流，设计为文本增添了附加值。信息视觉化设计更给我开辟了新的视觉领域。

杉浦先生的亚洲文化观给我崇洋媚外之心猛击一掌，使我开始关注东方传统，批判装帧唯商业动机的表面打扮，投入心力于书籍编辑设计的内在之美，开始明白书籍设计是贯穿时间与空间阅读的载体，是聚合森罗万象世界并具五感的生命体。看杉浦老师的书让我醍醐灌顶，以往的装帧只为装潢一件吸引人眼球的漂亮外衣，杉浦老师的设计观是让读者感受由内到外的书籍美感与阅读动力，这才是做设计的本质。

理清张开五指的手掌与收拢五指握紧拳头出击的力度对比，让我排除杂念，学会专一，决心放下画笔，投身书籍设计的研究学习，赴日至今 27 年义无反顾。

回归传统的视点，遵循杉浦先生的教导，珍视本民族土壤中生生不息的文化遗产，以敬畏之心重新认识东方古籍之美："天时、地气、材美、工巧"（《考工记》），缺一不可。传承与创新像两条腿走路，一前一后交错而行，如果前腿不是有力地深踩大地，后退就跨不出有力的一大步，这大地就是本土文化的土壤，没有深深吸纳传统文化的第一步，就没有迈向前方未来的第二步，一即二，二即一，面对传统与未来，继承与创新，不独守一端，阴阳轮回，涅槃再生。

牢记教诲，做书抱着“不摹古却饱浸东方品味，不拟洋又焕发时代精神”的追求。做到这点很难，成功的很少，但明白不盲目复古、学会克制赶时髦的欲望、寻找自己真心向往的做书方向很重要。

一人受益，愿惠百家。我的设计得益于杉浦先生无私传递的从装帧到书籍设计的观念转换，希望有更多的同行不满足装帧的现状，领悟书籍整体设计之道。

1996 年与三位志同道合的设计师举办“书籍设计四人展”，出版《书籍设计四人说》，呼应者有之，质疑者有之，但同道者越来越多。

出版市场化带来浮躁的心态，快速、低成本、求数量的出版竞争，每年出版 30 多万种新书，数量不断提升，但质量与数量不成正比，虽有好书，但分母太大，比值很低。那些有见地的出版人已意识到好书不能只靠打扮，真正做到物有所值，就要投入包括编辑设计在内的心力、物力和时间的慢火炖熬的观念。且不说从选题、文本、阅读构架、叙述语法、视觉语言有更多创新，从设计角度来看，设计师要更早介入文本的编辑工作，不可忽略文本非线性传播的视觉特质和物化阅读审美的附加值。重在书衣打扮的装帧像短距离赛跑，而书籍设计则有点像马拉松比赛，速度不快，但耐力要好。一部书稿，从文字到图像，从注解到索引，从形态到物化，精打细敲，书的生命能更久远。

70 年人生历程离终点已不太远，但我并不悲观，因为还有许多好玩的事要做。自感自身的能量有限，但通过传递能够产生能量的增值，近 20 年间在行业内传播和学校授教，从清华退休后开办书籍设计研究班，面对社会延展设计教育。看到中国设计师的逐渐成长和中国设计的进步，青出于蓝而胜于蓝，有一种醉人的幸福感，我为年轻设计师的成就感到由衷的自豪。

传承创新说起来容易，做起来难，我的作品也经历过坎坎坷坷，至今仍不完美。然而我有幸在“文化大革命”结束之时，改革开放之初进入出版行业，由铜锌板活字凸版印刷到平板胶印，再到数码印刷时代，经历了技术手段的进步，也体验了由观念转换带来变化的过程。退化与进步俱在，好坏良莠共存，因为走得太快，满目是无限高大上的制高点，却罔顾价值地基松动的危险。

快速更新软件的电子时代让人享受信息爆炸的奢华狂宴，忽略慢阅读可以夯实民族文化基石的认知，影响了完善国人保持长远稳定发展的持久力。做书也是这个道理，走得慢，走得远，欲速则不达，厚积而薄发，创新出自深耕，设计过程走得慢，书籍的生命才走得远。

1 书艺问道

1·1 当代阅读语境下中国书籍设计的传承与发展

在悠久的文化历史长河里，中国的书籍艺术一直不断变化发展着。在数千年漫长的古籍创造中，古人并不作茧自缚，经历简策、卷轴、经折装、蝴蝶装、包背装、线装等书籍制度的变迁，在不断完善中推陈出新，保持时代精神的美感与功能之间的完美和谐，并不断衍生出新的书籍形态，这是书籍能存在至今，具有生命力的最好证明。

中国近代书籍设计，受外来影响仅一百多年。20世纪初，鲁迅、丰子恺、孙福熙、司徒乔、闻一多等一大批文人、艺术家留学欧美日，将欧洲的各种流派的书籍插图艺术和被日本称为“装帧”的书籍设计引进中国，形成风格纷呈的民国装帧局面；1949 年后，中国受当时苏联的现实主义美学影响，聘请苏联、东德专家提升印制技术，国家还派人赴东欧学习，那一时期最优秀的美术家们都投入到中国的出版事业，涌现了一大批至今仍可称为经典的装帧和插图之作。遗憾的是 20 世纪 60 年代年代社会、政治、经济的动荡，直至“文化大革命”，中国的出版业发展停滞，装帧业陷入严冬低谷。冬去春来，1976 年“四人帮集团”终于被粉碎，1978 年改革开放，中国的书籍设计业真正迎来了艺术的春天。

拥有被视为世界文化瑰宝的造纸术和活字印刷的中国传统书籍艺术传统，由于种种原因其文化价值逐渐被国人淡忘，怎样传承与创新、怎样民族化与国际化、怎样使传统工艺与现代科技相结合的探索至今没有停止，尤其进入 21 世纪的数码时代，设计怎样为书籍艺术注入动态发展的活力，是值得探讨的问题。

装帧、书籍设计

装帧、书籍设计这两个词很有意思，呈现出书籍艺术在两个时间跨度过程中，体现不同内涵的范式转移[1]思考。其既有前者的延续性，又有内涵的增加与变化；既有独立功能的界线，又有相互交错的衔接；若用时态来表述，或许可称为过去时、进行时或未来时。

从 20 世纪初，中国终于结束了数千年封建专制王权统治而踏进新民主主义社会，吸收引进西方文化，开放技术封闭的国度，缓慢地跨入工业化的进程，中国的书籍制度也随之来了个彻底的改头换面：由传统筒子页线装改为西式平装、硬壳精装，由右翻的竖排本变成左翻的横排本，文言文转换成白话文，形式千篇一律的封面根据内容的不同有了花样百出的设计。中国虽然发明了活字，但仍保留木雕版印刷，19 世纪末引进金属活字，凸版印刷维持了近大半个世纪。20 世纪 80 年代照

1 “范式转移：科学的发展不是科学知识的积累过程，而是范式的转移过程。范式的共同体及其拥有的价值系统是范式的核心，而危机的出现终将导致范式的转移，新的事实和理论的确立标志着新范式的成立。”——托马斯·库恩（1922—1996 年）。摘自赵健著《范式革命》2012 年版，人民美术出版社。

相植字进入菲林时代，90年代逐渐舍弃凸版，平版胶印成为中国印刷业的主流。可称为20世纪伟大革命的是1985年北大方正王选团队成功研发的中文字体应用计算机处理系统，在迎来新世纪与世界最先进的数码印刷技术之时，得以最快速地衔接并普及了新印刷技术的时代跨越。改革开放的30年，中国印刷水平好像瞬间进入世界一流的梯队。

从简册制度到卷轴制度，从册页制度转入西方模式的书籍制度。生产方式从手工抄写到复制印刷，照相菲林制版到数码还原技术。生产力发展导致生产关系的改变，信息传播的广度、深度、速度、形态都在发生变换。书籍制度的范式转移在历史进程中似乎不那么惊天动地，但它与社会政治、经济、文化、艺术乃至价值体系产生着盘根错节的密切联系，它带来新阅读语境的变局、多层次的思维模式、个性化的审美标准、多元的价值取向。当人们越来越容易得到获取知识信息的选择权利之际，无疑“书”的阅读（不管是纸质书还是电子书）仍然保持着社会发展的一股正能量，中国社会的进步证明了这一点。

书给人们提供无形的知识力量，中国有庞大的出版业，每年30多万种书的出版量（不包括杂志、报纸）催生出数以万计的造书人。自古以来图书是著作者、出版者、设计者、印制者等组合力量的产物。从辛亥革命至今有多少美术从业者为实现书籍审美和提升阅读价值而为之付出被称为“装帧”的辛劳和用心。

装帧

依目前存有的资料考证，“装帧”这个词汇源自于日本19世纪后半期，明治维新带来西学风潮，大量洋装书进入日本，同时语言文字也出现了许多新词，“装帧”就是在这样的西方文化东进的背景下诞生出来。说来有趣，德国美因兹的谷滕堡活字印刷革命后，带来阅读的大众化需求，而那时出版商销售的书只有内芯，即仅印有图文的内页，没有封皮、内衬等。读者买到书以后，根据自己的审美偏好或经济条件去委托专业的装帧师装订成心仪的书籍。这一传统的装帧行业留存至今，我在英、德、法拜访过很多这方面的专家，都是师傅带徒弟，或子承父业代代相传。内文锁线、衬页染制、封面装饰、材质选用、装订技法等道道工序讲究、精美绝伦，真可谓书籍艺术品。2013年1月第一期敬人书籍设计研究班，我特意邀请了法国国家图书馆的特聘装帧家来给我们讲课，传授30多道工序的装帧工艺技能。

据记载，日本明治之前有“制本”的称谓，即在1872年《古历集》上有“北岛茂兵卫制本”的标注。明治末期随着出版文化的发展，开始使用“装钉”一词，据说取自于中国，“装钉”于1900年正式纳入文部省编的《图书管理法》。“装帧”在日本维基百科上有这样的解释：“装帧：‘装饰’及‘订成（制）’的意思，也称为‘装订’。书画的装裱一般被称为‘帧’。‘装订’略称为‘装丁’在日本渐渐被固定下来。”（日语中，帧、钉、订、丁均为同音）。“装帧”一词曾在1904年谢野宽与谢野晶子著的《毒草》上出现，1915年北原白秋《抒情小诗选》注有用装帧称谓的设计者名字，1926年大正5年改造社出版的吉田铉二郎的《父》一书上写了“装帧：恩地孝四郎”的落款。1929年津田清风著《装帧图案集》和庄司浅水著《书籍装钉》中“装帧”与“装钉”同时并用。1956年通过的《日本国语审议》报告中，为避免汉字同音，要求将“装帧”“装钉”统一改写为“装丁”，不过在以后的实际执行中设计师各取所好，这些词都有使用。中国最早出现“装帧”一词，据学者目前找到的资料是1927年上海一则图书广告中有“钱君匋装帧”和“丰子恺装帧”的专署。这是中国出现“装帧”一词最早的记载。我认为，研究《中国装帧史》应以19世纪末或20世纪初为开端，而中国古代书籍艺术应以“书籍制度”的历史演变来研究更严谨，更具意义和深度，其过程更不能以“装帧”笼统贯之。此学术问题供更多有兴趣的同仁们进行专业的、理性的探讨和研究。

有人说“装帧”是维系中国书籍传统不可变更的语言链，也有学者认为“装帧”是中国现代书籍设计事业的符号概括。前者思维不免过于固化，后者符合当下中国对装帧的普遍认知，但我认为“装帧”这个词，它是20世纪初西学东渐的产物，是东方近代书籍制度变革下的东西混血儿，经历了百年的涅槃洗礼，功不可没。但随着社会的进步，“装帧”在现代阅读载体发展进程中呈现其时代的很大局限性。更让人忧心的是20世纪80、90年代，出版商品化将书装、书衣当成利益最大化诉求的设计定位，弱化了文本内在编辑设计力量的投入，装饰美化取代了书籍整体设计应有的本意，很多作品甚至还达不到民国或20世纪50年代的水平。“装帧”的滞后观念无形中成为中国书籍艺术跨入新阅读时代的意识阻隔，设计师自我素质提升的罩门，中国出版物水平进入世界一流梯队的屏障。

书籍设计

尽管“装帧”作为书籍设计中的一个步骤还在运用，但真正理解书籍艺术深意的设计者并没有被“装帧”的原义所束缚，他们在努力闯出一条符合时代阅读需求的新路。如同在20世纪60、70年代，日本设计界以举办奥运会为契机，书籍设计师借助经济、文化的发展，为装帧注入新的内涵和改革动力：他们对陈腐的美术观念提出挑战，不满足只为书做装饰的角色，积极介入包括文本信息阅读构成，文字图版等形式格局的再设计，从外在到内在，从语言传达方式到印艺形态等方面为呈现一册具有阅读意境的全方位思考的书籍进行称为Book Design的整体设计，杉浦康平是其中的领军人物之一。但在当时的日本，真正懂得书籍设计理念的设计师和编辑为数不多，也遇到不小的阻力。为此，以著名书籍设计家道吉冈为代表的设计师们于 1985 年 11 月在东京成立了日本图书设计家协会 (BDAJ, Book Designer's Association of Japan)，为突破僵化的装帧观念，推进研究开发日本书籍设计做出了巨大贡献。

而我们国内的现状不容乐观，很多装帧师仍然在以二次元的思维和绘画式的表现方式完成书的封面或版式。他们很少去注意内文视觉传达整体架构的方法论，很少有投入研究书籍阅读规律的设计思考。而一部分出版人或文字编辑的专业仅具有把握文字质量的能力，却缺少对书籍信息阅读特征和艺术表现力的索求和想象力。这就造成目前从出版人到编辑，从设计师到出版发行人员仍然模糊地习惯于人靠打扮马靠鞍的“美化书衣，营销市场”老观念，而难以制作高水准的书籍产品到国际市场竞争，书籍何以引发阅读动力的升级而面对数码时代新载体的挑战。

但令人庆幸的是中国的出版界、编辑界、设计界、印艺界、流通界已经开始突破老观念，注入与时俱进的实际行动。优秀出版人的好选题，编辑们具有温度的创想力感染着设计师们更努力地投入。第六、七、八届全国书籍设计大展暨评奖活动，中国政府出版奖评选，中国最美的书评比，这些比赛都打破旧规矩，以“装帧”“编排设计”“编辑设计”三位一体的书籍整体设计为评选标准。自 2004 年至 2017 年中国的书籍设计作品有 17 部获得“世界最美的书”称号，并包括金页、金、银、铜等各类奖项，这是令中国的出版、设计、印制界值得自豪的大事。2014 年我代表中国担任了莱比锡“世界最美的书奖”的评委，目睹中国的书籍设计正在与国际的先进水平缩短距离，我国设计师的作品受到国际评委们的好评，我感到由衷的自豪和幸福。这些成绩的获取是因为中国改革开放以来，社会政治、经济、文化的巨变，与出版文化相对应的读者对书籍阅读价值需求的变化，新的信息载体传播态势也要求改变书籍出版的老格局。书籍设计者与文本著作者一样，是书卷文化和阅读价值的共同创造者，对改变观念，认识装帧概念的时代局限性有着共同的愿望，中国当代许多优秀的设计家早已不满足于只为书籍作衣装打扮的工作，而是与著者、出版人、编辑一道排除各种困难，以新的理念，付出心力和智慧，展现出中国书籍艺术的魅力。

从装帧到书籍设计，这并不是对两个名词的识辨，而是时代变迁，书籍制度演进过程中对两种称谓不同内涵的理清。书籍设计师从习惯的设计模式跨进新设计的范式转移，从知识结构、美学思考、视点纬度、信息解构、阅读规律到最易被轻视的物化技术规程等方面突破出版业内一成不变的固定模式，这正是今天书籍设计概念需要过渡的转型期。书籍设计者与装帧者的不同之处，在于设计师要了解自己承担为文本增添价值的新角色，更多了一份将信息视觉化传达的专业责任，提升一道自我修炼综合素质能力的门槛。“装帧与书籍设计是折射时代阅读文化的一面镜子。”[1]

当代阅读语境下的书籍传承与发展

当下最时尚的话题就是传统的纸质书将寿终正寝，最终被电子载体所替代。未来我无法预知，但就目前来看尚没有那么悲观，纸质书能够让读者体会文字之外的美感，纸媒和电子书比起来他更有存在感。我们人类的器官需要这样的物质感，眼视、手触、心读，体会着阅

1 日本著名设计评论家，《日本装帧史》著者臼田捷治语。

读书卷的乐趣。也许未来有一天高科技在人的大脑里只需要植入芯片，我们闭起眼睛随着意念，脑海里就能阅读任何想读的信息，那则是另一码事了。只要我们人体器官功能还没有改变，对存在感的需求就不会消失。时尚与传统，当下与未来，用东方轮回学说来解释，所有事物都是周而复始的。

19 世纪末西方现代设计史的代表人物威廉·莫里斯（William Morris, 1830—1896 年）为对英国工业革命带来大批量机械化的反思，他提出继承中世纪书籍的手工制作传统，展示生活与艺术相融合的“书籍之美”的理念，他在工业化的鼎盛期探寻艺术的未来。在虚拟电子信息时代盛行的当下，我们会否也和 150 多年前的莫里斯一样探寻回归或升华之路呢？当人们警醒信息的泛滥与错乱造成认知价值危机时，与上层建筑相关的书籍制度又会产生怎样一种范式转移呢？

感谢电子载体分担了一部分信息传播的功能，节省了自然资源和提升了获取知识的速度，否则我们的纸质书籍的种类和数量就无限制超量了。而真正想做一些值得传承的有生命力的书籍出版人会沉静下来编辑设计有价值的书。今天还有一些出版人只关注怎样吸引人眼球的装帧审美层面，书的整体设计的阅读构想都谈不上，新一代的读者是不会为此买单的。

很高兴看到一些有现代意识的出版人越来越注重信息传递的有效性、有益性乃至艺术性，而满足不同层次的受众，并还原书的本质，提升阅读的价值。当下不是有一大批悟出这一道理的爱书人正在辛勤构建书的建筑吗？他们在极力推崇东西方富有温度感的传统书籍艺术，提倡回归传统手工造书的运动。相信厌烦每天充斥视野的电子屏幕，读多了大机器制造的书物，反而喜好翻阅舒适的手制书的人们会越来越多。即使当下还比较小众，但未来的文化人，如艺术家、诗人、作家，甚至是普通读者，都愿意做一些独特的、回归自然形态的、注入情感温度、又能代表自己个性的书籍，作为阅读、馈赠、珍藏之用。

日本著名设计家原研哉认为：“正是数字媒体的发展，原来作为传达图文的最主要功能的纸张载体被解放出来。书，将成为书之本身，它将以独立的艺术而存在。”任何事物都具有相对性，谷滕堡活字印刷术的出现代替了建筑传播人类思想的功能，建筑并没有消失；DVD 加快了影视推广的速度和广度，影院并没到日暮途穷的地步；手机、Ipad、Kindle 几乎人手一部，书的销售仍在进行。因此未来的书不会消失，它会成为一种引人瞩目，爱不释手的艺术品，读书人、爱书者更会珍视。未来电子书、量产印制的书和小批量的手工书将会并驾齐驱，它们将根据不同的受众需求而存在。

冷静对照古人做书的进取意识和专业的设计理念，我们没有资格自满，更没有能量内耗；我们没有时间空谈，更没有权利懈怠。中国的设计师既不要被固有框架所束缚，也不该依样画葫芦地照搬国外模式；我们绝不可能从传统文化母体的土壤中被剥离，也要意识到传承不是招摇过市的口号，而是充满敬畏地吸纳传统中的养分，并寻找现代语境下延展本土文化的新途径，服务受众。相信"书籍设计"概念能给年轻一代的设计师提供传承与发展中国书籍艺术的动力和丰富的创想。

1·2

“装帧”与“书籍设计”是折射时代设计的一面镜子

——读田中瑟的《装帧用词用语考》有感

20 多年前在杉浦康平先生事务所求学，感到他做书的设计观远远超越国内对“装帧”的认知范畴，关于“装帧”的概念曾求教于他。他说日本以往的装帧是某些画家利用自己的画技做书，也有一些是为了生存而从事平面设计这个职业，对于什么是装帧，什么是书籍设计，有过去那个时代的局限，业内缺乏清晰的定义。这倒和我入道那个年代的中国装帧界状态相差不多。而杉浦先生一再强调书不是平面的载体，而是由层层叠叠的纸页累积而成的立体物。书的设计不只是装帧和版面图文的设定，或者只为多帖缀缀而成的正文页做个外包装。

他说阅读之物，外貌是表象，内在是核心。读封面或读一面单页与读一本书是完全不同概念，书不只是存在于空间的摆设物，而只有触动书体、翻动书页、顾及外观与内里，才会展现文图动态的信息阅读体验，书籍设计岂能止步于装帧范畴的工作。

书籍设计者仿佛是做一支大部队的统领，对书的整体进行规制和整合，设计者应该是全书阅读传播的责任担当者，这样才有资格在版权页上署名。杉浦先生希望日本的书籍设计师要超越传统三次元的思考，加入书籍阶梯式、层积式的时间性设计观念，这是那些装帧者既意识不到，也不可能承载的工作负荷。他认为书物，是将世界万事和宇宙万物囊括其中的阅读体系，文本从外部不断向内纵深渗透着，页面层层叠加，信息层层递进，从平面到立体，从空间到时间，这里需要有多少触类旁通的学识铺垫。根本上来看，页面是承载着庞大知识体系的生命体。我想，书籍设计师该具有多大的修养和见地，才能做出拥有生命意义的书呢？他的问题一直敲击我想攀越这座高峰却畏惧困难的惰性，他的教诲至今都是我坚持对“从装帧到书籍设计观念转换”课题的研究和实践的动力。

记得20世纪90年代中国青年出版社编辑出版一本《编辑工作手册》，负责设计此条的一位资深美术编辑问及“装帧”一词的准确定义，因为此前的《词源》《辞海》《新华字典》《百科全书》均没有能够专业、准确地对“装帧”一词有令业内满意的解读。我对“书籍设计”的认知在当时还不能被一些人接受，并被戴上“反对装帧，反对传统，数典忘祖”的帽子，甚至说“装帧”已形成汉字的语言链，不容修正。当然这并不影响我对由日本引进的“装帧”这一词的研究兴趣，也更让我不要感情用事，以科学的态度严谨探求新知，认真寻找答案。由于国内这方面的研究很欠缺，于是利用赴日的机会，跑书店，找文献，请教专家，逐渐积累资料，对“装帧”的来龙去脉有了些许的认识。其中一本2003年第9期杂志《ユリイカ》(Eureka) 上登载田中瑟先生的《装帧用词用语考》[1] 一文，很受启发。故将该文译出供方家一阅。

谈及“そうてい”这个假名，用汉字表记为“装钉”“装帧”“装订”“装丁”的词汇组合，根据文献记

1《装帧用词用语考》,《そうてい用字用语考》(ユリイカ) Eureka 2003年，第2期。

▲

图 1-2-01:《Eureka》2003 年第 9 期 / 青土社封面

图 1-2-02:《Eureka》2003 年第 9 期 / 青土社内文

▼

载曾有用“装缀”一词。同类语也有用“装潢”“装裱”，但发音不同，之后还用过“装本”“造本”“图书设计”即“ブックデザイン”（书籍设计）等称谓。日本从昭和初年（1825年）直到今天，这些词汇的应用依然混乱，没有一个明确的定论。

“装订”与“装帧”

据考证，古代最早使用“装潢”“装裱”一词为中国后魏（386—533年）贾思勰的《齐民要术》中有《染黄及制书法》一文记述：“为防虫蛀用一种黄蘖的染料涂于纸上称为‘潢’”。唐（618—907年）《大唐六典》中有“熟纸匠装潢匠各十人”的记载。时至大唐的书籍制度传到日本，在《大汉和辞典》里有“装潢”“装裱”的解释：“书物形态有卷轴、经折等，是为书画卷轴装裱的作业。”根据文献那时还尚未有“帧”此字，普遍使用“装潢”“装裱”。

明代方以智的《通雅》里有“以叶子装钉谓之书”的撰述，清乾隆年间袁栋在《书隐丛书》里有“手卷不如册页质变，册页又不如今日装钉之便也”一说。清叶德辉的《书林清话》里有“明代人装钉书籍，不解用大刀，逐本装钉。”由此看“装钉”被普遍使用，其词义与书的制作的意思很妥贴，也是日本江户时期（1868年之前）普遍使用的专用词汇。但“钉”这个词缺乏雅趣，而“装帧”似乎有一种美感。“帧”字本来读音不是“tei”而是“tao”，久而久之误读却成了“钉”（tei）音。

昭和四年（1930年）4月6日，有和田万吉为会长，庄司浅水为干事长，还有石田干之助为编委发起“装钉研究同好会”，其中还有恩地孝四郎、杉浦非水等八人的座谈会，此活动消息刊登在当时的“读卖新闻”文艺栏。第二年他们出版发行了《书物与装钉》期刊，主要记述有关书的设计创意和业内新闻记事，很遗憾只出版了三期。其中有件趣事，在对“读卖新闻”上刊登消息的栏目校对时，因为对“钉”的活字模上有垢，将“帧”作了替换。待报纸一出，大家对“帧”的铸活字字体非常不满，于是在第二周的座谈会纪要报导中，又回到“装钉研究同好会”的原貌，还出版了一本《书籍装钉的历史和实际》。尽管那个时候“装钉”一词比“装帧”使用得更广泛一些，但这件事引发了大家对两个词的关注。“装钉研究同好会”的新村出发表了一篇《装钉还是装帧？》的文章［昭和五年（1931年）《文艺春秋》］，文中阐述了与“装钉”“制本”相比，富有一定创意和图案元素的“装帧”更为合适的看法。

明治维新（1868—1911年）[1]以来，日本引进西方的活字印刷和装钉技术，书的形态与传统和本已完全不同，对于新的书籍制度的冲击，一方面尊重历史，同时又要适应时代的趋势。昭和五年（1931年）12月草人堂研究部编《装钉的常识》阐述书的制本技术到保存的全过程，其中引用了木村的话："装帧是书物造型的整合设计，制本是包括设计、装钉在内的具体实施。"昭和六年（1932年）7月佐佐木在新创刊的《书物展望》上发表“装钉”的解释，他认为“装本是不包括内容在内的机械化生产，“装钉”是包含着工艺美术在内的技能性生产行为。“装钉”和“装帧”是有关“有无美的内容”的区别。另一种解释是“装钉”中包含了“装帧”的涵义等，词汇的不确定性使认识复杂化。

1　明治，日本年号。本文中涉及的日本年号对应的年代如下：明治1868—1911年，大正1912—1925年，昭和1926—1988年，平成1989—2010年。

“装钉”“装缀”“装订”

昭和八年（1934 年）6 月由田中敬执笔陈述“そうてイ”一词的变迁，其提到“装缀”一词的“缀”也是读“钉”(tei) 音。他认为实用性的制本应称之为“装缀”，“缀”具有结至、限定的意思，即将多帖集积连缀在一起，不让它散乱之意，属制本的专用语，并提出具有装饰感的制本谓“装帧”的看法。该词使用的例证：大正四年（1916 年）在《高丽板大藏经颠末》中有印制实施特殊的“装缀”一词的记载 。昭和十二年（1938 年）在京城举办的“书物同好会”上帝国大学教授一干人对田中敬的“装缀”提案表示支持。鸟生芳夫在《书之话》中附和田中的“装缀”说。虽有不少人支持用，但由于“装缀”发音生疏且书写复杂，该词逐渐淡出。

日本在新造词的过程中，有很多的争议和探讨，各持己见，也引来不同的支持者。当时非常著名的设计家恩地孝四郎坚持使用“装本”一词，昭和二七年（1953 年）他在《书的美术》撰文指出“装帧”与“装钉”用词的不足之处，因为这两个词一直被用来给书做简单的装饰。一般设计师拿到书后仅在封面配上一幅画，那称为“装画”就足已，如果从封面、环衬、扉页、内文甚至材料等全面考虑仅称为“装帧”就不够了，使用“装本”的叫法似乎更全面些。根据恩地的记述，当时书的设计师大多数是手绘画家，放一幅画而已就算设计了，而恩地自己强调“书的设计”，不单是书的外包装，文本传达格式设定，图文编排组合，从封面、环衬、扉页、目录直到版权页，以至于与书内容相关的所有元素，最后包括材料工艺的选择，这是远远超越封面“装画”的工作。他希望有一个能准确定义的词，这也是他不得不采纳“装本”来代替“装订”“装帧”用词的实际背景。

恩地孝四郎的这一表述是对“书籍设计”（Book Design）的称谓作了前瞻性的解释，也为之后的《出版事典》（1972年）等与书相关的辞典，包括最具权威性的《广辞苑》中在“装钉”“装帧”“装丁”的词条之外，另设了“ブックデザイン”（书籍设计）的专用词汇。

另一位书志学者川濑一马在《日本书志学用语辞典》[昭和五七年（1983年）]中写明“装订（帧·钉）：书物的缀订方法、制本的技术，‘钉’字是江户后（1868年前）的学者藤原贞干使用过的字，到了明治时代，西方印制术在日本广泛应用，‘装帧’的原义是指书画的装裱、装饰之意，‘订’是将书页整合的意思，因此从昭和元年（1926年）开始，日本书志学会规定使用‘装订’一词”。

那时以长泽、川濑为代表的学者的研究一般以古籍为中心，“装钉”定义侧重表明书的不同形态时使用，其中设计的要素并不强调。故一批学者坚持用“订”替代“钉”。当时的《日本古典书籍志学字典》《广辞苑》《世界大百科事典》将长泽的“装订”说作为专用词汇。在当今日本的书店里可以看到，不管形态如何，甚至只是封面设计，版权页上署“装订”的还是有。但时代在变迁，还是用固态的定义，而不是与时俱进，与社会很不协调。

“装丁”

当下与“装帧”使用率相当的属“装丁”这个词汇。学者长泽规矩认为使用“装帧”或“装订”不如“装丁”准确，昭和三一年（1957年）第三十二届国语审会总会颁布“装钉（帧）→装丁”这一条目，即统一使用“装丁”的规定。由此日本的辞典作了不同程度的修正。《言林》(1957 年版):"装丁(帧,钉)";《广辞苑》(1969 年版):"装帧,装订,装丁",平成三年(1991 年)排列顺序作了变动:"装丁,装订,装帧";《印刷技术用语辞典》昭和六二年(1988 年):"装丁";《图书馆用语集》昭和六三年(1989 年):"装丁(装钉,装订,装帧)"。平凡社《世界大百科事典》(1988 年版)栃折久美子指出"帧"的原来发音区别于钉、订,常用汉字没有"帧"字,故使用"装丁"为准。从辞典用词变化来看,日本由最初采用"装钉",随之"装帧""装缀""装订"到"装丁",与纯物理化的"制本"相对应,以书的外包装为主,并兼有审美意识的设计行为,均称为"装钉""装帧""装丁"。自昭和二七年(1953 年)以来的统计,"装帧"一词的使用比"装钉"更普及,"装丁"的使用也在增加。

另一方面在图书馆界,《图书馆学编·学术用语》(1958 年)有专用词"装丁—Binding""制本—Binding/Book Binding"(1997 年取消"装丁"代之以统一的"制本—Binding"。《图书馆信息学检索》(1999 年版)中对"装丁"的解读为图书的缀订术和制本法。使用《日本十进分类法》(新定九版):"装丁——卷子本、经折装、旋风蝴蝶装、包背装、线装等不具信息创意的书籍形态”这在书志学界已有共识。在《日本十进分类法》的“相关索引”里有“装订（书志学）”记载；作为图书内容分类的“制本——ブックデザイン（书籍设计）”。

新说不断诞生

昭和初年使用“装钉”“制本”“装帧”“装订”“装丁”，随着时代的发展和新技术的进步，“装钉”一词逐渐衰微，一批新生代的设计师提出改变的诉求。昭和六十年（1986 年）以从事与出版相关的著名设计家道吉刚、广濑郁等为中心，成立了“日本图书设计家协会”。道吉刚提出，书的形成要考虑诸多要素，是综合考量下的立体化设计，具体可分为：格调、内容、视觉化、材料、生产、流通、阅读、保存等诸多方面的构想、权衡、思考，是一种重视各元素相互有机连接的“书”的整体设计。与以往只指书的外包装设计相比，“书籍设计”强化书物的整体性。这些设计家与早年的设计前辈恩地孝四郎提出的设计不应该局限于“装画”的主张相一致。设计不只针对书的封面，从内容的表现着手，突破编辑的惯性思维，从文本编辑、文图编排、印制设定乃至当时称为 DTP[1] 以及新的电子技术手段的应用，总之书籍设计已不局限于装帧的范畴，包含着文本在内的视觉传达设计的综合方法论的执行。这就是“ブックデザイン”（图书设计）这一新词诞生的背景，实为时代发展之使然。“日本图书设计家协会”成立时拥有 47 位会员，还编辑出版了《日本图书设计》期刊，主张真正实现业界以包含“编辑设计”在内的整体设计的崇高目标。

从以上文章看来日本对“装订”“装丁”“装帧”“制本”的使用也纠结了一百多年，显然“装帧”的应用并未形成固化不变的所谓“语言链”，而且随着时代的发展，科技的进步，手段、程序的演化等，对于

1 DTP：桌面出版中所谓“出版”是指印刷、裁切、出品、宣传，直到流通等（也就是“后出版工程”）整个过程，实际上 DTP 在大多数情况下只是指制版前（也就是“预出版”工程）的过程，因此有人主张改用 Desktop Prepress 即“桌面预出版”这个词汇。另外，近年来苹果公司也不用“桌面出版”，而使用“设计和出版”（Design And Publishing，D&P）这个词。从今后的发展潮流来看，电子出版、“自定义出版”（个人出版）等新的形式也在出现，真正意义上的“桌面出版”成为可能，DTP 这个称呼的内涵也会逐渐改变。

专业词汇的界定以及容量都产生了不小的质变。一些有追求、有理想的设计家们不满足装帧观念的局限，希望拓宽书籍设计领域的专业维度，为当下读者所用。

目前，日本对于装帧和书籍设计的称谓是分开来使用的，著名书籍艺术评论家、《日本装帧史》著者臼田捷治[1]有这样的表述："日本近来将封面的设计称为'装帧'，包含文本在内的整体设计谓之'ブックデザイン'（Book Design / 书籍设计）。"

20 世纪日本书籍艺术界的泰斗原弘先生在 1970 年印刷时报上撰文："……实际工作中，我们所说的装帧差不多都只设计书的外观，很少设计书的内部。最近有'图书设计'（Book Design）一说，从'书籍整体设计'的意义来讲，它更明确了'装帧'的意思。不过目前人们仍然模糊地用着'装帧'这个词。"

书籍设计不是仅仅做封面的装帧工作，其包括书的开本设定、文本的图文编排设计，信息阅读的增值设计

1　臼田捷治：1943 年生于日本长野县，毕业于早稻田大学，任《设计》杂志主编，并在平面设计领域从事艺术评论方面的写作活动，著有《装帧时代》《装帧列传》《日本的书籍设计 1946—1995》《旋 —— 杉浦康平的设计世界》等。

等整体概念的运筹。书籍设计是从封面开始逐渐进入环衬、扉页、序言、目录、辑页、内文视觉结构、不同体例的板块设定、阅读节奏、跋或后记、必要的文本信息图表、索引等的编辑……一直到版权页的“时间戏剧”的演绎过程。日本著名书籍设计家铃木一志把装帧与书籍设计的区别打了一个生动的比喻，他说：“装帧如同短距离赛跑，书籍设计就像马拉松比赛，有一个较长的经历过程。”

今天职业的分界线越来越模糊，设计师可能参与选题策划，摄影拍摄，插图绘制、图表制作，图文编辑和阅读编排，还要掌握多种软件的应用和工艺印制装订技能，更有跨界领域如电影戏剧手法的主动介入……在出版业越来越注重商业化的今天，以节源创收，短平快的工作主旨，将一切必要的经历、程序、投入大肆省略，造成业内“没有设计的设计是最好的设计”的误读，拿着当下时兴的作品让设计师仿造、山寨，不鼓励创新、不推崇个性，只要少花工夫，多获收益就是行业评判的标准。还有另一个倾向，仅为获奖的面子工程不惜投入大量的成本，做无谓的装帧，过度的设计。其结果中国的出版品种、印数码洋年年递增，而广为留存的经典作品和具有国际竞争力的出版物并不多。业内对参与书籍设计领域的从业者缺失了尊重感，而那些万般辛苦，付出大量精力、不断重复劳动的书衣装帧者已失去了起码的价值认同和生存底线。

装帧概念的局限性造成设计意识的自我封闭和创造价值的自我矮化，因生存的窘迫而迁怒于外部不良环境的同时，装帧者是否也该反省三思。作为设计师必须打破封闭的为书装、书衣打扮的装帧界定，深入书籍设计中最重要环节的编辑设计专业知识和能力的开发，跨过“会画画就会设计”这道阻碍中国书籍艺术发展的意识门槛。书籍设计应该对物化的书开启一个新的着眼点，如果说 20 世纪还属于装帧的时代，那 21 世纪的书籍设计则不能再止步于装帧的层面，电子媒介的涌现，带来了机遇与挑战。作为一本有独立价值的书，当然有著作者、出版人的智慧，但书籍设计者不是全书制作过程中多余的人，关键是设计者心中要有个小宇宙，他一定能冲破固有装帧概念的束缚，寻得解放自己的机会和能量，用最大的心力和态度使书得到（超越文本）新生命的欲望。

“装帧”与“书籍设计”不是名词之争，我还想再次应用日本著名艺术评论家臼田捷治的话作为本文的结束："'装帧'与'书籍设计'是折射时代设计的一面镜子。"

心
ワガハイハネコデアル
夏目漱石
夏目漱石著
鶉籠
鶉籠

图 1-2-03 ~ 图 1-2-16:
日本 20 世纪早期的书籍装帧作品

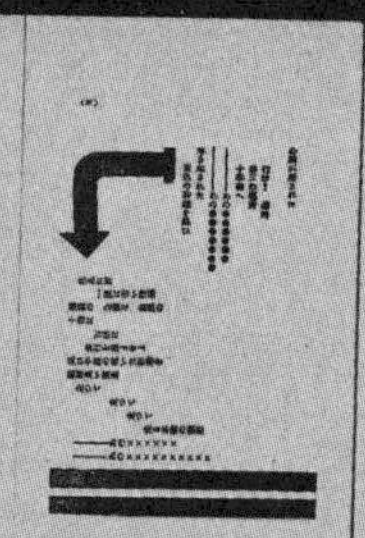

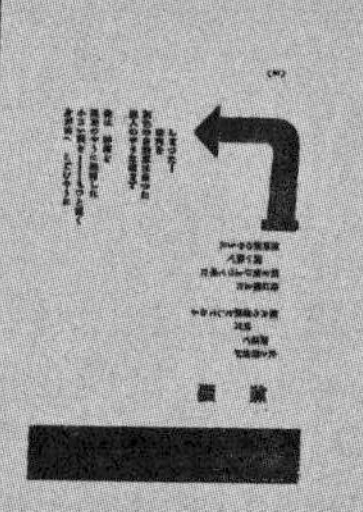

图 1-2-03 ~ 图 1-2-16:

日本 20 世纪早期的书籍装帧作品

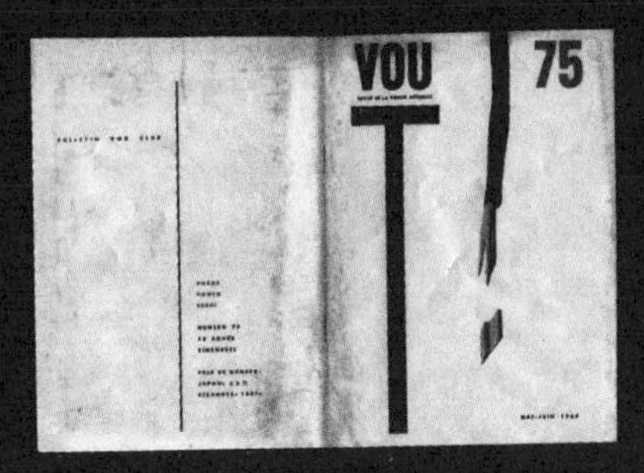
VOU
75

世界文学全集 42
ショーロホフ
静かなドン I
横田瑞穂 訳
河出書房新社版

山猫の遺言
長谷川四郎
山猫の遺言
長谷川四郎
長谷川四郎

◄

图 1-2-17:《东响》音乐会海报，杉浦康平设计于 60 年代

►

图 1-2-18:《季刊银花》杂志 1970 年创刊号，杉浦康平设计

▼

图 1-2-19:《传真言院两界曼陀罗》杉浦康平设计于 1976 年

1·3 时代需要改变装帧观念

——从装帧到书籍设计观念的转换

中国有许多优秀的设计家并不满足只为书籍做打扮的工作层面，但无奈那时的社会环境、经济条件、出版体制、观念意识等诸多因素，并不能使设计师充分发挥他们的才智和创造力，更由于“装帧”原意中装潢加工的解读，而无法注入全方位的整体设计理念，而仅仅停留在增加吸引力和艺术化表现层面，致使他们的创意认同和劳动价值至今得不到完善如实的兑现。更有甚者，很多设计师还在被某些出版部门当成生产机器使用，只得低质高产，或者干脆改行当文编，承担利润指标。中国改革开放以来，新的信息载体传播态势已要求改变这一局面，首先要改变观念，认识到装帧概念的时代局限性，作为书籍设计者与文本著作者一样，是书卷文化和阅读价值的共同创造者，他们一定能以新的理念，付出心力和智慧，展现出中国书籍艺术的魅力。

书籍设计的三个层面

书籍设计(Book Design)包含三个层面：装帧(Bookbinding)、编排设计（Typography)、编辑设计(Editorial Design)。显然，书籍设计真正涵义应该是三位一体的整体设计概念。装帧只是完成书籍设计整个程序中的一个部分或一个阶段。

书籍设计过程应包括以下七个方面：

1. 设计者首先要与作者和编辑共同探讨本书的主题内容，沟通设计意向；

2. 根据文本内容、读者对象、成本规划和设计要求，制定相应的设计形态和风格的定位；

3. 整理出书籍内容传达的视觉化编辑创意思路，提出对图文原稿质与量的具体要求；

4. 进行最为重要的视觉编辑设计和与之相对应的内

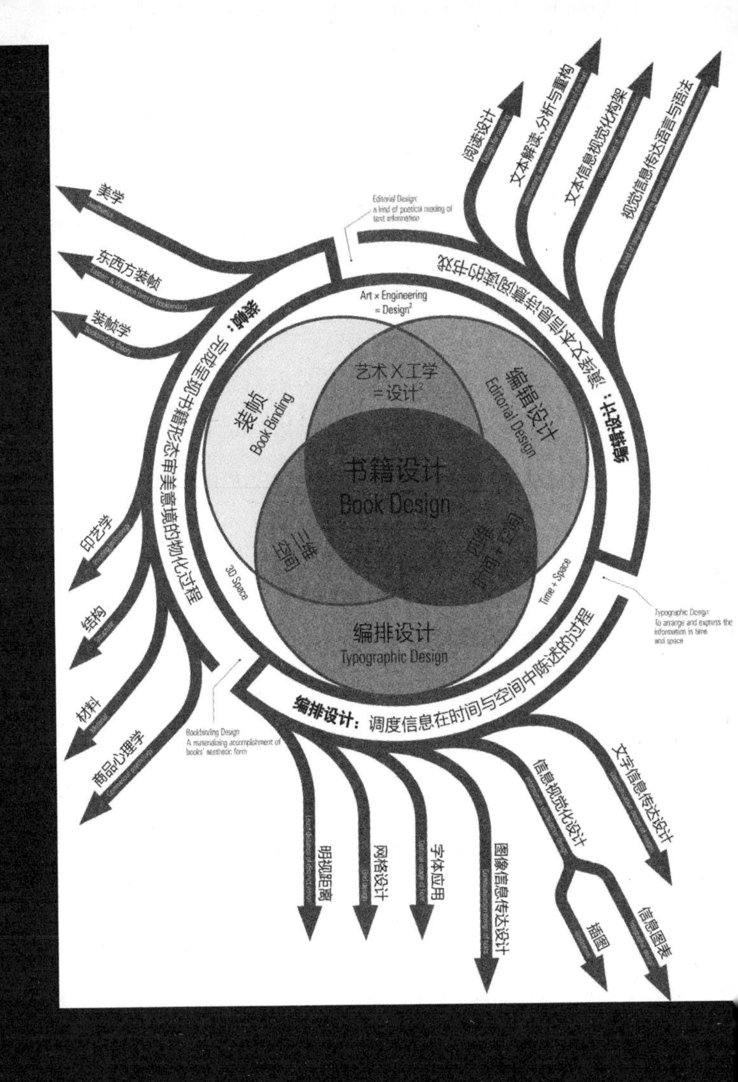

图 1-3-01: 新版《书艺问道》"教育三加一"理念图

文编排设计，并着手封面、环衬、扉页等全方位的视觉设计；

5 制订实现整体设计创意的具体物化方案，正确选择装帧材料和印制手段与程式；

6 审核本书最终设计表现、印制质量和成本定价，并对可读性、可视性、愉悦性功能进行整体检验；

7 完成该书在销售流通中的宣传页或海报视觉形象设计，跟踪读者反馈，以利于再版。

一个合格的书籍设计师应该明白需承担的责任和职限范围，以及应具备的整体专业素质。由此看来，“装帧”与“书籍设计”无论是概念性质、设计内涵、工作范畴、运行程序、信息传达、形态架构，两者均有着质与量的不同。

书籍设计应该是一种立体的思维，是注入时间概念的塑造三维空间的书籍“建筑”。其不仅要创造一本书籍的形态，还要通过设计让读者在参与阅读的过程中与书产生互动，从中得到整体的感受和启迪。那种以绘画式的封面装饰和固化不变的正文版式为基点的装帧，只是一个外包装。

书籍设计应是在信息编辑思路贯穿下对封面、环衬、扉页、序言、目次、正文体例、传达风格、节奏层次，以及文字图像、空白、饰纹、线条、标记、页码等内在组织体，从“皮肤”到“血肉”的四次元的有条理的视觉再现。书籍设计者要领会对文本进行从整体到细部、从无序到有序、从空间到时间、从概念到物化、从逻辑思考到幻觉遐想、从书籍形态到传达语境的表现能力。这是一个富有诗意的感性创造和具有哲理的秩序控制过程。

书籍设计师的角色与责任

一本书的设计虽受制于内容主题，但绝非是狭隘的文字解说或简单的外包装。设计者应从书中挖掘深层涵义，觅寻主体旋律，铺垫节奏起伏，在空间艺术中体现时间感受；运用理性化有序的规则驾驭，捕捉住表达全书内涵的各类要素——到位的书籍形态、严谨的文字排列、准确的图像选择、有时间体现的余白、有规矩的构成格式、有动感的视觉旋律、准确的色彩配置、个性化的纸材运用、毫厘不差的印刷工艺；寻找与内文相关的文化元素，升华内涵的视觉感受；提供使用书籍过程中启示读者联想的最为重要的“时间”要素和对书籍设计语言的多元运用；最后达到书籍美学与信息阅读功能完美融合的书籍语言表达。这近乎是演绎一出有声有色的充满生命的戏剧，是在为书构筑感动读者的书戏舞台。

书籍设计应该具有与文本内容相对应的价值，书应成为读者与之共鸣的精神栖息地，这就是做书的目的。一本设计理想的书应体现和谐对比之美。和谐，为读者创造精神需求的空间；对比，则是营造视觉、触觉、听觉、嗅觉、味觉五感之阅读愉悦的舞台；好书，令人爱不释手，读来有趣，受之有益。好书是内容与形式、艺术与功能相融合的读物，最终达到体味书中文化意韵的最高境界，并为你插上想象力的翅膀。

书籍设计者与装帧者的不同之处，在于设计师要了解自己承担的新角色，更增添了一份视觉化信息传达的责任，多了一道综合素质修炼的门槛。书籍设计师除了提高自身的文化修养外，还要努力涉足其他艺术门类的学习，如目之所见的空间表现的造型艺术（建筑、雕塑、绘画），耳之所闻的时间表现的音调艺术（音乐、诗歌），同时感受在空间与时间中表现的拟态艺术（舞蹈、戏剧）。书籍设计是包含着这三个艺术门类特征的创作活动。

从装帧到书籍设计，这并不仅是对两个名词的识辨，更在于思维方式的更新，文化层次的提升、设计概念的转换，书籍设计师自身职责的认知。从习惯的设计模式跨进新的设计思路，这是今天书籍设计概念需要过渡的转型期。时代需要以书籍设计理念替代装帧概念的设计师，从知识结构、美学思考、视点纬度、信息再现、阅读规律到最易被轻视的物化规程，突破出版业中一成不变的固定模式。

不空谈形而上之大美、不小觑形而下之“小技”，东方与西方、过去与未来、传统与现代、艺术与技术均不可独舍一端，要明白融和的要义，这样才能产生出更具内涵的艺术张力，从而达到中国传统书卷文化的继承拓展和对书籍艺术美学当代书韵的崇高追求。

▲

图 1-3-02:

1996 年“书籍设计四人作品展”现场

◀

图 1-3-03:

1996 年四位参展人合影。

从左至右：

吕敬人、吴勇、宁成春、朱虹

▼

图 1-3-04:

“书籍设计四人展”请柬

▶

图 1-3-05:

《LNWZ: 书籍设计四人说》，

中国青年出版社，1996 年出版

书籍设计
人说
Four people talk about book design
吕敬人
宁成春
吴 勇
朱 虹
作品集
CHINA YOUTH PRESS
中国青年出版社

1·4

愉阅
——留住书籍阅读温和的回声

书籍设计者的工作是将信息进行美的编织，同时使书籍具有最丰富的内容（信息量）、最易阅读（可读性）、最有趣（趣味性）、最便捷（可视性）的表现方式。

书籍设计不在于形式上的矫揉造作，外表上的奢华豪艳。在过去的年代，受社会、经济、观念等诸多方面的制约，装帧只是一个外包装，即使有些书籍设计还可关照到内文的插图、版式，但绝大多数在意识上还做不到书籍整体设计这一点。

书的形态是一个立体的空间，人的思维模式是在阅读过程中建立的。开启书籍是一种动态的行为过程，创造一个舒适的阅读环境直接影响人的心情。随着翻动，可以将文本主体语言和视觉符号进行互换，为读者提供新的视觉体验。书籍设计依附于书中的内容，是为书里的文字服务的，恰到好处地把握好情感与理性、艺术与技术之间的平衡关系，这就须掌握一个适当的度。古人说“书信为读，品像为用”，值得设计师思酌。

在今天的书籍市场里，可以看到打扮得花枝招展、五花八门的书籍封面，更有商家不惜牺牲书的内容，镶金嵌银，浓妆艳抹，其目的是提升书价，达到经济索求，书已失去体现书籍文化意蕴的特质。有的书不考虑中国读者的阅读习惯和审美心理，一味模仿西文设计模式，不顾体裁门类，不顾内容气质，制造了阅读障碍，要明白书籍设计放弃了让人看的功能，就失去了书籍读用的价值。

著名德国设计家冯德利希指出：“重要的是必须按照不同的书籍内容赋予其合适的外观，外观形象本身不是标准，对于内容的理解，才是书籍设计者努力的根本标志。”

由此看来，设计的服务对象有两个，一为内容，二为读者。书籍设计师工作的起点就是解读内容，从最原始的文本中寻找灵魂所在，并找出揭示代表其内涵的一个或一组思想符号，这是解开书籍设计视觉结构的一把钥匙。

日本著名设计家杉浦康平说：“书籍设计的本质是要体现两个个性，一是作者的个性，一是读者的个性，设计即是在二者之间架起一座可以相互沟通的桥梁。”

准确摆好设计师的位置，就能在设计的过程中，从创意起始、进入实质性的设计、再到物化工艺流程，使“我”的感悟转向将文本内容与自己融入在一起的“我们”的更为宽广的设计思路中去，这是一种设计的思维方式，是实实在在寻找设计师与书籍内容之间建立平衡和谐的工作关系。

设计过程中，“自然也要从一切完全自我为中心的圈子里解放出来，忘记自我的存在，消失在对作品深层次的感知与情绪之中，还要尝试摆脱时刻跳出的客观自我、空洞的媒介、噪音与杂念，进而成为创作中一串温和的回音”。这个充满意识与认知的设计起步对全部的创作非常重要，正是这个难以名状的阶段，不仅为艺术家重新定义新作品提供了思维空间，还可启示挖掘书籍内涵深度的洞察力与感受力，引领他们相信自己有能力创造出一个事实存在的，又十分接近设计者构想的、引起人们共鸣的作品来。

显然书籍设计师要懂得在主体与客体之间找到一种平衡关系，为此在我们设计过程中所运用的各种元素，必然是非常自然地、完整地从书中的字里行间散发出来。以人为本，以读者为上帝的设计理念，最终会使作品具有“内在的力量”，并在读者心中产生亲和力。

在国外，书籍设计业可分为三类：第一类是纯粹做传统书籍（如古籍复制、影印），他们严格沿袭传统做书的手段和审美习惯，工作目的就是传承和学术研究；第二类是书籍商品设计，这就像今天大多数设计师为出版社的书籍做装帧，是为了书的销售，体现广告性和商品性，要求价廉物美，批量流通，其设计水平必须适应大众市场的普遍需求；第三类是艺术家做书，他们把书作为艺术品来创作，他们更多关注书籍语言的新阐释，他们的作品开始逐渐得到藏书者的钟爱，更可提供给第二类设计师作参考学习之用，甚至于成为其“抄袭”的摹本。

无论是哪类设计均有其存在的必要，今天我们的出版界比较喜欢划一，造成书籍面貌“千人一面”，学术批评也是非此即彼，缺乏多元思考，这显然对书籍艺术的发展是不利的。我觉得书籍设计艺术的想象空间还很大，与古人创造的书籍艺术相比，今人的想象力还远没有发挥出来。书籍要为广大受众设计，但未必要限定在一个层面的服务，如同交响乐与二人转，均有其为受众服务的价值体现。

书籍设计与纯美术创作不同，设计者无权只顾自己意志的宣泄，要想方设法通过设计在作者（内容）和读者之间架起一座顺畅的桥梁，调动所有的设计元素，与要传达给受众的书籍信息融合起来，创造与内容相吻合的氛围，体现原始文本的再生。

总而言之，设计观念要与读者（多层次的读者）保持一致（如果你的设计想拥有广大读者的话），以赢得尽可能多的读者温和而久远的回声。

1·5 穿越书籍的三度空间
——杉浦康平的设计语法

在杉浦老师的事务所学习，经常聆听他对书籍设计的独到见解，归纳以下几点，随时提醒自己。

1. 封面。它既体现书中潜在的含义，又是内容结晶的聚集场所，其不是一张简单的经过化妆的脸，要使书中潜在的要素得到充分地表现，杉浦先生强调封面应呈现一张“生动的面孔”。按照东方艺术的本质，其设计概念是将内容的诸要素分解组合、概括提炼，使之视觉化。封面就像内容的存储箱，书册内容的精髓表现于封面上。它将知识和智慧构造化，封面能浓缩包罗万象的物质世界，它也具有反映内在精神的可能性，它既是个体的群体化，又在群体中保持个性的凝视，整个三度空间中可容下宇宙。

2．视线流——连续、流动、渗透和诱导。设计的第一直觉要适应人的视觉习惯。一般人的视线是从左向右，如此一般来讲，主要表现的内容画面，书名，放在左边位置，色彩由轻而重，或由重至轻产生一种流动感，这种流动感可以诱导读者循序渐进，这是一种自然的观察习惯。

当设计者在考虑书籍设计时，要进行整体的三度空间的全面思考，在封面 、前环、内页、后环、封底，以及书脊中呈现主题的重复出现，画面的过渡 、移动和积累，使封面蕴涵一种气的流动，感受到时空的存在，这种主题的重复不是无变化的累加，而是有层次的演化再现，不仅深化主题也加深读者的印象，诱导读者的感受。

主题画面在三度空间中的游动，主题介乎于勒口和封面，或跨越书脊与封底，甚至于整本书的内文之间，主题的化进化出，使核心内容可谓力透全书，使整个设计拥有一种可视性，它像音乐的主旋律贯穿渗透在整部作品之中，呈现戏剧化的变化。诸要素的复合使封面孕

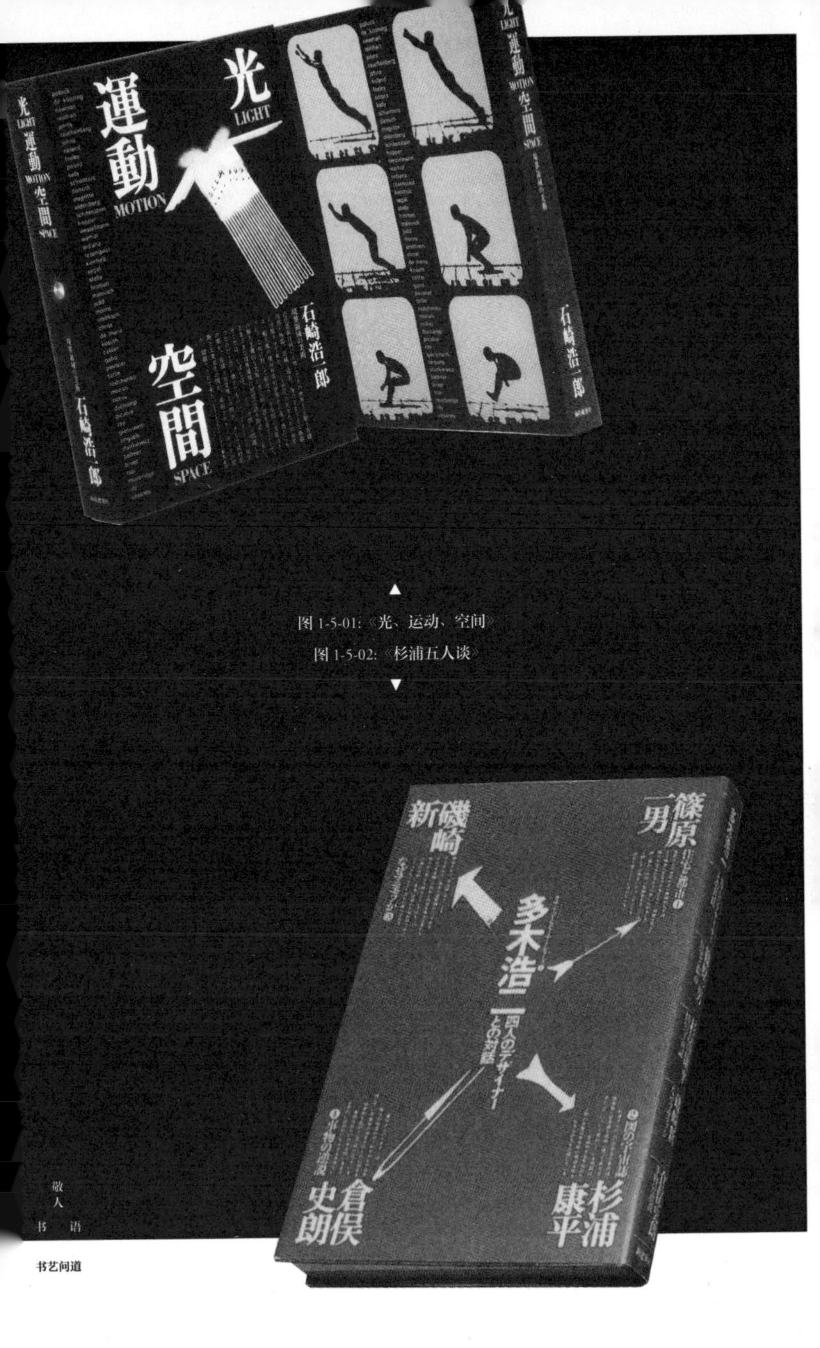

▲
图 1-5-01:《光、运动、空间》
图 1-5-02:《杉浦五人谈》
▼

育万物的宇宙成为可能。而东方艺术的另一个特点表现为主题在时空中的连续性，贯穿于戏剧性的变化，给静止的图像、文字注入生命力的表现和有情感的演化。戏剧性的连续表现手法赋予书以活力和生气。

3. 明视距离——动感的阅读。运用明视距离是书籍设计必须掌握的设计规律。比如封面中从初号的大号字体到6磅、7磅的小号字，书名、作者名、引句。引文大大小小四五种文字共存于这个小小的天地之中，这些对比鲜明的文字群体使读者在不同的明视距离条件下感受文字的魅力，将不同明视距离的文字同置于一个封面之中，如书名在10米开外可见的大号字到非靠近纸面只有15厘米才能辨清的6号小磅同时运用，这样一来，眼睛远近距离的移动行为，使读者和书之间产生了一种动的关系，在靠近看清字体的同时，纸的肌理开始显露出它的光彩，纸的本身反映着大自然的景观，同时它的气息和油墨的气味随着翻动的纸页，书的五感悠然扩展你的感受。读者和读物之间的交谈就开始了，适应纸的肌理，书籍的主题，经过复合的多层次明视距离的测试，选择书的文字存在的最适合的生态圈。使文字充分发挥其潜在的作用。

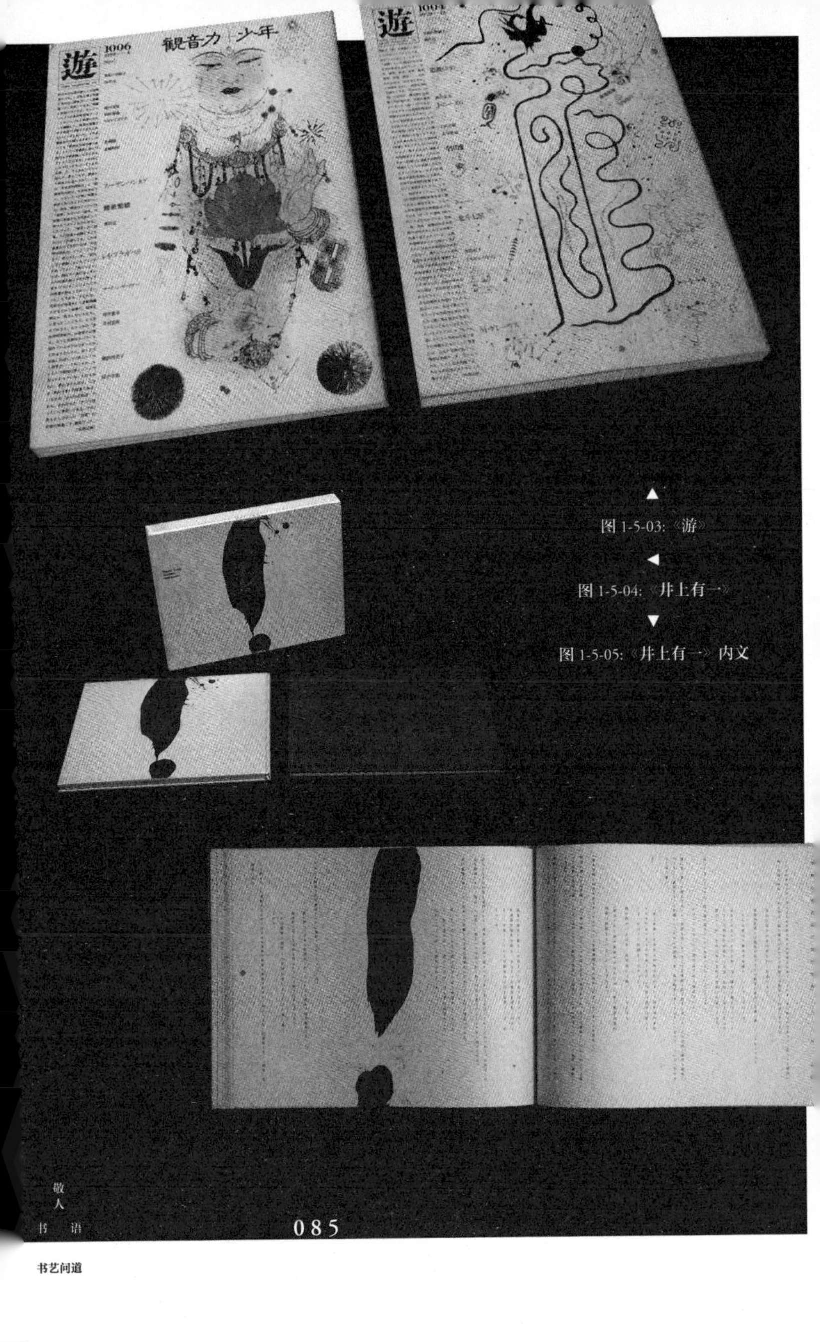

▲

图 1-5-03:《游》

◀

图 1-5-04:《井上有一》

▼

图 1-5-05:《井上有一》内文

4．异化共存——发挥文字潜在的内力。文字具有相当巧妙的象征性，它的一点、一撇、一捺都蕴涵着一种内力和深意，一个好的设计要使图像和文字处于相互和谐、相互融合的位置。

各类文字通过活性化的组合，聚集在页面上，再赋予色彩。读者一边翻阅一边朗读出声，会震撼读者的听觉，感染读者的情感，加深读者的理解。

5．时间和空间——体现书的时空递层化。所谓时间在设计中表现为繁与简，详与略，顺序的前后关系，随着视线的推移使时光产生流动，其作用于读者并诱导读者，跨越不同的时代，表现生命的延续，在方寸天地里成为可能。

所谓空间，是指书的三度空间，长、宽、高、正、反、左、右、天、地、文字的大小等要素的设计，当我们在阅读时，捧在手里的是实实在在的立体物，而我们的设计不能不考虑其空间的表达形式，封面、书籍、封底、天、地、切口；甚至于翻开后的勒口、环衬、扉页以及内文的相互协调、相互制约，它们的共存体现出书的时间和空间递层化，宇宙的包容量，这是设计中必须强调的一个重要原则。

在书籍设计中运用外来文字，其本身没有本质矛盾。在设计中，用中国汉字表意，用西洋文字表音，两者是对极的，却可以如同太极那样调和对立统一。任何因素都是运动的相互依存、相互影响，其相对性产生了力，这就是太极中的“玄”，合理地运用多种文字做到一种异化共存的意境，不同的要素经过整理达到完善的组合，这就是设计的一个重要方面。

6．不可视的格子——美的构成。书籍设计以其深刻而内涵丰富的构思 、带有哲理且变化莫测的东方艺术设计理念的魅力为人所折服，也会为其毫厘不差的精确度、严谨的版面布局追求微毫不差的准确无误，为文字、图画创造的是一个理念化 、规则化 、构造化的生命圈，它不同于瑞士所构造的格子方式——单一纯粹的分割，介于东方的混沌和西洋设计的程序之间。规律中富有变化，静止中蕴有动感。不是死板的框框主义，而是柔软的变幻自如的分割单位。不让读者直观上体察到格子的存在，却可以感觉出那一种规矩线，其体现了一种完善的布局和规律，这就是杉浦先生创造的不可视的格子——美的构成。

杉浦老师的书籍设计语法使我醍醐灌顶，穿破国内装帧设计的装饰外壳，让我透视到从书封至内页层层叠叠中或故事，或景致的生动，体验那种饱含着森罗万象的大千世界的设计意涵。书籍设计并不平面，设计思维要有超越三度空间的意识，才能寻找到表现文本内涵的最佳叙述语法。

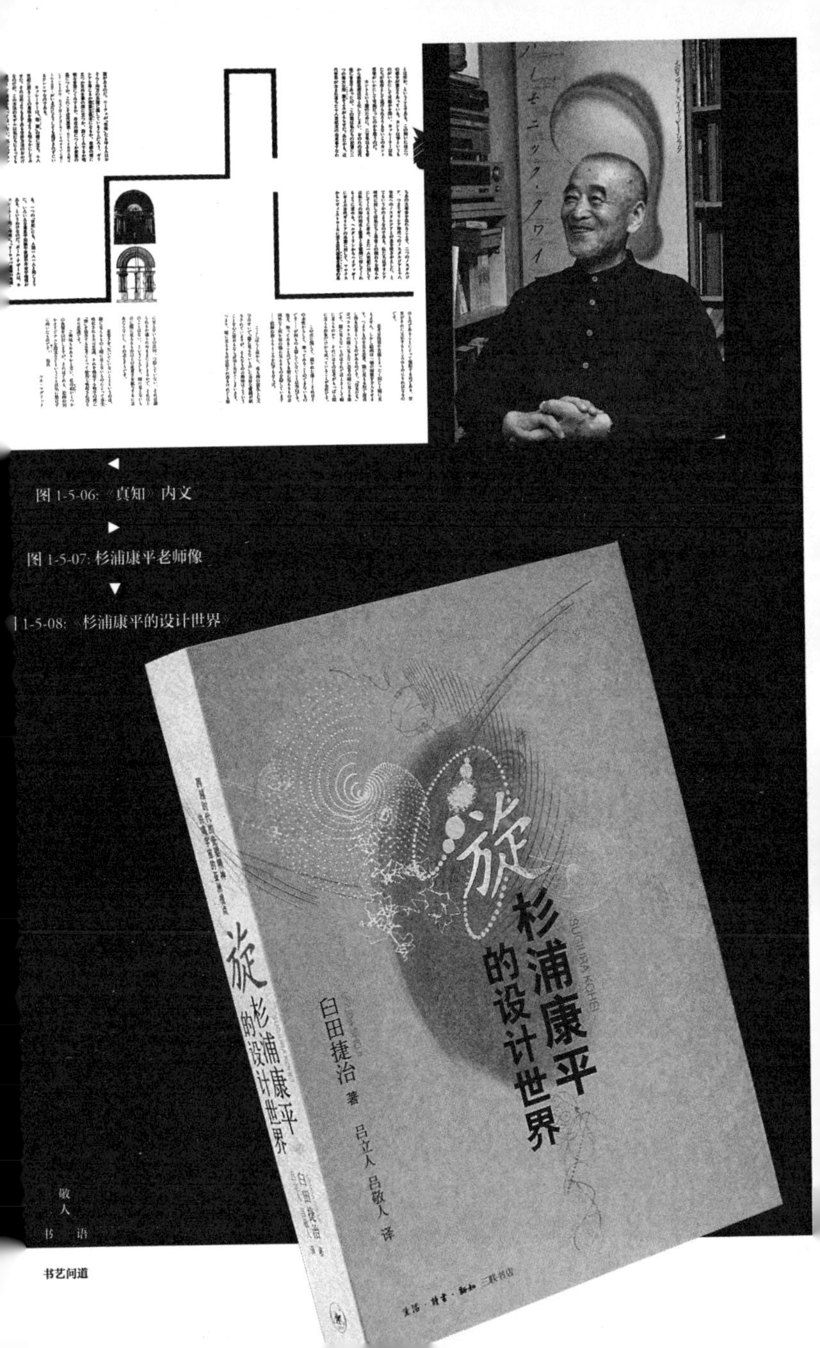

◀ 图 1-5-06:《真知》内文

▶ 图 1-5-07: 杉浦康平老师像

▼ 1-5-08:《杉浦康平的设计世界》

1·6

编辑设计
——创造书籍的阅读之美

编辑设计是书籍设计理念中最重要的部分，是对过去装帧者尚未涉入的、文本作者和责任编辑不可“进犯的领地”的一种“干预”。编辑设计鼓励设计者积极对文本阅读进行视觉化设计观念的导入，即与编著者、出版人、责任编辑、印艺者在策划选题过程中或选题落实后，开始探讨文本的阅读形态，即以视觉语言的角度提出该书内容架构和视觉辅助阅读系统，提升文本信息传达质量，以便于读者接收并乐于阅读的书籍拥有形神兼备的形态功能。这对书籍设计师提出了一个更高的要求，只懂得一点绘画本事和装饰手段是不够的，还需要除书籍视觉语言之外的新载体等跨界知识的弥补，学会像电影导演那样把握剧本的创构维度，摆脱只为书做美的装饰的意识束缚，完成向信息艺术设计师角色的转换。

而另一方面，编辑设计并不是替代文字编辑的职能，对于责任编辑来说同样不能满足文字审读的层次，更要了解当下和未来阅读载体特征和视觉化信息传达的特点，要提升艺术审美和其他传媒领域知识的解读，对传达信息的艺术形式的多向吸收，并主动对责编的书提出创想性的建议和设想。为完成这一过程，设计者和文字编辑者默契配合，致使视觉信息与文字信息珠联璧合，才能铸造出一本好书，谁也离不开谁。一个合格的编辑一定是一位优秀的制片人，书籍设计的共同创作者。著名的书籍设计家速泰熙（南京艺大教授、原江苏文艺出版社美编室主任）认为“书籍设计是书的第二文化主体”，不无道理。

我们国家有许许多多优秀的编辑大家，鲁迅先生不仅亲力亲为，自己投入设计，还会依据内容去寻找与文本视觉表达风格相吻合的设计师；范用先生是位资深的编辑家，他对书籍设计有很高的艺术要求，著名设计家宁成春受他的熏陶与提携，造就了三联书店高雅、平实、质朴的书籍艺术风格，这样的好编辑还有很多。如果一位优秀的出版人对艺术设计有一定高度的索求，对设计就会有更大的包容度，设计师才可大胆地发挥自身才能，20 世纪 80、90 年代的中国青年出版社就是一例。

编辑设计的过程是深刻理解文字，并注入书籍视觉阅读设计的概念，完成书籍设计的本质——阅读的目的。编辑设计应真正有利于文本传达，扩充文本信息的传递，真正提升文本的阅读价值，优秀的书籍设计师不仅会创作一帧优秀的封面，还会创造出人意表、耐人寻味、视觉独特的内容结构和具有节奏秩序阅读价值的图书来，“品”和“度”的把握是判断书籍设计师修炼的高低。

《北京跑酷》是一本非常优秀的书籍设计作品，著名书籍设计家陆智昌并不满足文图排列一般化的旅游书的做法，他注入书籍阅读语言的崭新表达，他设定把视觉阅读概念贯通全书的编辑思路，组织香港、汕头的艺术学院的大学生，在他的指导下将北京风光通过解构重组的插图和矢量化图表将地域、位置、物象进行逻辑化、清晰化、趣味化地编辑在全书的叙述之中，完全打破传统模式的旅游书千篇一律的编排方法，赢得高低层次读者的普遍欢迎和赞赏，在第二届中国政府装帧奖的评选中受到一致好评。这已不是装帧设计的概念，也非书籍编著者的陪衬，而是该书的共同创作者，我们国家需要更多像这样有书籍设计意识和高素质的书籍设计家。

这样的好书最近十多年不断涌现。王序设计的《土地》、朱赢椿设计的《不裁》《蚁呓》、速泰熙设计的《吴为山雕塑绘画》、吴勇设计的《书境2009》、张红的《梦游手记》、何君的《书籍之美》、小马哥的《建筑体验和文学想象》、赵清的《世界地下交通》、叶超的《北京奥运地图》、王子源的《湘西南木雕》、姜嵩的《话说民国》，以及周晨的《泰州城脉》……这样的例子举不胜举，证明今天许多设计师并不满足于过去“装帧”设计的工作层次和仅仅作为商品包装的装饰层次，他们自觉地担当起提升文本信息视觉传达的新角色，而书籍设计概念已成为他们一种做书的自觉意识。

我的书籍设计观念也是在从“装帧”向“书籍设计”转化的经历中慢慢体会，逐渐从模糊到清晰的学习、实践的过程，深切感受出版人、编辑们其实他们对此有更高的企盼和愿望，设计师和他们的共同语言越多，创作激情越发地被激励出来。多年来，我与许多出版社的社长、总编、编辑成为好朋友，因为在共同的理念下参

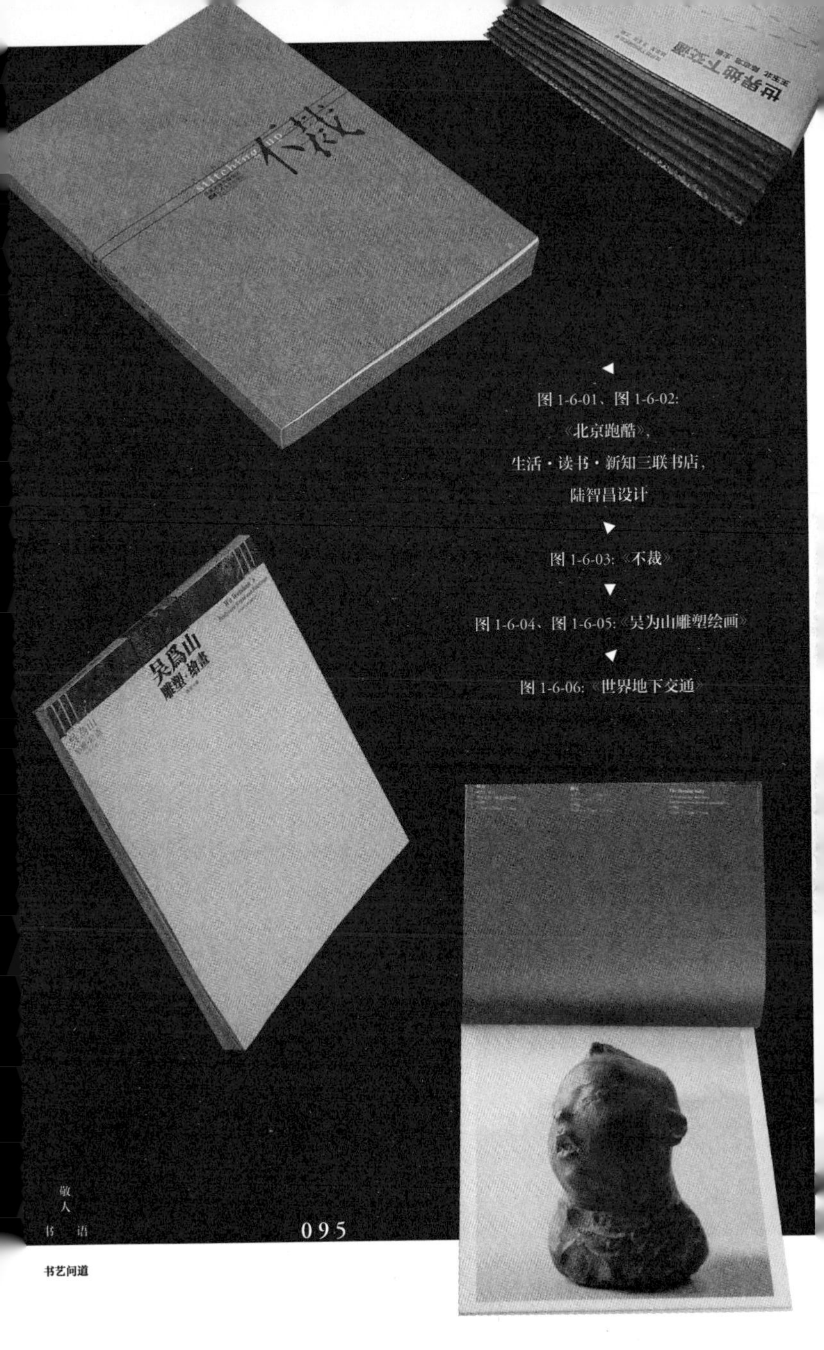

◀

图 1-6-01、图 1-6-02:
《北京跑酷》,
生活·读书·新知三联书店,
陆智昌设计

▼

图 1-6-03:《不裁》

▼

图 1-6-04、图 1-6-05:《吴为山雕塑绘画》

◀

图 1-6-06:《世界地下交通》

与书籍设计的全过程，这里不存在谁听谁的问题，相互切磋，相互理解，为共同创造书之美而对书产生感情，双方都投入力量，并感染或传递给装帧工艺的制作者，大家共同完成一本完美阅读的书。如今一些出版社的社长、总编、编辑，以及著作者在发稿之前就来商讨，征求编辑设计思路，以利于作品出版结果的完美呈现。他们很尊重也认同一个书籍设计师的劳动价值。

下面介绍几本我运用编辑设计概念做书的想法。

《梅兰芳全传》（中国青年出版社，1996年出版）由一本50万字纯文本，无一张图像，经提出编辑设计的策划思路后，得到著作者、责任编辑的积极支持，设计中寻找近百幅图片编织在字里行间，使主题内容表达更加丰满，并构想在三维的书的切面（书口），设计为读者在左翻右翻的阅读过程中呈现梅兰芳“戏曲”和“生活”的两个生动形象，很好地演绎出梅兰芳一生的两个精彩舞台，虽然编辑设计功夫花得多一些，出书时间也为此推迟，但结果是让梅兰芳家族、著作者满意，读者受益，此书获得了中国图书奖，社会、经济两个效益的目标都达到了。

《怀珠雅集》是一套五位画家的藏书票作品画册，

出版社编辑把稿子拿来，原设想做一本纯画册。我的编辑设计想法是：当今对藏书票了解的人越来越少，随着电子时代的到来，年轻人对书卷文化的认识也越来越淡薄。画家绘制的藏书票作品集固然好，但受众只是一小部分。如果能将名人学者有关读书、藏书、藏书票审美的文章评述中摘取只言片语，编辑在每页里，融进五本画册之中，使内涵丰富，主题也更加明确，并增大了全书的信息量，对藏书票的创作涵义得到引证和补充。为此，专门组织了编辑班子，由资深老编辑郑一奇先生带领，查阅大量书籍进行编辑组织工作。这套书从形式到内容耳目一新，一出版就受到人们的关注，书也一销而空，并成为读者的收藏品和馈赠品。

《灵韵天成》《蕴芳含香》和《闲情雅质》是一套介绍绿茶、乌龙茶、红茶的生活休闲类的书。出版社的定位是时下流行的实用型，快餐式的畅销书。我在与著作者接触中深受作者对中国茶文化热切投入的精神所感动，觉得书的最终形态不应该是纯商品书物的结果，应该让全书透出中国茶文化中的诗情画意，这也是对中国传统文化的一种尊重。这一编辑设计思路经过与作者取得共识，与出版社就文化与市场、成本与书籍价值进行了反

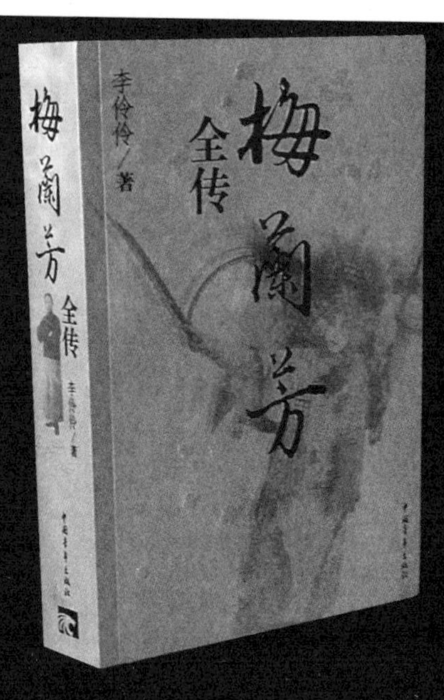

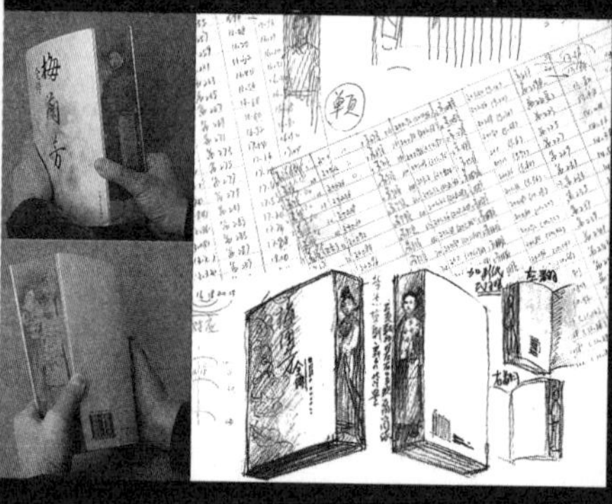

图 1-6-07、图 1-6-08：
《梅兰芳全传》，
中国青年出版社，2002 年出版

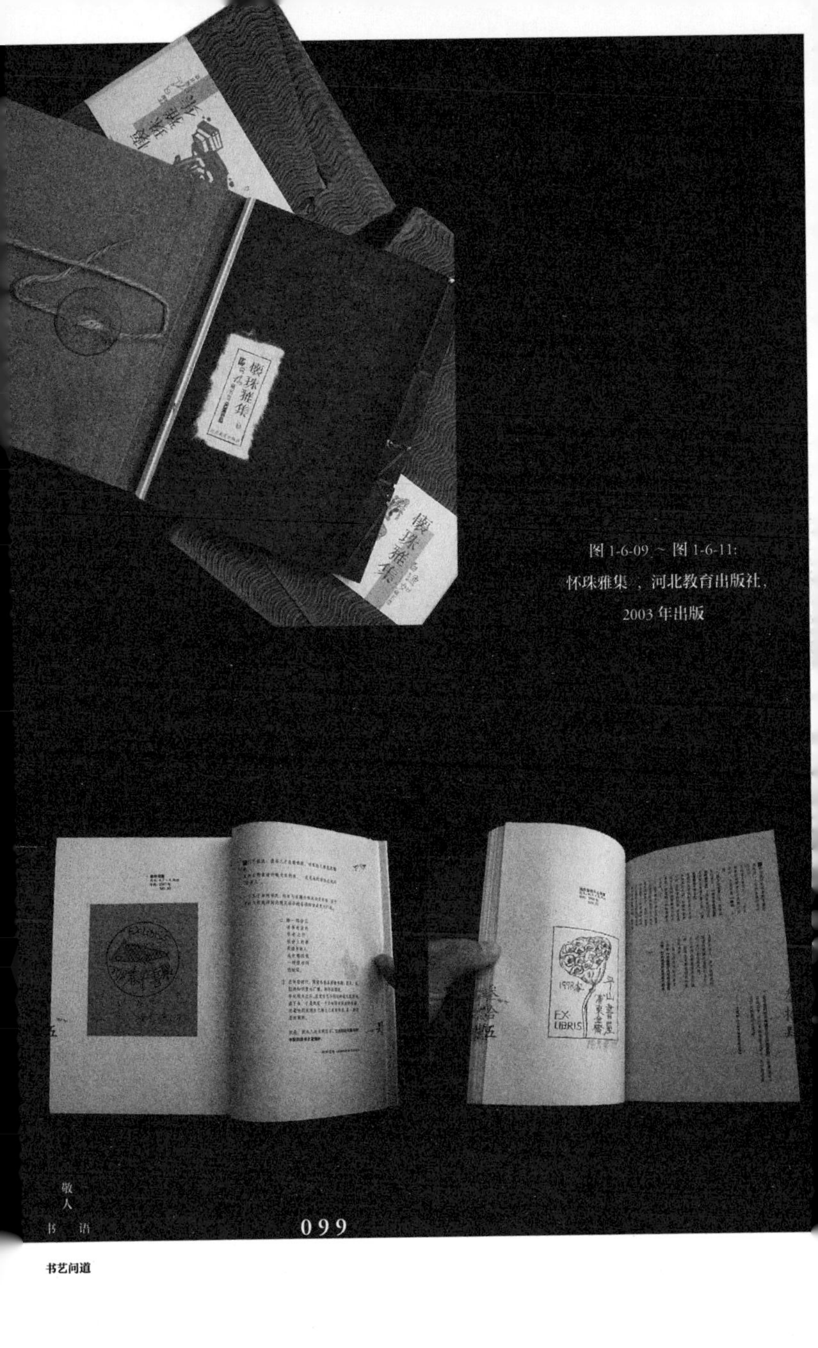

图 1-6-09 ~ 图 1-6-11:
《怀珠雅集》，河北教育出版社，
2003 年出版

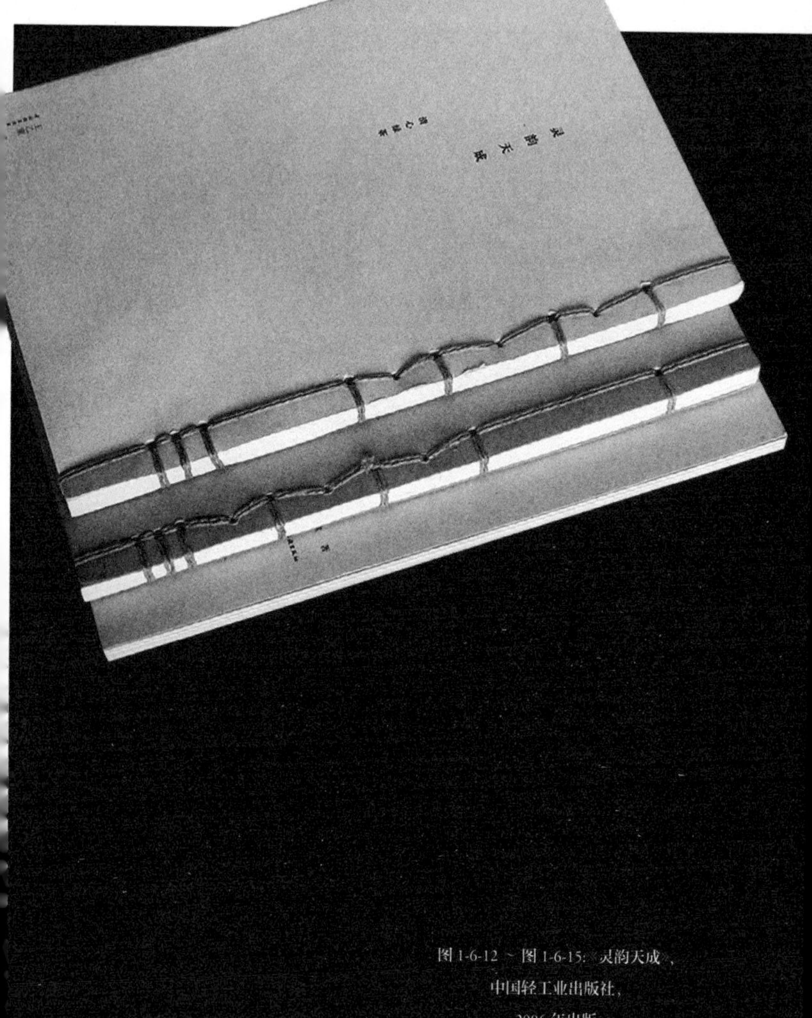

图 1-6-12 ～ 图 1-6-15:《灵韵天成》,
中国轻工业出版社,
2006 年出版

反复复的探讨，这一方案最终也得到了出版人的认可。全书完全颠覆了原先的出书思想，用优雅、淡泊的书籍设计语言和全书有节奏的叙述结构诠释主题。绿茶、乌龙茶二册用传统装帧形式，内文筒子页内侧印上茶叶局部，通过油墨在纸张里的渗透性，在阅读中呈现出茶香飘逸的感受，另外一册红茶从装帧形式到内文设计均为西式风格，体现英国式的茶饮文化。全书没有任何矫饰和刻意的设计，但处处能让读者体会到设计的用心。此书的出版给出版社带来从未有过的书籍面貌。虽然书的价格成本比原来预设的高了些，但书的价值得到了全新的兑现。

《浮世绘》（河北教育出版社，2008 年出版）作者是研究日本艺术的学者，他将多年来对浮世绘艺术的研究论文给我时，没有急于设计封面、版式，我联想到“浮世绘”来自于周遭生活中芸芸众生的视觉图像，“浮世绘”从内容到形式均来自于底层生活，绘画表现中的主题、环境、民生、习俗至今还保留完好，我的编辑设计思路是将当今生活场景与古代《浮世绘》进行对照，将历史画面的时间与空间拉至今天，让年轻的读者对“浮世绘”产生兴趣，对现代人来说会更具吸引力，并从研究学术的角度提供一个更为翔实、严谨的论据。提出这一视觉设计想法后，作者决定再度赴日，根据文本阐述的需求拍摄与之相关的信息图像资料，我也把过去在日本拍摄的几十幅图片提供给作者编入全书，使这本著作的表情丰富起来。作者感谢编辑设计带来的全新结果。由此经历，作者最近为艺术史理论新著又早早来到工作室，要求共同商榷著作的信息传达风格，提出编辑设计的思路。

编辑设计理念在《中国记忆》《怀袖雅物—苏州雅扇》《美丽的京剧》《大视野丛书》《书戏》设计均有运用，并获得较好的效果。这是需要出版人、编辑、印制人员与设计师相互配合来共同完成的系统工程，非单方面所能。今天有不少责任编辑只凭着发稿单写上几句贫乏空洞的设计要求，交给设计人员，以为自己的责任就此为止。而另一类责任编辑光凭电子邮件与设计者联络，连和设计人员见面的功夫都不花。做书是文化行为，对书的理解、对著作者风格和自己对书的编辑索求是需要不断与做书人的任何一方积极沟通和交流的过程，这样才会取得做书的情感投入，并全身心投入做出一本好书。编辑把自己圈在办公室是做不好书的。同样，设计师也

图 1-6-16 ~ 图 1-6-18：《美丽的京剧》，
电子工业出版社，
2007 年出版

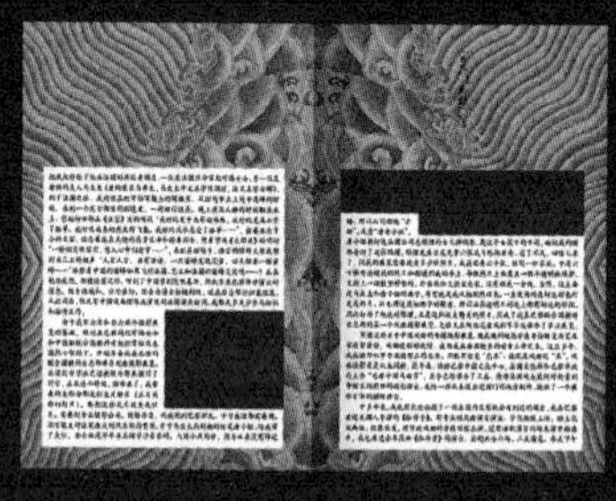

是如此，只会凭发稿单做着所谓吸引人眼球的同质化的封面，不去和著作者、编辑、印制者交流，深刻理解书稿内涵，并注入情感，那么永远只能停留在为书做装饰的低层次，根本提不出书籍编辑设计的创想和建议来。

书籍设计的概念要改变那种只停留在书籍的封面、版式层面的设计思维方式和手段。书籍设计与装帧的最大区别是设计者是用视觉语言对文本信息来进行结构性设计，使内容获得更好传达的创意点和执行力，甚至成为书籍文本的第二创作者。这在过去，对于出版社的美术编辑来说，似乎是非分之想。但我们应该用与时代需求的信息载体不断视觉化的传递特征，来提升自己设计工作的主动意识和扩展设计的职能范畴，书籍设计师要拥有这样的责任心和职业素质。

对于书籍设计中所包含的编辑设计、编排设计、装帧设计三个层次的运作，不可一视同仁。应视不同的体裁、功能、成本、受众等各种因素来决定设计决策。对于有的书，如哲学、文学等这一类以文字为主体的书，受时间或成本制约，出版社只提出做书衣的委托，那达到装帧设计的层面就够了，比如为《辞海》做的设计，内文已十分成熟，只需在封面、用材等装帧上下功夫，所以在版权页上署名就用“装帧设计”，《中国出版通史》只要求做外在装帧，则写“封面设计”。有的虽有内文的版式设计但只是从审美阅读的层面进行文内的模板设计，由他人按格式填入文本图像，然后对封面纸张、印刷工艺提出要求，这也只属“装帧设计”的范畴。而对一本书稿全方面提出编辑设计的思路，对全书的视觉化阅读架构进行全方位的设计思想的介入，同时注入编排设计和装帧设计，如上列举的几本书的设计过程，那就是书籍设计的三个过程。

时代的发展，社会的需求使设计师能普遍拥有这种主动的编辑设计意识，针对不同的书籍体裁，在不违背主题内涵的前提下，用视觉信息传达的专业角度勇敢提出看法，并承担起不同的角色。

中国古代早就存在悠久的书籍设计艺术和丰厚的书卷文化。书籍设计也不是当下才提出的，在第五届全国书籍装帧大展评奖项目中就有设立封面设计、版式设计、书籍整体设计、插图等分类奖项，其中“书籍整体设计”早已被大家认同，不过那时尚且停留在平面艺术审美的层次上，书籍设计则介入了对文本信息的视觉传达的编辑设计理念，是为书籍的阅读提供更清晰、更有效、更美好的服务。书籍设计概念是“装帧设计”的延伸，提出书籍设计概念的真正目的就是要完善阅读。

中国的书籍艺术要进步，不仅要继承好优秀的传统书卷文化，还要符合时代步伐进行创造性的工作，去拓展中国的书籍艺术。21世纪的数码时代改变了人们接收信息的传统习惯，人们接收视屏信息甚至成为一种生活状态，如何让书籍这一传统纸媒能一代一代传承下去，我们当然要改变一成不变的设计思路，不能停留在为书做装潢打扮的工作层面。设计师与著作者、出版人、编辑一样要做一个有思想、有创想、有追求的书籍艺术的寻梦者和实干者，“天时、地气、材美、工巧”(《考工记》)，形而上和形而下的完美融和与追求，当代中国的书籍艺术一定会再度辉煌。

我想还是引用国际设计界著名的书籍设计大师杉浦康平先生的论述作为本文的结尾：“依靠两只脚走路的人类，亦步亦趋，这是人们前进和发展的步伐。如果行走中后脚不是实实在在地踩在地上，前脚也迈不出有力的一步。这后脚不就是踩在拥有丰厚的传统历史文化的母亲的大地上吗？人类正是有了踩着历史积淀深厚的土地上的第一步，才会迈出强有力的文明的第二步。进化与文明、传统与现代两只脚交替，这才有迈向前进方向的可能性。多元与凝聚、东方与西方、过去与未来、传统与现代，不要独舍一端，明白融合的要义，这样才能产生更具涵义的艺术张力。”

1·7

故纸温暖
——20世纪中国书籍设计进程

做书的过程中必然与纸张接触。以前所指书籍一般多为纸面载体，不像今天有很多诸如ebook、ipad、kindle等电子阅读载体。所以已往我们读书与纸张有着密切的关系。作为纸文化来说，它伴随我们成长，也是我们生命中不可欠缺的物质存在。20世纪的中国书籍艺术进程留下百年书籍设计发展的轨迹。

清末民初中国就已经有了杂志的出版。《东方杂志》是1904年商务印书馆创刊的一本综合性的刊物。在甲午战争以后，以《东方杂志》为标志，中国的出版真正进入了一个新的阶段。出版物排版已经开始西式化，从

图 1-7-01:《东方杂志》

中国古代的传统线装、竖排本、右翻页变成了横排本、左翻页，并且采用了新的印刷手段。洋装书改变了中国传统线装书的形态，封面装帧已经逐渐成为书刊商品市场所急需的一个装饰化手段。真正意义的书籍装帧由此产生。《东方杂志》作为我国期刊史上一本屈指可数的大型综合性杂志，原为月刊后改为半月刊，直到 1948 年 12 月停刊，一共出了 44 期。它忠实地记录了历史风云的变迁，也是很多文化名人发表作品的平台，梁启超、蔡元培、严复、鲁迅、陈独秀等许多著名的思想家、作家都在《东方》上发表过文章。杜亚泉、胡愈之等著名的出版人，也曾出任过杂志的主编。然而由于那个时代的历史条件所限，当时装帧基本是以封面为主，上海出版界的老装帧家钱君匋先生曾经说："30 年代的书籍装帧一般指的就是封面，不涉及其他。"著名的教育家邱陵老师说："当时的装帧艺术实际上就是一幅封面画，画家的作品被复制到出版物的封面上，这就是一般的设计。"所以在那个时候画封面成了装帧的一个最重要手段。精彩纷呈的插图作品成为那个年代封面特征。

对于民国年代的装帧，必然提及鲁迅。鲁迅先生是中国近代书籍设计当之无愧的开拓者和实践者。他不仅仅针对封面，更开拓了书籍的整体设计。他说："天地要宽，插图要精，纸张要好。"所以他不仅仅对表面进行打扮，更注重对内涵的准确表达，他还说过"书籍的插图原意是在装饰书籍，增加读者的兴趣，但那个力量能补助文字之所不及，所以也是一种宣传画"。在鲁迅的影响下，涌现一大批优秀的书籍设计家，比如丰子恺、陶元庆、司徒乔、钱君匋、陈之佛、叶灵凤、关良、闻一多等众多的装帧大家。他们学贯东西，博采众长，极大地丰富了书籍的设计语言。鲁迅不仅是位作家，也是一位装帧家，他亲力亲为，为自己的作品做了一本本精彩的封面和插图。《呐喊》就是鲁迅先生最具代表性的作品，这本以暗红色作为基调，拱围着一个偏方的黑色块，正如他自序当中所写的黑色块比喻为一个可怕的小铁屋。黑块当中两个字都以呐喊二字中的"口"为设计重点，两个偏上，一个偏左下。口字仿佛在齐声呐喊。鲁迅只对笔画做简单的移位，恰恰把汉字的象形功能转化成具有视觉冲击力的元素。另几本作品，像《萌芽》杂志、《引玉集》等均出自鲁迅先生之手。

鲁迅对书籍设计有一套完整的见解，他不单单讲究书籍封面，更考虑到印刷用的纸张、排版样式等书籍诸

图 1-7-02:《呐喊》，鲁迅设计

方面的组成部分。他曾经提到，讲究的中国或西洋的书，封面后和封底前总有一张到两张的空白页，书页上下的天地都留得很宽，带来阅读的愉悦感。但看一看当下的书，很遗憾大抵没有留多少空白，天头地脚都非常窄，要想写点批注文字都不容易，可以叫无地可容吧。翻开书页，满目是密密匝匝的黑字，加之油墨味，使人产生一种压迫感和局促感，所以它少了读书的乐趣，仿佛人生没有了慵散的余地。今天做书，为了追求成本，书里最好塞满更多的文图，空间天地越来越小，阅读的愉悦性也越来越少。鲁迅先生有时为彰显文人特质，封面除了书名和作者题签外，什么都不印，他用毛笔书写清秀有力的书名，封面显得异常质朴，他的封面字体经营打破平板格式，不求对称，且是灵动又富有生气。《二心集》《三闲集》都应是他这种风格的代表之作。

值得一提的还有一位民国著名装帧家，从20世纪20、30十年代一直到21世纪初始终在上海从事书籍设计工作的钱君匋老先生。他是中国近代装帧领域里的大家，他一生设计的书多达四千多种。五四新文学作家的不少作品是他设计的。比如茅盾的《子夜》、巴金的《家》等。他认为一本书应该是一件艺术品，从内容到外形，都要做到尽善尽美。钱君匋先生不仅通晓传统，同时也努力地吸纳西方设计语言，他做了很多实验性的设计，把意大利的未来派、德国的表现主义、俄罗斯的构成主义等风格借鉴到他的设计之中。所以他的设计一直在变化着，一点看不出有陈旧的痕迹。

另一位非常出色的，也曾引起争议的装帧家陶元庆，他为鲁迅设计了很多书，鲁迅也非常喜欢他的作品，鲁迅曾经这样评论他，“他（陶元庆）并非之乎者也，因为他不遵循过去的、老的形和色，但又不是简单地把好和坏，yes 和 no 作简单分割”。他一方面因循中国的传统艺术，同时不盲目追随西方流派，在西学中把握住中国尺度来打造中国的现代风格，所以他的作品具有世界之时代潮流之风，却又呈现了中国的民族性。《彷徨》是他为鲁迅先生做的一本书，很具有代表性。

还有一位是上海著名的画家——丰子恺。丰子恺 1949 年后曾任中国上海画院的院长，他的书籍设计作品为中国的装帧史留下了精彩的一笔。丰子恺曾经这样说：“深刻的思想内容和完美的艺术形式相结合是优秀的艺术作品的根本条件。”我们都知道丰子恺曾经做过很多教科书，现在市面上也可看到不少再版的开明书店

◀

图 1-7-03:《欧洲大战与文学》，钱君匋设计

图 1-7-04:《彷徨》，陶元庆设计

▼

老课本，即叶圣陶老先生主编，丰子恺绘插图的民国课本。这些课本和我们今天的课本作对照，我们感到民国时候的课本不仅在内容方面传授给孩子们深入浅出的知识，还影响孩童的审美，让他们自幼分辨什么是书卷之美，我觉得那时的课本比今天的美得多。

叶灵凤也是一位优秀的书籍艺术家。他曾说书籍虽然是商品，可是商品也得讲究商品艺术。书的内容不一，种类不一，因此它的形式至少需要和它的款式，乃至封面都必须与内容调和。闻一多先生是大家都知道的一个革命者、诗人，他也是位书籍艺术家。他设计的《猛虎集》，简约的寥寥数笔生动地表达了主题。除了鲁迅、丰子恺、闻一多等在书籍设计上的丰硕成果以外，还有不少作家也进行了装帧和插图的尝试。女作家张爱玲，她为自己的作品配以生动的插图，这是很多现代作家所无法企及的。《流言》封面中她给自己画的自画像，她为其他书画的插图，都非常精彩。还有很多很多活跃在书籍领域中的艺术家们，像廖冰兄、庞熏琹、巴金、莫志恒、林风眠、丁聪、孙福熙、朋弟。有的不仅是设计家，还是学者、作家，那个年代的设计家艺术气质优雅，文化造诣也高，才造就了如此丰富的民国书籍设计艺术。

在早期，很多的文学著作、丛书，比如说上海的《晨光文学》；还有诗歌，新诗歌社的“新诗歌丛书”都有很多耐人寻味的封面和插图。在20世纪20、30年代的上海有本著名的杂志叫《良友画报》，出现了热销。这与它的设计相关，版面图像处理上以及构成上都很时尚，非常前卫的设计意识吸引都市读者。当时的上海是全国的出版中心，也是最为时尚的文化中心，很多出版物均在上海出版，尤以新女性的杂志突显那个时代的媒体特征。当然更多的是文学书籍的出版，那个时期有许多作家居住在上海。

从民国封面可以看到几个特点：第一，非常注重文字的设计。每一本书上的书名都拥有设计的意识，也许当年不像我们今天可以轻易从电脑上取下文字使用，那个时候没有这个条件，但他们对文字注入了情感化的视觉描绘，看上去每一本书的封面上的文字都有了温度似的。

第二个，插图的个性。原本书的文本没有图像，但插图可以赋予文本以视觉表达。如抗战时期解放区的出版物，尽管那个时候的条件很艰苦，印刷条件落后，但是为了凝聚抗日力量，出版了很多有力度的书籍。而在当时，国民党管辖区同样也出版了很多抗战时期的书刊来鼓舞抗日士气。其中一本《航空杂志》，文字设计非常有意思，全部由飞机组合而成，《胜利版画》的几页字，是用粗笔手写的，表现出一种强烈抗争的张力。民国时期文化艺术音乐的杂志和书籍里面都有非常精彩的插图，张光宇的一本《漫画名作选》，里面把世态万象中的众生相表现得淋漓尽致，入木三分。可以看到那个时期个性艺术家的不拘一格，吸收了很多西方的现代绘画技巧，应用于书籍设计当中。

第三，书籍信息表现的形式繁多。关于青年的修养道德等方面的图书，应用图解的方式便于年轻读者理解，那个时候已经有了信息图表设计。《国语四千年变化潮流图》，将几千年的文字分析解读，做得非常仔细，符合逻辑，中华汉字的发展过程衍化成一条文字的长河来进行表现，用今天的专业词汇就是“Information Design”，叫作信息设计，80、90 年前的做书人已经具有这样的意识了。而今天的出版人、著作者往往怕麻烦而疏于收集、分析、整合、梳理信息的必要工作，而当时的人们却会如此精心地去收集信息，并且用这种视觉化的图表形式表达出来，即使现在看来也十分前卫，当代人难道不觉得汗颜吗？1927 年上海的一个出版社委托别人做了一系列少年儿童教科书，自然科学、人文科学、社会科学、文学等内容包罗万象，形式也丰富、生动、多变。做书的目的很清楚，为了孩子们的阅读。很多插图画得精确到位。反顾今天的教科书里面的图似乎简单许多，粗糙了一点。当年的小学自然科学的课本，其中有一张非常精彩的插图，把方方面面的知识通过各种分析，用视觉化的综合形式表现出来，这岂不是教育者的责任吗？因为今天过于追求利润，许多出版者不愿意花成本去精心制作，而许多画家也不愿意静下心来为孩子们画这些插图，因为与纯绘画的收入相比少得可怜。由此看来，民国时期的书籍制作手段虽没有今天的高科技，但它显得更完整，更精致，更有书卷气。

《中国画学全史》装帧精美，用了三种金箔粉来烫制，里面的隔页、扉页、环衬、堵头布、丝带都非常讲究。那个时候的技术未必有今天这么先进，但对呈现书籍文化的审美要求有一个深刻的理解，并精心去做，就能做得极致。或许我们用今天的眼光来评判民国时期的书籍装帧会有时空的隔阂，与今天的书籍设计还有不小的差别，设计语言和表达方式相距甚远，但那是时代的

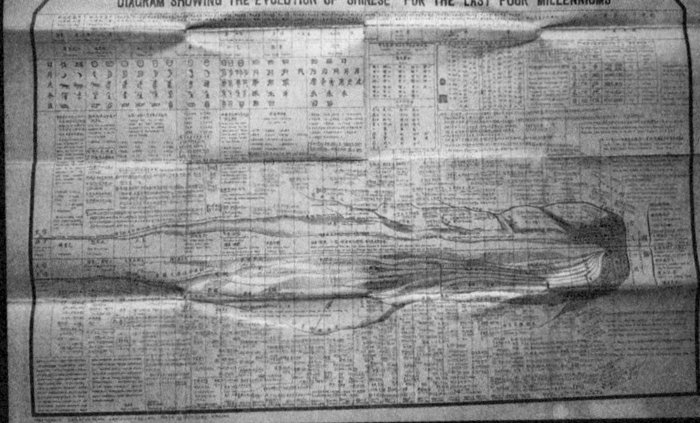

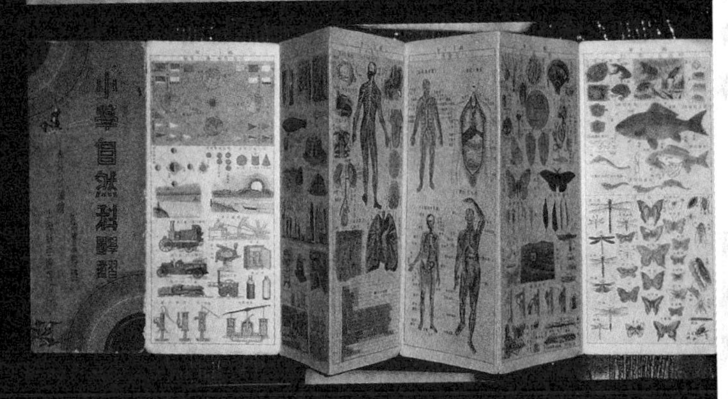

▲

图 1-7-05:《国语四千年图表》

图 1-7-06:《小学自然科学习图鉴》

▼

局限性，在我看来并未失去书籍至善至美的光彩。甚至我们还可找到当今出版人、学者、设计师们十分欠缺的东西：理念、知识、审美、修养、责任，还有心态。我们需要的是一种宁静，一番思考。我们可以看到鲁迅等民国书籍设计大家们在 1920 年时开始了完整的书籍设计思想和书籍的整体设计实践，这让我们震惊，也让我们去思考作为后来者，意识上反而在倒退！我们应该做些什么？在上一个一百年中，中国又经历了怎样的一个时代变迁？我们的书籍面貌又呈现了怎样的一个春夏秋冬？

20 世纪初，清封建王朝覆灭，辛亥革命成功，五四新文化运动带来全新的文化气象，以鲁迅为代表的左翼作家们和一大批优秀的青年书籍装帧艺术家、插图画家们以开放的视野，广收博取，中西融合，别开生面，共同开创了全新的书籍艺术面貌，那个时候真可以称得上是百花齐放、百家争鸣的时代。各种风格的流派争鸣，学术上的交流也热闹非凡，我想此种现象可以比作一个学术上的炎热夏天。

1949 年中华人民共和国成立，中国政府非常重视出版，所以那个时候几乎所有的艺术大家，比如刘海粟、刘开渠、蔡亮、黄永玉、丁聪、黄胄等都在为书做封面、画插图。那个时候的作品给今天留下了一个个经典范例，比如《阿诗玛》就是著名画家黄永玉先生所做的版画插图和封面；叶浅予的《上海早餐》、黄胄的《红旗谱》、李少言的《红岩》、丁聪的《四世同堂》等插图出类拔萃，书籍艺术领域犹如硕果累累的秋天。

秋天过后是冬天，也就是20世纪60年代“文化大革命”的开始。当时的中国政治环境非常恶劣，几乎所有的出版社停业，编辑、出版人、设计师都下乡劳动，到五七干校改造思想。那个时候出版物很有限，除了红宝书造成的出版“红海洋”，屈指可数的几本“金光大道”之类的小说和样板戏外，几乎没什么可做的书，因此那个时候虽是满目红色，恰恰是书籍艺术领域令人寒心的冰冻期。

冬去春来，真正的春天是1978年十一届三中全会起始的改革开放。艺术领域打破自我封闭，解放思想，打开了国门，新鲜的空气吹进了书籍设计界，许多的设计家面对现代艺术、新的设计观念，开始思考。很多艺术家还走出去学习新的知识，业界更增加了国内外的交流和互动。年轻的设计师不满足已有的设计观念，而纷纷在出版领域注入更多的反思和学术争论，并进行了大胆的探索和实践，开拓了领域壁垒。在体制运作上增加了多元的形式，产生了社会的设计力量，无论体制内外更多的是去大胆创新，去创造，显现出一种勃勃生机的新气象。所以我称它为书籍设计业界迎来改革开放的春天。

改革开放至今已40年了，难得的机遇给中国的书籍面貌带来巨大的变化。不能忘记几位我们设计界的引领者，虽然有的已离我们而去。曹辛之，他是中国第一届书籍艺术委员会主任，是位诗人、篆刻家、书法家，主业当然是装帧。他早年在解放区时就曾为丁玲设计文学书，他还是现代诗一个流派的代表人物。但不幸的是，57年被打成右派发配到黑龙江劳动，“文革”结束后才被平反，这又使他恢复了艺术的青春。《九叶集》《最初的蜜》是改革开放初期的经典之作，也是许许多多的后来人学习的摹本，封面字都是曹辛之自己写的，这些字今天看来仍显得那么的严谨而富有功力。还有一位值得一提的邱陵老师，是非常著名的书籍设计家、教育家。他在中央美院开创了中国第一个书籍设计专业，他同时也撰写了中国第一本书籍装帧史，《红旗飘飘》是

▲

图 1-7-07:《阿诗玛》，黄永玉设计

图 1-7-08:《九叶集》，曹辛之设计

▼

他的经典之作，他培养了大批中国当今著名的书籍艺术家。另外一位也是令我敬重的，前年去世的著名出版人范用先生。他曾是人民出版社的总编、三联书店的总经理，一位出版人，却喜爱装帧。他设计的书从来不署自己的名字，前几年，三联书店为他做了一本作品集《叶雨书衣》，“叶雨”两个字是他装帧署的笔名，即“业余”的谐音，可见他的谦虚，他还培养了一大批优秀的美术编辑。他创刊的《读书》至今还是本非常有品位的杂志，他为巴金设计的《随想录》封面上注入大量文字，展现出封面设计的新天地。第二届书籍装帧艺委会的主任张守义，是在人民文学出版社工作的插图画家。他以简约、概括、凝练的造型手法，塑造了大量中外文学作品和其中的文学人物形象，他的很多优秀作品和创作经验，为后学者提供了很好的学习启示。不幸的是，他在前几年因病离开人世。

张慈中老先生早年在上海工作，新中国成立初期调到北京从事书籍装帧，很不幸的是受冤被打成右派。但上级鉴于他有高超的装帧能力和过硬的印刷技术知识，所以没有将他发配到北大荒劳动改造，而是把他继续留在北京从事设计。那个时候的很多重要著作，比如《中

图 1-7-09:《毛泽东选集》，张慈中设计

华人民共和国宪法》《毛泽东选集》《马克思画传》都出自他之手。《毛泽东选集》书名字体由他设计，后来衍展成一种新的字体——长牟体。同时，因为做了这些非常重要的书，他还得到了周恩来总理亲自会见。他的许多设计作品已成为经典。

优秀的书籍设计家宁成春，曾担任三联书店美编室主任。范用先生的书卷气息和对艺术的严谨态度，对宁成春产生了很大影响，他的作品充满了高雅的文化气息，广泛受到人们的关注。那个时期南北有两位引人注目的设计家，即北“宁”南“陶”。北面是宁成春，南面即是陶雪华。陶雪华是上海译文出版社美编室主任，由于她善于吸纳现代艺术观念，她的设计突破常规，充满现代感，由此得到了许多读者的喜爱。速泰熙是江苏文艺出版社美编室主任，现在是南京艺术学院的教授。他本是一位化学老师，但自幼喜欢绘画，喜欢设计，由此打下很好的功底。他调到出版社工作后，创作出大量优秀的书籍艺术作品。他还创作壁画、动画，设计家具，他在跨界的艺术领域中也表现得非常突出。袁银昌，是上海文艺出版集团的艺术总监，也是上海书籍设计艺委会的主任，一位典型的海派书籍艺术的代表者。其优雅清新气息的设计，尽显沪派精致风格。王序是著名的平面设计家，是他最早把众多外国的设计书籍引进出版业，他还自己出版了中国第一本设计专业杂志，对中国改革开放之后平面设计领域的意识观念提升发挥了很大的作用。吴勇，一位优秀的书籍设计师，现任汕头艺术大学长江设计与艺术学院设计系主任和教授。他永远是追寻梦想的前卫探索者，他的理念就是不重复自己，做他人没做过的东西，因此在书籍设计方面他不断给自己找麻烦，这样的设计家当今并不多。宋协伟是中央美院的教授，长期关注国内外设计动态，他的设计非常具有概念性。他的每一本设计都有不同的编辑思路，探求不同一般的信息传达形态，《昌耀诗乃正书》、台历书，有意思的创意与众不同。张志伟，原任河北教育出版社美编室主任，现任教于中央民族大学，长期对民间艺术有浓厚的兴趣，他做了大量有关民间艺术题材的书籍，带着浓浓的中国气息，比如《梅兰芳戏曲史料图画集》，与他人合作获得了2004年度“世界最美的书”金奖，为中国的书籍艺术争了光。鞠洪深，曾担任云南人民出版社美编室主任，现任北京工业大学教授。长期在云南的生活经历使他对民族色彩非常敏感，他的设计总带有少

图1-7-10:《中国名花》，鞠洪深设计

数民族的一股艺术张力，他为花博会做的《中国名花丛书》，一张张书页如花瓣经重叠形成一朵美丽的奇葩。韩济平，原山东文艺出版社美编室主任，现为北京印刷学院教授。他对国学很有兴趣，同时又是一位富有创造力的前卫设计师，他不拘泥于固化的装帧模式，努力创造书籍的新形态。他做的《百家姓》《逍遥游》是中国古代旋风装的重新再造，古籍的现代演义。王春生，山西教育出版社美编室主任。出生在中原的他，黄土地孕育了他浓重的中原文化审美意识，同样也渗透于他的书籍设计当中，他的作品具有一种独特的高原民俗气息。韩家英是深圳著名设计家，他喜欢文字艺术，有成功的商业设计作品，他为一家出版社设计《天涯》杂志，每一本都在创造新的实验性文字，并成为该书的一种文化符号，突破了一般的封面固定的样式。付晓迪是一位军人，原任解放军出版社的美编室主任，现在成立了自己的工作室。他的设计既有铿锵有力的威武感，又富有委婉细腻的现代性，他的作品获得很多奖项。赵健，是我在清华美院的同事，长期从事教育工作，在设计理论方面有独到的视点和研究方法。他出版了一本关于民国设计的书《范式革命》，很有见地，我推荐大家一读。他设计的《中国风》封面流行风格中又蕴含着浓厚华韵的体现，他设计的《曹雪芹风筝艺术》，获得了“世界最美的书”奖。朱赢椿，是最近几年为喜欢书的人所熟知的一位设计师。他喜欢自编自导自演，不拘泥于文本的限制，更多地注重对文本的新诠释，引发关于今天的书籍设计的探讨。他设计的书很多被国外买了版权，《不裁》获得“世界最美的书”铜奖，《蚁呓》获得了联合国教科文组织德国分部颁发的“最美的书特殊奖”，他的很多书都获得了“中国最美的书”奖。小马哥，在设计圈这些年里是无人不晓的优秀女设计家，她和一位合作者橙子不甘寂寞，是永远在寻找完美阅读途径的一对苦行者，他们参与的设计项目几乎全部介入编辑过程，为达到至美至善的结果，她不厌其烦地不断和出版人、编辑、工厂进行交涉。她的设计非常复杂，但每本书都会让你感动，因为其中包涵着很纯粹的精神追求。刘晓翔，是高等教育出版社美编室的资深设计师，对中国历史有着浓厚的兴趣，因此他做了很多人文类方面的书籍，具有很强的编辑意识。他不能容忍只为书做装饰，追求在文本中寻造设计语言和语法，而让内容更有秩序，让阅读更富有诗意。他设计的《诗经》《王羲之》等书法都获得“中国最美的书”奖，他两次获得“世界最美的书”奖。韩湛宁，一位优秀的深圳年轻设计师，也是位诗人，他开辟了自己的专栏。他有传统文化的积累，又善于学习、吸纳国外的理念，他的设计总是让你耳目一新。何明是位歌手，一个乐队的主唱，也是大贝斯手，但他酷爱做书，他的设计具有很鲜明的节奏感与明暗轻重关系，这也许是音乐的印记。何君、广煜、刘治治，这三位都是毕业于中央美院的年轻教师，但他们的设计人们并不陌生，设计界都熟知他们的作品。他们的每一本书都是由非常独特的语言构成，他们关注的是编辑设计和信息叙述的切入点。何君的作品曾获得“世界最美的书”奖。

还值得一提的是两位我非常喜欢的设计师，一位来自香港的设计师陆智昌，2000 年他从香港辞去了出版社的工作，来到北京，成立了他自己的工作室，一直干到现在。他的设计简约、清新、疏朗、讲究文字的阅读。没有过多的装饰，他更多注重一目了然的阅读设计，因此他的设计受到了很多读者和出版人的青睐。另一位是台湾的著名设计家、出版人黄永松，他在北京成立了汉声工作室，为追寻中华文化之根和留住即将消失的中华文化遗产，三十多年来出版了大量这方面的书，把人们逐渐淡忘的中华传统文化、民间手工艺重新拉回到当代人的生活环境之中。最近他与清华大学建筑学院合作，专门寻找即将失去的城镇和村落，记载并出版。长期生活在台湾的他对自己祖先的文化如此地热爱，用其一生的精力坚持做这项工作，令人感动。为将很多珍稀的手工艺保留下来，让许多艺人在那里继续传承，最近在宁波城区开辟了手工艺作坊，他为中华非物质文化遗产的保护发挥了巨大的作用，他的修为令我敬重。

20 世纪 80、90 年代，大家都在继承、学习、吸纳的基础上进行了反思。传统对于今人来说不是终止符，传统应该在社会文化的动态变迁中延展进步。1996 年我联络宁成春——当时在三联书店任美编室主任，还有当时非常年轻的优秀设计家吴勇，以及一位女设计家朱虹，我们四个人在三联书店举办了一个展览，题为“书籍设计四人展”，同时出版了一本名为《书籍设计四人说》的书。我们对书籍设计提出了自己的看法，对当今装帧概念的不足与滞后性提出了我们的质疑，由此在中国的书籍装帧和书籍设计之间产生了一个非常有趣的，也可以说是有争议的一个学术探讨。这些年来我们在这样一个全新的观念指导下不断实践，也逐渐地赢得更多设计师的认同，并且在实际的设计活动中增添书籍设计的意识。2004 年第六届全国书籍设计展在北京举办，这是改革开放以后一次大的检阅。该届展览期间我们举办了第一届书籍设计国际论坛，这是新中国成立以来出版界举办的第一次国际性的论坛。论坛请来的十五位世界各国的优秀书籍设计家畅谈他们的理念，引发与会者新的观念思考，至今这些当年播下的观念已经开花结果。中国的书籍设计不断走向世界，我们每年都要在韩国举办东亚书籍设计家论坛，交流书籍设计艺术的过去、现在与未来。我们在日本、欧洲以及中国台湾地区举办书籍艺术展，来介绍中国大陆的当代书籍设计艺术。同样我们也引进许多国外设计家的作品，比如“疾风迅雷——杉浦康平半个世纪杂志设计展”，并在北京、南京、深圳、成都、开封都举行了巡回展和演讲，他的设计观念影响和激励了中国许多年轻的设计师们。同时，2009 年策划的“中国当代书籍设计家四十人展”，也在全国各地巡回展出。并在德国法兰克福国家图书馆举办了“中国当代设计家四十人展”，这也是第一次在国外向西方人展示中国的当代书籍设计艺术。上海新闻出版局自 2003 年开始，举办了“中国最美的书”的评选，“中国最美的书”评选每年评出 20 本送到德国莱比锡进行“世界最美的书”奖的评比，几乎每年都有作品获得了“世界最美书”的称号，中国的书籍设计在莱比锡赢得了国际同行的认同，增强了我们的自信心和荣誉感。2008 年，世界著名的设计杂志 *Idea* 第一次全面、集中地介绍了中国当代书籍设计。2009 年“第七届全国书籍设计艺术展——中国最美的书展”在国家大剧院展出，展示了中国进入 21 世纪以来中国书籍设计的全新面貌。中国书籍出版协会装帧艺委会创办了专业杂志《书籍设计》。改革开放为中国的书籍设计艺术发展和进步创造了观念更新的机会，为中国的书籍设计师提供了施展创意才华的舞台。

回顾民国书籍的装帧，给数码时代的设计者一个惊讶、一份思考，半个多世纪前手段原始，没有电脑，并没有阻碍前辈们的创造力，温故知新，跨越时代的局限，书籍设计理念是提升中国出版物和信息载体水平的重要一步。今天的网络革命已经从根本上改变了每个人的生活，这个改变在视觉艺术领域尤为明显，因为屏幕已经成为人们离不开的新型载体，未来的传统纸面书籍的阅读审美习惯会不会消失，书籍设计将面临挑战还是机遇？这需要我们深入思考如何让传统阅读继续影响读者。

图 1-7-11: 充满活力的当代中国书籍设计

1·8 书戏

——阅读与被阅读

书，具有与电子载体全然不同的阅读感受，不依赖任何器物，户内户外随时随地可以轻松的阅读，纸张给我们带来视觉、嗅觉、触觉、听觉、味觉五感之愉悦的想象舞台。纸张语言的丰富，可供书籍设计师创造千变万化的纸张载体，体现无穷无尽的艺术魅力，让读者进入阅读的美妙意境。

书是传承文明的最重要因素，一个民族的文化生命绵延不断的根是文字，而文字又是组成书籍生命机体的细胞。汉字体现了信息沟通、表达语境，并赋予一种艺术神韵的中国智慧结晶。中国的书籍艺术有着悠久的历史，为我们留下了丰富的文化遗产，也是书卷文化不会被时下流行的电子载体吞没的根本原因。面对新的时代特征，纸面载体它到底还有没有生命力，关键在于扮演着被阅读角色的设计师怎样设计出“读来有趣，受之有益”的书，通过阅读者眼视、手触、心读来感受纸面载体的魅力。

设计者在纸上进行平面设计时，纸张呈现的是不透明的状态，而对于一位能感受到纸张深意的书籍设计者来说，这张纸也呈现出与前页具有不同透明度的差异感，这种差异感必然会影响书籍设计的思维，并促使设计者去感知那些似乎看不到的东西。由一张一张纸折叠装订而成的书，已不仅仅是空间的概念，其包含着时间的矢量关系和陈述信息的过程。能够力透纸背的设计师已不局限于纸的表面，还思考到纸的背后，能看透到书戏舞台的深处，甚至再延续到一面接着一面信息传递的戏剧化时空之中，平面的书页变成了具有内在表现力的立体舞台。

书籍设计是将信息进行美的编织的工作，是使书籍具有最易阅读（可读性）、最有意思（趣味性）、最为便捷（可视性）的表现方法论，从而设计出“读来有趣，受之有益”的书传递给受众。

阅读与被阅读，即是客体与主体、观众与演员，即读者与设计师的关系。书籍中的文字、图像、色彩、空间等视觉元素均是书籍舞台中的一个角色，随着它们点、线、面的趣味性跳动变化，赋予各视觉元素以和谐的秩序，注入生命力的表现和有情感的演化，使封面、书脊、封底、天、地、切口，甚至于翻开内页的每一面都呈现出书籍内涵时空化、层次化，有阅读韵味的书戏来。东方艺术的一个重要特点，即表现为主题在抽象时空中的演绎性，并贯穿于延续性的戏剧变化，富于联想。如京剧生、旦、净、丑的做、念、唱、打，像欣赏江南的园林，步移景异，是一种时空的经验。

一出戏，整个情节是沿着一条既定的剧情路线进行的，或是线性结构、起伏性结构，或是螺旋性结构，是依循内在的逻辑自然地发展着。正是这种秩序与条理性，使观众体验到了时空的细微变化。因此，书戏则是设计者把控信息生动表情，传达内容情节起伏相继的内在逻辑关系，让读者感受到故事始终的时间与空间体验的被阅读载体。

设计师要维系书之生命则是维系好阅读与被阅读，

即主体与客体的关系。要懂得以人为本，以读者为上帝的设计理念，最终会使作品具有“内在的力量”，并在读者心里产生亲和力，以达到书籍至美的语境。

书籍的设计与其他设计门类不同，它不是一个单个的个体，也不是一个平面，它具有多重性和互动性，即多个平面组合的近距离翻阅的形式，涉及多向领域的交叉运用。我们的视点除了在选择书的内容、题材的点去决策设计的方法与方向，像一个导演在接到一部剧本后所展开的思考和工作一样。从单纯的信息视觉阅读到五感的欣赏领悟，书籍艺术与虚拟的电子载体相比，有多少需要回顾与反思，或者可以说书籍还属于有待开拓的设计领域。

书籍设计是一种物质之精神的创造。

书籍设计者的义务是为读者演绎了一出阅读好戏，书籍为这个世界增添了一些美好的东西！

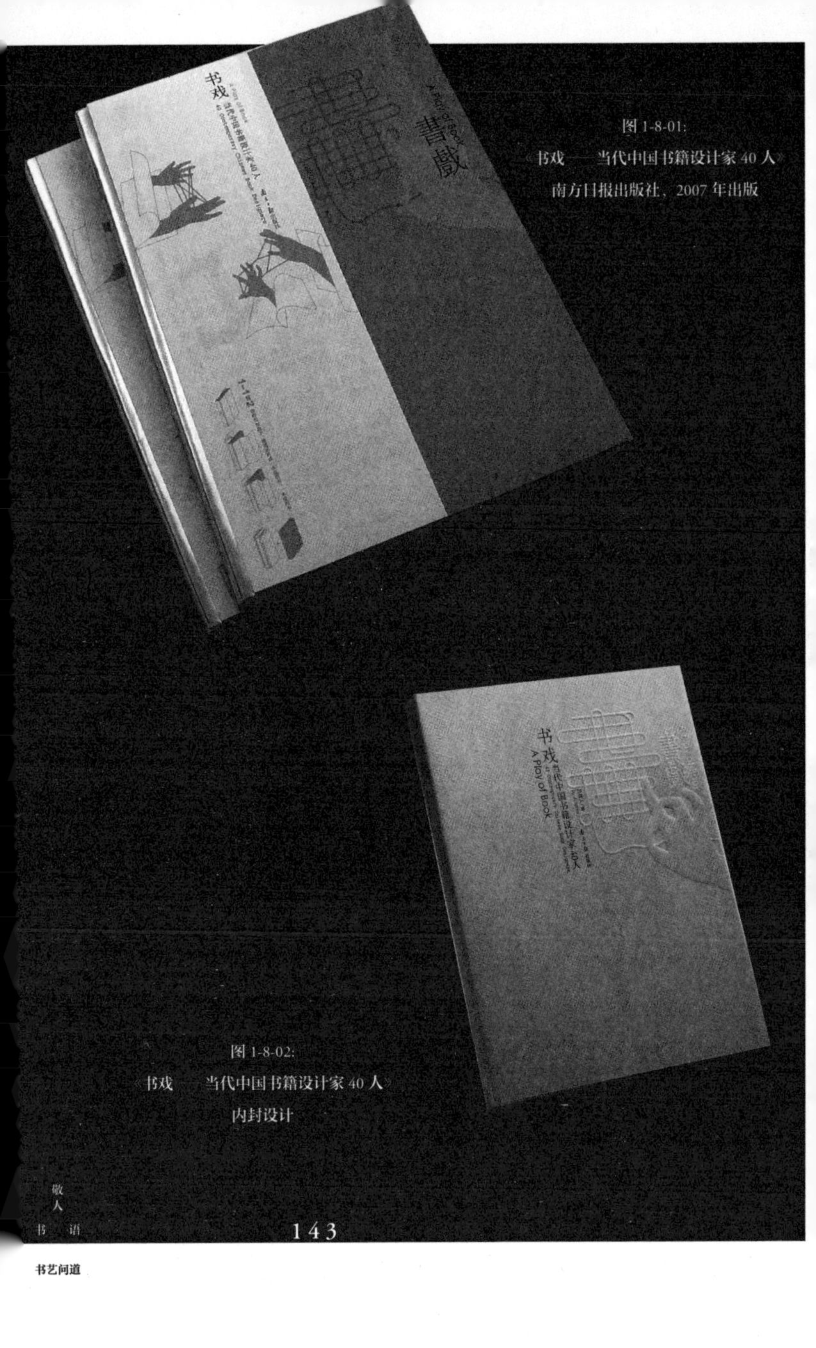

图 1-8-01:
《书戏——当代中国书籍设计家 40 人》
南方日报出版社，2007 年出版

图 1-8-02:
《书戏——当代中国书籍设计家 40 人》
内封设计

1·9

书·筑

——书籍是信息诗意栖息的建筑

当韩国的建筑家李大俊先生和日本的建筑家团纪彦先生与我谈起“书·筑”展的话题，要把中、日、韩的建筑家和书籍设计师撮合在一起做事，当时我一点信心都没有。碍于李大俊先生是我特别尊敬的出版家李起雄先生的朋友，另外我曾为团纪彦先生的父亲，著名音乐家、散文家，中国人民的老朋友团伊玖磨先生做过《烟斗随笔》一书，面子过不去，只好答应，心里却直发毛。

建筑设计与书籍设计作为行业，以往属异门别道，老死不相往来，但作为一种文化现象和人文精神追求，其内在的关系从来没有分离过。有诗为证，这是一首

图 1-9-01: 从左至右: 团纪彦、李大俊、吕敬人

耳熟能详的李白的诗："床前明月光，疑是地上霜。举头望明月，低头思故乡。"诗中对建筑内外空间的描述，拓展了时间、季节、情调的联想，更为寻找对故乡亲情的思念，提供了精神空寂的"场"的诗意表达。

法国文豪雨果曾说："人类就有两种书籍，两种记事本，即泥水工程和印刷术，一种是石头的圣经，一种是纸的圣经。"书籍与建筑数千年前就有着渊源。

这印证了"书·筑"展主旨"书是语言的建筑，建筑是空间的语言"的概念。

20 多年前我有幸在杉浦康平老师的设计事务所学习，他改变了我对书的设计只解读为外在装饰审美的观念，他一再强调一本书不是停滞在某一凝固时间的静止生命，而是构造和指引周边环境有生气的元素，设计是要造就信息完美传达的气场，一个引导读者进入诗意阅读的信息建筑再造的过程。他使我顿悟，优秀的书籍设计师应在文本的篇章节句中寻找书籍语言表演的时间过程和空间场所，让视觉信息游走巡回于页面之中，时而静止，时而流动；让书纸五感余音缭绕于翻阅之间，时而平静，时而喧闹……感染读者的情绪，影响阅读的心境，传递着善意的创造力。

书籍是时间的雕塑，书籍是信息栖息的建筑，书籍是诗意阅读的时空剧场。

“书·筑”展是由日本建筑界的泰斗稹文彦先生和韩国著名出版人、坡州 BOOK CITY 创始人李起雄先生发起的，日本书籍设计大师杉浦康平担任评审委员长，以书籍与建筑这两个领域进行共同协作的跨界研究项目，是为中、日、韩东亚三国的文化交流而创立的一个崭新的平台。

这次参加“书·筑”展的中国建筑师和书籍设计师，除了我和方晓风先生以外，都是年轻人，他们均在这两个领域里有着卓著的成绩和才华，在繁忙的工作之余和短短的时间里，付出热情和努力，完成了各自的作品。相信日韩的同行们亦是如此，他们当中不乏世界级的大师，如世界建筑界最高奖普利兹克奖获得者妹岛、韩国建筑泰斗承孝相、平面设计师原研哉和三木健等，从他们的作品中，我们也收获良多。

中、日、韩有着相通的文化，更具有各自优秀的特质和个性，一个多主语的亚洲，展现着森罗万象的精神世界，和而不同是东方的智慧，“书·筑”活动提供了这次沟通与交流的机会，大家以专业视野和对传播东方

▲

图 1-9-02: 书与建筑

◀

图 1-9-03: "Locus 书 · 筑"日本展，2012 年

▶

图 1-9-04: "Locus 书 · 筑"设计竞赛评委，2012 年

从左至右：吕敬人、矢获喜从郎、团纪彦、杉浦康平、祖父江慎、李大俊

▼

图 1-9-05: "Locus 书 · 筑"韩国展，2016 年

「書・築」展
日中韓共同プロジェクト
LOCUS DESIGN FORUM
HILLSIDE TERRACE
駐日韓国大使館 韓国文化院

文化的热忱，用文化体现出和谐的力量。

原定的题目“LOCUS DESIGN FORUM”中的“LOCUS ”是“位置”和“地点”两个词的合并组合的拉丁语新词，即“场”的意思。也可解读为“空间”，而东方人有精神方面“气场”的解释。日本人有着独特的观点，把“LOCUS”一词意解读为“间”：指的是两个物体之间所存有的空间，我们称为空隙，也可称作两种声音停顿当中的间隙或休止。“间”不是静止的存在，有着无限可能性的扩张力，是第三者去感受的现象或过程。韩国的理解则是兼而有之。三国的文化差异却要我们统一于一个命题让受众明白，这可把我们难住了。

建筑师接受客户诉求无非有两种：一种是表面工程，大体量，眩眼即可；而另一种是真正解决人舒适居住和文化审美相融合的场所。书籍领域也存在同样问题。在日本，为书做表面设计称为“装订”“装帧”，而经历了整体编辑设计和贯穿物化全过程的书，其版权页上有署名为“造本”的称谓。“造”，营造、构建。“本”，日语即为书。“造本”准确传递出当代书籍设计家把书当作建筑来做的新概念。我突然想到杉浦老师的造本理念，将“造书”与“建筑”合拼成“书·筑”一个词，用汉字来代替西文“LOCUS”，包含东方的寓意，于是“书·筑”成了这个展览的主题。

由各具文化特征的三国书籍设计家和建筑家（各四组），最终完成 12 本完整概念的“书”载体，各组发表了多角度的研究观点，并由于对“书是语言的建筑，建筑是空间的语言”具有不同解释，导致书的制作和空间展示方式的多元构想，“书·筑”展呈现了与其他书籍艺术展不同的全新概念。

中、日、韩三国在悠久的历史进程中相互交流，互为影响，三国均有使用汉字、筷子和把酱油作为调味料的共同传统。随着近代化进程，不断汲取西方的现代主义理念，以克服自身的局限性的学习和消化过程，并反映出三国不同的方法论。作为共享汉字文化圈的三国，以理性与感性的思考，明确自身的坐标轴，构想以“场”的概念，传递出东方共通的文化信息，面对现在与未来。

英国历史学家汤因比（Toynbee Arnoid Joseph 1889—1975 年）曾经著述“文明的命运就是挑战与面对”，本次活动也赋予了这样的使命意义。

12 本书的出版是成功的，不仅是三国的建筑家和书籍设计家们共同协力面对挑战，创造性地开拓未来书籍与建筑概念互通和持续性发展的可能性，并具多重意义展现“场”的划时代的思考。另一层意义还在于面对当今数码技术的快速发展，信息传播和生活习惯越来越虚拟化，在对人类精神和物化生存方式产生怀疑之际，“书·筑”概念让书籍包括建筑与人的关系引发深刻的启示与联想。书·筑的理念也衍生出书籍的未来——揭开新造书运动即将到来的序幕。

“书·筑”的概念是“装帧”向“书籍设计”新观念转换下导致的造书新思考，中国自古发明了造纸和印刷术，改变了人类文明的步伐，15 世纪谷滕堡的印刷革命直至 21 世纪的今天还在铸造着伟大的精神建筑。书是图文流动于最适宜停留的场所，让文本滞留的空间中拥有时间的含义，这是一座装满精神食粮的建筑。若以物化的书籍结构来看信息无不安居栖息于厅堂、卧室或书房，游走拾步于楼梯、过廊与拐角……建筑设计是让人们拥有“居住的欲望”，书籍设计则是赋予读者“阅读的动力”。

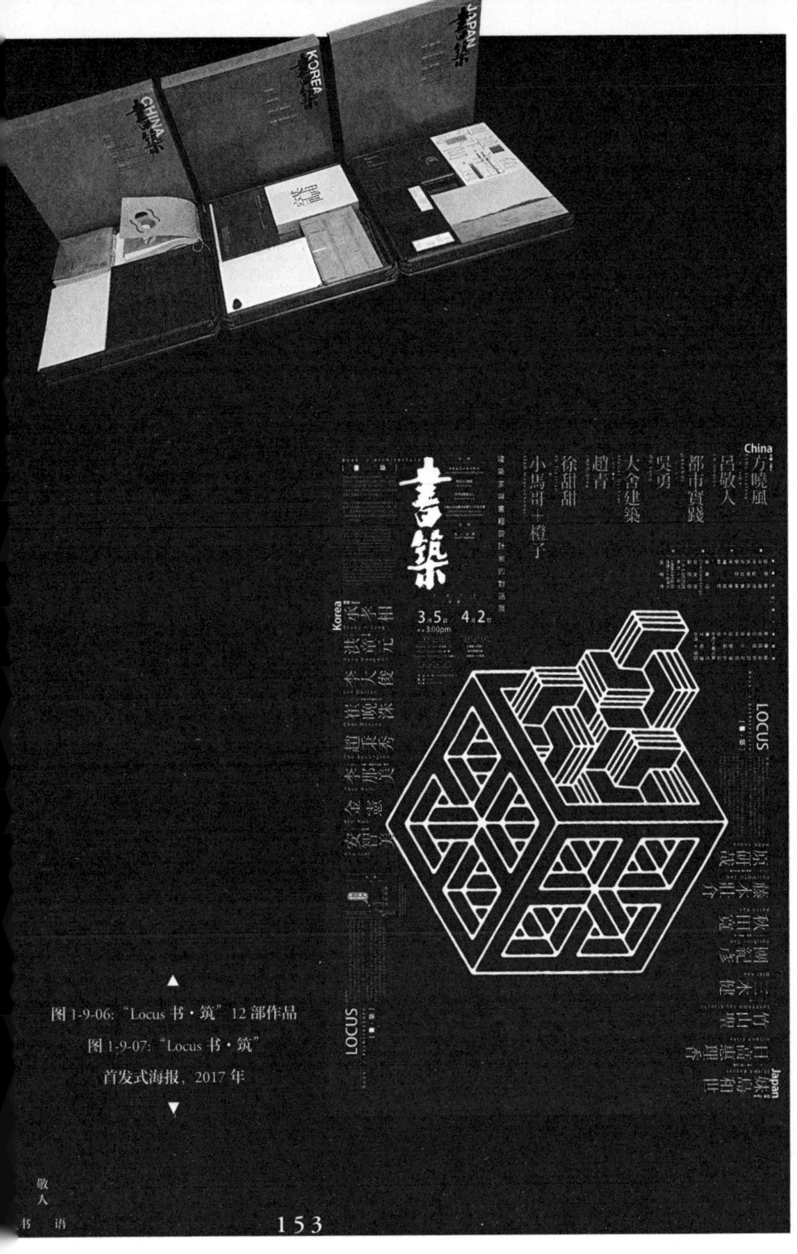

▲

图 1-9-06:“Locus 书·筑”12 部作品

图 1-9-07:“Locus 书·筑”

首发式海报，2017 年

▼

1·10

承道工巧
——创造书籍的物化之美

书——展现纸文化形态的魅力

《天工开物》有言“天覆地载，物数号万，而事亦因之曲成而不遗，且人力也哉？”

我国是造纸古国，在世界文明进程中有其无可替代的贡献。中国人造纸，用来书写、绘画。有了印刷，可广泛传播文化信息，还能施展能工巧匠们在纸面上创造平面艺术的才华，而传递文化主要的载体是由纸做成的书。如今在文物收藏中，纸绢文物是数量最大的三宗文物之一（另二宗为陶瓷器和玉石器）。

考古发现，蔡伦之前，西汉就有了汉宣帝时期造的麻纸，证明我国早就有利用植物纤维造纸的历史，东汉的蔡伦在此基础上改良技术，促进了中国造纸业的发展。

纸的材料是植物纤维，其中有韧皮纤维，如大麻、黄麻（草本）、桑、楮、藤（木本），茎秆纤维如稻草、麦秆、芦苇、竹类，种毛纤维有棉花等。古人用手工制作麻纸、皮纸、藤纸、竹纸、棉纸、宣纸。到了19世纪末，机器纸大量生产，逐渐成为书业的主要用纸。

纸是信息传播的媒介，是视觉传递的平台。纸张给传递信息、传播文化、表现书画艺术、推动印刷……提供了发展的机会，是中华文明史进展重要的催生物。纸张与人们的生活、学习、劳动、生产休戚相关，纸已是人类生命中离不开的现实存在。纸张是近代书籍的基础材料，尽管有木板书、绢绵书等，但纸张仍是成本最低，携带阅读最为简便，印刷制作效果最佳的用材。

纸之美，美在体现自然的痕迹——它的纤维经纬，它的触感气味，它的自然色泽，它由印刷、书画透于纸背的表现力（触感性、挂墨性、耐磨性、平整性）。纸张的美为我们的生存空间增添无穷享受愉悦的气氛。尽管今天已处于电子数码时代，人们仍在尽情感受纸张魅力，这是大自然给予我们的恩惠，一种电子数码所无法替代的与大自然的亲近感。

纸张中纤维经过搓揉、磨压，具有耐用结实的美感与实用功能，书籍用纸具有不可思议的文化韵味，纸张中凸凹起伏、深深的叠皱纹，带有不同的色泽，具有很强的张力，翻阅触摸时，竟有意想不到的享受弹拨音乐似的快感；纸张的魅力在于其内在的表现力，千丝万缕的植物茎根层层叠叠，压在不到毫米厚的平面之内，并透过光的穿越，展现既丰富又含而不露的微妙表情，也许文字和图像均可退居幕后，此时的纸张语言则是无声胜有声；纸张的魅力还体现在力与美的交融，珍藏几百年甚至上千年的古籍、古书画仍在散发着原作墨迹彩绘的光彩。

纸张美的本质是什么？是“亲近”之美，是我们与周边生活朝夕相处的亲近感，由纸张缀订而成的书籍既有纯艺术的观赏之美，更具在使用阅读过程中享受到的视、触、听、嗅、味五感交融之美。

中国纸张的独有特征是世界书籍艺术进程中重要的组成部分，至今，中国的纸书籍仍受到特有的青睐。人们翻阅着飘逸柔软、具有自然气息的书页纸，从中体味中华文明传承至今的血脉。

数字化时代体现了先进的生产力和科学技术发展水平，纸张书籍是否还有其存在的空间呢？数字化电脑读物自有其特殊的功能，传统书籍也有自身的特质，这里不作孰存孰亡的陈述。而书籍作为一种纸文化形态的魅力，终将在书籍文化的进程中“事亦因之曲成而不遗”——永葆纸文化的生命力，因为它体现了与人最为亲近的自然之美。

工艺塑造书籍“美”与“用”的和谐之美

书籍是一个相对静止的载体，但它又是一个动态的传媒，当把书籍拿在手上翻阅时，书直接与读者接触，随之带来视、触、听、嗅、味等多方面的感受，此时书随着眼视、手触，心读，领受信息内涵，品位个中意韵，书可以成为触动心灵的生命体。

中西方书籍漫长的发展史，给我们留下了许多优秀的装帧形式和制作工艺，如包背装、经折装、线装、毛装、函套等形式，从普通的木版拓印到石印、拱花等技术，一本本精美的图书呈现在我们面前。这些传统工艺都是汇集人类经验和智慧的结晶。欧洲中世纪的手抄本，19 世纪的金属活字印刷本，中国宋、元、明的民坊、官坊的刻本，还有中国古代宫廷所制作的精致的书籍艺术品，可谓集工艺之大成的杰作。

随着 20 世纪初中国书籍制作工艺引进西方科学技术至今，书籍制作的工艺手段可谓无奇不有，似乎只有想不到的效果，而没有完不成的工艺之说。除各种印刷手段外，像起凸、压凹、烫电化铝、烫漆片、过 UV、覆膜、激光雕刻等工艺手段都各具特色，为不同书籍塑造着各具表现力的个性形象。另外，众多设计师运用各种工艺进行创新探索，如线装书多样的缝缀方式，书籍书口呈现变化多端的印制图案效果……古人云："书之有装，亦如人之有衣，睹衣冠而知家风，识雅尚。"清人叶德辉在《书林余话》中也提出综合衡量书籍价值的标准："凡书之有等差，视其本、视其刻、视其装、视其缓急、视其有无。"书籍有着漂亮的外观总是件赏心悦目的事，但仅仅以漂亮为目的，表面的浮华之美无疑是缺乏生命力的。书籍毕竟和绘画不同，它的根本用途是供人阅读，是"用的艺术"，这就决定了书籍"美"

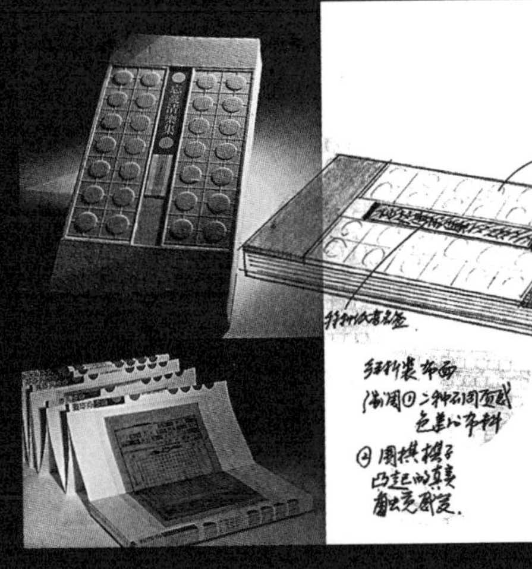

图 1-10-01、图 1-10-02:《忘忧清乐集》设计手稿

的境界是“美”与“用”的和谐统一，是完美地展现书籍内容，力求工艺手段的单纯，是超越个人主义的真、善、美的世界。孙从添在《藏书纪要》中也强调：“装订书籍，不在华美饰观，而要护帙有道，款式古雅，厚薄得宜，精致端正，方为第一。”

这些古训都从不同角度论述了书籍外在美的重要性，也阐释了外在美与内在功能的关系。书籍的外观，传递着内容的信息，也透着设计者的精神境界与意念。工艺是书籍外在美的形成条件，借助于各种工艺，美才得以实现。工艺还需遵循一定的秩序。材料的品性、工艺的程序、技术的操作、劳动的组织等，这些秩序法则是支撑工艺之美的力量。工艺不能以唯美为目的，更不是设计师个性的即兴宣泄，是以用途美观相融合为目的来选择的。在书籍设计的创作过程中研究传统，适应现代化观念；追求美感和功能二者之间的完美和谐，这是书籍发展至今仍具生命力的最好例证。

日本著名工艺学家柳宗悦在《工艺文化》中谈到工艺之美时说：“涩是包含东方哲理的淳朴自然的境地。把十二分只表现出十分时，才是涩的秘意所在，剩下的‘二’是含蓄。”“余”“厚”“浓”之所以没有失去清幽

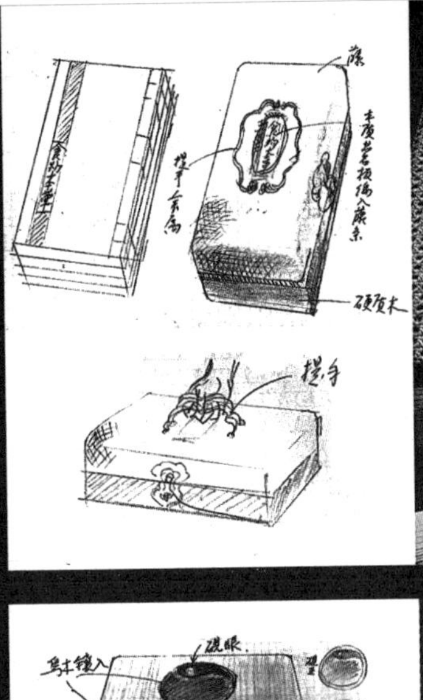

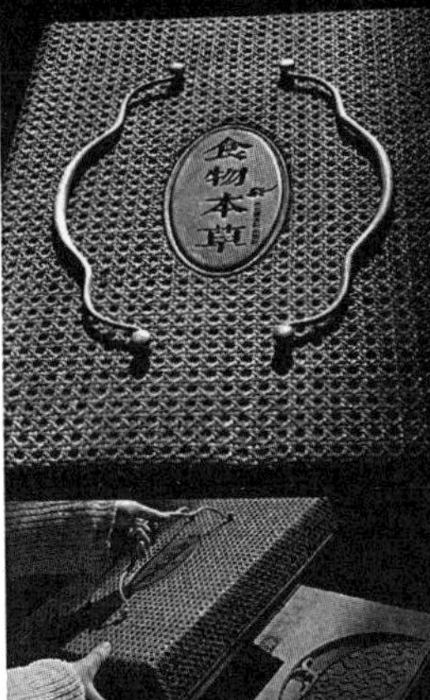

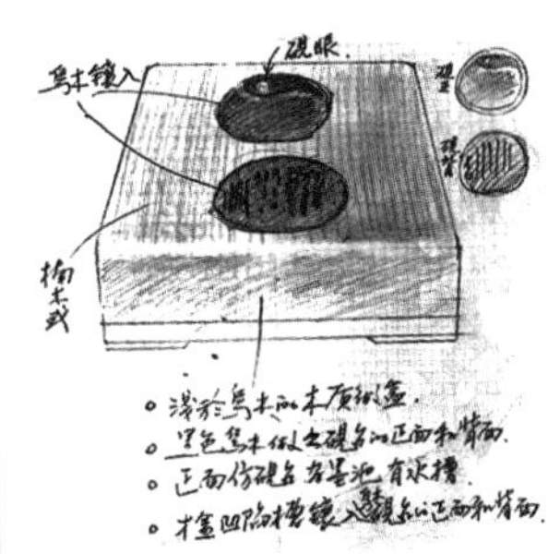

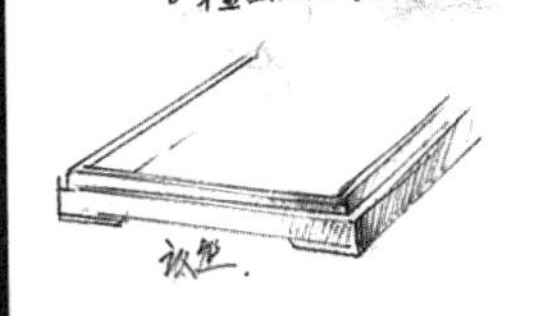

▲

图 1-10-03:《食物本草》设计手稿

图 1-10-04:《沈氏砚林》设计手稿

▼

之美的真谛，这也充分说明了，书籍应具有浓浓的书卷气的含蓄之美。

图 1-10-05: 在人敬人工坊与技术工人共同探讨工艺的实施方案

1·11 纸之五感

四大发明中的造纸术和印刷术这两项，都与出版有关，另两项指南针和火药加速了世界文明的进程，这是值得我们骄傲的文化遗产。传统书籍离不开纸张也离不开印刷，而今天的电子时代，改变了包括我在内的更多人的阅读习惯。电子载体给我们带来的方便自不用说，大容量，快查阅，动静声色俱全，今天“宅男”（“宅女”）关在屋子里守着电脑就可以了解世界。但我们似乎不太满意完全沉湎于这样一个虚拟的时代，还会留恋一些给我们带来亲近感受的东西，比如说我们生活的自然环境，亲自与各种人、事、物打交道的经历。同样，纸媒给我们带来的亲近和愉悦感，与电子载体还是有所差别的。

纸张来自于大自然，纸张由植物的纤维造浆抄制。中国广袤的土地滋生各种植物，多民族的造纸方法和技术各有千秋，传统纸的种类成百上千。纸张是大自然给予人类的恩惠。几千年来中国都用传统手工抄制的纸做成书。工人用编织的竹帘框，放进纸浆池，纸浆淹没竹帘框后，将其轻轻撩出浆池，饱含水分的纸浆均匀地附着在竹帘上，再通过挤压出水，然后烘干或自然晾干，一张纸就完成了。表面看来简单的几步操作，却要经历很长时期的经验积累，才能把握好纸张厚度、克度分毫不差的抄纸。今天的工业化时代，像这样造出的手工纸已远远满足不了出版用纸需求，做书用页也慢慢被工业纸所替代，除有着独特表现力的中国宣纸仍用手工抄制，并闻名于世界。一张纸通过不同的工艺形成不同的肌理、色彩、轻重、厚薄……纸张有着不同的表情和个性，它能陈述千言万语让读者去领悟与体会。一本好的书，通过设计将图文承载在纸面上成为人们爱不释手的载体。因此纸张对于我们来说，是最最亲密的挚友。

到底纸张载体能够承载多大体量的信息，日本著名设计大师杉浦康平曾进行一个富有创想力的假设。通常一张纸通过对折再对折，经过这样4次折叠就是32开本的书。如果使用一张A4的60克纸，大约是0.1毫米厚，将其对折，变成了4个Page，两折为16P，四折为32P，厚度为1.6毫米。也就是说32P的书脊厚度为1.6毫米。然后把它再折，当然再往下折的实际操作的可能性已没有，因为太小，但理论上可以继续折，折七回的时候为1.28厘米，也就是256P，大致一本30万字的书，那书籍厚度基本上是1厘米多点厚度。继续往下折，折到14回厚度为1.638米，接近一个人的身高，页码是32768P。继续再折，折20回，厚度是104.857米，2097152P，一栋30层高楼。折到27回，为13.421公里。折到42回，则为地球到月亮的距离，即38万5千公里。折到51回，1亿5千万公里，是地球到太阳的距离。一张薄如0.1毫米的纸折42回能到达月球，折51回则能达到太阳，因此说纸张具有包容整个宇宙的力量。不要小看一本书文字的力量，它所包含的精神力量更是不可思议。

今天是信息的时代，它不是简单地把文字承载在书页上交给读者就行了，它必须和读者建起一个沟通的桥梁。你要知道读者所需，你要知道传递给读者怎样的信息。

什么是信息？信息是来源于人与人之间的交流，沟通是人类设计创造文字的原始动机。书籍上承载的文字和图像为阅读提供演绎多彩信息的剧场。信息的“信”这个汉字非常有意思，是单人旁与说话的“言”组合，也就是人说话产生信息，语言是人类交流最起码的功能，之后先祖创造了象形文字。东巴文是现存的象形文字，比如说、笑、歌、喊、吼（用象形文字）字里看到说、笑、歌、喊、吼，不同的生动姿态和独具特色的声音。两个人说话就产生了交流，因此东巴文里面说话的“说”，是两个人的对话。自从有了文字，有了纸张，便有了读书的文字。东巴人为了与上天对话，塑造了大量上天的象形文字，用来祭天，感恩上苍赐予他们丰盛的粮食。

作为书籍来说，文字是基础，是构成书最根本的元素，文字不仅传递信息，还形成汉字都有的表现艺术——书法，书道，篆刻，还有印刷字体等，这些都是文字的艺术。作为传统的纸质书籍为文字创造了一个信息沟通的舞台。作为一个信息设计者，你必须学会和人对话、和社会对话。作为书籍设计师、出版人、编辑，要学会深入生活和人打交道的基本技能。小时候有一种游戏，叫作翻花绳，如果把这个绳圈当成一个文本，通过编辑、设计师对这个文本的理解，加上创意和想法，可以翻出各种各样的花样来。翻花绳，就是与作者、读者对话，对话产生交流，交流传递信息，信息促成互动。同一文本可以翻出不同情趣和形态的交流语境来。

当读者读一本书的时候，通过眼视、手翻、心读，享受阅读舞台带来的想象。 文字、图像、色彩、空间就是书页舞台上的演员，面对观众（读者）的时候，观众的情绪影响他的演出，他会感应到自己的存在，观众和演员之间必然产生交流。因此作为信息传递者来说，时刻牢记你是一个交流者，你的受众就是一个读者，你自己就是个被阅读者。每一个做书人，要把自己的角色摆正，不能孤芳自赏，阅读是相互的，我认为书是人文精神交流的舞台。做书为阅读服务，根据内容和受众，决定书的形态，信息传达的结构。书，作为物化的载体，它像一栋建筑，构建怎样的触感墙体，设定怎样的游走路径，安置最佳阅读的享受空间。阅读和被阅读是信息互动的场所，设计师与读者交流的舞台。因此我们不要把书作为一个静态的东西，它是具有跨越时间与空间的生命体。

体现纸张五感的阅读设计，使读者在翻阅的过程当中，领受纸的自然之美，纸言纸语。所谓“书之五感”，首先是目所能及有文字、色彩、图像，需要用眼睛来阅读；第二，书，必须在触摸、翻阅中感受纸张的物质性；第三，是嗅感，纸张构成来自植物的树皮茎根，来自大自然的气息，同时还有油墨的气味，更重要的是时间的气息，一本新书，一本老书气味不同，日本有一条叫作神保町的旧书店街，每一家都能嗅出不同的味道；第四，听觉，书的厚薄、轻重，纸张的绵柔或硬挺，翻阅发出的声音都不一样，当然，还能聆听到文本内传递出剧情的声音；最后，书是有味道的，书当然不能吃，但能品，可以品味书卷文化中的醇厚的意蕴。书之五感：视、触、听、嗅、味，书籍载体展现了纸文化的魅力。

今天的电子时代，究竟纸张给我们怎样的体会？纸书语言丰富，可塑性强，通过不同的形态、翻阅的形式、触摸的感受、工艺的兑现，呈现出各种表情，吸引当下的读者。十多年前我和雅昌合作，开设“人敬人书籍设计工坊”，我的学生们都可以在那儿亲密接触纸张，做

图 1-11-01 ~ 图 1-11-05:《书籍五感》海报设计，2006 年

图 1-11-01 ~ 图 1-11-05:《书籍五感》海报设计，2006 年

图 1-11-01 ~ 图 1-11-05:《书籍五感》海报设计，2006 年

图 1-11-01 ~ 图 1-11-05:《书籍五感》海报设计，2006 年

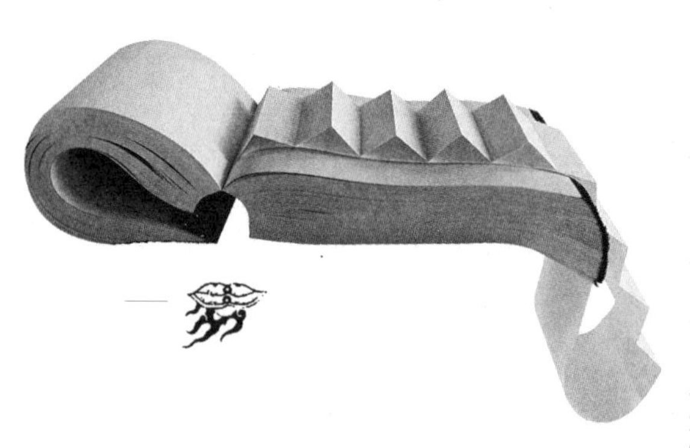

图 1-11-01 ~ 图 1-11-05:《书籍五感》海报设计，2006 年

图 1-11-06:《书籍五感》艺术装置，2006 年

成一本本有趣的书。我带学生们到德国与莱比锡毗邻的“哈雷大学”进行交流，该学校至今还保留着传统书籍的教授，在那里做纸张的实验，探索纸张的功能。东西方不同的文化赋予书籍多姿多彩的设计思维和方法，同样传递出书卷艺术的魅力。

2009年，我在台湾参加金蝶奖评审活动，收到法国奢侈品店LV给我发的邀请，把我吓了一跳，我从来没进过这样的店。去后一看，让我十分感动。整个二层都是书店，卖的都是些有趣的书，限定本、签字本、概念书，价格不菲，受众却很多。书广为大众所用，但也可为小众所爱，书籍的未来有多元的市场。离开书店，站在十字路口等绿灯，抬头一看，对面就是一家书店，大楼的墙上镶嵌了大大的标题："贫者阅书而富，富者因书而贵。"何惧贫寒，读书能致富，富者读书，才能成为真正的精神贵族。书给我们带来阅读的价值认知。

我对纸面阅读，仍然充满了信心，这使未来的信息载体形式变得越来越多元，书籍艺术将为设计者提供更广泛的发挥潜力的舞台，因为书籍展现了纸文化的诗意魅力。一书一生命，纸之五感，为阅读创造万千的可能性。

1·12

讲好故事，中国自创绘本的希望

我出生于20世纪40年代的上海，是看小人书的一代。小时候家父会给我们买中外各种图画书，美国好莱坞的《米老鼠与唐老鸭》、意大利的《木偶奇遇记》、丹麦安徒生的《卖火柴的小女孩》《丑小鸭》《皇帝的新衣》、德国格林童话《白雪公主和七个小矮人》《小红帽》、德国卜劳恩的《父与子》，还有张乐平的《三毛流浪记》《三毛从军记》、叶浅予的《王先生与小陈》以及各种绘本。一到圣诞前夜，妈妈趁我们兄弟几个熟睡之后，给每个孩子的枕下塞上一本缠着丝带的漂亮绘本，第二天醒来翻开枕头兴奋不已，兄弟几个忙着相互传看，这是我童年感受早晨阳光最明媚的时光记忆。那时家里还有一台幻灯机，每年父亲会给我们添一套新幻灯片，五兄弟聚在一起，享受其中神奇的画面和美妙的故事。记得我还在幼儿园时，母亲拿着《岳飞传》系列的第一册《岳母刺字》指着画面给我讲岳飞抵抗外强，保卫家国的故事，当时的场景至今历历在目，永生难忘。

家父为我们成立的五人图书馆也会对外开放，小朋友来借书，我们会如数家珍推荐好看的《三国演义》《东周列国》《封神榜》《岳飞传》《杨家将》《孙悟空三打白骨精》《为要读书》《渡江侦察记》《山乡巨变》……哪些画家擅长什么画法，哪些画法适合现代题材还是传统题材，实在是耳熟能详，特别喜欢的作品我就大量地临摹，直到高中毕业考大学。遗憾的是从50年代到“文革”的20多年，政治运动从来没停息过，虽有些许优秀的儿童文学作品和绘本出版，但作家与画家也无不受制于这样的政治环境，难以发挥。60年代中期的“文革”更是一场文化浩劫，中国的绘本同样深受其害。

1979年邓小平提出的“实践是检验真理的唯一标准”大讨论，拨开形而上学唯心主义笼罩在人们大脑中的思想迷雾，实事求是地去寻求真理的价值所在。伪善与肮脏的思维亵渎人类教育的纯洁性，脱离儿童心理先入为主的固态“教化”，遏制了人们对儿童教育特征深入研究的创想力。改革开放30多年，无数为儿童阅读付出智慧和心力的教育、出版、艺术工作者创作了优秀的绘本，涌现出不少绘本界的代表作，如陈永镇的《小马过河》、柯明的《金豆儿银豆儿》、刘巨德的《九色鹿》，还有杨永青、温泉源、田原、马德、余理、蒋铁丰、龚韵雯、高燕、于大武、朱成梁、吴冠英、速泰熙、黄毅民、姚红等大批绘本画家创作了广受欢迎的优秀作品，今天活跃在儿童类图书出版领域的画家熊亮、李全华、杨忠、朱赢椿、周翔、马玉、熊磊、赵希岗等，他们已有着诸多建树，佳作享誉海内外。更有新一代绘本创作者郁蓉、李蓉、李让、刘畅、部凡、张茜等，有的还在国际上获得了奖项（郁蓉创作的《云朵一样的八哥》在2013年布拉迪斯拉发国际插画双年展上获得了金苹果奖）。

我喜欢看绘本，尤其是儿童绘本，这是幼时养成的兴趣。年近70的我至今仍爱看好的绘本，翻来覆去，津津乐道。出国跑书店，绘本专柜是我爱浏览的去处，并买下中意的好书，回来慢慢品读，或介绍给他人。

参加工作后对绘本仍抱有浓厚的兴趣，1987 年创作绘本《五个小罗汉》以多国文字对外发行，至今想起来也是件乐事。25 年前我在日本买的一本名为《我诞生了》的绘本，带回国后，无论是学校上课、业内办讲座，我都会介绍这本书，听者至今不下数千人，并深深打动了他们，这就是绘本的力量。虽以后的工作主要集中在书籍设计的研究和创作，但绘本仍与我有着剪不断的缘分。

绘本即是我们平时常说的少儿图画书，以图像为主体担当传达故事的主角，与连环画及文学插图还是有着较大的差别。绘本创作也分对象，3~6 岁为幼儿绘本，6~12 岁为儿童绘本，还有针对青少年的绘本，包括给大人看的绘本。民国时期已有自创绘本问世，50 年代国家虽不富裕，教育还是投入不少，很多大家也投入绘本的创作，如丰子恺、张光宇、华君武、张汀、黄永玉等，他们的作品可以说已成为中国绘本的极品，比如丰子恺 20 世纪 40 年代画的绘本《护生画集》最近由读库重新编辑出版，言简意赅，生动有趣，仍为 21 世纪的新读者所青睐。

近 20 年来，以二十一世纪出版社张秋林社长为代表的中国童书出版人，大胆开拓创新，引进优秀的国外版本作品，挖掘国内的创作人才，出版了一大批优秀绘本。接力出版社在儿童绘本同样投入编辑力量，引进的《大拇指无字故事书系列》《法国科普经典——第一次发现丛书》独具影响。江苏美术出版社、浙江少儿出版社、上海少儿出版社继续原来的绘本创作优势，沉寂多年的中国少年儿童出版社在绘本编辑方面创新思路，组织中外作者共同创作，取长补短，优势互补，新出版的一批绘本令读者耳目一新，由巴西著名插图画家罗杰·米罗和德国画家索尼雅·丹努思奇依据中国作家的文本分别创作的《羽毛》《外婆住在香水村》是一个大胆而成功的尝试。同时，社会力量给予中国的绘本发展推波助澜，力量不可低估，如来自日本的“蒲蒲兰绘本馆”与诸多出版社合作，引进外版好作品，组织本地作者创作新绘本，成绩斐然。改革开放为中国的绘本创作注入了新的动力。2015 博洛尼亚国际童书展在意大利举行，中国“走出去”的数量庞大，320 平方米的中国展台里面不乏优秀的作品，“从品种和规模上看，中国已经成为世界少儿出版大国，但中国少儿出版缺乏叫得响的品牌作家和作品。中国出版协会少读工委主任李学谦对此表示，‘大而不强’是当下中国少儿出版最显著的特征。与国

▲

图 1-12-01:《云朵一样的八哥》绘本创作者郁蓉

▶

图 1-12-02:《我，诞生了！》作者驹形克己

▼

图 1-12-03:《羽毛》作者驹形克己

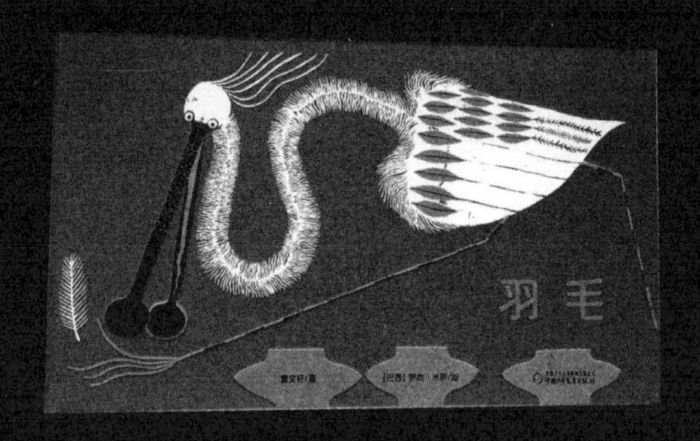

外出版强国相比，中国图书在‘质上还有很大差距’。”

然而，当我们浏览每年的国际图书展，或到国外书店购书，一本本充满生气、幽默生动、质朴纯粹、科学机智、富有活力和创想力的国外绘本涌入眼帘，爱不释手，趣味盎然，回味无穷。这不仅仅是绘画技巧的问题，是有关讲故事的善意和立场，结构故事，方法取向的意识问题。仅以“教育”为主导的许多绘本找不到让孩子探求未知的欲望，不能寻知世间事物许多幽深的空间，无法感悟万象生灵中还存有超越国界、人种、阶层、意识形态的情感温暖。

静心而论，对中国自创绘本目前的普遍状态有一种不满足感，图书市场大多数受欢迎的绘本出自欧、美、日、韩等国外的版本，中国自创绘本相对种类少得可怜。我们中国拥有大批优秀的儿童文学家和出类拔萃的画家，但欠缺好的绘本故事来感动广大的读者。我们一方面要传承前辈绘本大家的经验，同时是否可借他山之石找出差距所在，创作出更符合时代精神的中国绘本。其中有专为幼儿创作的《我，诞生了！》《是谁嗯嗯在我头上》《爸爸与妈妈》《十二生肖》《好饿的毛毛虫》《鳄鱼怕怕 牙医怕怕》《交通工具》《ABC3D》等，这些绘本在轻松的主题里传授知识，寓教于乐，讲着充满童趣与智慧的故事。书籍的三维形态更为绘本的多维度的创作带来丰富的想像天地，让孩子在亲手触摸互动中享受阅读的兴趣。英国著名立体书《鲨鱼与海洋怪物/史前百科》、美国绘本《拥有力量的海洋巨人——鲸鱼》中真实形象的鱼类都能真切抚摸到，一条条活生生的生命呼之欲出，让小读者惊艳无比；《翻与折》是我非常喜欢的日本绘本，形与色在翻折中不断变化，让孩子了解圆形、方形、曲线、点在折与翻之间的变化。启迪孩子联想思维的能力，简约中蕴含着不可思议的物之可能性启示；《雪人》中的雪人实在可爱，故事令人遐想；《折纸》让孩子饶有兴趣地亲近纸张，培养动手能力；《婴儿游戏绘本——我吃啦！》通过纸页翻动诱发孩子的食欲；韩国的《魔法瓶》中，翻开一个个奇特造型的瓶子，其背后是一只只与之象形的动物，惊喜中增长见识。《十二支》就是十二生肖，作者用纸张的质感和用不一样折叠来表现出每个动物的特征，活灵活现。纸质书的物质存在感可以让绘本作者发挥更丰富的想象力。

另一类是给儿童或青少年讲故事，以多元的视角，丰富的绘本语言，出人意表的语境，在诙谐幽默中传递

图 1-12-04、图 1-12-05:《ABC》

图 1-12-06 ~ 图 1-12-08:
《鲨鱼与海洋怪物 / 史前百科》立体书

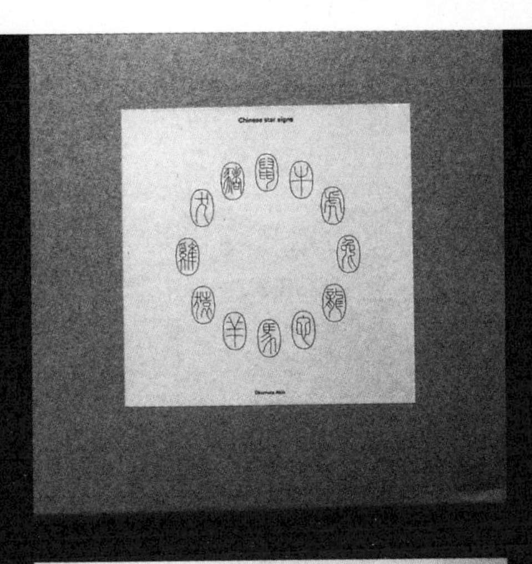

图 1-12-09 ~ 图 1-12-11:

《十二支》

世间真情、科学常识、人文哲理，如用定位的镜头对准一所《房子》，以第一人称的生命述说，跨越 100 年的时间经历，生动而形象地折射出德国近现代史的社会变迁；波兰画家创作的《世界地图》用稚拙又饱满的笔触，将世界各国人文地貌 、历史风情尽数点赞，信息量之巨大，俨然是一本人文地理教科书，读来却趣味盎然；法国绘本《指挥家》中五线谱衍生出生命之树，每一页画面都赋有音律节奏与奇特无比的想象力；比利时绘本《流浪狗之歌》讲述被主人抛弃的狗的经历，情意切切，寓意爱的深意；日本绘本《小恐龙阿贡》系列中随着那只可爱的小恐龙与各种动物遭遇中的喜怒哀乐，拟人化的故事激起阅读心潮的起伏跌宕；意大利绘本《我等待》以极简的妙笔描绘出的人间真情，催人泪下；委内瑞拉绘本《一本关于颜色的黑书》让盲童感受变幻无穷的彩色世界，还有《银河的鱼》《两只脚四只脚》《年历的书》《伞》《天鹅湖》《深海之旅》《在远方》均有美妙的故事，精致的视觉表达，以及独特的看点和意味。

从以上的作品发现主题切入点的多样性，故事结构另辟蹊径，总有一种意想不到的惊喜，话题以小见大，用朴实、纯粹、真情、接近人性真善美的描述，给人以

图 1-12-12 ~ 图 1-12-14:
《房子》

温馨的启示。而我们的绘本选题相对狭隘，叙事手法照本宣科，我们擅长讲“大故事”，又贫于挖掘最普通平实的话题，有些内容强调思想高度的超然性，扮演着居高临下的教诲者，貌似深邃，却难以感动人。故事结构平铺直叙流于一般，视觉语言、叙述语法匮乏，缺乏幽默童趣，固定的思维模式降低了想象力的发挥。

绘本、连环画、文学插图有其相通之处，但又独具个性。文学插图是作为文字而存在的，其附属性使之成为文字的补充；连环画则一条文字、一幅插图，是文本的视觉解读。而绘本作者有着更大的天地，可以追求自己的自主生命，发挥创想，而不成为文本的附庸。巴西画家罗杰·米罗以中国著名儿童文学作家曹文轩的文本为依托，但又不拘泥于文本，发挥独特的绘画语言和叙述故事的方法，演绎出独具匠心的有趣故事，可为中国的绘本作者提供不小的启示。当今国内有些绘本画家已自己撰文，自编、自导、自演，通过画面把各式各样的故事叙述出来，与书籍设计者相同，在信息传播中担当重要角色，这是一项富有尊严的职业，我们要鼓励图文兼具创造力的绘本作家的整体性创作，同时他们的劳动价值应得到社会的尊重和善待，为他们提供更大的舞台和创意的养分。(国内绘本、插图的劳动报酬是偏低的,是中国自创绘本、插图和书刊整体水平难以提升的瓶颈之一。)

绘本作者要时时对新的、特殊的事物保持敏感,使自己拥有对事物现象时时处于好奇的能力,并维系创作思路“化学反应”的觉醒,感受自己和他人以及世界的存在,将这些存在进行融合、吸收、咀嚼、结构、综合……经过美学创意思考,提升信息演绎的执行力。突破讲故事手法的单一性,掌握故事陈述语法多元化的表达:平面二维法、空间三维法、时间空间交织四维法。我们大家都明白雷同制造平庸,差异留住记忆的道理,深度不是故作深奥,浅显易懂也能传递故事的魅力。

绘本固然是全书的基础,但设计是全书重要的组成部分,设计要做到:①叙述性,故事本身固然重要,叙述方法却不能流于一般,起始转呈,节奏层次等,更要有多元的导演手法——流动的随影拍摄,蒙太奇的局部以及长镜头的时空切换等,给孩子身临其境的体会;②互动性,绘本阅读不是静态的,如果只是欣赏画面,未来电子载体会表现得更好,书的阅读需要孩子参与互动,充分发挥纸质书的优势,从形态、材质、结构到翻阅过程、动态思考带来令人耳目一新的趣味；③阅读性，绘者以高超的绘画能力吸引读者，但图文的编排，字体疏密灰度的把控，明视距离的秩序运用，清晰明了绿叶扶红花的阅读效果，文字及余白也是画面舞台的一个重要角色。

图画书是很难设计的——越简单的东西越难设计。文字的位置，孩子们怎么阅读，都是大问题。我的老师杉浦康平先生是日本著名的平面设计大师、书籍设计家，也是让我真正懂得什么是书籍设计理念的恩师，他曾为中国著名绘本画家于大武先生设计过一套图画书《西游记》。杉浦老师运用了几块云彩般的色块，漂浮游动于画面之中，既保证了每一面文字得到清晰的阅读，又将其融进故事语境之中，这也许是画家本人都意想不到的，巧妙的版面经营与画面空灵的速度感，提升了作品的表现力和阅读的效果。杉浦先生与天文学家一起编著，并由他设计的绘本《立体的星星》（日本福音馆 1986 年）用三维的眼镜观察宇宙中被人们赋予奇妙称谓的星座，远离地球几万光速的各个星座似乎触手可及，这本书深受欢迎，现已翻译成世界各国文字出版，仅在日本就已再版 40 余次。绘本创作要拥有与孩子们一起欢笑的心

图 1-12-15 ~ 图 1-12-17:《西游记》

态，直觉陈述时间与空间的意识，尊重自然与人性存在的一切价值，用各具特色的绘本语言反映事物的本源，创造生活的正能量，建立道德、美学、理性的知识体系，儿童读物也应该回归品味文化的层次，而绝非简单的宣传品。

最后借用蒲蒲兰绘本馆的做书理念作为本文的结束，他们认为好的绘本应具备以下条件："平凡、品味、精致、爱心、想象力"，这里没有高调大话，却值得我们绘本出版人、编辑、图文作者思考。中国已经拥有许多儿童文学家和教育工作者以及风格迥异、有创造力的优秀绘本作者群。一些艺术院校开设了绘本专业，以培养专业的绘本创作人才。出版机构广泛开展国际交流，并拥有海纳百川的胸襟和视野。正如青年绘本画家刘畅所说："虽然国内原创图画书的水平和国际水准尚有不小的差距，但不能因此就停下创作的脚步。我仍然要不断地学习和尝试，希望通过图画书和更多的孩子进行心灵的对话。"可以说，她代表了当代年轻一代绘本画家、编辑、出版人的心声和自信。好绘本的前提是要讲出好的故事，相信中国未来的自创绘本会展现出精彩美妙的中国故事，不负世界读者的期待和希望。

图 1-12-18:《立体看星星》,
杉浦康平、北村正利著,
福音书店,1986 年

▲

图 1-12-19、图 1-12-20:《北冥有鱼》作者刘畅

图 1-12-21:《火焰》作者朱存梁

▼

图 1-12-22、图 1-12-23:《恐龙快递》作者董亚楠

1:13 信息视觉化设计在书籍中的应用

信息设计（Information Design）

作为书籍设计的重要一环，信息设计概念改变了二维的装帧设计思考，是书籍设计必须掌握的设计思维和设计语言，也是必须拥有的信息时空传达的编辑意识。

首先必须搞清楚什么是信息设计。维基百科词条是这样解释的："信息设计是指人们准备有效使用信息的一种技能与实践活动。针对复杂而且未结构化的数据，通过视觉化的表现可使其内容更清晰地传达给受众。"

信息设计源于平面设计，早在 20 世纪 70 年代伦敦五星设计顾问公司首次提出这个概念，以明确区分产品或其他设计门类。指出信息设计隶属于平面设计或者说是平面设计的同义词，且经常在平面设计课程中教授。此后，信息设计概念被引申到平面设计应有效展示信息而非仅仅停留在增加吸引力和艺术化表现层面。于是“信息设计”出现于当时多种学科的研究中。不少平面设计师也开始引入这个概念，1979 年《信息设计杂志》(*Information Design Journal*) 的出现更是对设计的一种推动。在 20 世纪 80 年代，设计者的角色则扩展到需要承担起文本内容和语言表达的责任，更多的用户测试与研究手段已经不同于主流平面设计惯用的方式。

20 世纪 70 年代，Edward Tufte 与信息设计领域的先锋人物 JohnTukey 共同研究，并不断发展着他的统计图像化课程。该课程的讲义于 1982 年衍展为他自己出版的关于信息设计的一部著作《视觉量化信息》(*The Visual Display of Quantitative Information*)。此书内容富于突破性，使得非专业领域开始意识到表达信息的多种视点和可能性。信息设计概念也开始趋向于应用在原本被看作图表设计和信息量化设计的领域。在美国，信息设计师也习惯被称为“文案设计”(Document Design)；

在科技交流层面，信息设计被看作是为细化受众需求而创建信息结构的行为。它的实施过程依不同的认知尺度有着不同的理解。

由此可见信息设计在 20 世纪后半叶从研究到实践，被广泛涉猎到许多领域，各个国家的设计师都在积极参与，其理论也日臻成熟。我国在信息视觉化设计方面尚在开发之中，许多设计艺术院校没有开设这项课程，有的书籍设计师甚至还不知道有“信息设计”的概念这一说。

书籍作为大众传播的媒体，即使在今天的信息时代，尽管像 E-mail 这样的工具正发挥着强大的信息传播功能，但书籍仍未失去自身的特质和魅力，但设计师如何采用新的传播思路和设计语言，让受众来选择书籍并乐意接受视觉化信息传达的全新感受，正是这一时代对设计师提出的要求。

书籍文本中拥有大量参数化的信息，比如一个历史进程、一种自然界的演变现象、政治人物的一生、触目惊心的大事件、未来世界格局的设想等无须再用数万字的陈述，信息视觉化设计可以用大量确凿的信息数字和有表现力的图像符号将一个个复杂的问题清晰化，生动有趣地揭示其中的相互联系，并从中达到认识上的超越。美国著名图表信息设计家乌尔曼说：“我们正在将信息技术与信息建筑给以嫁接，我们超常的能力将数据信息储存并传达，使得这一梦想得以实现。”

确实，读者在确凿可信且又十分亲近的视觉信息面前，通过有趣的阅读过程可以达到一种需求满足和有说服力的理解。就像人们住进新建筑，找到最适合自己的房间，乌尔曼还阐明：“成功的视觉交流信息设计将被定义为被铸造的成功建筑、被凝固的音乐，信息理解是一种能量。”

总结以上话题，广义的理解信息设计：人为地按照受众意图选择组织相关内容的过程；引申的理解信息设计：将与原本主题相关的主旨、概念、例证、引文、结论部分的内容一一组织协调起来；具体的理解信息设计：逻辑化地发展主题、要点的强调、清晰地图说、线索的导引等，甚至是页面的设计、字体的选择、留白的使用，等等。相同的概念和技巧也同样应用于网页设计中，这种能附加更多参数化设置和功能的设计师也得到了“信息建筑师”的称号。

这里提到的参数概念十分重要。参数，即在一定范围内变化的数，是任何现象中的某一种变量数。宇宙自然的不断变化给世间万物造成瞬息万变的差异，人类是在宇宙规律中演化诞生，任何一个差异又会衍生出另一个差异，参数制造差异，差异制造记忆。创意，即在秩序中寻找差异，任何设计取决于变化，其程度来自度的把握，变化的依据来自表达的目的。

参数化设计是书籍中一个隐形的秩序舞台，它有助于设计师在秩序中捕捉变化，在变化设计元素中发现规则。文字、图像、符号、色彩在纸张的翻阅中形成一个流动的空间结构；而彼此间的节奏、前后、长短、高低、明暗、虚实、粗细、冷暖或加强减弱、聚合分离、隐显淡出，在时间流动过程中建立书籍信息传递系统，为读者提供秩序阅读的通路。最显而易见的例子即是目录的设计，优秀的书籍设计师是不会轻易放弃这个隐形的信息舞台。

信息图表设计（Infographics Design）

先人自古以来就创造出非语言的沟通形式，中国的象形文字、苏美尔人的楔形文字、埃及人的圣书体均来自传达信息的岩壁画的演化，图画和文字被高度整合，直至活字印刷术的出现，由于工艺流程和技艺的不同，使视觉图形与文字分离。在以后相当长的一段时期，资讯传播主要由文字担任主角。今天视觉化信息重新被各种载体所重视，其中信息图表设计（Infographics Design）成为世界各国设计领域竞相关注的研究课题，并已经应用于实践。

1. 什么是视觉化图表

信息图表（Infographic）可称为可视化交流法。其概念是将繁复、隐喻、含糊的信息通过资讯筛选、分类储存，以图像、文字、参数相结合，揭示、洞悉、解释、阐明其内在联系，这是一个思维领悟的认知过程，目的是设计成帮助信息需求者便于认知、深刻理解、高效交流的信息图解化传达图表。

信息图表帮助人们更好地通过特定文本内容的视觉元素系统、显著、鲜明、简单、直接、连贯和全面地转化字里行间的可视化元素，并建立关联——信息得到再一次呈现。

2. 信息图表设计（Infographics Design）的概念

视觉信息图表的设计需要将信息建立以归类与类别

相互联系的思考方式，归纳概括、联想促生、觉察关联以及在组织框架下探求平衡的能力建立整个交流体系的基础。如果说词语和句子是语言交流体系的一部分，信息图表中的图像和图形表现就构成了视觉交流体系。信息图表设计通过标准化的符号系统，将深奥的研究定量信息和统计数据转换成概念创意，随之转换成图形描述，并演绎生动的社会剧集。信息图表是一个可读可视化的复合体系，由图像、文字和数字结合而成使信息更高效地得以交流。

中国古代早有运用图表来解读信息的例子，如河图洛书、八卦图、星相图、人体穴位图等，但在欧洲视觉图表作为一种信息传达体系进行研究和实践是比较早的。

1626 年，克里斯托弗·沙纳尔出版了 *Rosa Ursina-sive Sol* 一书，应用图表图形来阐述关于太阳的研究成果，他绘制的一系列图表用于解释太阳的运行轨道。

1786 年，威廉·普莱费尔出版的 *The Commercial and Political Atlas* 一书中第一次出现了数据型图表，作者使用了大量的条形图和直方图来描述 18 世纪英国经济状况。

1801 年 *Statistical Breviary* 杂志中第一次发表了关

图 1-13-01:《天问图》

于面积图的介绍。

1861 年，描述拿破仑东征失败的信息图表表明了开放性信息图表的出现。

1878 年，西尔维斯特第一次提出了“图形”的概念，并绘制了一系列用于表达化学键及其数学特性的图表。

1936 年，奥托·诺伊拉特介绍了一套系统的视觉信息标识，将其发展为信息传达的一种视觉语言。

20 世纪 30 年代，随着伦敦的地铁系统变得越来越繁密，一位叫亨利·贝克（Henry Beck）的工程制图员，打破地图制作规范，摆脱实际空间的地理概念，运用了垂直、水平，或呈 45 度角倾斜的彩色线条，构成各个车站之间的距离位置，给观者一个非常流畅、清晰，便于浏览的地铁运行车站明细图。这张地图已成为伦敦的一张城市名片。以后，许多国家的地铁导视图都将伦敦地铁图作为模板进行设计，足见它的影响力，可以说这是迄今为止最为成功的信息视觉图表之一。

1972 年，德国慕尼黑举行的奥运会上，第一次引入了全面而系统的视觉标识，当时受到各国的一致好评，流传至今。慕尼黑奥运会中使用的奥运项目二级图

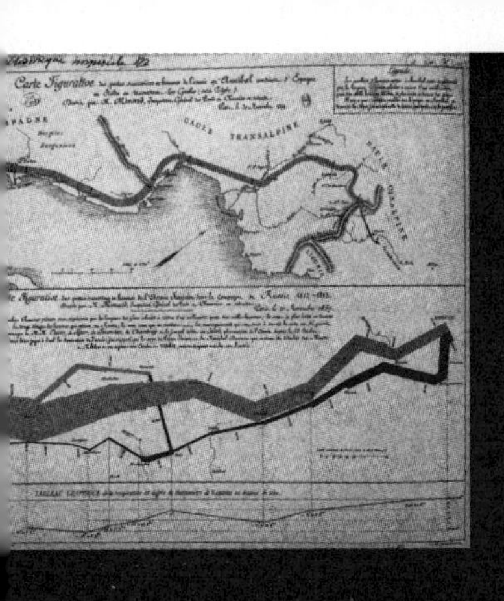

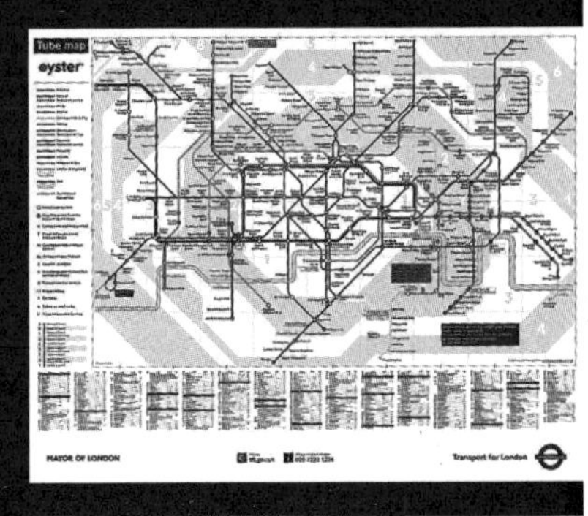

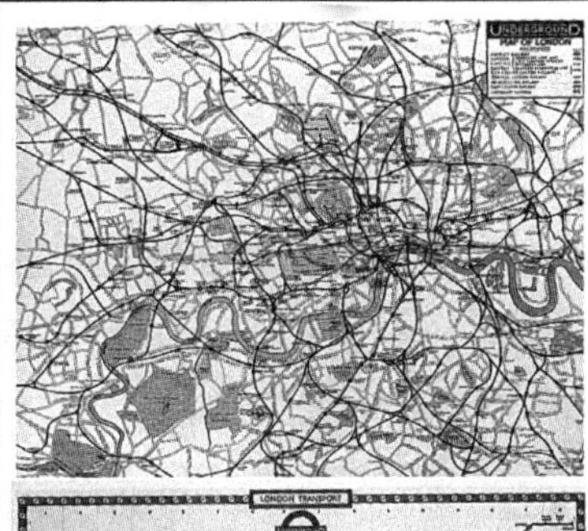

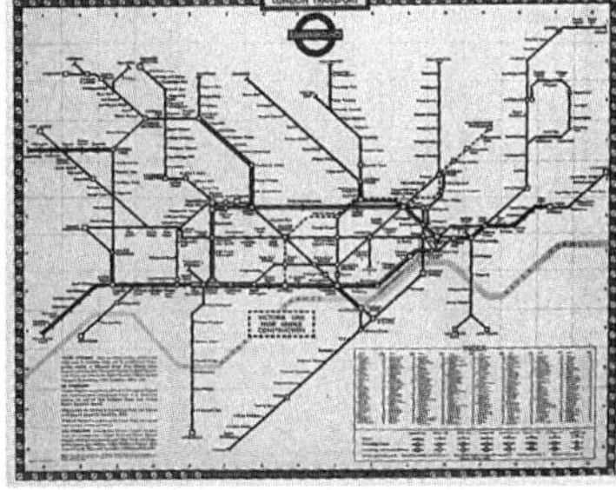

▲

图 1-13-02:《1812 年拿破仑俄法战争兵力变化表》

▶

图 1-13-03: 英国伦敦地铁图

▼

图 1-13-04: 英国伦敦地铁图的变迁

标——“抽象小人”，成为以后每届奥运会必做的标识系统设计。

现代社会随着科技的快速发展，互联网使得信息传播的速度和影响大增，印刷品、电视、网络、E-mail、手机短信、社交博客等信息传播媒介越来越多。据一项调查显示，2002年新产生和储存的新知识有5EB，每EB约等于10亿GB——是美国国会图书馆藏书信息量的37000倍。正是由于受众在越来越冗繁的信息侵扰下变得越来越无所适从，人们需要清晰、准确的信息显得尤为必要。将信息进行视觉化设计和具有视觉化信息特征的信息图表设计可以使庞杂的信息变得高效、易懂且有趣。

信息图表通常用于企业年度报表、产业发展报告、政府财政信息总结等涉及描述大容量数据关系的统计学报告。同时也广泛运用于新闻报道、书刊出版、交通导航、环境导示、气象预报、建筑工程、医学研究、地理勘察、软件开发、军事情报等，生活中我们会时时处处与它们相遇。

信息图表是信息参数化的设计过程，是一套以逻辑关系与几何关系为基础对信息参数进行分析、解构、重组，而形成适合于信息参数合理构建与自我增殖的信息组织模式。其中有数据组织模式、叙事组织模式、系统组织模式、空间组织模式、思维组织模式等。

数据组织模式，即一种描述数据信息之间数学关系的参数化方法。

叙事组织模式分别为时间轴图和流程图。时间轴图，以时间信息为基础参照对象、描述空间或事件性质变化；流程图，以事件参数为轴，描述整体事件在空间中的流动变化情况图。

系统组织模式分为组织图、关联图、列表图。组织图，是描述信息参数间整体与部分或上级与下级的从属关系图；关联图，描述在某一种特定关系下信息参数之间的联系图；列表图，由图表主题组成信息主体，罗列与其有从属或相关概念的信息组图。

空间组织模式描述真实空间点位的距离、高度、比例、面积、区域、形状等抽象的位置或形态关系，分别为物形图和地理图。物形图，按照真实物质的存在方式，对其结构、比例、肌理进行抽象化表现的图；地理图，将空间位置的距离、高度、面积、区域按照一定比例高度抽象化的空间组织模式图。

思维组织模式中的思维导图，描述人脑放射性思维的一种思维图形，是对人的心智思路的一种记录图。思维导图由英国学者东尼·博赞（Tony Buza）创立。他因在学习过程中遇到信息吸收、整理及记忆的等困难，引发出如何正确有效使用大脑的思考，于是探索出“思维导图”这种图形工具。

视觉化信息图表设计的表现形式是多种多样的，如表达差额关系的有点状图、线形图、栅栏图、面积图、极坐标图；表示比率关系有饼图、柱体图；显示组织关系的树状图、列表图等，更有想象力和表现力的艺术化信息图表形式。

3. 信息图表（Infographic）设计流程

(1) 确立类型：空间类、时间类、定量类或三者综合。

(2) 构成形式：合理运用图量、图状或时间轴等视觉元素表达一个连贯的信息整体。

(3) 选择手法：使用与主体相吻合的表现方式，平面静态、视屏动态、网络交互。

4. 信息图表（Infographic）的设计方法

(1) 组织信息：收集、梳理并组织信息是呈现提案

图 1-13-05:《拯救江豚的三大措施》，敬人设计工作室设计，2014 年出版

设计的第一步。

(2) 明示主题：分析信息并明确表现主题对象是图表设计最基本的素质。

(3) 建立语境：确立主题信息得以最佳传达的上下文语境表现定位。

(4) 简化原则：简化一切分散注意力的多余属性元素，直接明了地解读信息。

(5) 展示因果：寻找、推理、分析信息本质，达到因果关系的解读。

(6) 比较对照：信息判断来自于视觉信息符号图形、线性点阵、色彩体量的准确比照应用。

(7) 多重维度：空间、时间、纬度、经度、量度等建立多维度的信息传达构架。

(8) 戏剧化整合：避免惯用程式或数字堆砌以及简单的图像注释方法，学会将信息进行戏剧化整合，导演陈述一个连贯、生动、有趣故事的能力。

视觉化图表设计是21世纪中国书籍设计中十分重要的一个新课题。(对于其他如公共导示、数码电子等信息载体也一样）书籍设计者要学会组织逻辑语言和多样性媒介表达方式，并且有深层次地对信息进行剖解分析的能力。设计不只停留在视觉美感这一表层，设计应该是一种有深刻社会意义的文化活动 。

被誉为信息设计的建筑师杉浦康平先生在 20 世纪 60 年代就开始对不同学科中不可视数值、难以表现的时空概念通过超常想象的理性归纳、科学推理以及重新对数字内容与图像进行解释，以另一种视点剖析肉眼看不见的事物本质并透视出内在的整体关系，捕捉住事物脉动的轨迹，形成令人读来趣味盎然、印象深刻的视觉图表，从而形成具有个性的信息视觉化传达设计理念。他为平凡社大百科丛书设计的《日本时间地图》《世界四大料理图》《毕加索艺术地图》《毛泽东人生地图》令人叹为观止，他将最为深奥难懂的信息最大限度地视觉化、大众化，这是一种设计智慧。

信息图表设计对书籍设计师组织逻辑表达和多样性媒介语言的能力是一种很好的训练。在将庞杂繁缛的信息经过深入透彻的分解、梳理、整合，最终转化为富有想象力、饶有趣味的视觉系统的设计过程中，设计师对信息进行深层次剖解的能力得到加强。依循内在的逻辑，构建起信息本身所独有的线性结构、起伏性结构，或是螺旋性结构，形成以文字、图像、色彩、符号等视觉形

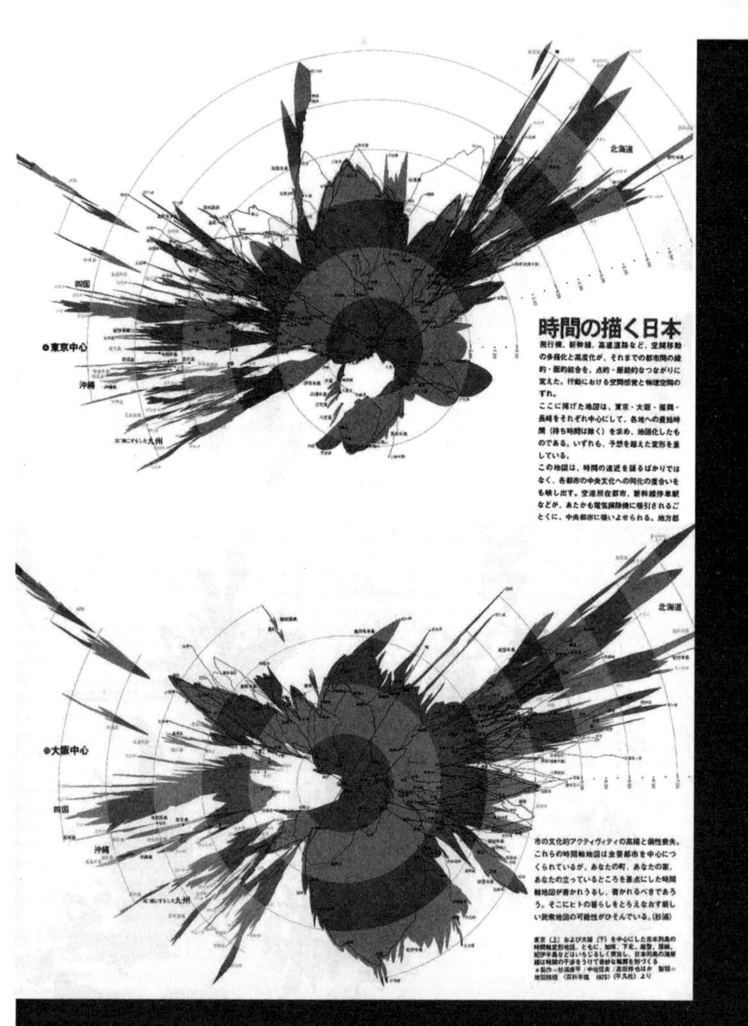

時間の描く日本

飛行機、新幹線、高速道路など、空間移動の多様化と高度化が、それまでの都市間の線的・面的結合を、点的・断続的なつながりに変えた。行動における空間感覚と物理空間のずれ。

ここに掲げた地図は、東京・大阪・福岡・長崎をそれぞれ中心にして、各地への最短時間（待ち時間は除く）を求め、地図化したものである。いずれも、予想を超えた変形を呈している。

この地図は、時間の遠近を語るばかりではなく、各都市の中央文化への同化の度合いをも映し出す。空港所在都市、新幹線停車駅などが、あたかも電気掃除機に吸引されるごとくに、中央都市に吸いよせられる。地方都市の文化的アクティヴィティの高揚と個性喪失。

これらの時間軸地図は主要都市を中心につくられているが、あなたの町、あなたの家、あなたの立っているところを基点にした時間軸地図が書かれうるし、書かれるべきであろう。そこにヒトの暮らしをとらえなおす新しい民衆地図の可能性がひそんでいる。(杉浦)

图 1-13-06:《日本时间地图》，杉浦康平设计

象为译码的时空推移，才能让受众体验到信息流动中的美妙变化。由此，设计便不只囿于满足表象的装饰，而转为从策划、分解、整理，到进行秩序化驾驭的创造性劳动。书籍设计在从宏观到微观、从理性到感性、从时间到空间、从连续到间断、从解体到融合的逻辑解析和思维过程中，也将还原成为一种具有深刻社会意义的文化活动，其设计范畴则远远超过装帧的概念。

这些年国内的一些书籍设计师已开始将视觉化信息设计概念应用于书籍设计的创作过程中，如陆智昌设计的《北京跑酷》《84 新潮》，杨林清的《达尔文进化论》，赵清的《地下铁》等。我有幸在日本得到杉浦康平老师在视觉图表设计课程的亲自教授，回国后，也尝试着将这一观念用到书籍设计中，如《黑与白》《裸奔》《北京奥运地图》等，在这些作品中进行了信息分析、梳理、整合、重构的视觉化信息传达的实践与探索，《北京奥运地图》还获得 2009 世界制图大会大赛金奖。我在清华美院也教授这一课程，引发同学们浓厚的兴趣，并应用到书籍设计作业中，好几位研究生都把其作为研究课题，取得了很好的学习成果。

设计的本义，是设计者分解、整理、策划，进行秩

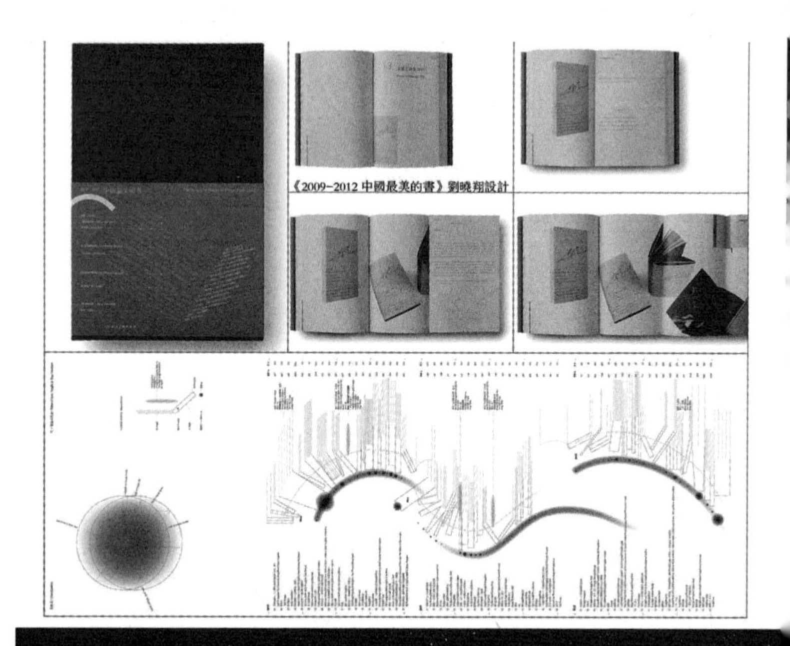

▲

图 1-13-07:《中国最美的书》图表设计，刘晓翔设计

▶

图 1-13-08:《北京奥运场馆交通旅游图 / 科技篇》

▶

图 1-13-09:《北京奥运场馆交通旅游图 / 成果篇》

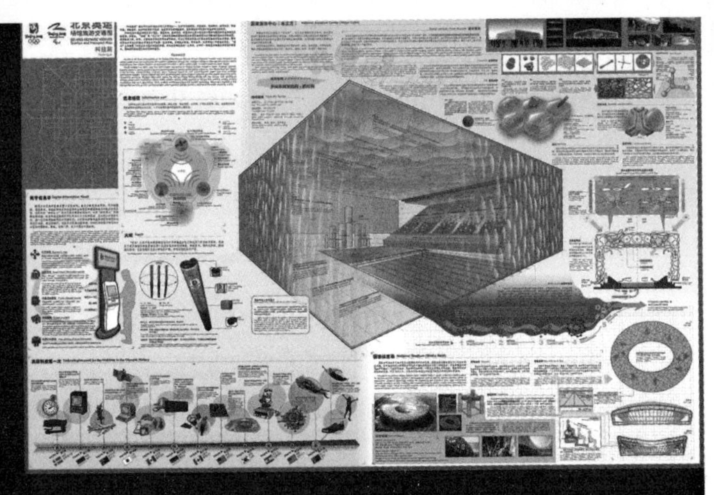
北京奥运

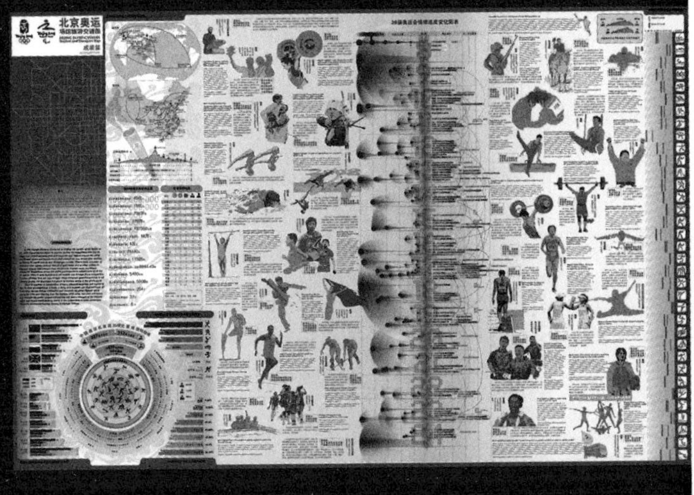
北京奥运

序化驾驭的创作行为，面对事物的本质从宏观到微观、从理性到感性、从时间到空间、从连续到间断、从解体到融合，是一个寻根追源的逻辑解析过程，对繁复的文本数据进行梳理、概括，并进行视觉化、戏剧化的有趣传达，是将信息重构的过程，是信息更具公众化传播的设计创造。信息图表设计集合了图像、符号、数字、文字的解读于一身，为读者在信息的海洋中提供了信息的饕餮盛宴。

信息视觉化与视觉化信息设计引领我们走进奇妙无比的诺亚方舟。

1·14 地图新解 / 非地图

“地图”两字很有意思。“地”是指物理性的地缘或场所，也可意指气场，有着空间和精神的概念，包括地理与文化的关系。地图是以图画表明场所的一种信息载体形式，当然并不局限于物理地图，还有看不见的人文地图，这是当今信息传达的一种形式。

过去文化贫瘠的时候，人们看到白纸黑字就有幸福感，而今天纯文本已不能满足，因为信息视觉化的时代到了。信息视觉化源于三方面：一是事实概念，地图是科学性、客观性极强的证物；二是审美概念，对图形、视觉的美感需求越来越被关注；三是可读性概念，当今社会高速发展，人们需要快捷地获取信息，图恰恰比文字快捷，更具可读性。

20世纪30年代一位叫亨利·贝克（Henry Beck）的英国工程制图员，打破地图制作规范，摆脱实际空间的地理概念，运用了垂直、水平，或呈45度角倾斜的彩色线条，构成伦敦地铁各个车站之间的距离位置，给乘客一个清晰查阅地铁运行的明细信息。这张地图已成为伦敦的一张城市名片，并影响世界至今。伦敦地铁图打破物理地形的具体场景，以抽象图形和逻辑思维相结合，做出世界上第一幅抽象定位又便于识别的地铁道路运行图，这是信息地图界具有革命性的创举。设计的本质就是解决问题，这一广而告之的信息视觉化设计授惠于大众，这对当下的地图设计师来说都是一种必要的回望和新的设计思维选项。

2008年我和我的研究生叶超为北京奥组委完成五幅奥运交通地图，我们不是简单用老手法复制地图，而是把地铁浮出地面，让地铁站与周边环境相对照，更便于识别和实用，另外进行大量数据调查和视觉化梳理，创作了北京奥运地图绿色篇、科技篇、人文篇、场馆篇、交通篇和成果篇信息地图，该作品获得2010年世界地图大会城市类地图金奖。

我在清华美院教授关于视觉化信息表达的这门课，把一切信息进行视觉化表达的方法论。如何将数据信息视觉化，把看不见的东西视觉化。视觉化信息设计学科中有一个概念我特别感兴趣，即“非地图”。“非地图的地图”能摆脱固有的地图观念，特别重要。我的老师杉浦康平先生，被称为信息设计的建筑师，他 20 世纪 60、70 年代开始研究设计信息地图，不仅仅做地理区域的地图，还做不可视信息的可视化地图，如味觉地图、时间地图、人生地图，把空间与时间视觉化的信息地图等。所有在平面上把信息逻辑化、秩序化、视觉化地综合呈现和表达，都可以称为信息地图。今天，人们需要来自方方面面的信息，像政治事件、重大新闻、经济趋势、人类文明、工作流程……都可以用图表形式来表达。

新媒体的出现，令人们的阅读习惯在改变。现在很多信息都不须阅读文字，而是视觉化的接纳。因此，地图也可以成为信息视觉化的载体。在今天的信息时代，要将信息视觉化设计课题深化下去，必须寻求专家、学校、社会的力量跨界发挥。这是社会认知问题，而地图是信息视觉化最好的途径，而且快速、高效、充满视觉美感。

从传统纸质传媒到电子传媒，传媒的升级、传媒的多元化，媒体形式从平面到三维，再到交互，随着技术的进步，载体也一步步在完善。作为我们出版人来讲，新媒体出版和传统纸质书的出版不要对立，创意产业以动漫为代表，但不能因为提倡新媒体，唯把动漫当作创新。传统传媒的书是创新动能的基石，动漫是创新手段之一，其离不开文化积淀、信息汇集、编辑分析、创意整合的能力。所有的创作活动离不开出版物的阅读和知识的积累。地图虽是平面载体，但平面不一定是平面的信息表达，要拥有新的编辑意识和多向位的逻辑观，看地图恰恰能培养从局部到整体，从感性到理性的思维能力和创想潜能。

最近在世界最美书展上看到波兰出版的一本《世界地图》，从新的视角打通了全世界的人文、地域、文化，地理区隔带来相关植物、动物、人类生活特征的种种变化等，生动、轻松、诙谐、可爱，打破了过去呆板的做地图的固定模式，相信孩子们一定喜欢这样的地图。再比如韩国的《世界城市地铁图系列》，把所有城市已有的地铁图做了改头换面，用特有的艺术表达方式来重新阐述，地图不仅完成定位查阅的功能，还成了一种艺术审美产品，延展了地图的原有价值。我国的地图设计要更国际化、跟上现代的步伐，提升中国地图在这一领域的水准。

从信息视觉化的角度，地图文化不仅从地图本身着眼，生活中处处会与地图相遇。在地图文化创意中，城市的地图形象系统、地图信息系统、地图传播系统是关注的重点。例如，一座城市的每个街区的导向信息，各做各的，五花八门，系统不同，造成人们检索、查阅的困惑。要把城市地图信息系统建立起来，人们随时会用地图，地图文化就容易普及，并对人们带来实惠和方便。

任何企业都有其自身的文化特点，如莱比锡图书馆有德国最权威的书籍历史博物馆，日本凸版印刷会社，大楼的地下几层是印刷博物馆，成为国民和青少年的科学文化的教育基地。我们从小到大用着地图，但对地图文化并不了解，对自古以来的东方地图学在世界地图史的位置更是一无所知。尽管大家自小学了地理，但只是肤浅层面而没有文化性、知识性的了解 。地图文化将可以举办各种活动，从小学到大学到社会，让更多人来参与，可以为地图文化教育提供一个好的场所。地图界有严谨做学问的态度，有科学性和权威性的职业标准，从科技、军事、国家、外交角度，要求特别严谨，但并不妨碍其他不了解地图的艺术界、设计界、IT业进行跨界合作，改变地图冷峻严肃的形象，让其充满活力。地图针对不同受众，变换着多样性形式语法和地图语言，让地图带有温度，带有情感。这是今天地图人需要考虑的面向大众，面向未来的课题。

虚拟化的电子时代给人们获取信息带来方便和快捷的优点，但过于依赖它可能让人懒于思考，比如过去寻找去处查找地图、寻方位，认准地名出处、寻觅文化渊源，找差别，留住记忆。现在人们依靠GPS寻路，两点一线，不关心周遭的事物人文，反倒成了一个个路盲，没有电子引导，寸步难行。而地图是依照客观存在的一种知性的文化记忆，我们不可能忽略地图勘测的重要结果给人类、国家、社会乃至每一个个体存在的实实在在的认同感。

地图的价值毋庸置疑，从专业角度，反映地图本质的学问不能变，但做地图的概念语法和表现方式上可以变化，如同一个文本可以讲出不同生动的故事。宏观与微观、具象与抽象、精确与想象，既是矛盾体又是同一体，两者既对立又统一。地图本身应该是具象描述，而古人以抽象的绘画形式达到地理位置的认知和意象艺术的表现，功能性与艺术性的最佳融合。

就地图产品而言，复制是一种传承形式，固然重要。而另外一个概念是再设计，最重要的是对地图文化中的变量、数据进行严密的收集、采编、组织、深化、再造来的理念和手法展示另样的地图设计。以“非地图”为结果、编辑设计为连接、信息再设计为概念，体现新产品开发的核心——创新。“非地图”的概念，不是颠覆地图，要超越地理性、地域性惯性思维，展示多元主题的地图开发，显现其艺术性、可读性、趣味性、探索性，也许是地图人去迎接一种“新地图”的重生吧。

1:15 质朴之美，优雅之美
——日本近现代插图谈

“插图”这个词，日本人的概念比中国设定的范畴似乎要更广泛些。现代日语中，称为イラストレ——ショシ，即英语的illustration，其范围不只限于书籍的插图，还包括书籍装帧、宣传广告、商品包装的用图和儿童绘本，等等。简言之，凡一切为印刷物绘制的图画，均可纳入“插图”的范畴。

现代化的日本，是一个高知性的信息化社会，一切离不开新闻、出版、广告等各类宣传媒介。每周、每月、每天，有成千上万种新闻、文艺、百科综合类报刊杂志和书籍出版。所有一切，都为大批的插图画家提供了广阔的创作空间，从而造就了许许多多具有个性的专业插图画家，使插图界呈现一派百花竞艳的艺术氛围。大批优秀的插图作品得到了读者的喜爱，不少插图在画展中陈列，有的还被美术馆、画廊购买收藏。这就足以证明当今日本插图所创造的艺术价值已经被社会所承认并得到很高评价。最明显的例子，是以前的书刊出版物，文字作者的名字往往用较大的字号放在醒目位置，而插图作者的名字则用小号字放在次要地位。如今，有部分出版物上插图作者名字和作家并列，处于同等的地位。

插图，以其优美、生动的画面，补充了作家的构想，使读者直观地感觉到人物、场景的形象，加深了理解和记忆。反过来，优秀的插图，也能够吸引读者去阅读这部作品。正因为日本的出版者认识到插图的这一功能，不断为插图画家提供表现的舞台，为插图艺术的兴盛、提高和发展，起到了推波助澜的作用。

中国的插图艺术有着悠久的历史渊源。迄今发现最早的木板插图，要追溯到唐代咸通九年（868年）为《金刚般若波罗蜜经卷》扉页刻制的《说诘图》。唐宋时代，是我国插图艺术的兴旺期，尤以佛教版画为盛。明清时代，则可称为成熟时期。陈洪绶的《西厢记》《水浒叶子》插图，都是艺术上堪称炉火纯青的木版插图精品。

谈及日本插图，就会提到12世纪末平安时代藤原隆能绘制的《源氏物语绘卷》，这是日本最早的具有很高艺术价值的文学插图作品。

作为日本插图主要形式的浮世绘版画，距今大约有300年历史，由延宝年间菱川师宣首创，而且也是为书作插图开始。最早的木版插图，是江户初期庆长十三年（1608年）的嵯峨本《伊势物语》，其特征，明显地受到中国和朝鲜的文化影响，以智性态度、哲学思想及自然的性格，表现一种祥和宁静的视觉感受，强调内省的和智性的东方文化艺术精神。在明治维新以后，日本人在大量吸收西方科学技术的同时，传统文化受到了西方文化的强烈冲击。日本人在继承和吸收方面，经历了演变过程和变迁。正如作为国粹艺术的日本画，就是在日本自身文化基础上，吸收融汇东西方文化精髓，将中国的强调线描勾勒物象技法和西方印象主义强调色彩表现对象特征糅合而成。日本优秀的插图画家们，也同样创造并完成这一东西文化合璧的具有日本特色的延展轨迹。

要了解当今日本的插图艺术，研究明治维新以来近百年间插图艺术的演变和发展过程，是有必要的。从江户时期的浮世绘到新版画创作，从日本人传统理想女性的描绘到罗曼蒂克画面的塑造，其主题和本质演变与一般绘画的发展，是处于同一坐标轴的曲线上呈现出来的。

日本近代插图发展，大致可以分成两条平行的轨迹。一条是从浮世绘走向新版画的插图创作过程；一条是由西方艺术的引进，促使插图创作多元化表现而趋向成熟。

从浮世绘走向插图创作多元化

自江户时代起，以描绘世俗生活、人情世态的浮世绘盛极一时。菱川师宣是浮世绘的创始人，锦绘的鼻祖铃木春信善于描绘女性的婀娜风姿，喜多川哥磨运用色彩与线条，形象地塑造女性的姿态、风韵、表情和服饰，葛饰北斋和安藤广重则是浮世绘众生相和风景画的巨匠。传统的浮世绘版画，是画、刻、拓印三个部分分别由专业画家和匠人用程式化的制作方式来完成的，而新版画则是自画、自刻、自印独立完成的绘画艺术形式。新版画的形式与插图的关系更加密切，它与文字传播文化相得益彰，相辅相成，已经成为书籍不可分割的组成部分。文政十二年（1829 年），二代北尾重政绘画，鹤屋南北制作的“文字游戏绘”，文字与插图珠联璧合，相映成趣，可谓是最生动地体现了。作为插图艺术，正如著名插图画家镝木清方、木村庄八所说，插图是作家通过他们的著作所编织成的旋律，由插图画家根据作家的这一旋律，运用三味线（中国称之为三弦）弹奏出来的艺术。画家首先通过对文字中所设定的人、物、景、情的了解，渗入自己的理解和情感。如今的插图，则更多地表现了画家自身的设计意图，从而更加拓宽了插图的表达领域。

随着明治时代的文化解禁，文明开化，传统浮世绘艺术，又受到来自欧洲文化的刺激和影响。其中被称为“光影画”的欧洲铜版画、石版画传入日本，使日本的画家们赞叹不已。原师从于著名浮世绘大师歌川国芳的学生月冈芳年为西洋画所吸引，另辟蹊径。浮世绘画家小林清方，也改拜当时在日本的英国画师为师，学习西洋画，成了当时画坛时尚。三代广重、三代丰国等创作了大批西洋风版画并出版发行美术杂志《方寸》，以推动西洋美术运动，这在近代日本版画发展史上起到了极为重要的作用，使版画插图的表现得到了开拓和发展。

其实，作为浮世绘的版画艺术，其绘制、木雕和印刷的高超水平，也同样令西洋人赞叹不已，认为这种特殊的木雕技术和在纸上印刷出来的丰富色彩，所追求的线条美和韵律美极富感染力。很可惜，由于从西方传入了精巧的印刷技术，使传统的浮世绘艺术面临严重的挑战，而逐渐走向低潮。19世纪末，许多画家热衷于石版画、油画、水彩和图案染织，日本的插图也被卷进强劲的欧美西风的旋涡之中，形成了从浮世绘走向新创作版画插图的过程。其代表人物有镝木清方及弟子伊东深水、竹久梦二、木村庄八等。

多元化的新版画创作，呈现了一种热情而又蕴涵着沉静的特色，它保留了浮世绘的传统手法，汲取了西方油画的表现技巧和欣赏价值标准。

明治开始，报纸新闻插图开始兴盛。从大正后半期到昭和前期，是报纸、杂志插图的巅峰期。其原因，是报纸的发行扩大和大众文学的繁荣，由此带来读者需求的剧增。这种需求环境，产生了插图画家的专业化趋势。经历明治、大正、昭和三个时代的画家池田辉方、镝木清方，成立了名为“乌合会”的插图画家的组织。战后，伊东深水、鬼玉希望创立了学校，组织了“日月社”，连续10年发表了各类插图作品。当时除了月冈芳年、武内桂舟、宫冈永洗、中村岳陵、镝木清方、伊东深水、水村松园、小村雪岱，大批著名的日本画大师也满腔热情地投入了插图创作。还有像石谷伊之助、中川一致、小矶良平那样的西洋画画家，以及曾经培养出日本画坛巨匠奥村土牛、小林古径的尾田半古，也开始为新闻报刊画插图而名扬岛国。无论是彩色版画还是黑白作品，都普遍受到了读者的欢迎。由浮世绘走向新版画，随之带来的多元化的插图创作活动，无疑繁荣了日本近代美术插图事业。20 世纪，迎来了光灿夺目的黄金时代。

插图可以创造与表现对象同等的生命力

插图可能与严格忠实于对象的地图绘制概念不同，插图既反映对象的内容，又要注入画家本人对作品的感性解释，充分体现画家的个性。这是插图方法论的两个要素——表现内容和体现个性。只有这样，才能充分体现插图的存在价值，从而实现插图与表现对象的互补关系，给读者留下铭记在心的深刻印象。

作为诗与画浑然一体，在日本始于室町时期（1336 年），文人画的诗书画挂轴曾经兴盛一时。近代著名美术大师栋方志功以诗为题材的配诗画册，以及战后国际画坛的名家池田满寿夫用铜版画创作的插图本，其精致炫丽无人不晓，显示出插图艺术的诱人魅力。

在日本的绘画中，美人画占有很重要的位置，是当时报刊杂志插图和展览画中经常表现的题材。即使那些洋洋几十万字甚至上百万字的长篇巨著，为了适应读者心理，主人公往往都是女性，于是画家们也就极力地描绘不同阶层、不同特质的女性形象。其欣赏价值也从表现女性的官能美提升到高品位造型艺术维度。报刊上连载的小说中的美女，往往使读者着迷，而竞相购买阅读。

日本文学，一般分为时代小说（古典题材）和现代小说。画家们把握时代、记录风俗的变化特征，注意生活空间的细致描写。其中优秀的画家代表，是从事插图艺术 70 年的插图大师岩田专太郎。面对着崇拜者和大批的模仿者，他始终保持着艺术创作的活力。

作家邦枝完二的最大幸运，莫过于他的作品《地狱》由小村雪岱为他画了插图。这些插图独具韵味，造型简洁，特别是构图中大胆的空白处理，妙不可言，至今仍为人们所推崇。他的插图虽然多数为大众文学所画，但其艺术价值绝非仅限于通俗作品的范畴。

文豪谷崎润一郎的名著《键》，其插图由日本近代绘画大师栋方志功所作。这部作品是描写有关性虐待的秘事，栋方志功不是用平庸的写实手法，而以其概括凝练的黑白线条、粗犷稚拙的刀法、诙谐简洁的表达方式，完美地表现了这一主题。

以 12 世纪日本的国宝名著《源氏物语》插图为开端，随后是镰仓时期的史记插图、俳句诗词的插画、江户时期的浮世绘插图、明治开创的新版画，大正、昭和以后的多元风格插图创作等在日本的插图史上留下了众多流派和不同体裁的，具有独立艺术价值的杰作佳品。木村庄八曾说过 :“插图是以数百万人为对象举办的展览会。”日本当代著名插图画家田代兴则说 :“插图是人生的缩影。”日本近代插图艺术之所以有如此的发展，不仅是画家本人创作了与表现对象等值的插图艺术品，同时还有数以万计的广大读者也认识到插图艺术的存在价值。

近现代日本插图艺术的几个特征

近现代日本插图由于众多绘画大家的参与，以及受众的阅读审美需求而日趋成熟，它呈现以下特征：

1. 追求日本传统的幽玄之美

日本的传统绘画。离不开日本民族独特的审美意识，其表现在于生命感和装饰感这两大要素的浑然统一。从葛饰北斋的浮世绘代表作《富岳三十六景·神奈川冲浪里》，可以体会到和风美术中这两个要素的完美体现。

所谓生命感，就是真实感，追求一种感性与自然的质朴之美；所谓装饰感，就是寻求一种理性的优雅之美。

日本人的审美品格和价值尺度深受禅宗“我心清静，意在自然”和神道教“和、敬、清、寂”的影响。不仅日本美术，其他艺术门类，如茶道、花道、陶艺、庭院建筑等，都能使你感受到虚幻、单纯、幽深、静和、同化自然的意味。

当然，众多门类的艺术，各有其自身的个性规律，但仍相互渗透着一种富于诗意的高度洗练和还原自然的写实风格。这种东方文化性格，使日本插图艺术独具和风韵味。木村庄八和镝木清方所作美人画中传统线描的自然流畅美，小村雪岱作品中黑白对比的装饰美，田代光、佐多芳郎、冈田嘉夫所作插图中蕴涵着的幽玄之美，均能体现出日本传统绘画的精髓和画家的趣味追求。

2. 吸收欧美画坛新风，插图艺术的西化趋势

明治维新以后，日本进入崭新的时代。宪法的制定，代议政治的确立，15 岁的天皇热衷于东西方文化的融合，势必影响到文化艺术领域。当时的报纸和文学刊物十分活跃，除了有一大批浮世绘画家为书刊绘制插图之外，又有一批称为“下山派”的西洋画派画家加入这一行列。他们运用西洋画技巧和创作手法绘制出一大批耳目一新的作品，在读者面前展现出一个多姿多彩的插图世界。

第二次世界大战结束以后，美国生活方式逐渐渗透并终于冲击了日本的传统文化观念。渐渐现代化、都市化起来的日本人，欣赏观念也在发生质的变化。1951 年，作为国民艺术享受的启蒙组织“日本宣传美术协会”（简称“日宣美”）成立，经常举办“日宣美展”。不过，这还是创造新形设计和新观念插图的雏形阶段，大批画家渴望了解美国和欧洲的作品。当时出版发行的《创意》（アイデア杂志的分册），主要刊登“二战”以后欧美插图画家作品的《插图》杂志正合时宜，不论是专业画家还是业余爱好者都争相订阅，反映出当时大批画家希望尽快掌握欧美插图艺术的迫切心情。

这一时期，出现了大量借鉴和模仿西方插图的创作技巧和形式的作品，使日本当代插图艺术的表现手法和观念不断趋向多面化。不仅仅局限于文字图说，而是作为一种潜意识的增值表现，超现实的描写、朦胧荒诞的遐想、夸张幽默的处理，使读者感受到一种现代社会观念的文化结构特征。

应该说，这种吸收，丰富并发展了日本的插图艺术，开阔了读者的眼界，增添了读者的阅读兴趣。滩本唯人笔下独特的女性造型、宇野亚喜良富有现代感的造型、滝野晴夫的超现实画法，还有后藤一之的奇思异想、下谷一助的荒诞夸张和田诚的简洁幽默等可谓千人千面，既有各自的风格，又具鲜明的时代特征。

3. 书籍内容与可视画面的相互交融，追求自身的绘画价值

一篇上乘的文章，除了文字描写所特具的魅力之外，在字里行间，还能感觉到一种值得深入挖掘的微妙感受：一段娓娓动听的细语，一股漫漫飘溢的清香……能令人体味到一种蕴含着立体时空的想象力的延展。这，也许就是给插图画家带来创作灵感的原动力和影响力吧。

作为视觉艺术的插图，和铅字文化的文学是两种不

同的文化传播形态，其本身是有矛盾性的。但当画家将文字与画面相互交融之时，画家独立而又独具个性的造型语言试图融入文本之间的相通性，创作出与他人不同的作品，从而又使文字和插图相得益彰，并产生超越文字本身的增值功能。那些缺乏独立个性和见解的千人一面的作品，将失去它自身的艺术感染力和价值。

日本的社会是一种竞争机制的构成体。这种竞争，能够充分地为人们发挥自己的能量而开拓创想空间，刺激人们去追求具有个性的自我表现。可以说，没有个性，则意味着失败。

当然，一些新人的初期作品，难免要模仿别人的画风，然后逐渐寻找到自己的位置。同样，一个成熟的画家，未必一辈子使用一种画风，但却可能在较长的一段时期内保持自己的某种风格，甚至产生一种固定的格式和作品符号，给读者以强烈的印象。福田隆义的钢笔画、毛利彰的铅笔素描、村上丰的水墨、原田维夫的木版、鬼百丸的刻纸、吉田的简笔画、山野边进和安冈旦的自定格式符号，无不彰显自身强烈的个性特征。

日本的印刷技术先进，无论是铅笔素描、水粉水彩还是油画或水墨画，其印刷效果，基本上都能够做到充分还原。此外，飞速发展的现代科技，也为画家们扩大了创作思路，增添了表现能力。数码绘画、摄影制作、复印特技、网纹工艺等种种手段，使画风异常活跃。

4. 文字在插图中的运用，妙趣横生

作为诗、书、画一体的中国传统绘画风格，很早就在插图中得以运用。插图中的文字构成，已经成为画的一个完整的组成部分，而在一本书的版式中，插图巧妙地置入文字排列之中，也起到了绿叶扶红花的作用，使文字与插图构成一个有机的整体。我国明代天启年间（1621年）的《莺莺传》以及崇祯年间（1628年）的《盘古唐虞传》，都把文字与插图巧妙地结合起来，起到了相互衬托的效果。日本的浮世绘，也经常在画面内配置文字，方形结构的汉字和字型多变的日文假名使呆板的画面构图如游龙戏珠般地生动起来。除此之外，文字的内容既是画面构成的需要，也是图的解读，可谓一举两得，相辅相成。文字书法的点、撇、捺，富有节奏的表现力，使画面妙趣横生，与画面产生同工异曲的效能。

插图和版式，应该说是书籍艺术两个不可分割的组成部分。中国古版本的文字书籍中经常可欣赏到书画共存的版面设计。当代日本的插图画家们，正在这方面作深入的探究。他们在继承传统模式的基础上，不局限于书法艺术和绘画中的物像在画面中的定格体现，随着书页的翻动，使读者感受到时空的渗透和流动。这是日本现代书籍插图艺术的一种富有创新意味的表现形式。

随着信息传播由铅字文化向视觉文化转化的时代的到来，插图艺术在文字的宇宙中将会发掘出更加广阔的天地。

秩序与混沌，设计和插图的分野
——日本插图现状

20 世纪 60 年代的日本，经济得到了高速发展，物质得到了充分的满足，文化教育也相应地随之发展。国民解决了生理饥饿以后，普遍要求精神生活的充实与提高，人们对于出版物的需求激增。商品经济带来的自由竞争加剧，芥川奖、直木奖，还有日本宣传美术协会的 APA 奖，都以新的艺术主张和面貌出现，使视觉艺术的活动不断活跃起来，新型的图形设计和新观念插图也有了巨大的突破。

过去设计家们凭手绘搞设计，从文字到画面全部都靠手工制作。如今活字电脑照排已经普及，手工劳动逐渐被机器所取代，现代电子新技术已经广泛运用于艺术创作领域，人类双手的技能，面临着机械化的挑战。1965年前后是“日宣美”的巅峰时期，也是日本经济成长的顶峰期。当时的文字、电影、戏剧、舞蹈等充满了活力，作为视觉艺术的分野，也随之发生了变化。比如插图与设计相提并论，似乎已不能通融。被“日宣美”视为象征的设计之美，属于空间处理，是一种秩序之美；而插图是表现内发的冲动，肯定不能受秩序的约束。以手法的随性创作表现更能体现插图艺术的自身特性，它是一种模糊之美。以活字为中心的设计和体现浑浊概念（不是图释的，而是画家个性艺术的发挥）的插图艺术，分别形成专门独立的视觉艺术门类。设计和插图的分野，宣告了“日宣美”所代表的一个时代的结束。

1965年，插图画家宇野亚喜良、滩本唯人、横尾忠则和田诚以及漫画界的久里洋二、长新太等人发起成立了东京插图艺术俱乐部，遴选、编辑、出版日本插图年鉴，每年出版一册精品画册，是这个组织的重要活动之一。

插图艺术家们以极严肃的态度和热忱投入于创作，

作品的风格多样而丰满，优秀的画家层出不穷。

时代的不同，插图的价值基础也在变化。东京插图艺术家俱乐部一开始就确立了以出版物为媒介，表现自己艺术地位的意向和宗旨，并不是出于商业目的，而是被插图艺术发展的使命感所驱使。1964年出版的日本民间故事集，其中有许多著名画家的插图佳作。如滩本唯人画的《一寸法师》、永井一正画的《桃太郎》等，当时在日本几乎无人不晓。其影响之大，可见一斑。如果说，将优秀的插图置入镜框，追求绘画的独立效果，它同样可以与其他画种媲美，同样可以显示自己的地位，无愧于插图的艺术价值。

为了迎接时代的挑战，1988年一批插图界著名的实力派画家在原“东京插图艺术家俱乐部”的基础上又成立了“东京插图艺术家协会”，以此为契机，来推动日本插图艺术的发展，掀开了20世纪90年代日本当代插图艺术新的一页。

1990年8月于东京·目白台

图 1-15-01:《日本当代插图集》，吕敬人编、设计，1994 年出版

美书，留住阅读

1.16

在数千年漫长的古籍创造中经历着各种书籍制度的变迁，在不断完善中推陈出新，并不断衍生出新的书籍形态。中国近代书籍设计起步于20世纪初的辛亥革命，开启了一扇被封闭久远的文化之门，吸纳多元外来影响。在20世纪初的中国新文化运动中，鲁迅、丰子恺、孙福熙、司徒乔、闻一多、钱君匋等一大批文化人、艺术家留学欧美日，将欧洲的各种流派的插图艺术风格和被日本称为“装帧”的书籍设计引进中国，传统和外来文化的融合，形成五彩纷呈的民国书籍艺术风景；1949年后，中国书籍艺术受当时苏联的现实主义美术影响，聘请苏联、民主德国专家提升印制技术，国家还派人赴东欧学习，那一时期最优秀的美术家们都服务于出版行业，如叶浅予、黄永玉、丁聪、曹辛之、黄胄、蔡亮、张慈中、任意、袁运甫等，涌现出一大批至今仍可称得上经典的装帧、插图之作。遗憾的是20世纪60年代中国社会、政治、经济的动荡，直至“文化大革命”彻底摧残文化十年，中国的出版业发展停滞，书籍设计业陷入严冬低谷。1976年“文革”结束，冬去春来，1978年改革开放，中国的书籍设计业真正迎来了艺术的春天。

中国书籍制度20世纪经历了巨大变化，文本的竖排格式改为横向阅读排列；繁体字变简体字；装帧手工工艺逐渐跨入大批量的工业化印制进程；维系了大半个世纪的活字凸版印刷，被90年代的平版胶印所替代，成为中国印刷的主流；被称为当代毕昇的王选开发了北大方正汉字数码排版系统，迎来21世纪电子数字化印刷的天下。当今中国生产力、生产工具、生产关系的巨变，必然引发阅读载体、出版体系构成、产出授受关系、设计思维概念等等革命性的范式转移。

20世纪90年代是中国改革开放的黄金期，思想精神的解放，使中国书籍文化丰富而多元，出版界对书籍设计开始有了改变滞后观念的迫切感。出版、设计、印艺业的有识之士开启了广泛的国际化交流渠道，使更多的设计师们以开放的心态和学习的诚意，对东方与西方、传承与创新、民族化与国际化、传统工艺与现代科技有了新的认知。他们打破装帧的局限性，投入大量精力和心力，强化内外兼具的编辑设计用心，为创造阅读之美进行了有益的探索。很多年轻的设计师不拘泥于单一的体制环境，脱离国家体制，自主创业，以个体的设计人身份或独立工作室的多元模式，加入社会化的竞争。无论是体制内还是体制外，一批又一批设计新人涌现，他们的优秀作品被读者喜爱，令国内外瞩目，因此才有了当今中国书籍设计的新面貌。举一例，上海新闻出版局自 2003 年开始主办“中国最美的书”评比活动，每届评出的 20 本再参加莱比锡“世界最美的书”的评选，13 年间，有 287 本书获得“中国最美的书”奖，其中的 15 本设计获得包括金、银、铜奖在内的“世界最美的书”称号。“中国最美的书”也成为书籍设计业的品牌，很多读者纷纷购买收藏，体现了设计的价值。

另外自 1959 年起的全国性的书籍艺术大展，虽跌跌撞撞经历时代的动荡和风雨，30 年间只办了三届，而后 17 年已趋向稳定，1995 年举办了第四届、1999 年第五届、2004 年第六届、2009 年第七届、2013 年“第八届全国书籍艺术设计大展”，其涉及面广、参与者多，是业内规模和影响力最大的赛事，期间还举办“国际书籍设计论坛”，极大地推动了书籍设计理念的发展。2006 年国家新闻出版总署设立了三年一届的“国家政府奖”（每届评出 10 本）。以上三个大赛是出版行业内公认的国内三大评奖活动，给年轻一代的书籍设计师带来设计竞争的机会和创作的动力。这些奖项也成就了设计师的事业，如吴勇、刘晓翔、小马哥＋橙子、赵清、朱赢椿、何明、洪卫、杨林青、马思睿、连杰＋部凡、李让等。他们在设计界不断显露头角，中国的当代书籍设计开始为国际关注。

中国书籍艺术在近些年虽有较大的发展，但还存在诸多问题。全国 550 家出版社和近万家杂志社，每年要出版近 30 万种新书和 10 多万种再版书，还有大量刊物蜂拥入市。大批设计师被海量的设计和滞后的装帧观念拖累，部分设计师一人一年要设计 400~500 本书的封面，机械式的工作已失去创意的动力。一些出版单位为经济促销，只把功夫着力于书皮设计的表面打扮，为省时间和成本，放弃内在编辑力量的投入，并不断压低设计稿酬。浮躁的做事心态使不少书的文本叙述流于平庸，而使山寨、模仿、不尊重版权等现象严重。低质导致许多出版物一面市就滞销，很快成为废品，许多书籍设计师因巨量劳动和低廉的设计费而无法生存。但这一现象并没阻止一批有良知的出版人和有责任感的书籍设计师开始反省做书的意义。他们不畏艰难，苦苦实践使这一行业有了更多的共识：书不仅要有一件“漂亮”的外衣，还要有内在书籍设计整体概念的倾注。设计师应成为文本传达的参与者，像导演那样让信息在页面空间中拥有时间流动的含义，使书成为文本诗意表现的舞台。出版不能只谈“价”而不顾“值”，要物有所值，原创的精品书能传世后代才体现做书的价值。设计是一种态度，设计要专一、有温度、讲细节，文本叙述的丰满才能带来阅读的动力。

当今全球进入大数据时代，中国网民处于加速生长期。据中国互联网络信息中心统计，1997 年中国上网户数仅 62 万人，到 2015 年中国网民规模达到 6.84 亿人，手机网民规模达 6.20 亿人，18 年间增加 1100 倍。不能否认时下电子载体的盛行，给传统的出版业带来巨大冲击，许多出版机构都在分流精力和资金投入电子出版。政府也提出“多媒体+”的概念，拨出了大量扶持基金给以支持。显然21世纪的新技术带来的新阅读载体会大量出现，这应该是件好事。不过近期又有一个现象值得我们回味，传统的阅读习惯并没有被年轻一代所放弃，好的阅读产品会吸引他们。一些优秀的文化人纷纷成立个体文化出版或编辑策划公司，自筹资金与出版社合作出版既符合市场又有阅读价值的书。这一出版模式，提供给设计师打破出版社的固定思维和模式，发挥创意并设计出优质图书的可能性，这种例子越来越多。“中国最美的书”奖很多是体制外的设计师获得。“世界最美的书”获奖者中自由设计师与体制内设计师的人数比例是10∶3，前者比后者有更宽泛的创作空间，可见不同的工作体制下产生的结果差异。还有一个现象，一些不注重书店文化的国营书店在萧条，而私营的有创意和书卷文化的个性书店在兴起，受到越来越多的年轻人青睐。如北京的万圣书店、单向空间书店、库布里克书店，南京的先锋书店，上海的衡山合集书店，广州、成都、重庆的方所书店等。台湾的诚品书店已进驻大陆苏州，上海浦西最高大楼的62、63层和地下一层的诚品

书店也将开业，“艺术＋阅读＋生活”已形成当今书店的新模式。正因为虚拟的电子阅读的普及化，人们对于实体纸面书籍的好感度和需求也在与日俱增。一些具有个性的手工自出版，或限量版书受到读者喜爱，社会上出现许多自出版品牌引发关注，如香蕉鱼、加餐面包、鼹鼠、连和部、友雅工作室……他们的书做得与众不同，精致到位，卖得也好。由中国出版协会书籍设计艺委会和中国美术家协会平面设计艺委会联合举办的“全国大学生书籍设计大赛”已举办四届，推动了各艺术院校的书籍设计教学。由书籍设计艺委会主编的《书籍设计》杂志，为完善学术研究，普及书籍美学，推广世界先进设计理念提供很好的交流平台。中央美院徐冰策划的概念书展“水晶之夜”广受欢迎，显现人们对艺术图书的兴趣、我创办的“敬人纸语”书籍设计研究班，也是对传统阅读回归的顺应和新造书运动的提倡。

中国书籍艺术是一条动态发展的历史长河，中国的设计师要用敬畏之心珍惜祖先留下来的宝贵遗产，具有谦卑且冷静对照古人做书的进取意识，脚踏实地做好传承这门功课，同时又要有开放的胸怀，学习世界各国优秀文化、海纳百川、尊重发展规律，才能融入进步的潮流，这也是中国书籍艺术能持续发展的动力。传统不是模式化的复制，传承更不是招摇过市的口号，每个民族的设计不可能从自身传统文化的土壤中被剥离，世界各国设计师都在寻找现代语境下延展本土文化的新途径，这也应该成为当代中国设计师的理念追求。改革开放 40 年，大批书籍设计师创作的优秀作品，像由那些美书连接起来的一道彩虹，辉映出他们满怀热情，付出辛劳和智慧的做书心迹。

创造书籍之美，留住阅读。

1.17

最美的书未必“光彩夺目”——担任 2014 莱比锡“世界最美的书”评委随想

2014 年初，我受邀担任 2014 年年度“世界最美的书”国际评委，这是 1989 年经历了东西德国合并，原东德“莱比锡国际书籍艺术奖”与原西德“法兰克福世界最美的书奖”合二为一成“莱比锡世界最美的书”评比赛事后，首次邀请中国大陆的设计师担任该活动的评委工作。近年来中国的书籍设计在国际出版领域中得到了较好的评价，这说明我们的书籍设计水平被国际出版界关注。中国的书籍设计艺术有着自身的特点，尤其是设计者将“装帧”向“书籍设计”观念的范式转移，给中国的书籍艺术带来了全新的面貌，它表明了这一进步在世界得到认可，自2004年上海新闻出版局组织“中国最美的书”得奖者参加这一国际赛事，已有13本中国的书籍设计获得“世界最美的书”称号，其中包括一金、一银、两铜和九个荣誉奖。我想这是组委会邀请我代表中国来担任评委的重要原因，作为中国书籍设计师的我甚感荣幸。

本次赛事有30多个国家的567本书参评，均为各国2013年评选出来的本国最美的书。经评委两天近20个小时的紧张评审，9个国家的14本书摘取2014年年度“世界最美的书”的桂冠。欣慰的是中国有两本图书获此殊荣，由小马哥+橙子设计的《刘小东在和田&新疆新观察》和刘晓翔设计的《2010—2012中国最美的书》分别荣获铜奖和荣誉奖。我顿感这和一个体育健儿参加奥运会或一部电影参评奥斯卡获奖一样，为国家争得荣誉是值得自豪的事，尽管这项评奖不为有关主管部门所重视。但如果因此有更多的人拿起书来品读书卷之美，我们的工作就是有价值的。

我担当过多次国内外赛事的评委工作，但这次评选经历仍给我留下深刻的印象。最大的感受是世界各国的高水平设计使我找出自己的差距；其次体验了整个评选机制与评审全过程，与国内评审方法的不同。依我看每个国家的书都是该国评选出来的最美的书，各国均有雄厚的实力，水准不相上下。这次参评让我更清晰地认识到，在众多好书中选出最美的书有多困难，获奖的书确实称得上最美，但是没有获奖的书未必不符合最美的标准。奈何奖项实在太少，获奖率 3% 还不到。有些好书没能入选，从手边流过，很是可惜，但没有办法，这是经过评委们反复讨论、甚至争论后投票的结果，少数服从多数终究是评选规则。毕竟每个评委的文化背景不同，对书的设计审美都有不同的感受，从这个角度来讲，留有遗憾是正常的，评判不可能达到绝对的一致 。

评奖的第一天先看书，中午饭在图书馆食堂匆匆吃完接着看，看完后每个评委发 14 张不同颜色的票（色条），当晚投出你认为最美的书 14 本。第二天评委对自己投票的书向所有评委陈述理由，有一书多票的赞同者每位都要说明，接着对每一本的去留举手表决。接着经过好几轮，每次经历翻来覆去地斟酌讨论，桌面上留下的书越来越少，气氛也越来越凝重。要优中选优，难度越来越大，担忧的是怕把好书选下去。咬着牙，忍者痛，眼看一本本被淘汰，最后只剩下 14 本，时间突然停滞了。评委们谁也没一个作声，为一些好书的离去惋惜与不甘。评审主席提议每个评委可以从前几轮曾入选过的书中挑一本，加入已选出的 14 本，重新评选。再次一本本申述讨论，举手赞成或反对，少数服从多数，最终 14 本 2014 年年度“世界最美的书”尘埃落定，几本好书被挽救，几本好书“心不甘情不愿地”被出局，遗憾难免，这就是评选。但留在桌面上的还是可以成为众多优秀作品中的代表，大家鼓掌通过。接着再次投票选出金页奖 1 本、金奖 1 本、银奖 2 本、铜奖 5 本、荣誉奖 5 本，以分数多少定出奖项，其实它们之间的差别真的是微乎其微。评审结束后，每一个评委当场都要对 14 本获奖书写上自己的评语。这一天从上午 9 点连续工作到晚上 10 点多，隔壁房间备有咖啡和茶点，随时可以充饥。

可以看出 14 本最美的书的封面并不那么“光彩夺目”，说得不好听，都有点“灰头垢面”（没亮丽的色彩），评委们坚持认为书籍审美不是单一的装帧好坏，外在是否漂亮并不是主要选择，标准应是书的整体判断，特别强调一本书内容呈现的传达结构创意、图文层次经营、节奏空间章法、字体应用得当、文本编排合理、材质印质精良、阅读五感愉悦，其中最看重编辑设计思路与文本结构传递的出人意表，以及内容与形式的整体表现。

获得金页奖的 *MERET OPPENHEIM* 是瑞士设计师的作品。这是记载一位艺术家生平的传记类读物，读到的沿着生平历史轨迹的叙述构架，插叙插议式的图像铺垫，主文本与辅助文字的穿插编排，充满历史感的书信笔迹，打破常规的体例安排，丰富的表达但阅读感受却十分清晰。多种内文纸的应用和封面布面单色平装简朴，又不失高雅，第一眼视觉感受与第一次触碰就能打动作者的内心。

获得金奖的是德国设计师的 *Buchner Brundler*，一本关于建筑的书籍。海量的信息被整合成有序的阅读系统。解析建筑的结构图应用微薄的纸张通过不等长度的折叠，在书口形成递进式阶梯检索方式，既合理又新颖，并与正文的严谨编排形成有趣的节奏对比，图文印制的高质量体现本书的高品味，繁复交错的巨量信息并没给读者带来负担，反而引发阅读兴趣。这是一本典型的德国理性主意的设计，严谨到毫无瑕疵。

Katalog der Unordnung 是获银奖中的一本，全书多

种字体混合应用，却感受到版面编排几乎完美的表现，不可思议的无序与有序的对持，富有挑战性且又达到理想和谐的阅读结果，露背装订便于书页展开，该书的设计给人带来一种轻松的愉悦感。

获得铜奖的 *79 97 LANGE LISTE* 以大量购物的票据组合成文本，配之 1979 年至 1997 年在跨越东西德生活变迁的 18 年社会、文化、家庭、个人的照片，连接近 20 年时光转移、社会百相、亲情友情的历史涓流，主题叙述的切入点独特，编辑设计力量的投入，将琐碎的生活记忆与国家社会进程有序贯穿起来，别样的开本，别开生面的叙述风格。

KEIKO 是这次获奖中唯一的一本纯画册，设计者将造船厂的主题演绎成一块（本）金属板。不留空白的全黑摄影作品充斥所有页面，三面书口全部涂成黑色，体现了金属船体沉重的物质感和存在感。摄影作品印制强调黑到极致的强烈对比，阅读时似乎能听到金属碰撞的声音，一本富有音感的书籍设计。

SOM FRA MANGE ULIKE VERDENER 是一本纯文本的设计却不简陋。除了讲究的字体和严谨的排版，巧妙之处是标点符号的图形化处理，以及与图形符号相对

应的黑色章隔页，给纯文本的阅读带来节奏感。主文本与注释文处理匠心独运。封面上的弧线与内文隔页形成有趣的连贯，全书宁静中略带诙谐，不张扬却引人耳目。

小马哥＋橙子设计的《刘小东在和田 & 新疆新观察》为中国赢得铜奖。这是一本充满戈壁温度和泥沙气息的书，以笔记本的装帧形式将画家体验生活和创作过程用书籍设计的独特语言真切地娓娓道来，丰富多样的编辑方式，体例的独特设定，不同的纸材触感，给读者有亲临实地的体验刺激。可以看出设计师对文本信息的掌控力和奇妙的设计想象。

《2010—2012 中国最美的书》由刘晓翔所设计，这是他第三次获得“世界最美的书”奖。以三联折的编排手法贯穿整本书的阅读方式，精心的图像拍摄和用心的编辑经营布局，每面翻折打开引发一个个惊喜，书内隐藏着看不见的节奏韵律，结尾全书信息矢量化的分析图表又是一个独具匠心的看点。该书是设计者与出版人默契主持配合下的成功案例。

可点可圈的书还有很多，遗憾设计非常优秀的俄罗斯的《俄罗斯历史》、波兰的《世界地图》最后环节被淘汰，还有奥地利的《未来菜谱》、挪威和西班牙的儿童读物，等等。三次获得“世界最美的书”金奖的依玛·布设计的特大体量的书也因她已多次得奖而未入围。评委似乎有意“怠慢”大书、精特装书，而亲近纯文本的小书，这次终有3本纯文本小书获奖，但对有些设计过于简单，投入思考力度欠弱而落选，那些光有漂亮的书衣而内文平平也只有靠边站的份了。

体现书籍美感的设计，不仅要结构新鲜，有翻阅质感，还要追求细节。评委经常提到书籍的音乐性，指的是设计叙述要有节奏感。中国选送的《文心飞度》是一本设计非常精致用心的书，博得许多评委好评，但由于整体版面结构过于程式化，稍稍缺乏节奏变化而淘汰出局，令人扼腕。西方的评委们对中国书籍设计艺术的水平有较高的评价，他们看重民族风格的运用，比如竖排文字在很多评委眼中就是东方韵味的表达，但一致认为设计的传统性一定要与当代性融合才能体现设计者的功力和水平。

自中国的书籍设计参加莱比锡世界最美的书评比10年，除2013年中国没得奖外，其他年份均有获奖，每年14本世界最美的书中都有中国的设计书影，应该说成绩面前我们一直没有放松观念上的与时俱进，进步自不用说，但还要看到很多不足。比如大多数设计照本宣科，体例结构十分单一，阅读设计创想不够，编辑设计语法欠缺，视觉语言程式化简单化，中文字体应用粗糙，双语编排很不讲究，印制只看大效果不注重细节质量，最典型的是过于注重外在表皮而缺乏内在叙述力量的投入，所以我们尚有很大的进步空间，要不骄不躁，继续努力。

中国一年大概出版 30 万余种书，在世界出版数量中占有很大的比例，有众多书籍设计者付出大量辛劳。但设计真正好的书与出版总量相比，其优质的比率并不高，与出版大国的地位不尽相称。我期待未来少出点不必要出的书，一方面省去大量人力、物力、心力的付出，另一方面还可节约自然能源，另应加大力度出点精品美书，提升全民阅读审美水平。我们设计师应该逐渐从书籍的外在书衣打扮中走出来，能和编辑、作者来共同探讨一本具有最佳阅读传达结果的书，设计者要对书有自己的看法与态度，对文本的叙述有不同的编辑切入点，用心的设计师可能会成为文本传达的参与者，甚至是第二“作者”。

我们有很多设计师并不一定是水平差，但受制于比较固态的装帧思维和委托人强烈的商业诉求，使得自己的设计能动力不能很好地发挥出来。在一些设计较为先进的国家，他们的出版社有艺术总监，但基本上不设专职设计，书籍的设计主要依靠社会力量。编辑们都成了制片人，他们是具有综合能力的策划者。他们对文本的理解，对设计师的了解，对印制技术的熟悉程度，我们中国的编辑与之相比，还有不小的差距。我觉得中国出版物水平的提升，不仅要改变落后的设计观念，还要面对出版与编辑意识的落后现实，还有常被我们忽略的形而下的每一个工艺细节，而编辑设计给书籍设计师提出了更严格的素质要求和更高的跨入门槛。装帧与书籍设计不是名词称谓的差异，两者是折射时代阅读文化的一面镜子，这是提升中国书籍艺术水平的一个非常重要的认识问题。

莱比锡是座富有魅力的文化都市，有着悠久的书卷历史。莱比锡国家图书馆是德国人引以为豪的人文遗产，这里收藏着大量国宝级的史料文献，还有弥足珍贵的艺术图书。2010 年我曾带清华美院的研究生到这里来参观，浏览部分藏品足以让我们惊羡，一种神秘感难以忘怀。这次以“莱比锡世界最美的书”评委的身份踏入图书馆，多了一份亲近感。两天的闭关评审很辛苦，但收益良多，东西文化的碰撞，同行专业的交流，世界各国优秀书籍设计艺术的饱览与冲击，我很幸运。坦白讲，去德国前，忧心忡忡，生怕中国的书评不上而“无颜见父老乡亲”，评上了，又担心有近水楼台先得月之虞。经历了公平游戏规则下的公开、反复、论证、评审，中国的设计在567本书中脱颖而出，在14本“世界最美的书”奖中占得两席，展现了自身的魅力和实力，我问心无愧。看到中国的书籍设计同行们的作品能在激烈的竞争中获奖，为国争光，为中国的设计人争气，我很幸福。

▲

图 1-17-01:

在莱比锡图书馆担任

“世界最美的书”国际评委

图 1-17-02:

2014 年年度

“世界最美的书”获奖作品

▼

脉动的书籍设计进程

1·18

中国古代的书籍制度

中国造纸和印刷术的发明，是对人类文明做出的最大贡献，也是促进书籍发展的重要条件。古代中国书籍艺术的创造者施展智慧与技能，诞生出中国独特的丰富多彩的书籍形态，为世人瞩目。

在我国，距今有五六千年历史的西安半坡遗址出土的陶器上，就有简单的刻画符号。这是中国最原始的文字，也是中国书籍发展史上人类迈出的第一步。

先人将文字视为神的文字，用刀将字锲刻在动物的骨头上，而后煅烧，以此寻求来自上天的启示，这就是甲骨文的由来，人们称为“骨头书”。甲骨文字的排列，直行由上到下，横行则从右至左或从左到右，已颇具篇章布局之美。其中甲骨文“册”字的含义似乎就是甲骨刻上文字后，串联在一起，甲骨文写作“[illegible]”“[illegible]”；金文写作“[illegible]”。“典”字，甲骨文写作“[illegible]”，金文写作“[illegible]”，像两只手捧着册子，有非常尊崇的含意。“典”和“册”的象形，形象地表明了那时的书籍形态，应称得上是书籍艺术的源头吧。

以下介绍中国古籍中最具代表性，并影响世界的几种书籍制度形式。

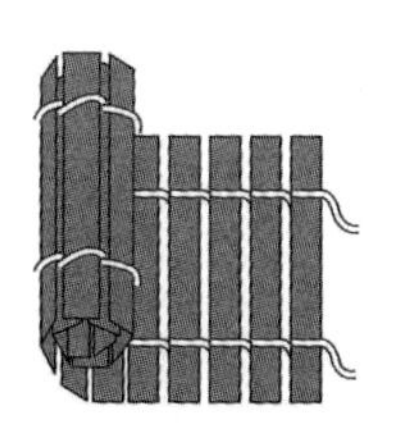

图 1-18-01：竹简

在制作好的竹简或木简上书写文字，并用皮或绳连缀起来，称为简册。收卷时自左向右卷起存放。从简册开始，古代的书籍开始具有了一定的形制，这对中国书籍文化产生了极为重要和深远的影响。比如后世书籍一直沿袭的自右至左、自上而下的文字书写顺序；版面上的“行格”，至今仍在使用 。

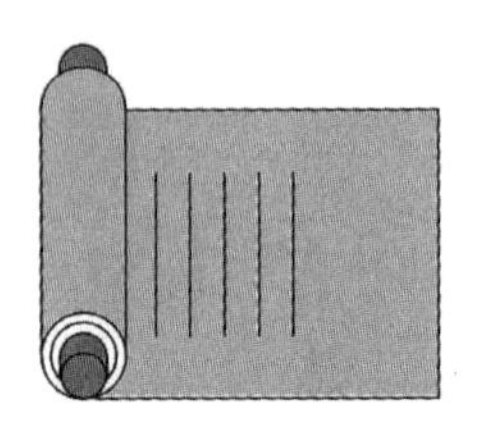

图 1-18-02：卷轴装

东汉的蔡伦于公元 105 年发明了造纸术。因造纸的原料充裕，成本低廉，纸可以大量生产。由纸为主要材质的卷轴装成为简册的代替品。书写后长卷依轴而卷，卷轴多为木轴，也有用贵重材料制成的。为了方便检索，古人就在外向的轴头上挂上一个小牌，写明书名和卷数，这叫作“签”。

叶子

纸的发明，对我国书籍发展的影响是划时代的；隋唐时期雕版印刷术的发明加速了知识和信息的传播。隋唐时期，大量佛教经典由印度传到中国，受一种在梵文贝叶经的单页中间打孔穿绳的形式影响，古人发明了汉文“梵夹装”。将一张张纸积叠起来，上下夹以木板或厚纸，再以绳子捆扎，称为叶子，并渐渐变成册页的形式。

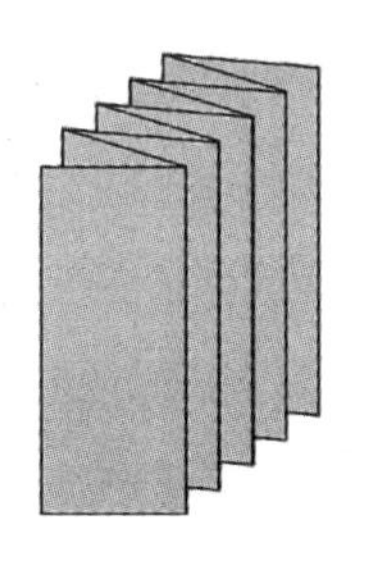

图 1-18-03：经折装

一张纸经左右反复折合，将其折成长方形的折子形式。在折子的最前面和最后面的书页上，糊以尺寸相等的硬板纸或木板作为封面和封底，以防止损坏。古人称这种折子为“经折”。一般佛教经典多采用经折装的形式，在唐及其以后相当长的一段时期内，这种折子形式的书应用普遍。

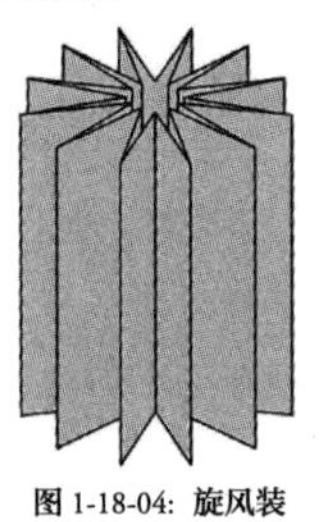

图 1-18-04：旋风装

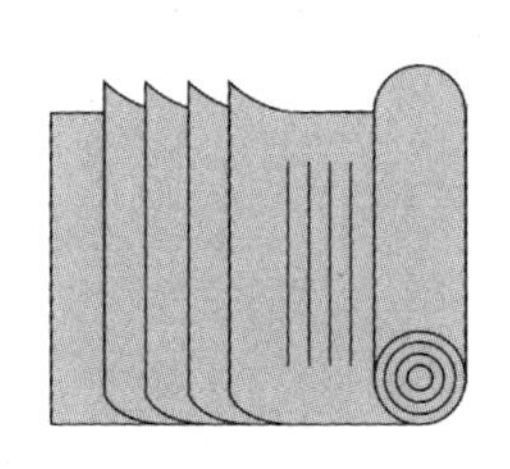

1-18-05：龙鳞装

古人做旋风装有两种方式，一是在经折装的基础上，将外封纸对折，一半粘在折子的第一页，另一半从书的右侧包到背面，与折子最后一页相接连，形成前后相连的一个整体，如同套筒。二是卷轴装的变形，把逐张写好的书页，按照内容的顺序，逐次相错，粘在事先备好的卷子上，遇风吹过，书页随风飞翻，犹如旋风，故被称为“旋风装”，又像龙身，也称为“龙鳞装”。这种装帧形式曾在唐代短暂流行。

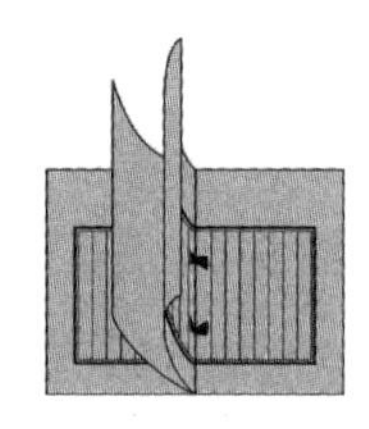

图 1-18-06：蝴蝶装

蝴蝶装始于唐末五代，盛行于宋元，它与雕版印刷的发展密切相关。将印有文字的纸页延相对应的鱼尾纹中缝对折。书页折完后，依顺序累叠成方形，将对齐的折缝处粘在包脊的纸上，书遂完成。翻阅时，书页如蝴蝶展翅，故称为蝴蝶装。蝴蝶装也有明显的不足之处，须连翻两个白页才能读到文字。

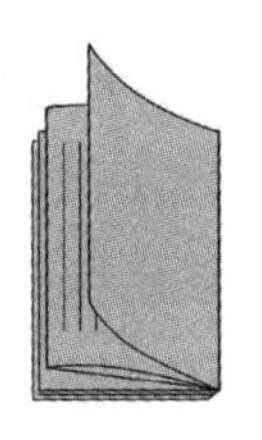

图 1-18-07：包背装

元代的包背装，与蝴蝶装正相反，将书页有文字的一面朝外，以折叠的中线作为书口，背面相对折叠。在书背近脊处打孔，以纸捻穿订。最后，以一整张纸绕书背黏合，作为书籍的封面和封底。翻阅时，看到的都是有字的一面，可以连续不断地读下去。

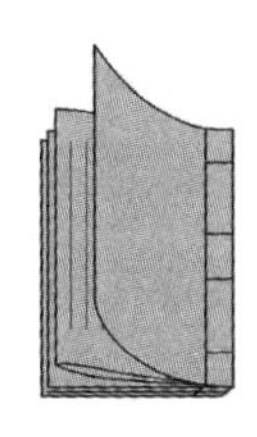

图 1-18-08：线装

由于包背装的纸捻易受到翻书拉力的影响而断开，同样造成书页散落的现象。明朝中叶，包背装又被线装的形式所取代。内文书页与前者相同，钉缀则在书脊一侧外向缝制。常见的是四针眼订法，也有六针眼或八针眼的。有时，常将书脚用绫锦包起来，不易散落，形式美观，是古代书籍装帧发展成熟的标志。

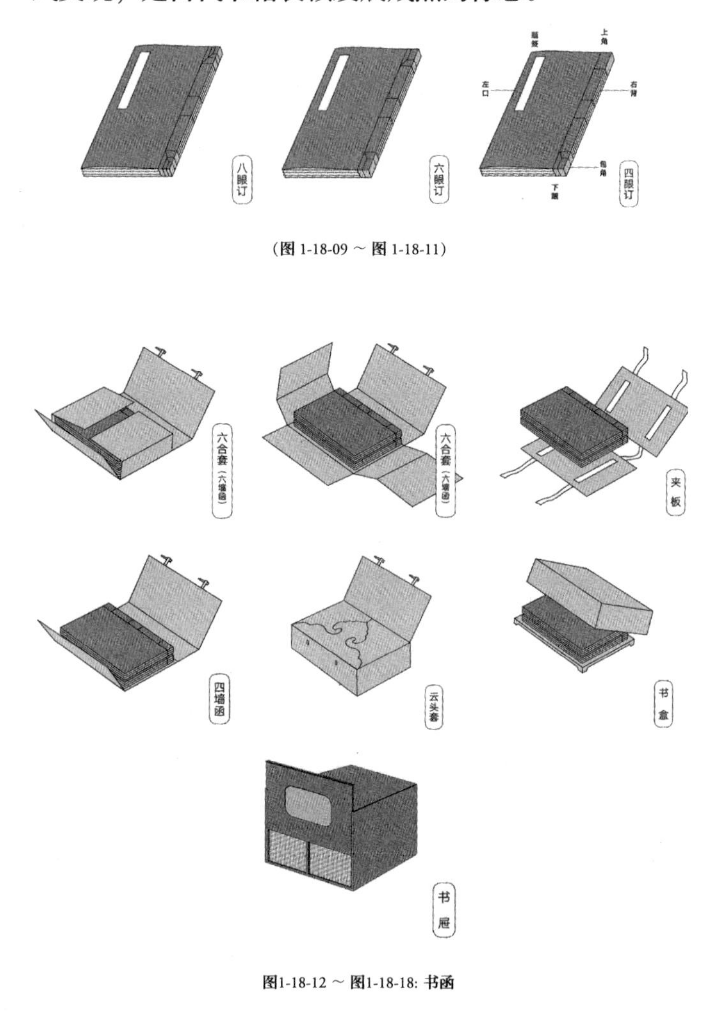

（图 1-18-09 ～ 图 1-18-11）

图1-18-12 ～ 图1-18-18: 书函

由于古籍柔软，为防其破损，多用木板或纸板制成书函加以保护。大多用硬纸板为衬，白纸做里，外用蓝布或云锦做面。书函一般从书的封面、封底、书口和书脊四面折叠包裹成函，两头露出书的上下两边。也有六面全包严的“四合套”，开函处有挖作月牙形或云纹形，称作“月牙套”或“云头套”。另外，也有用木匣或夹板做成考究的书函，既保护书籍又增添书籍的艺术典雅之美。

西方的书籍设计进程

公元前 4000 年，苏美尔人用一种三角形的小凿子在黏土板上凿上文字，待泥板干燥窑烧后，形成坚硬的字板，装入皮袋或箱中组合，这就成为厚厚的一页一页重合起来的书。公元前 3000 年，埃及人发明了象形文字，用修剪过的芦苇笔写在尼罗河流域湿地生产的纸莎草纸上，呈卷轴形态。罗马人则发明了蜡板书，这是很独特的书籍形态。公元前 2 世纪，小亚细亚的帕加马研发出可以两面书写的新材料羊皮纸。羊皮纸比纸莎草纸要薄而且结实得多，能够折叠，并可两面记载，采取一种册籍的形式，与今天的书很相似。

从纪元之初至 11 世纪，欧洲文字记录仅限于教士阶层，书籍制作也几乎都是在修道院等宗教机构完成。8 世纪时才出现了关于世俗作品的书籍。那时应用书写工具抄写，手抄本中有大量丰富的插图，精细而华丽。与此同时，书籍装帧艺术也得到了发展。书籍封面起着保护、装饰的作用，材料多用皮革，有时配以金属角铁、搭扣使之更加坚固。黄金、象牙、宝石等贵重材料也常用来美化封面，并昭示着书籍所有者尊崇的社会地位。这使得西方很早就确立了坚实、华丽的“精装”书籍传统。

13 世纪左右，中国造纸术传入欧洲，这些客观的需求与条件促进了新的印刷技术的诞生。在德国的美因茨地区，一位名叫谷腾堡的人发明了图书制造的革命性技术——金属活字版印刷术，它深刻地改变了人类思想传播的历史。1454 年，由谷腾堡印制的四十二行本《圣经》是第一本因其每页的行数而得名的印刷书籍，堪称是活版印刷的里程碑。

16 世纪，文艺复兴运动风行全欧洲。人们积极开始对新图书的探索。创造了完美的罗马体铅字。这一时期的书页开始有了内部空间，不同的字体常常综合交错在一起，形成了文本的多层次传达表现。随着凸版印刷和木制雕版技术的进步，书中出现了大量插图作品散发着耀眼的光芒。

18 世纪欧洲出现了一股阅读的狂潮，书籍成为人们日常生活中不可或缺的物品。由于版面的合理安排，书籍变得越发清晰可读。随着插图数量增多，绘画趋个性化，书籍装帧艺术的风格也在不断变化。

20 世纪初，创造“书籍之美”的意识作为独立的书籍设计艺术观念形成。代表人物是英国的威廉·莫里斯。他领导了英国“工艺美术”运动，推动了革新书籍设计艺术的风潮，因此被誉为现代书籍艺术的开拓者。他倡导艺术与手工艺相结合，强调艺术与生活相融合的设计概念，主张书籍的整体设计而不仅限于装帧。莫里斯的理念影响深远，使欧洲的书籍艺术迈出了新的一步，迎来了 20 世纪书籍设计艺术高潮。

20 世纪，书籍已成为社会信息传达最重要的媒介。面对新的阅读环境，现代书籍设计师们没有停止探索的脚步，力求以独特的书籍语言创造出一本本个性鲜明的书籍作品。其中引人注目的是德国的表现主义，意大利的未来派，进一步推动实验性设计的俄罗斯构成主义，瑞士的达达主义，以及超现实主义等。包豪斯艺术学院推行的新设计教育运动，贯彻一种将美术、建筑、工艺相互联系的综合教学理念。设计中强调编辑、版面、逻辑、理性的重要性，强调简洁明快的艺术取向，具有主题鲜明和富有时代感的特点，为世界书籍设计留下了影响深远的艺术财富。1920 至 1950 年艺术家做书兴盛，被称为“书坊潮”，这是法国书籍艺术史上不可不记下的最美妙辉煌的年代，是 20 世纪新书籍的一道风景。

20 世纪，是书籍设计试验的世纪，也是书籍艺术争绮斗妍的角力场，设计家们在自我表现中游刃有余，大显身手。他们打破传统的枷锁，把书视作可塑的柔软体，认为书可以自由造型，解体变化。数码时代使设计师可以结合现代视听技术创造前所未有的视觉以外的阅读表现力。20 世纪末的世界，诞生了“数码读物”这个新生儿，一个更为丰富多彩的 21 世纪的书籍世界已经到来。

走向21世纪的中国当代书籍艺术

中国的20世纪经历了改朝换代、政治变革、制度变迁。“五四”新文化运动蓬勃发展使书籍设计进入一个新局面。鲁迅是我国现代书籍设计艺术的开拓者和倡导者，他特别重视对国内和国外装帧艺术的研究，还自己动手设计。在他的影响下，涌现出如丰子恺、陶元庆、钱君匋等一大批学贯中西、富有文化素养的书籍设计艺术家。他们打破了封建时代沉闷的局面，创作博采众长，丰富了书籍的设计语言，使那时候出版的书籍颇具艺术感染力。

1949年，中华人民共和国成立后，万象更新。社会上下都怀着极大的热情，投身到国家的建设之中。出版行业也不例外，出版社纷纷设立美编室，有了专门从事书籍装帧的设计师，原中央工艺美术学院专门成立了书籍设计专业，培养了大批优秀的设计家。那个年代许多名家也踊跃投入书籍艺术的创作中去，使书籍设计艺术翻开了全新的一页，为当代中国书籍艺术的发展奠定了基础。

“文革”结束、改革开放、出版复苏，国内外文化艺术交流增多，带动了国内学术思路的更新，创作异常活跃，中国书籍设计领域展露勃勃生机。进入 21 世纪，随着中国出版体制的改革和多元传媒的迅猛发展，固有的装帧观念已经不能适应书籍信息的传播和新一代读者的需求，设计师们提倡由装帧向书籍整体设计的概念转换，突破装帧为书做书衣打扮的意识局限，在观念和方法论上得到了最具实质意义的进步，使这些年来中国的书籍艺术取得显著的成绩，涌现大批年轻的优秀设计师和受读者关注的佳作。2003 年至今，中国的书籍设计作品连续每一年均获得莱比锡“世界最美的书”奖项，为中国赢得荣誉，给世界展现了中国书籍艺术的全新风貌。当今的中国书籍设计师们面对电子载体的挑战，不故步自封，要更新观念，在书籍设计艺术的传承和创新中与时俱进，探索新的发展之路。

1·19

《书艺问道》关键词

书籍设计

“装帧”是20世纪初在中国古籍制度范式转换中引进的西方产物，如装帧形式由东方的右翻线装改为西式的左翻锁线装；文本的竖排变成横排阅读规制；封面上出现丰富图像的装潢美术替代了古籍封面单纯的模式，民国的设计体现了这种转换的特征。50年代后，除了极少数的重点项目才顾及一点内外整体的设计，大部分装帧即以封面为主，造成一般的出版人认为书的设计仅停留在给书做衣装的层面，并成了持续中国近一个世纪的书籍审美和装帧范畴的一种定式。尤其到了 20 世纪 80、90 年代，出版商品化更强化了把书衣打扮当成利益最大化诉求的装帧定位，弱化了文本阅读功能的书籍整体设计力量的投入，形成中国书籍出版跨入新阅读时代的意识阻隔。

书不是一件漂亮的摆设，书籍设计师不仅仅满足于书的外在，还要关照到它的内部。设计者应在文本中寻找书籍语言的最佳传达方式，六面体的书籍是展示信息的空间场所，更重要的是努力编织文本叙事的时间过程，让视觉信息游走迂回于每一页面之中，让书纸五感余音缭绕于翻阅之间，感染读者的情绪，影响阅读的心境，传递着善意设计的创造力。一个文本能传递出一百个生动的故事，设计师要承担起导演的角色。

书籍设计包含三个层面的工作：要求设计师完成装帧（Book Binding）、编排设计（Typography）和编辑设计（Editorial Design）。书籍设计（Book Design）要领会对文本进行从整体到细部、从无序到有序、从空间到时间、从概念到物化、从逻辑思考到幻觉遐想、从书籍形态到传达语境的表现能力。这是一个富有诗意的感性创造和具有哲理的秩序控制过程。书籍设计不仅仅完成信息传达的平面阶段，设计师要拥有文本信息阅读设计的构筑意识，学会像导演那样把握在阅读层层叠叠纸页中时间、空间、节奏构成语言和语法；通过设计书页中应该承载着知性的力量，而非漂亮的躯壳。以往平面设计的职业功能正在改变，书籍设计师必须跨出装帧的工作层面：文本理解、调查研究、信息收集、数字积累、解构分析、编辑组织到视觉表达，设计不只管顾美感，更要关注设计整体结果给予读者的感受价值。

编辑设计

编辑设计（Editorial Design）是书籍整体设计的核心概念，是过去装帧者尚未涉入的工作范畴，编辑工作过去只局限于文字编辑，今天提出的“编辑设计”对作者和责任编辑来说，是对不可“进犯的领地”的一种“干预”。编辑设计鼓励设计者积极对文本的阅读进行视觉化设计观念的导入，即与编著者、出版人、责任编辑、印艺者在策划选题过程中或选题起始之初，开始探讨文本的阅读形态，即以视觉语言的角度提出该书内容架构和视觉辅助阅读系统，并决策提升文本信息传达质量，以便于读者接收并乐于阅读的书籍形神兼备的形态功能的方法和措施。这对书籍设计师要提出一个更高的要求，仅懂得绘画本事和装饰手段，以及软件技术是不够的，还需要明白除书籍视觉语言之外的新载体等跨界知识的弥补，学会像电影导演那样把握剧本的创构维度，设计者在尊重文本准确传达的基础上，投入自己的态度和方法论去精心演绎主题，完成书籍设计的本质——阅读的目的，以达到文本内涵的最佳传达 。

编辑设计并不是替代文字编辑的职能，对于责任编辑来说同样不能满足文字审读的层次，更要了解当下和未来阅读载体特征和视觉化信息传达的特点，要提升艺术审美水准。一个合格的编辑一定是一位优秀的制片人，书籍设计的共同创作者。

“品”和“度”的把握是判断书籍设计师修炼高低的试金石。

信息视觉化设计

新世纪数码技术改变着传播载体的革命性变化，信息时代促使平面设计师的传统思维需要产生全新的跨越。

书籍设计领域就面临从为书衣作打扮的装帧趋向到强调编辑设计之信息再造的观念转换。平面设计不只是装饰美术，而是能与时代沟通的新设计语言和语法的运用过程。设计师为优化客户索求，提升文本价值，成为建构新阅读语境的导演和信息建筑师。

20 世纪 30 年代一位名叫亨利·贝克（Henry Beck）的英国工程制图员，打破地图制作规范，摆脱实际空间的地理概念，运用了垂直、水平，或呈 45 度角倾斜的彩色线条，构成各个车站之间的距离位置，给乘客一个清晰查阅地铁运行的明细信息。这张地图已成为伦敦的一张城市名片，并影响世界至今。设计的本质就是解决问题，这地铁图的信息视觉化设计授惠于大众，这对当下的设计师来说都是一种必要的回望和新的设计思维选项。

书籍设计不只停留在视觉美感这一表层，从文本中可发现各种包含时间和空间的矢量化差异关系，并给予视觉化信息传达，差异留住记忆。设计应该是一种反映有深刻社会意义的文化行为。书籍作为大众传播的媒体，书中的信息有着多元表达的机会，通过感性思维和逻辑思维相结合的设计方法论，可以使信息更高效地得以交流，设计才有其存在的价值，信息理解是一种能量。

视觉化是人类在创造文字之前所有生灵都相通的地球语言，当今的数码时代让人们重新认识视觉化语言传播的重要性，遗憾的是以往的装帧师没有具备信息视觉化的担当意识，限制了书籍整体设计的思维能力，今天我们必须补上这一课。

艺术 × 工学＝设计^2

艺术 × 工学＝设计^2：即用感性与理性来构筑视觉传达载体的思维方式和实际运作规则。艺术塑造精神的韵，工学构筑的是神与物的完美呈现，艺术与工学两者蕴含着潜在的逻辑关系。实现这样理想的设计界面，即形神兼备的设计就可达到原构想定位的平方值、立方值，乃至 n 次方的增值结果。当然这要付出极大的观念驱使，反复实践的过程，物化工艺的把控和态度。

艺术感觉是一种敏感的好奇心，是灵感萌发的温床，是创作活动重要台阶的第一步。设计则相对来说更侧重于理性（逻辑学、编辑学、心理学、文学等）过程去体现有条理的秩序之美，还要相应地运用人体工学（建筑学、结构学、材料学、印艺学等）概念去完善和补充，像一位建筑师那样去调动一切合理数据与建造手段，建筑师是为人创造舒适的居住空间，书籍设计师则要为读者提供诗意阅读的信息传递空间，具有感染力的书籍形态一定涵盖视、触、听、嗅、味之五感的一切有效因素，从而提升原有信息文本的增值效应。国外有这样的说法：不要为当下做设计，而是为未来做设计，这将成为当代书籍设计师应该面对的前瞻性挑战。

工学部分特别要强调的是书籍设计还包括信息视觉化设计（Infographic Design），它是书籍整体深度设计的重要补充。设计者要掌握和分析信息本质，依循内在的秩序性与逻辑关系，构建便于受众理解的视觉化信息系统，演绎出有趣、有益、有效的信息传达语言、语法和语境，让读者一目了然，便于记忆。我回国后，在学校里也讲授这一课程以适应当今信息传达视觉化的阅读需求。这是国内设计领域和设计教育尚未开发的新课题。

传统设计的现代语境

传统不只是过去的遗物，它是每个时代里最好的东西，在历史潮流的研磨中释放光芒，传承至今。中国古代书籍制度对当代中国的书籍艺术的进步产生重要影响，首先要了解书卷传统对阅读文化的影响力在哪里，必须以敬畏谦卑之心对待先人留下来艺术与工学精髓。正如《考工记》记载："天时、地气、材美、工巧，合其四者然而可以为良"，古人将艺术与技术，物质与精神的辩证关系阐述得如此精辟，是对形而上和形而下的完美追求与融和。

我有幸参与国家图书馆得善本再造工程，深深为东方古籍艺术的魅力所感染。同时体会古人艺术的审美境界不只体现在造物之外，而是浸润于内。作为中国的书籍设计师由衷感到荣幸，背靠这座文化大山，有了一点自信和底气。改革开放 40 年，我们拥有宽阔的胸怀，海纳百川，同时也存在以西方设计方法论和西方审美语境评判中国设计良莠的误区，当今信息泛滥的时代，无法阻拦外来信息的流入，那些似曾相识的设计与手法一眼识破。

具有东方文化气质的设计，绝不能停留在复制层面，或只是还原古籍的原有形态和装帧方法。传承同样要符合时代的需求，进行推陈出新的工作。不模古却饱浸东方品位，不拟洋又焕发时代精神，这是我努力的方向，尽管我的设计还没达到这样的境界。

书之五感

今天对书的理解分为电子书和传统纸面书两种，前者是有利于快捷获取信息的阅读，但是纸质书的阅读，不仅仅指的是视读，即一种过去认识的纯粹文字的阅读，其实纸质书还包括形态阅读、触感阅读、交互阅读、聆听阅读……即使是视觉阅读，也有图品、字型、编排、空间、节奏、层次欣赏；还有信息戏剧化设计语言和语法领悟；联想启迪展现以及阅读美感享受。正如博尔赫斯所说："书的魅力很大程度上来自于它的物质性，这是一种在时代更迭之间显得愈发珍贵的气质。"品味阅读体现出一种优雅的气质。

一本好书不仅是信息传声筒，更是影响内心和周边心像物境的生命体。书的物质性可以让读者与纸张亲密接触，它的质感、自然的肌理都会带来与电子书不同的，有温度的阅读享受。

正因为有了对“装帧”观念的反思，才觉悟到书籍设计不止步于装帧的责任和乐趣。我接到文本后，第一步考虑编辑设计，像导演或编剧一样，理解、分析、解构文本，与作者、编辑、制作人员共同探讨，寻找与文本触类旁通的信息点，构架最佳的叙述方法和设计语言，把书的内在特质表达出来，以此增加阅读的附加值，是信息传达的多维思考；第二步是编排设计，包括字体、字号、图像、空间、灰度节奏、层次阅读性，哪怕是一根线、一个点，在二维的平面上经营图文最佳而有效阅读的空间；装帧则是最后一个程序，当然三个步骤相互联系，会前后不断照应。预想读者拿到的书该有怎样的感觉，有视觉、嗅觉（油墨、纸张、年代的味道)、触觉（手感)、听觉（翻书声音，内心的朗读声）和品味书的气质，预想的结果即从这五感中慢慢生发而来。

设计要物有所值

数码时代改变了人们的阅读习惯，甚至影响了生活规律。对于设计手段来说更是让过去匪夷所思的想象得以实现，不断更新的电脑软件使年轻的设计师们如虎添翼。21 世纪的电子革命还在创造着各种奇迹。当然，任何事物都有两面性，比如，数码工具为人们的沟通带来方便，同时制造了大批“宅编”，守在电脑旁，组稿、审稿、发稿、找设计等，全部通过电话、邮箱解决问题。我们那时当编辑骑着自行车到处跑，与著作者、设计者、摄影者、插图者、印制者见面，全过程是一种沟通、交流、传递书稿的温度。当一个编辑特地跑来真诚希望你做一本书，他会把对书稿珍爱的温度传递给你，让你感动，设计者也愿意为之付出，就此就有可能催生有温度的设计。

设计者也同样承接客户空洞的“大气”“大美”以及快捷的设计要求，设计者没时间投入对文本的研究，担负起富有创意诠释文本的编辑角色，像一个制片人，对市场需求、作者气质、设计品味、工艺实施有一个清晰的判断与执行。

当下出版业低价功利求量，短平快竞争造成产品山寨跟风、粗制滥造、追求码洋、精品减少。如今一些出版人和作者正在反思，针对不同题材、作者风格、读者对象，制订不同的设计方案和合理的成本核算。谈价值不能只谈“价”不求“值”，应该物有所值。这种只追求数量、低价、低质的运营方式是在断绝中国出版的生路。而另一个现象正在兴起：一些手工书，限定本，个性化的精心打造的出版物正在赢得读者，回归书籍富有自然质感的阅读品位。我认为中国即将会迎来一个新造书运动，很多年轻人会积极参与，我看好这个区别于传统常规的书籍市场。

书籍设计须触类旁通

文学、戏剧、音乐、电影是自小的业余爱好，从小学画，并没有想到会从事做书的行业。一旦做书，就面临知识修养欠缺的苦恼。尤其要当好一名书籍设计师，而非装帧师，这种专业定位迫使我重新认识和定位自己，重新界定设计师做书的本质和责任范围，除了掌握装帧设计、编排设计、编辑设计三位一体的设计理念之外，设计者背后的知识铺垫十分重要，除了提高自身的专业素养外，还要努力涉足其他艺术门类的学习，如目能所见的空间表现的造型艺术（建筑、雕塑、绘画）；耳能所闻的时间表现的音调艺术（音乐、诗歌）；同时感受在空间与时间中表现的拟态艺术（舞蹈、戏剧、电影），要懂得书籍设计是具有挑战性和研究性的工作，打破书衣装饰的格局，解开传统的线性陈述方式，采用灵动的书籍的层级关系，呈现书籍文本多元叙述的表达程式，书籍设计要担当起导演的角色，并寻找发表自己看法的契机……以上提到的姊妹艺术的熏陶和领悟必不可少。

一位英国哲学家讲到戏剧的感染力与观众的观察距离有相当密切的关系，翻书的体验会与欣赏戏剧相似，它不是一个单个的个体，也不是一个平面，兼具跨越时空的信息活体群，它具有多重性、互动性和时间性，即通过层层页面云集的信息的近距离翻阅形式，找到该书准确的设计语言和语法，让读者在与书的接触中，真正感受书中赋予的真实。书籍不仅是信息的容器，在书籍翻阅的过程中传达所有做书人的温度与真诚，还有千变万化的手法。从来自世界各国的文学、戏剧、音乐、电影中吸取做书的许多道道，这种体验十分真切，收益多多。

纸有生命

人类的五个感官，视、触、听、嗅、味中的四感都集中于头部，唯触觉遍布全身，因此触觉是人感受机会最多，也是最敏感的部位。这世界只要物质还存在，纸作为物质的一种无法排除出人们的生活。而纸书一旦承载信息，必然以它特有的方式供阅览使用，并且书具有其他艺术完全不同的欣赏形式：它具有物质性、时间性、空间性、流动性，我喜欢把书称为信息诗意栖息的建筑。

盖房子要选择材料，与功能、环境、气候、地域、文化都有关系。纸张的使用，同样要有理念、有审美、有内涵、有情调……兼顾翻阅时的节奏和层次，等等。纸在使用前是中性的，是设计赋予它意义才产生价值。书籍设计师要做的事就是把纸张性格特征表现出来，通过肌理、翻折法，柔软度，听觉度，还有气息，驾驭好纸张的品相秩序，才能顺理成章地叙述最好的故事。

我会把一本书看成是透明的物体，每一张纸，每一层都要看在眼里，从头看到尾。把整个节奏把握好，曲线，高低、外延、内向、聚合、扩散……都在通过纸张的舞台上演绎精彩的书戏。读者通过眼视、手翻、心读，全方位展示书籍五感的魅力。

正当人们都在唱衰纸面阅读的时候，我认为物质的书正迎来新的生命周期！

书筑

书籍是时间的雕塑，书籍是信息栖息的建筑，书籍是诗意阅读的时空剧场。建筑是一个三维的时空体验，它并没有局限在一个平面的视觉维度上。书籍设计也应具有同样的出发点：让信息（文本）通过文本构架、平面构成、文字设定、叙事方式、色彩配置、图形语言、工艺手段等设计概念构建信息安排妥当。但这并非是设计的终极目标，书籍设计必须让读者在页面空间中“行走”，在翻阅过程的时间流动中享受到诗意阅读的体验，更可流连于阅读过程中展开“居住其中”的联想。

书籍设计是呈现信息并使其得以完美传播的场所，书籍设计者要学会像导演那样把握阅读的时间、空间、节奏语言，让信息游走迂回于页面之中，起承转合、峰回路转，这是一个引导读者进入诗意阅读的信息建筑的构建过程。

面对当今数码技术的快速发展，信息传播和生活习惯越来越虚拟化，在对人类精神和物化生存方式产生怀疑之际，“书筑”概念让书籍师和建筑家进一步探讨物与人的关系，引发诸多的启示与联想。

2 对话

2·1 敬业以诚，敬学以新

对谈人：韩湛宁 × 吕敬人
对谈时间：2013 年

图 2-1-01: 与韩湛宁合影

从“装帧”到“书籍设计”的设计思想

韩

吕老师您好，
您是中国书籍设计的主要代表和推动者之一，
深深影响了当代的书籍设计发展，特别是您提出
“从装帧到书籍设计”的概念，为出版与书籍设计领域带来
巨大的变革。
请问您是如何提出“书籍设计”概念的？

吕

你说的影响我根本谈不上，中国书籍设计的进步更非我个人所为。如果说有变化，还是许多志同道合者一起努力的结果。1996年我和宁成春、朱红、吴勇编著的《书籍设计四人说》提出“书籍设计”的概念，至今已经十五六年了。我们并非颠覆装帧，因其仍是书籍设计缺一不可的一部分，更是对装帧工作范畴的延展。装帧一词应用已久，尽管过去出的辞源、辞海里没有“装帧”词条的明确解释，2010年版的《辞海》中对装帧

是这样解读的："装帧指书画、书刊的装潢设计。"概念的模糊不清，造成设计者职能不明。更由于社会、经济、观念等所限，在实际操作中装帧往往只停留于封面或简单的版式的设计范围，即所谓的书装、书衣设计。从装帧到书籍设计，在设计意识方面需要有一个跨越。书籍设计要求设计师一开始就介入文本的编辑思路，即以文本为基础进行视觉化信息传达设计，构建令读者更乐意接纳的诗意阅读的信息载体。书籍设计是一个信息再造的过程，设计者需要拥有更广阔的知识，当然也将承担更多的责任。

书籍设计的概念，得到很多同行的赞同，认为这是一种进步，实践中得到了很好的检验。

从"装帧"到"书籍设计"不是一个名词的简单更改，由于工作门槛的提高，这对设计师自身修养的培养显得更为重要，书籍设计是将建筑、文学、音乐、电影以及戏剧等多种跨界知识汇聚于纸面载体的综合表达。因此书籍设计并不只是为书做嫁衣的工作，是参与文本信息传达的一个角色，或许是将出版人、编辑者、设计师、印制工艺集于一身的"导演"，其工作体量远远大于装帧。中国书籍水平要赶上世界先进行列，讲空话，唱高调，躺在过去的成绩里自我陶醉不行，中国设计师要给自己提出更高的目标，大家往这个方向努力，希望中国的书籍无论从外在到内在都能在世界先进书籍文化艺术领域中有我们的一席之地。

韩

**在“书籍设计”这个概念下，
我知道您又提出了具体的“装帧”“编排设计”和
“编辑设计”三个层次。
您如何看待从“装帧”到“编排设计”
再到“编辑设计”三者的关系呢？**

吕

可以把书籍设计分为三个层次，第一个是装帧，即功能保护、商品宣传和书籍审美，以及物化工艺过程；第二个是编排设计，又称为二维设计，将文本、图像、空间、色彩在一个二维平面上进行完美的协调经营，让每一页呈现非常好的美感和流畅的阅读性。国外有专门的编排设计家，称为 Typography Designer，创造文字、塑造文字、编排文字、应用文字，传达文本、编织图像、制造阅读节奏和信息传达空间；第三个就是 Editorial

Design，即编辑设计。编辑设计不是文字编辑的专利，它是指整个文本传递体系的视觉化塑造。作为一个编辑设计者应该运用视觉语言的优势去弥补文本的形象表达之不足，超越文本表现却不违背文本，这在过去做装帧时是不可想象的，非被戴上越俎代庖的帽子，因为这是编辑专属的领地。好的书籍设计亦能成为文本的第二主体，增加文本以外的附加值。实际操作是先由编辑设计始，再进入编排设计阶段，最后是装帧收尾，由后往前推进的过程，但这三个层次又相互渗透，互为交替，循序渐进的过程。

韩

编辑设计就是您所说的设计师作为编剧、导演参与书籍制作的方式吗？整体设计与编辑设计是一个概念吗？

吕

是的，编辑设计是导演性质的工作，设计师是把握文本视觉传递的最终掌控者。书籍中的文字、图像、色彩、空间等视觉元素均是书籍舞台中的一个角色，随着它们点、线、面的趣味性跳动变化，赋予各视觉元素以和谐的秩序，注入生命力的表现和有情感的演化，使封面、书脊、封底、天头、地脚、切口，如京剧生、旦、净、丑的做、念、唱、打发挥各自的功能，所有的设计元素都可以起到不同角色的作用，书籍设计也可以产生音乐的节奏感，设计师也是一个角色、一个导演、一个编剧或者是一个演员。过去评奖曾有设“整体设计”的奖项，但只是相对于“封面奖”而言，即封面和版式。编辑设计是书籍设计理念中最重要的部分，而书籍设计中的核心是设计者对文本进行编辑设计思想的导入，是以视觉语言的角度提出该书内容构架思路和建立辅助阅读的视觉系统的编导过程，简单讲其设计成为了文本以外不可欠缺的一部分，从而提升文本信息的传达质量，使内涵更为丰富，让读者更乐于阅读，甚至珍藏。

编辑设计是对过去装帧者尚未涉入的，文本作者和责任编辑不可“进犯的领地”的一种“干预”。编辑设计鼓励设计者积极对文本的阅读进行视觉化设计观念的导入，即与编著者、出版人、责任编辑、印艺者在策划选题过程中或选题落实后，开始探讨文本的阅读形态，即以视觉语言的角度提出该书内容架构和视觉辅助阅读系统，并决策提升文本信息传达质量，以便于读者接受并乐于阅读的书籍形神兼备的形态功能的方法和措施。这须对书籍设计师提出一个更高的要求，只懂得一点绘画本事和装饰手段是不够的，还需要明白除书籍视觉语言之外的新载体等跨界知识的弥补，学会像电影导演那样把握剧本的创构维度，摆脱只为书做美的装饰的意识束缚，完成向信息艺术设计师角色的转换。

韩

一本好书，无论是什么门类的读物，
都应该让读者在得到书本的知识的同时得到更多的体验，
从内容到形式，从阅读到体验，从感受到联想，
以达到您所说的“书籍不仅要给予读者一个接受和吸取
知识的过程，并应得到自身智慧想象和延展的机会”。
那么这应该如何把握呢？具体到整体设计中，
设计师该如何把握文本和书籍设计之间的关系呢？

吕

必须把握当代书籍形态的特征，要提高书籍形态的认可性，即读者易于发现的主体传达；可视性，为读者一目了然的视觉要素；可读性，让读者便于阅读、检索

等结构性设定；要掌握信息传达的整体演化，就是全书的节奏层次，剧情化的时间延展性；掌握信息的单纯化，传达给读者的正确感受——主体旋律；掌握信息的感观传达，书的视、听、触、闻、味五感。总之，当代书籍形态设计的共同之处将是用感性和理性的思维方法构筑成完美周密的、使读者为之动心的系统工程。

我想拿一本设计的书作例：2006年，中国轻工业出版社委托我做一套介绍绿茶、乌龙茶、红茶的生活休闲类的书《灵韵天成》。出版社的定位是时下流行的实用型、快餐式的畅销书。我读了文本，觉得书的最终形态不应该是纯商品书籍的结果，应该让全书透出中国茶文化中的诗情画意，这也是对中国传统文化的一种尊重。这一编辑设计思路经过与作者取得共识，与出版社就文化与市场、成本与书籍价值进行了反反复复的探讨，这一方案最终得到了出版人认可。全书完全颠覆了原先的出书思想，用优雅、淡泊的书籍设计语言和全书有节奏的叙述结构诠释主题。其中绿茶、乌龙茶二册用传统装帧形式，内文筒子页内侧印上茶叶局部，通过油墨在纸张里的渗透性，在阅读中呈现出茶香飘逸的感受。设计能让读者体会到文本以外的设计用心，并根据自身的经验在眼视、手翻、心读过程中产生联想和信息的延展。

韩

书籍设计与阅读的关系呢？

或者阅读与被阅读？

吕

对于一个设计者在一张纸上进行平面设计时，纸张呈现的是不透明的状态，而对于一位能感受到纸张深意的书籍设计者来说，这张纸就被视为与前页具有不同透明度的差异感受来，这种差异感必然会影响书籍设计的思维，并去感知那些似乎看不到的东西。由一张一张纸折叠装订而成的书，已不仅仅是空间的概念，其包含着时间的矢量关系和陈述信息的过程。能够力透纸背的设计师已不局限于纸的表面，还思考到纸的背后，能看透到书戏舞台的深处，甚至再延续到一面接着一面信息传递的戏剧化时空之中，平面的书页变成了具有内在表现力的立体舞台。

编辑设计的过程是深刻理解文字，并注入书籍视觉阅读设计的概念，完成书籍设计的本质——阅读的目的。

编辑设计应真正有利于文本传达，扩充文本信息的传递，真正提升文本的阅读价值，优秀的书籍设计师不仅会创作一帧优秀的封面，又会创造出人意表、耐人寻味、视觉独特的内容结构和具有节奏秩序、阅读价值的图书来，“品”和“度”的把握是判断书籍设计师修炼的高低。

设计师在为读者提供阅读设计的同时，自己则是在被阅读。维系书之生命则是维系好阅读与被阅读，即主体与客体的关系。要懂得以人为本，以读者为上帝的设计理念，最终会使作品具有“内在的力量”，并在读者心里产生亲和力，以达到书籍至美的语境。

韩

您认为什么是最美的书呢？
或者说，
评判一本最美的书的标准是什么？

吕

我觉得每本书不管是普及读物还是巨著，只要你用心去设计，那么自然就会有其实实在在的阅读价值，读者自会去欣赏它。我们今天所说的最美的书，在评选中是有意向大众读物投入较大的关注度，但未必就是最便宜的书，也未必就是最贵的书。书价贵贱不是衡量良莠的标准，关键还是物有所值。因此说，评判一本最美的书的标准是什么，我想莱比锡提出的评判条件值得借鉴，第一，设计和文本内容的完美结合；第二，要有创造性，出人意表，富有个性，决不容许“山寨”；第三，它是给人阅读享受的，一定是在印制方面有它最精致和独到的地方；第四，每个国家都有自己的本土文化，希望作品能够体现自身民族的文化价值、审美价值，能够得到广大受众的认同和喜爱。

关于书籍五感

韩

我们俩与吴勇、小马哥、王春声五人
在吉林的一次讲座的海报用了一个人形“五感”的概念，
特别形象，这也是您一直倡导书籍设计要做到“五感”的
整体传递。“书籍五感”是杉浦康平先生提出的吧？
您又是怎样发扬的呢？

图 2-1-02:“聆听”，吉林五人展

吕

书籍五感并不是一个新话题，杉浦老师把书籍五感提高到了一个非常重要的位置，他曾经说“书籍五感是设计思考的起始”，也就是说一个设计师如果连书的五感意识都没有，那么他无法完成一本真正意义上的书籍设计。书籍传递多种感观。首先是视感，书籍本身就是视觉阅读物，有文字要读，有图像要看，有色彩要品，视感是不言而喻的；而听感却有很多值得我们去回味的地方，首先听感是物化书的本身，比如轻重、翻阅过程中的声音等，然而听感还不仅仅是物质感受，真正的聆听是读出书中的声音——作者的心灵；读者对书的嗅感其实特别敏感，比如取自不同材质制成的纸张散发的自然气息。还有，我们去一家新书店或到一家旧书店，屋里的两种气味是完全不一样的。电影《查令街 84 号》形容一家英国旧书店“令人想起狄更斯时代，一股橡树木书架发出的潮湿的味道和那些古老书籍所散发出来的气息”，美国一位作家形容书籍“让你感受到一种带有灰尘的美感”“一种甜美和温柔的香”。书香除了纸张与印材本身的味道，更重要的是与书籍生存相关的各种气息；触感，触感是人类寻找对象所具有的非常敏锐的一

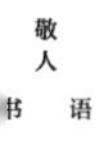

种器官感受。触碰对心灵有一种震撼作用，柔滑的、枯涩的、温馨的、冰冷的，触感非常直接，它带有各种性格。来自自然的材质感和设计者所赋予不同纸张所承载信息的表情都可以传递一种触觉感受。最后就是品——味感。品味是抽象的体验，它绝不是“口舌的味道”，而是一种心里的品位，审美的品位，精神的品位，一本好书一定是在书籍其他四感的基础上升华到让心灵得到陶冶的“品味”的五感雅境。

韩

在许多次的书籍设计论坛中，
您提出的“留住温和的回声”打动了很多人，
这是不是您想通过书籍设计，
来传递对书籍这个载体本身的情感？

吕

书籍不是一个生硬的文字图像展示的印刷载体，人通过心灵，通过五感去领受书籍内涵的传递，杉浦老师说：“书籍是影响周边环境的生命体。”环境指的是一个气场，就是所有接触到这本书的人和物所产生的磁场，比如书架上的书是怎样的视觉感受，捧在手中的书又是如何的亲密体验，书就是一个活生生的生命物。书籍五感——品味纸文化的魅力，纸张来自亲切的大自然的恩赐，通过纸张的呈递，通过五感的编织，所承载的文字能形成一个打动人心灵的，好似恋人般的感觉，是一种温馨的传达。因此我说“留住温和的回声”——相对于冷冰冰的电子载体，真的不愿意看着书籍文化留给我们的历经千年的阅读习惯会走向消失。

书籍不仅仅是一个视觉的媒体，同时是一个物化的立方体，它能实实在在地被触摸到，因此书不是一个虚拟的梦幻世界。看书需要我们亲身去接触、去翻阅，学会如何物化这样一个奇妙的书籍艺术世界是非常重要的。

我和北京雅昌集团合作创建了“人敬人书籍艺术工坊”，我经常去工坊和大家一起商量如何来做书，带同学到工坊去实践，去亲身体验，亲身感受中国悠久的书卷文化和书籍制作的工艺过程，这些都给我带来了无穷的乐趣。

记得一位德国著名设计师说过的一段话，“书籍设计是将工学、设计、艺术融合到一起的过程，因此每一个环节都不能独立地割裂开来。我们有意模糊书籍形态、印刷工艺、信息构成和媒体划分的概念，当我们从头到尾去看书籍的时候，无疑最重要的部分是 idea，就是一种精神之物质的创造。作为物化的书籍，我们应该创造出刻划时代的印迹美，给现在以至于将来的书籍爱好者带来快乐，并且永远地流传下去。而在新鲜的外表下，无形又不可见的是我们身藏其中的传统，我们为这个世界增添一些美好的东西。”

吕敬人之成长历程

韩

几年前您送过我一本您做的《百岁老父》，
里边您的大家庭与您的成长故事让我非常感动。
那么您能具体谈谈您的成长历程吗？
以及在您的成长中有和书籍与
书籍设计有关的经历吗？

吕

说来我的少年时代与做书没有太大关系，但要说有关系，倒是从小就做过书。小时候家父给我们五兄弟办了个小图书馆，里面有很多老书，需要我们来管理和维护，因此会经常做一些修补、装订、包书皮之类的工作，包括我们的速写本也都是自己做的，那时只是觉得很好玩。我小时候就挺喜欢古装书，家父藏书中有不少古籍，那时还读不懂书中深奥的文言文，而对书中的宋体字、韵味十足的木版插图、薄薄的书面纸和线装书的形式感兴趣。我把古版本中陈老莲的《水浒叶子》人物临了个遍，一本家传原版《芥子园画谱》也被翻得稀烂，边看边临，沾了不少墨迹。我父亲是做丝绸产业的，家里收藏了大量的欧洲进口丝绸样品书和设计稿，精美的设计至今还深深印记在我的脑海里，图形、色彩、构成，那真是太精彩了。当然，“文革”后，这些资本主义的东西全部荡然无存。我父亲公司的企业形象设计、标志、图案和包装纸，都是委托欧洲设计师设计的。公司标志我记得是一个长着翅膀的女神，银和黑两色油墨混合印制，在光的照射下散发出微妙的色波，我想这些对今天的专业影响都是潜移默化的吧。

韩

《百岁老父》中我也看到您父亲
给您和几位哥哥非常大的艺术熏陶，
从而也造就了你们五兄弟各有精彩的人生，

图 2-1-03:《百岁老父》

您可以谈谈您父亲
给予您的是什么样的教诲吗？

吕

家父喜欢绘画、书法，他虽未拜名门，但刻苦练习，写得一手好字。他的业余爱好是收藏书画，喜好戏剧、摄影、体育运动，因此我们五兄弟都喜欢文化艺术。我们又会唱又会跳，家里有部幻灯机，《白雪公主》《米老鼠和唐老鸭》五兄弟经常聚在一起观看。我们还演木偶戏，自制戏剧人偶，演出“三岔口”“捉放曹”“空城计”等，锣、鼓、板都有，有腔有调的，让弄堂里的小朋友们都来看。父亲分别培养我们的兴趣和爱好，我和二哥特别爱画画，父亲也是重点培养我们两个学习美术，让我们分别拜师学画。大哥学戏剧文学，三哥随母学医，四哥跟着父亲学理工。

我非常感恩家庭对我的教诲，父亲严厉的传统家教，母亲善良的行医修为，影响我们一生。父亲 96 岁时，他以我姓名中的一个“敬”字专门写了一纸用笔遒劲的条幅：“敬事以信、敬业以诚、敬学以新、敬民以亲”，要我牢记做事、做人、做学问的道理。这也是父母一贯对我五兄弟的要求，而成为我一生努力的座右铭。几十年来兄弟五人遵循父母教诲，就是这样做到专注本职、钻研业务、探寻新知。

韩

这段美好的经历是不是在您去北大荒的时候被改变了？
后来您去了北大荒是什么时候？
那段经历是怎样的呢？

吕

1966 年我高中毕业，考的是浙江美院国画系，初试结束就等待全国统考，突然“文革”开始，全国取消高考，没能进入理想的学校学习是我一生的遗憾。当时的上海与全国一样，非常恐怖。为了远离整日被揪斗的父母，摆脱被歧视的黑七类子女身份，我告别家乡远赴北大荒。“文革”开始后的 1968 年至 1978 年，我在北大荒一直待了整整 10 年。因为我的绘画作品，被调到中国青年出版社以后，读取文学大专学历，考得经济管理本科文凭，只是为学历而学，均与设计无关，对我的工作而言关系不太大。我并不是设计科班出身，我只是个自学者，而真正领悟设计概念是从日本学习回来之后。

韩

去北大荒一去就是 10 年啊，
这 10 年在您的心里是什么样的？

吕

这 10 年对于我们这代人是悲剧性的。至于，这 10 年作为社会的个体，每个人自有喜怒哀乐的体验，也有友情、亲情、爱情相伴，以及面对丑恶与愚昧，忍辱负重、卧薪尝胆的历练。这 10 年也是我宝贵的人生经验之一。

韩

其实对于那个时代很多人在反思，
比如季羡林的《牛棚杂忆》，
他希望有良知的人能把那一段是非道明说白。
您这 10 年的经历是怎样的呢？
您是怎样度过去的呢？

吕

在那个年代，因为出身于黑七类家庭，招工、当兵、上学的机会都没我的份，我们在偏远的北国想方设法了解外面的世界，我们通过各种途径去寻找“白皮书”，就是当时给高级干部看的内部读物，那是些不让老百姓看的东西，比如《内部参考》，还有一些西方名著。那时我设法打通了农场局新华书店的后门，通过里面的朋友，用仅有的剩余收入买书，为此我读到大量的世界名著，如《大卫·科波菲尔》《悲惨世界》《战争与和平》《红与黑》《飘》《莫泊桑小说集》《契诃夫小说集》等。

我最大的幸运是1973年的一天，农场突然“从天而降”了一位我极为崇拜的连环画大师贺友直。上海新闻出版单位以改造反动的资产阶级学术权威之名将贺老师派到了我们农场搞三结合创作，画一部讲小镰刀战胜拖拉机、批判现代化的荒唐小说。我以农工的身份参与创作，而得以有机会和贺老师同吃、同住、同创作了整整一年。贺老师成了我的恩师，直至今日，他以他对艺术的思索和专业的创作方法，做人做事的态度，严谨的创作风格点拨了我的艺术道路和人生之路。在这以后我开始懂得怎样观察生活，如何用艺术的视点进行人、事、

▶
图 2-1-04: 与贺友直老师合影

▲
图 2-1-05:《江畔朝阳》
图 2-1-06:《江畔朝阳》手稿
▼

物的交流沟通，并成为我一生追求的目标。我的书籍设计思路和创作手法是从他的许多教诲中萌发出来的。

韩

之后您是怎样离开北大荒的呢？
又是如何开始从事出版社的书籍设计工作呢？

吕

1976年“文革”结束，百废待兴，全国的出版社纷纷恢复工作却人才欠缺，很多出版社去东北招人。那时我因为有一些绘画作品就被北京的中国青年出版社看中而调入，开始了与出版相关的工作生涯。因我擅长绘画，领导给我的工作以插图为主，主要是文学插图，画了不少作品，参加全国性的展览，也较早加入了中国美术家协会，还担任了美协插图装帧艺委会的第一任学术秘书。以后画插图的同时逐渐进入画封皮的创作，即所谓的装帧。在出版社工作必须有职称，于是有了前面提到的考大专，读大本的经历，想想实在好玩，也是一种经历吧。其间从许多前辈那里学到很多装帧方面的知识，尤其是当时中青社美编室的秦耘生主任的实实在在地传、帮、带，把我这个门外汉带进这个领域，至今我仍非常感激他给予我的信任和无私的栽培，应该说他是我从事书籍设计的启蒙老师。

那时有许多优秀的设计家都在从事装帧工作，如曹辛之、张慈中、范用、任意、范一辛、曹洁、陈新、钱月华、王卓倩、章桂征、吴寿松、方鄂秦、郑在勇、宁成春、陶雪华等，插图画家中有古元、程十发、蔡亮、黄永玉、丁聪、黄胄、韩羽、孙滋溪、贺友直、李少言、徐匡、柳成荫、林墉、秦龙等，他们创作了许多优秀的封面与插图，成为经典之作。但由于那个年代社会、经济、技术、观念等诸多因素的影响，当时的装帧不能全方位介入到书籍的整体运筹中，更谈不上触及文本的视觉设计，这是文字编辑不可侵犯的领地。我所涉及的装帧观念，也仍停留在书的外在封面装饰和简单的版面装潢，固然这也是一种设计创作活动，但从真正意义上讲，距书的整体设计概念还有一定的距离，只有极其少数为了政治或国际评奖特别需要，可从整体设计去考虑。况且在当时出版社体制下美术编辑（装帧工作者）的职权范围受到很大的限制，文编、装帧、出版、印装、流通各行其职，互不连贯，致使设计者的主观能动性受到很

图 2-1-07:《分水岭》

大的制约，进而导致创作能量难以发挥，造成装帧观念滞后，延缓了中国书籍设计整体水平的提升。

韩

之后您是怎样去日本和杉浦康平老师学习的呢？
我们都知道杉浦康平老师对您的影响是巨大的，
您能谈谈那是怎样的机缘和经历呢？

吕

1989年因中国出版工作者协会和日本讲谈社的协议被派送去日本研修。那时叫作停薪留职，自费公派，当时我曾拜读过杉浦康平老师的作品和理论，非常仰慕。去之前，老宁特别给我介绍了杉浦老师。于是我就向讲谈社申请去杉浦老师那学习，得到一周两天的批准，其实何止是一周两天，只要有时间就往那里钻，礼拜六、礼拜天在他的资深助手那里学。我在讲谈社研修的这一年中，大量时间待在杉浦老师那里。结束研修回国后的第二年，我就正式申请去杉浦设计事务所学习，杉浦老师还专门为我提供了奖学金，让我可以专心学习。那时候他每周都给我讲课，他对我十分用心且关怀备至，让

▲

图 2-1-08: 与杉浦康平老师合影

图 2-1-09: 1989 年在杉浦工作室学习

▼

我参与了大量的实践，并处处对我言传身教。吃饭、下午茶也都是讲课的时间，传授设计以外的知识，如音乐、戏剧、电影，观看各种门类的展览，考察民间文化习俗，对我书籍设计以外的艺术修养的教诲是全面的。

我在他身边经历了两年的学习，回国后也没有中断过联系。他的专注、博学一直影响着我。他不是一个单纯的设计师，而是一个学者，一个信息传播的建筑师。他打通了艺术的壁垒，涉猎音乐、戏剧、电影，图表学，建筑学，曼陀罗学，从事汉字和东方图像学的研究。他让我一点一点像海绵那样努力吸纳东西，广取博收。杉浦老师的人格修为像有一股磁性深深吸引着我，他界定自己只是一名设计师，他也不参加任何艺术组织，不追逐名分。他热爱中国文化，由于竭力推崇东方文化，使日本、韩国、中国以及南亚等国家和地区的东方设计师专注于本土人文，他的精一成就了他的高度。他让我觉得人一辈子能认认真真做成一件事有多么了不起。

韩

有幸跟随被誉为“世界平面设计界的巨人”
杉浦康平老师学习，是多么珍贵和幸福的经历呀！

您多次和我说过，杉浦老师让您领悟到了很多，
更教会了您如何做人、做事和对待工作的态度，
以及对书籍艺术的专注与热爱。
我也亲身感受过他的教诲，在 2006 年深圳“杉浦康平
杂志设计半个世纪”展览期间，他和我说，
希望我要热爱东方文化乃至亚洲文化，
特别指出中国文化和印度文化是亚洲文化的两个面，
希望我可以学习一点印度的文化，
这样才可以表达和推动东方文化。

吕

这是一段永远铭刻在心的经历，也是一种陶冶与修炼。学习的过程，除了教授作为设计师需要掌握的设计理念和方法论以外，更多地去探求触类旁通的其他艺术专业门类。他指出书籍设计不仅仅是一种技巧，是知识的积累，更多的是独立思维，是对一个事物和信息充分判断后的逻辑思考，而不只是简单的做装帧而已。他希望我能够更多地关注和热爱中华文化并运用到设计实践中去，对未来中国的书籍艺术发展做出一分努力。这些教诲对我以后的设计和教学中都产生了巨大的影响。

在向杉浦先生学习的过程中“书籍设计不是简单的装帧”，一本书的完成要付出如此大的精力和时间，我

对此有了新的深切体悟。他让我明白所谓书的设计均是经过设计者与著作者、出版人、编辑、插画家、字体专家、印制者不断讨论、切磋、沟通、修正中产生的整体规划过程，尤其是杉浦先生对文本的解读，都有他独到的见解，更是以自己的视点与著作者探讨；再以编辑设计的思路构建全书的结构；以视觉信息传达的特殊性去弥补文字的不足；以读者的立场去完善文本传达的有效性；以书籍艺术性的审美追求，着重于细节处理和工艺环节的控制；以理性的逻辑思维和感性的艺术创造力将书籍的所有参与者整合起来，并发挥各自的能量，汇集大家的智慧和一丝不苟的态度来做一本至臻至美的书，他像在做导演的工作。一本做了8年的《立体看星星》、汇集著作者与设计者合作智慧的《全宇宙志》，文本与设计，你中有我、我中有你。我在国内从未体验过这样的做书经历，书籍设计师的这种专业性令我惊讶，也更引发我竭尽全力去关注，并参与一些书籍设计的全过程。

反思自己，感慨书籍设计者的职业素质和设计能力绝非会画几张画，能写几个字就能胜任的，也感受到做出好看的封面或画出有艺术性的插图并不是书籍设计的全部，这里有一个很关键的认识问题，就是要意识以往

图 2-1-10:《全宇宙志》

装帧观念的局限性，重新界定设计师做书的目的性和责任范围，认识书籍的装帧设计，编排设计，编辑设计三位一体的设计观念的重要突破。设计者的知识铺垫、视野拓展、理念支撑是那么重要。杉浦先生让我开始明白作为书籍设计师除了提高自身的专业素养外，还要努力涉足其他艺术门类的学习，如目能所见的空间表现的造型艺术（建筑、雕塑、绘画）；耳能所闻的时间表现的音调艺术（音乐、诗歌）；同时感受在空间与时间中表现的拟态艺术（舞蹈、戏剧、电影），他引领我走进书籍设计之门。

我的人生之路上幸遇两位恩师，一位是中国插图、连环画泰斗，美术教育家贺友直，一位是东方视觉文化的研究学者，平面设计大师杉浦康平，这是我这辈子的福运。

韩

回国之后您是怎样开始新的书籍设计道路的呢？
那时的国内书籍设计状况是怎样的呢？
我记得 1996 年您召集举办的“书籍设计四人展”
以及出版的《书籍设计四人说》产生了巨大的轰动效应，
那应该是您回来之后的一个重大的事件吧。

吕

1993年我从日本回来，面对国内的某些高谈阔论且老生常谈的装帧理论，拿姿作态又好内斗的学术风气，不与时俱进又缺乏生气设计观念的探讨氛围，还有业内论资排辈的陋习，以及出版社落后的运行机制，令我感到既无奈但又平添一种责任感，这种滞后现象需要有一批人去突破。于是1996年我和宁成春、吴勇和朱虹一起做了一个“书籍设计四人展”，并出版了一本书，我们提出了“书籍设计”观念，我们试图以书籍设计这样的新观念，改变人们对书籍装帧的固有看法，抛砖引玉，激活沉闷的设计批评。当时这样的展览是不多的，按常规，办个展绝对轮不上我们这样辈分的。因此展览得到三联书店领导，著名出版人董秀玉的支持，还出版了在那个年代尚属前卫的书《书籍设计四人说》，展览受到不小的关注。由于提出的书籍设计的新话题，引发大家的讨论和争议，至今还有人给我扣上“反对装帧，反对传统，数典忘祖”的大帽子，令人欣慰的是不仅设计界，还有出版界和海外同行们，更多志同道合者慢慢地聚集在了一起，不为老观念所束缚，从理论到实践，热烈探讨书籍设计的未来。

图 2-1-11: 巴金《家》

图 2-1-12: 2015 年在中央电视台读书节目介绍贺老师

韩

“书籍设计四人展”应该说是开创了一个书籍设计的新时代。
我当时还在山西，刚开始做书籍设计，
记得当时王春声先生从北京回来送了我一本
《书籍设计四人说》，那种冲击是具有震撼力量的。
可以说影响了我后来的书籍设计观念。
那个时候您还在出版社吗？
您是什么时候成立您的工作室的呢？

吕

也许事业单位那种惯性制度的局限性，并不能鼓励或发挥在职人员的主观能动性，以至于想做事却无法做。比如那时的出版社是不许我们晚上干事的，7 点钟拉灯闸，星期六、星期日更不让进办公大楼。一方面是为了防火、防贼、省电，另一方面是怕有人干私活吧。我们做设计哪有时间限制，加班加点更是家常便饭；为工作需要打长途、发传真、用复印机全需要出版社有关部门批准，造成低效率和高耗时，与国外的经历形成鲜明的对比。这种与职工对立的管理制度严重影响工作热情。不得已我偷偷在外面租了一间房，买了传真机、复印机、电脑，下班后和节假日就在那里自由自在做设计，那是一段很幸福的时期，可以高效率、高质量地工作，有一种满足感。1998 年即我 50 岁那年决定离开中国青年出版社，我的想法得到富有创新精神的胡守文社长的支持，光明正大地成立了敬人设计工作室。胡社长还因此背了黑锅，我至今甚感歉疚。要知道当时主流舆论对社会个人的工作室还持否定态度。

自从有了自己的小空间，打电话、发传真再也不用看人的脸色，复印机归自己所用，不愁公私不分的嫌疑，在这里可以尽情地工作，做更多有意义的书，效率和质量有了更大的保障。1998 年以后我开始在新闻出版署培训中心讲课，每年都给出版署的学员讲课，和很多社长、总编交流，我的观念对出版行业有了些许的推动。2002 年，清华大学美术学院把我调入视觉艺术设计系担任教学工作一直到现在。我一边教学，一边做书，工作室也成为校外的教学课堂。教学让我更开拓了视野，增长了跨界的知识，深化研究书籍设计理论。我的教学既发挥了具有大量实践经验的长处，也更像一名学生，教学相长，学无止境。

图 2-1-13: 1998 年成立敬人设计工作室

韩

之后您开始了对中国书籍设计事业的推动工作吧？
除了“全国书籍设计展”之外，
您也参与和推动了
“中国最美的书”“翻开”等许多书籍设计活动，
以及您举办的“中国书籍设计家四十人邀请展”等，
能具体谈谈吗？

吕

也许是助人为乐，与人为善的家教所致，我喜欢实实在在地做事，我最最看不起那类放空炮、说大话、不干实事的行为。自20世纪70年代入行以来，历届的全国书籍艺术展组织工作我都会积极参与，只要前辈招呼，马上参加义务劳动，我觉得是理所当然的事，从未考虑过索取报酬或获取得奖的权利，因为心里坦荡，每做一件事都很愉快。除了体力活，也在努力推动中国书籍设计观念的更新，比如“书籍设计四人展”“国际书籍设计家全国巡回展”“当代中国书籍设计家邀请展”，每到一地举办学术论坛，把年轻设计家的魅力及时展现给广大读者和专业工作者，收到热烈的反响。另外，还组织展事把中国设计推向世界，已先后在欧洲、日本、韩国、新加坡，以及中国港台地区举办当代书籍设计展。在德国国家图书馆首次举行了“中国当代书籍设计艺术展”，西方设计界能如此集中欣赏到当代中国书籍设计家的艺术作品还是第一次。

改革开放以来，我们举办了多种赛事。最为重要的是历史最悠久的“全国书籍艺术展”。我参与了第四、第五、第六、第七届的书艺展，第六届还策划主持北京首届“国际书籍设计家论坛”，由于这些展览和学术活动，掀起一个又一个书籍艺术设计的高潮。同时，我还受邀参与上海新闻出版局从 2003 年开始举办的“中国最美的书”的评选工作。这个评比在国内外引起了很大的关注，通过评选“中国最美的书”，把中国书籍设计推向了世界，自 2003 年至 2012 年 10 年间，每年均有“世界最美的书”奖项获得，让世界了解中国书籍艺术，为中国争了光，也因提升了中国设计师的自信心而感到由衷的高兴。

图 2-1-14: 2004 年主持首届“北京国际书籍设计家论坛”

吕敬人
访谈之吕氏
代表作

韩

关于您的作品，
您认为自己的设计风格或者个性是什么？

吕

我尚未形成自己的风格，也不认同所谓的“吕氏风格”，因为我不明白怎样才能形成风格。我想“风格”就是一种自然流露吧。对“风格”只能是一个粗浅的认识：书籍艺术和其他门类的艺术一样，个性就是生命，多元思考是诸多风格形成的前提，坚持个性才能体现风格。“风格”的境界，是一个艺术上不太安分，又永不满足的设计追求。为此，对每本书的设计抱着一种新鲜的态度，希望不重复自己。维系个性的发挥对于我们设计师来说是十分重要的。我的设计个性，喜欢内敛而不张扬的表现手法，大概是温、良、恭、俭、让的追求吧，另外是坚持书籍设计由里到外的整体概念的实现并非局限于装帧，不希望只为书做封面。也许这也能算作风格？

韩

我非常喜欢您设计的《梅兰芳全传》，
我觉得代表了您的“编辑设计”思想，
请谈谈您做这本书的思路吧？

吕

《梅兰芳全传》这本书是 2002 年设计的，当时文编给我的只是一本 35 万字的纯文稿，无任何图像资料。梅兰芳是个视觉表演艺术家，他的生活舞台和戏剧舞台形象是那么的丰富，我认为这本书充满了信息视觉化传递的可能性。征得梅兰芳家属的同意后，我征集了上百张展示他一生方方面面的图片，根据文本重新编辑全书的图文结构，呈现最佳的阅读节奏秩序，传递信息时空陈述的轨迹，并为读者创造联想记忆的机会。我认为书不仅仅是平面的载体，更是承载信息的三维六面体，每一面都应该承载信息。于是我将书口做了一个特别的设计，读者在翻阅书籍时，左翻是穿戏服的梅兰芳舞台形象，右翻是着便装的梅兰芳生活形象，书口呈现出他生命中的两个舞台。书可以成为一个在翻阅过程中有生命记忆的东西，因为通过翻阅梅兰芳的一生深切地印入读者脑海里。此时的设计已经不是简单的装帧了，设计师成了文本的编导者，书籍设计使原文本增添了阅读价值，其中编辑设计的概念发挥了至关重要的作用。书的成本会提高了一点，但读者喜欢，销售得更好，出版后马上就再版了，书籍设计师在该书中充当了一个重要的角色，这就是设计的价值。

韩

您把这本书真正想说的东西视觉化了。
不仅是这本书，其他的您设计的很多书，提供了视觉化和情感化的设计理念，如您获得“世界最美的书”奖的作品《中国记忆》，我个人也非常喜欢，
您怎么评价自己这个作品呢？
是否代表了您的书籍设计思想的实现呢？

吕

2008 年为配合北京奥运会设计的《中国记忆》一书荣获 2009 年年度莱比锡“世界最美的书”奖，我想

首先应归功于书自身的内涵与分量，将中国五千年文化积淀的艺术精粹汇集于一身的魅力；其次，这本书的编辑设计过程中得到了各方面专家、编辑、出版人的配合和支持，精心地拍摄与文本撰写，还有非常专业的印制品质。在编辑设计中我提出许多附加信息要求，增添不少麻烦，但由于与编著者、出版人、编辑、印制者之间经历了一个非常好的互动互补的创作过程，《中国记忆》各级信息都得到诗意的阅读，设计得益于书籍设计系统工程新概念的呈现。

《中国记忆》以构筑浏览中国千年文化印象的博览“画廊”作为设计构想，将体现主题内涵的视觉元素由表及里贯穿于整体书籍设计过程。设计核心定位是体现东方文化价值。将中国传统审美中道教的飘逸之美、儒家的沉郁之美、禅宗的空灵之美融合在一起，让儒、释、道三位一体的东方精神渗透于全书的信息传达结构和阅读语境之中。书中的章节划分、辑页内容的构成、画页文字归类划定、传统包背装于 M 折拉页的阅读设计、书页纸张触摸的质感设定、封面锁线形态和腰封动静图像翻阅呈现等。这一设计过程都是书籍设计理念的有序体现。

我翻阅过许多“世界最美的书”，看点就在于不局限于外在的装帧，而是深入到内涵的编辑设计，不同一般的设计总是充满阅读的诱惑力，而不是仅靠一件漂亮的外衣。

韩

我认为，设计其实就是把精神的东西物化、视觉化，
让观者从视觉来感受这个精神。
《中国记忆》这个精神传递就非常完美，
把中国文化的美与精神内涵完美融合。
其中的具体设计思路应该是如何视觉化传递这个精神吧？

吕

对，这也是让我最头疼的。我的设计思路是将中国文化精神最具典型代表意义的天、地、水、火、雷、山、风、泽进行视觉化图形构成，以体现东方的本真之美。书名字体选择从雄浑、遒劲、敦厚的《朱熹榜书千字文》中抽取“中国记忆”四个字进行组合重构。版面设计以文本为基础，编织好内容传达的逻辑秩序和视觉结构规则，把握好艺术表现和阅读功能的关系。中国文化不仅有博大恢弘的一面，还有高幽雅静、宁静致远的特征。

韩

这本书的形式与印制上也是非常独特的，
第一印象非常中国，但是又不是特别传统，
其中又有现代精神的微妙注入，呈现了非常完美的书卷气质。
这个具体的设计是怎样的呢？

吕

《中国记忆》的形制采用中国特有的传统书籍形态，即使用柔软的书面纸和筒子页包背装结构形成中国式阅读语境。每一部分的隔页应用36克字典纸反印与该年代相呼应的视觉图形，烘托该部分的历史年代。随着翻阅，若隐若现的纸背印刷图形与正面文字形成对照，若静若动，引发超越时空的联想。薄纸隔页与正文内页的纸质形成对比，具有鲜明的触感体验。

为了完整呈现图像画面全景，跨页执行M折法，以纸张宽度长短结合的结构设计使中心部分书页离开订口，让单双页充分展开，增加了信息表达的完整性和阅读的互动性。单页形式的排列，则强调文字与图像的主次关系和余白的节奏处理，为书籍陈述的层次感和有序性进行充分的编辑设计，图像精美准确的印刷还原，增添了该书的欣赏性和学术价值，封面强调稳重、含蓄、简练，由此形成全书整体设计理念的全方位导入。该书区别于此类图书惯用的西式精装硬封装帧方式，而以普通的简装本形式面对读者，亲切，不高高在上。

《中国记忆》设计要做到代表国家身份的大度，既体现中国传统书卷语言的典雅气质，又具 21 世纪的时代气息。让读者在翻阅品赏中回味森罗万象的中华文化意境，通过阅读留住中国记忆。

韩

**您的其他代表作品呢？
我记得您以前谈过有几本是您不同时期和阶段的代表性作品，
如早期的《生与死》、20 世纪 90 年代的《中国民间美术全集》
和 21 世纪初的《书戏》等，以及很多令我印象深刻的作品，
如《黑与白》《周作人余平伯往来书札影真》
《子夜》《马克思手稿影真》
《朱熹榜书千字文》《翻开》《赵氏孤儿》
《食物本草》《贺友直画三百六十行》《怀珠雅集》等，
您能为我们介绍其中一两本的设计情况吗？**

吕

《生与死》设计于 20 世纪 80 年代，那时还是铅字凸版印刷时代，当时全部手工绘制，连书名也需要自己

▲

图 2-1-15:《子夜》

▶

图 2-1-16:《黑与白》

▼

图 2-1-17:《生与死》，中国青年出版社，1985 年出版

写。印刷限定用三色，只准印封面（封底空白，可省锌版费用和油墨），设计要动脑筋想方设法由两色叠压产生第三色，甚至第四色，这需要不断试验。当时我经常骑自行车到工厂与工人一起调油墨，很过瘾，并学到许多知识也积累了不少经验。此书获得第三届“全国书籍装帧艺术展览银奖”（1986 年），是我刚入行后获得的第一个奖，受到当时著名的设计家王卓倩老师的勉励，至今难忘。

《中国民间美术全集》设计于 20 世纪 90 年代初，那时已经是平版印刷时代（胶印）了，可以四色印刷，充分还原图像，与学者、编辑、印刷单位共同商榷互动，实现许多设计愿望。尽管纸张、工艺都很平常，但对印制有严格要求，边缘线离切口 5mm，与工厂“争”得面红耳赤，终于赢得对方同意，如今也成为佳话。1995 年此书亦获得第四届“全国书籍装帧艺术展览”整体设计金奖。

《书戏》设计于 2006 年，是一本贯穿书籍设计概念的“自编”“自导”“自演”的书，是我们中国当代 40 位书籍设计家的作品集。书籍就像一个舞台，设计要尽心尽力为读者演好一场生动的戏。考虑到受众的购

图 2-1-18:《中国民间美术全集》

买力，定价为最低限度，但我仍找机会适度表演，书很畅销，供不应求。国外也很有市场，有一种满足感。《书戏》这个书籍设计概念得到国内外同行的认同，我感到很欣慰。三本书，三个十年，三种设计语言和理念，我好像经历了中国书籍艺术发展的进程。

如何看待出版与书籍设计业

韩

谢谢吕老师，使我受益匪浅。
在当下的书籍设计现象中，
我们可以看到市场上大量的过度设计的东西，
如不切实际的豪华，或名不副实的虚假夸张，
形式与内容的本末倒置等，
您怎么看？整体行业会有这样的倾向吗？

吕

这个问题是指当今设计界中存在的过度设计的弊端，即所谓超越文本主题不着边际的修饰，那种牵强附会的花哨设计，越俎代庖或外强内虚的外在浮夸包装，我觉

得时下确实存在，不宜提倡。但这并不代表今天书籍设计主流。事实上，随着书籍市场体制的导入，出版社已不再为了获奖而去做大而全的花架子工程（尽管现在还有），而越来越多有品位的出版人更重视书籍本身的价值，而非靠漂亮的一张皮来取悦读者，或一副唬人的包装来虚张声势。

韩

面对过度设计，
现在有人提出“没有设计才是设计”的观点，
我也不认同，您是怎么看的呢？
那么您认为书籍设计的度在哪里？
什么样的设计才是适合的呢？

吕

有人说，没有设计的设计才是设计，这一说法稍显偏颇。没有设计的书何需要设计，我们说的好设计是不留下刻意痕迹的设计。一本设计好的书，让读者在流畅、有趣的阅读中感受到设计的美感和文本语境的充分表达，并为读者创造回味联想的可能，无论是繁复的设计，还是概括抽象的设计均可做到这一点，只要符合文本主题即可，有的设计表面上没有过多的“笔墨”，也没有滥竽充数的照片插图，但其精心的编排秩序、灵动的空白运用、合理的字体字号、行距段式的设定，仍可显现内在的饱满和设计师的追求与功力。

我曾为一个出版社设计一本学术类图书，根据文本属性，精心设计，以简洁大方的版面交给对方，却被认为是在偷工减料，组稿方觉得不加上一些装饰成分岂不是亏待了这份稿酬的付出吗，真让人啼笑皆非。出版人这种心态也是导致当今出版物越来越花哨，干扰阅读的原因之一。另一种情况是设计师对内容无深层次的挖掘，创意枯竭，视觉语言干瘪，反以简约至上为借口，同样不能提供给读者满意的作品，任何设计均要有个“度”，并与表现对象的内涵相吻合，不管是具象思维还是抽象设计。

韩

那么中国书籍设计界面临的问题是什么？

吕

中国书籍设计界面临的问题仍然严峻，比如不求进取的设计观念；商业化浮躁心态造成急功近利；对新时期传播载体缺乏理论研究，不鼓励创新；不关切技术层面的精益求精；对设计专业价值不认同，不能全方位保护设计师权益，影响设计者的创作热情；还有把历史悠久、具有权威性的全国书籍设计大展评奖活动取消了，严重阻碍专业队伍建设和专业水平纵深发展。

我认为其中最为严重的是故步自封的心态；文本信息架构观念老化、无创意的编辑思路、缺乏具有欣赏价值的精美插图编辑欲望；科技类书籍没有系统的、有说服力的图像和数据的视觉化解读；人文类书籍从形式到版式大量抄袭复制，不鼓励原创，不愿投入力量组织专家投入创作，甚至为了省力、省成本从网络中下载低质量的图像照用不误；儿童类读物不研究符合儿童心理的、具有生动表情的表现形式；艺术类读物更缺乏富有个性和新阅读形态的尝试……其实，书籍市场需求并非大一统，针对不同的读者群体，根据不同主题、不同内涵需要制订相对应的出版定位和编辑思路。

韩

您怎样看中国书籍设计行业近年来的变化？

您对书籍设计行业的未来怎么看？

吕

其实我们都看到了中国书籍设计界的变化与进步，一些优秀出版人的思路已大大拓展，设计界这些年涌现出一大批优秀的书籍设计人，他们主动与出版人、作家、编辑们共同商讨研究创造出一本本阅读通畅、趣味盎然、个性十足的书籍来。2003 年至今，每年评出 20 本中国最美的书送到德国莱比锡参评，均有获得“世界最美的书”称号，虽然每一届评委标准不同，没评上的书也未必不美，但起码以东西方的视角，我们中国的书籍设计被世界同行所关注，并开始拥有话语权。

许多优秀的年轻设计师更在摆脱旧观念和已有的体制，独立创作出一批又一批有价值的书籍。即使在体制内的设计师也不满足现状，以他们的坚持和努力来感动出版人，为他们提供更大的创作空间。2009 年 10 月，第七届“全国书籍设计艺术展览”在国家大剧院举办，又出现了一大批优秀的年轻设计者，大专院校的许多学生也热衷于书籍设计，我对未来仍抱有信心，只要正视我们的优势和弱点，永不满足。

韩

您认为什么是书籍设计师应具备的素质？

吕

设计是一种思维活动，一个不喜思考的设计师是做不出有深度的作品的。杉浦先生曾对我有这样的教诲，作为一名书籍设计师应具备三个条件：一谓好奇心，是一种强烈的求知欲；二谓要有较强的理解力，即有较丰厚的知识积累，善于分解、梳理、消化、提炼并能利用到设计中去；三谓跳跃性的思维，即异他性及出人意表的思考与创意。

韩

谢谢吕老师美妙的解读，使我受益匪浅。
我们现在谈另外的话题，您知道随着科技的快速发展，
电子阅读得到巨大的提升，对传统书刊带来了不小的冲击，
甚至有人断言，电子书必将取代传统书籍，
传统书籍离消亡的时间不远了。
您怎么看待电子载体的发展对书籍设计的影响？
书籍设计的未来会是怎样的？

吕

E-book 的诞生是一件好事，电子载体有很多的优点，容量大，好检索，它可以减少纸张的使用，节省能源。我认为电子载体为传统纸面书籍生命的传承创造了更好的条件。因为很多的阅读可以通过电子载体完成，真正留给读者的书是那些能让人感受到纸张本真的书，使之成为一个永恒的生命，那是多么美好的一个时代！从书籍来讲，它的美感来自于书籍五感所带来的体验，这种魅力是不会消失的。不同的是未来的受众会分流，喜爱纸面书籍的读者会购买并珍藏它。

韩

现在电子媒体在模仿书籍的感觉，
有些甚至效果比纸质还好，包括纸的肌理，
一沓纸的感觉，甚至翻页的感觉，尽管你触摸不到，
但它还是想返回到书籍的体验上。

吕

很难预测，科技的发展令未来的电子载体拥有怎样的功能和面貌，但由人类创造的一种物质——纸，定有大自然赋予的灵气，也一定不会在人们的生活中消失得

无影无踪。至于它与先进的数码阅读器比较，无良莠高低之分，只有情有独钟者的各自所爱。因此传统做书人仍会在纸张载体上寻找书的新物种，体现奇妙的别样设计形态，传达出人意表的书籍语言。

我认为先人创造的纸张妙不可言，其呈现的是不透明的状态，而对于一位能感受到纸张深意的书籍设计者来说，这张纸就被视为与前页具有不同透明度的差异感受。这种差异感必然会影响书籍设计的思维，并去感知那些似乎看不到的东西。由一张一张纸折叠装订而成的书，已不仅仅是空间的概念，其包含着时间的矢量关系和陈述信息的过程。能够力透纸背的设计师已不局限于纸的表面，还思考到纸的背后，能看透到书戏舞台的深处，甚至再延续到一面接着一面信息传递的戏剧化时空之中，平面的书页变成了具有内在表现力的立体舞台。

设计师要延续书之生命则要维系好阅读与被阅读的关系，即主体与客体的关系。 未来的阅读受众会分流，不用担心纸面书籍没有读者购买并珍藏它。恰恰相反，电子时代的挑战将为传统纸面书籍带来品质的提高和前所未有的创作机遇。

韩

您认为书籍的生命力在哪里？
书籍的未来是怎样的？

吕

我相信书籍这种生命消失不了，面对不同阅读感知度的电子载体，书籍文化留给我们的历经千年的阅读习惯不会轻易消失。出版人、著作者、书籍设计师的观念应与时俱进，努力创作更多读来有趣、受之有益、出人意表的书籍。真正留给读者的书是那些能让人感受到书籍生命的珍宝，能够代代相传，那是多么温和美好的一个时代！

韩

面对未来，
您能给我们书籍设计师们说些什么？
也作为我们访谈的结束语吧。

吕

面对新的时代，面对未来，设计师既要继承，更要开拓，要更新自身的知识结构。要学会独立思考，不要人云亦云，踏踏实实地一步一个脚印去发现，去创造，最终会使作品经得起历史的检验。不要设遥不可及的目标，一切任其自然，欲速则不达。还有，要善良，人活着要做点好事，这比事业还重要。

2·2 当代书籍形态学与吕氏风格

对谈人：张晓凌 × 吕敬人

对谈时间：2000 年 3 月 18 日

张晓凌：和传统文化一样，中国书籍形态方面的设计与制作是有着很体面的历史的。“甲骨装”“简策”“卷轴装”“经折装（旋风叶）”“蝴蝶装”“包背装”“线装”等，不仅构成了瑰丽多姿的书籍形态创造史，而且在某种意义上，它们也是中华文明的一个象征。可以说，在这方面，我们的遗产非常丰富。但近几十年来，书装业的形势却不容乐观，为旧的观念、体制所囿，长期徘徊、滞留在“封面设计”的业态上，踯躅不前，远远落后于欧、美、日的水准。对这一现状的不满，吕敬人及同仁们以拓荒式的勇气，在做出理性反省的同时，开始了书籍形态学方面的革命，把传统的书籍装帧推向了书籍形态价值建构的高度。积累数年，已有大成。可以毫不客气地说，吕敬人及同仁们十几年的书籍形态创造，已构成传统与现代书装业之间的一个分水岭。在这其中，吕敬人以其独到的设计理念，蕴藉深厚的人文含义，性格鲜明的视觉样式成为书装界影响很大的一位书籍设计家，由此而形成的“吕氏风格”也成为书装界的一道独特人文景观。

观念变革是书籍形态设计变革的先导。吕敬人认为，书籍形态设计的突破取决于对传统狭隘装帧观念的突破。现代书籍形态的创造必须解决两个观念性前提：首先，“书籍形态的塑造，并非书籍装帧家的专利，它是出版者、编辑、设计家、印刷装订者共同完成的系统工程”；其次，书籍形态是包含“造形”和“神态”的二重构造。前者是书的物性构造，它以美观、方便、实用的意义构成书籍直观的静止之美；后者是书的理性构造，它以丰富易懂的信息，科学合理的构成，不可思议的创意，有条理的层次，起伏跌宕的旋律，充分互补的图文，创造潜意识的启示和各类要素的充分利用，构成了书籍内容活性化的流动之美。造形和神态的完美结合，则共同创造出形神兼备的、具有生命力和保存价值的书籍。不言而喻，这个言简意赅的认识对中国书装界是具有启示性意义的。它不仅要求书籍设计家站在系统论的高度切入书籍形态的创造，从而注重书籍的内在与外在、宏观与微观、文字与图像、设计与工艺流程等一系列问题，而且更重要的是，它解决了书籍形态学存在和发展的基本理念：书籍形态形神共存的二重构造。尤其是书的“理性构造”概念的提出，可以说极大地提升了书籍形态设计的文化含量，充分地扩展了书籍形态设计的空间。书籍形态的设计由此从单向性转向多向性，书籍的功能也由此发生革命性的转化：由单向性知识传递的平面结构转向知识的横向、纵向、多向位的漫反射式的多元传播结构。读者将从书中获得超越书本的知识容量值，感受到书中的点、线、面构成的智慧之网。

在吕敬人看来，到达书的理性构造有两条路：一是以感性创造过程为基础的艺术之路；二是以信息积累、整体构成和工艺技术为内容的工学之路。吕敬人认为后者更为重要，“书籍设计者单凭感性的艺术感觉还不够，还要相应地运用人体工学概念去完善、补充”。工学分为三个方面：首先是原著触发的想象力和设计思维，它构成读物的启示点。在此基础上，把文字、图像、色彩、素材进行创造性复合，以理性的把握创制出具有全新风格特征的书籍形态。最后，进入工艺流程，实现书籍形态设计的整体构想。准确地说，“工学”是书籍形态理性构造的具体实践系统。将这一环节纳入到整个书籍形态的创造体系中，充分说明了吕敬人书籍形态学的系统性和完整性。

如果说，上述观念构成了吕敬人书籍形态设计的思想基础的话，那么，他在长期设计实践中完整地把这一思想转化成性格鲜明的作品，则构成了书装界独树一帜的“吕氏风格”。具体地讲，吕氏风格有以下几个突出的特征。

整体性。在每次的设计构思中，吕敬人总是在原著信息诱发的基础上，理性地把文字、图像、色彩、素材等要素纳入整体结构加以配置和运用。即使是一个装饰性符号、一个页码号或图序号也不能例外。这样，各要素在整体结构中焕发出了比单体符号更强的表现力，并以此构成视觉形态的连续性，诱导读者以连续流畅的视觉流动性进入阅读状态。卷帙浩繁的《中国民间美术全集》即是这种设计的典型例子。全书 14 卷均采用统一的书函底纹、封面格式、环衬纸材、分章隔页、版心横线和提示符号，而每个分卷则以分编色标、分卷图像、专色标记和内页彩底显示出共性中的个性，整体中的变化，从而使各卷既保持了横向的连续性，同时又具有纵向的连续性，造成了全书视线的有序流动。

秩序之美。在书籍形态的设计中，所谓秩序之美，不仅指的是各表现性要素共居于一个形态结构中，更指的是这个结构具有美的表现力。纷乱无序、杂乱无章的文字、图像等在和谐共生中能产生出超越知识信息的美感，这便是秩序之美。和绘画的感性美不同，这种美是经过精心设计的和谐的秩序所产生的美。吕敬人把这种美的境界看成是书籍形态设计的至高境界。《中国现代陶瓷艺术》可以看作吕敬人在这方面追求的一个代表作。盒函书脊将陶艺家高振宇的青瓷瓶切割成五等份组合，以取得检索方便和趣味化的设计效果。包封以返璞归真的素质白纸为基调，在简洁的视觉图像之外，保留较大的空白。书脊、内封均冠贯以封面陶瓷器皿的归纳图形，形成本书各卷的识别记号。此记号也渗透于文内、扉页、文字页、隔页、版权页中。全书的设计疏密有致，繁简得当，表现出浓厚的和谐之美。

隐喻性。通过象征性图式、符号、色彩等来暗喻原著的人文信息，并以此形成书籍形态的难以言表的意味和气氛，构成吕敬人设计的一个重要特点。在《赤彤丹朱》《家》等书籍的设计上，这一点表现得极为充分。《赤彤丹朱》的封面上没有运用具体图像，而是以略带拙味的老宋书体文字巧妙排布成窗形，字间的空当用银灰色衬出一轮红日，显得遥远而凄艳，加上满覆着的朱红色，有力地暗喻出红色年代的人文氛围。“爱！憎恶！悲哀！希望！”是吕敬人设计《家》时所采用的情感与观念基调。风雨剥蚀的大门，伫立在门前的主人公和长长的背影、孤独的灯笼以及淡灰色调上的朱红和金色，如泣如诉地转述出对“家”的心声。

本土性。吕敬人的书籍形态设计非常强调民族性和传统特色，但他不是简单地搬弄传统要素，而是创造性地再现它们，使之有效地转化为现代人的表现性符号。吕敬人的书籍形态设计也因此具有了浓郁的非欧美日的本土性色彩。《朱熹榜书千字文》是他近来的得意之作。在构思这一书籍的形态时，吕敬人认为朱熹的大字遒丽洒脱，以原大复制既要保持原汁原味，又要创造一种令人耳目一新的形态。在内文设计中，他以文武线为框架

图 2-2-01:《赤彤丹朱》，人民文学出版社，1995 年出版

将传统格式加以强化，注入大小、粗细不同的文字符号，以及粗细截然不同的线条，上下的粗线稳定了狂散的墨迹，左右的细线与奔放的书法字形成对比，在夸张与内敛、动与静中取得平衡和谐。封面的设计则以中国书法的基本笔画点、撇、捺作为上、中、下三册书的基本符号特征，既统一格式又具个性。封函将一千个字反雕在桐木板上，仿宋代印刷的木雕版。全函以皮带串联，如意木扣合，构成了造型别致的书籍形态。

趣味性。趣味性指的是在书籍形态整体结构和秩序之美中表现出来的艺术气质和品格。吕敬人有着较好的艺术修养和绘画才能，因此他能自如地表现设计的趣味性。他认为，具有趣味性的作品更能吸引读者，引起阅读欲望。在《马克思手稿影真》一书的设计中，吕敬人通过纸张、木板、牛皮、金属以及印刷雕刻等工艺演绎出一种全新的书籍形态。尤其在封面不同质感的木板和皮带上雕出细腻的文字和图像，更是别出心裁、趣味盎然。《西域考古图记》的封面用残缺的文物图像磨切嵌贴，并压烫斯坦因探险西域的地形线路图。函套本加附敦煌曼陀罗阳刻木雕板。木匣本则用西方文具柜卷帘形式，门帘雕曼陀罗图像。整个形态富有浓厚的艺术情趣，

图 2-2-02:《马克思手稿影真》，国家图书馆出版社，1999 年出版

▲

图 2-2-03:《西域考古图记》木匣本，广西师范大学出版社，1998 年出版

图 2-2-04:《西域考古图记》，广西师范大学出版社，1998 年出版

▼

有力地激起人们对西域文明的神往和关注。

实验性。在借鉴传统和当代设计成果的基础上，大胆地创造各种新的视觉样式，采用各类材质，运用各种手法，从而显示出前所未有的实验性，也是吕敬人设计的一个显著追求。可以说，几乎在所有的书籍形态设计中，吕敬人都会或多或少地进行某种实验，这使他的书籍形态设计一直保持着创新特征。

工艺之美。吕敬人对工艺流程和技术的要求之严也是人所共知的。他强调设计家“必须了解和把握书籍制作的工艺流程，现代高科技、高工艺是创造书籍新形态的重要保证”。因此，在吕敬人那里，工艺流程不仅构成其工学实践的一个重要环节，而且也构成书籍形态之美的一个方面。很显然，高工艺、高科技在这里已升华到审美层次，成为书籍形态创造中的一种具有特殊表现力的语言，它可以有效地延伸和扩展设计者的艺术构思、形态创造以及审美趣味。

吕敬人以特有的设计理念和实践为中国现代书籍形态设计开创了一条新路子。这一实践的意义究竟是什么，是值得我们思考的。放眼世界书装界，可以清楚地看到这样一个现象：日本以本土化的、东方式的设计理念、造型体系和高技术工艺，和欧美诸强形成三足鼎立之势。在日本留学数年，并得到日本书籍设计大师杉浦康平谆谆教导的吕敬人深知这一现象的启示性价值：只有植根于本土文化土壤，利用本土文化资源，并吸取西方现代设计意识与方法，才能构建出中国现代书籍形态设计的理念与实践体系，而这既是中国书籍设计的必由之路，也是它的希望所在。吕敬人正以独特的“吕氏风格”去实现这一理想，我们将欣喜地看到他的成功。

张

你对中国当代书装业的整体状况有什么评价？
中国与发达国家书装业的差距
表现在什么地方？

吕

改革开放40年，中国出版业的发展速度要比中华人民共和国成立后的三十年快了很多倍。尤其近十年的变化更为突出，其中一个体现就是书籍装帧的变化。显而易见，所谓的提高已不仅是手段的电脑化，印制技术和用纸质量的提高。更重要的是，书籍设计者和出版社对装帧的重视以及观念的改变，书的内容和装帧等值越来越被认可。书籍的流通打破过去出版社的计划经济管理体制，进入市场经济的运作方式，各出版社为了出好书，也为了促进销售，开始注意到“货卖一张皮”的增值作用了。一方面，一些出版社领导认识到装帧的重要作用，于是开始注入物力，强化装帧行业人员的使用、培养；而另一方面，装帧设计人员在打开封闭已久的窗户面前，被丰富多彩的世界书装业的状况所触动。每两年举办的北京世界图书博览会犹如注入一股股书籍设计的清风，使设计师们从世界各国优秀的书籍文化艺术中汲取许多从未涉及过的营养。不能否认，中国书装业的显著变化是与打开国门、解放思想、改变观念分不开的，时隔九年的第四届全国书籍装帧艺术展和四年后举办的第五届全国书籍装帧艺术展的作品就是一个很好的证明。我觉得中国的书装业还在往好的势头发展，但也必须意识到与国外同行的差距，不满足才能有所前进。至于差距，我认为有以下三个方面：

1．意识

2．体制

3．价值

第一，所谓意识滞后，并非指我国设计人员设计能力的落后，中央和各省市有一大批非常优秀的老、中、青装帧设计家。这里指的是对书籍装帧的认识需要进一步深入。过去，装帧一本书只打扮一张表皮，俗话说给书做化妆，而真正的装帧应该是信息的再设计。可以说书的原稿只是一道菜的原始材料，如何做到味道可口又可观，即色、香、味俱全，则要看厨师的操作了。同样一首名曲由不同的指挥家来指挥会产生迥然不同的感染力。一本书经过由表及里的全面的设计，内容本身所具有的传达功能会升华出一种内容的表现力，这才是设计的目的所在。眼下的问题在于，这种书籍整体的设计意识、信息再设计的概念，还不是十分普及。解决这个问题的关键不仅仅是让设计师本人更新自己的设计意识，更重要的是出版社的领导和编辑要有这种意识。因此，差距主要表现在编辑思想要新，要有想象力，要科学、合理和注入艺术观念这些方面。因此，装帧这一词应由“书籍设计”来替代，即 Book Design 更为合适。信息设计和设计信息虽只是两个词的位置交叉错位，但其实质意义上是有区别的。1996 年我和三联书店的宁成春、中青社的吴勇、社科出版社的朱虹共同举办了书籍设计四人展，并出版了一本自己编辑设计制作的《书籍设计四人说》，阐明我们对书籍设计观念的新认识，以期得到同仁们的共鸣。

第二方面是所谓的体制问题。我不是出版部门的领导，不敢妄为评论，但估计许多出版社的领导也在逐渐意识到过去的体制不适应现在书籍出版发展的状况。首先，用机关管理体制来管设计行业就存在诸多问题；其次，如何发挥设计师的才华和能力，如何促进其竞争和发展，以及优胜劣汰的问题，大锅饭里做不出好的精品菜；而更重要的问题则是编辑到底应怎样全方位把握一本书并分担应负的责任，以及和效率相对应的赏罚。出版社体制的改革是否有利于中国书籍的发展，国外的经验也许可以提供一定的参考。

第三方面的价值问题是老生常谈。设计家的设计报酬与绘画相比偏低，设计作品不含版税，再版不付稿酬等成为不应该是问题的问题，它很现实地摆在设计师面前。艺术价值、劳动价值得不到较公正的承认，这就使一些书籍设计师改行做画家或投向收益好些的其他领域的设计。这种与国外的差别显然不利于装帧队伍的发展，甚至直接影响中国出版水平的提高和持续发展。

张

你在日本留学、生活数年，
深受杉浦康平先生的影响，
你认为你自己从日本书装业和导师那里主要学到了什么？
这对中国书装界有哪些方面的借鉴价值？

吕

我在日本得到导师杉浦先生的亲自授教，后来又去欧洲考察，受益匪浅，没有这段经历，我不会有今天的这种认识。但学习不是照搬，也不能仅仅满足于模仿的设计手段和形式。我体会最深刻的是，学习是一种理性的汲取，有益于自己的思维方式。杉浦先生把西欧的设计表现手法融进东方哲理和美学思维之中，他赋予设计一种全新的东方文化精神和理念。他强调书籍设计绝非止乎表面的装饰，而意在创造内容的新形式和新的生命。他经常教导我：书籍不是静止不动的物体，而是运动、排斥、流动、膨胀，充满活力的容器，是充满丰饶力的母胎。从封面到环衬、扉页、目录、序言到内文，再到封底、勒口、腰带，从平面到立体，均充溢着时间、空间的延伸和戏剧性变化，运动不息，生命不止。这些教诲一直深深刻在我的脑海里，影响着我对待书籍的设计。

当然艺术是一种心灵的表述，是自我精神的体现，我在杉浦先生那儿得到更多的是世界观、价值观的熏陶。做人要自律、自强、尽责、尽心、尽力。其实做书也和做人一样，作品也会体现作者本人的精神追求。这些年来，我也一直在各地出版系统、大专院校、新闻出版署的培训中心介绍这些体会，为将国外优秀的文化艺术介绍到中国，我举办过各种学术讲座，翻译出版了设计家、画家作品集，并组织学术交流访问活动，以促进中国和外国专业人员的相互了解、为国内输送更多的信息，以开阔国内书装界视野。如翻译出版《菊地信义的装帧艺术》，编著出版《日本当代插图》《杉浦康平的设计世界》，编辑出版德国《托马斯·拜乐作品集》、杉浦康平的论著《造型的诞生》，组织举办“日本漫画讲座”“大尼克纸张艺术讲座”“菊地信义书籍艺术讲座”“杉浦康平书籍的生命讲座”，组织中国西藏现代美术访日展等，现正在组织编辑出版《想象力博物馆》一书。我想这些如能对书装界有些好处的话，那将令我非常欣慰。

张

请描述一下你的书装艺术风格，

并谈谈你在书装上的
艺术及价值追求。

吕

风格我还谈不上，虽转眼已是五十岁的人了。人过半百，世界观、思考问题的方式已经差不多固定了。但在艺术创作方面，我仍觉得自己是个年轻人，仍在不断像海绵那样去吸收方方面面的营养。由于自己知识面的局限，更觉干这一行不易。我面对着学者、作家的著作，真没半点可自满自足的。因此，每次面对设计我都会竭尽全力去理解和学习。那些失败的、不成功的设计，肯定是自己某一方面知识匮缺所致。当然，这种学习和表达的过程是令我满足的，干这一行的好处就是可以得到无数次学习的机会。以此为基础，我在设计过程中一直在寻找传统与现代之间尚未出现过的一种既能传达书籍内容，又能表现自我的设计语言。将司空见惯的文字融入耳目一新的情感和理性化的秩序之中；从外表到内文，从天头到地脚，从视觉到触觉感受，三百六十度全方位进行设计意识的渗透，始终追求“秩序之美”的设计理念；并能赋予读者一种文字、形色之外的享受和满足，表现出书籍艺术的实用功能和审美享受之间的和谐，是我做书的一种价值追求吧。

张

你如何看清一本书的内容与书装之间的关系？
你在设计实践中如何处理它们之间的关系？
书装能否完全脱离内容而存在？
换句话说，书装有没有完全独立的审美与文化价值？

吕

这个问题是同行们经常谈的话题，绘画创作与书籍设计确实有很大的不同。前者侧重表现自我，后者则是从属于内容的再创作。我曾写过一篇短文，题目是《混沌与秩序》，提到画家与设计家不同的创作方式。设计师面对一本书稿，需要确立从属于内容的设计定位。但装帧虽受制于书的内容，但绝非仅仅是狭义的文字图说，或是简单的外表包装。设计家应从书中挖掘深刻涵义，觅寻主体旋律，铺垫节奏起伏，用知性设置表达全书内涵的各类设计要素，把握准确的设计语言——有规矩格式的制定、严谨的文字排列、准确的图像选择、到位的色彩配置、个性化的纸张运用、毫厘不差的制作工艺。这近乎在演出一部静态的戏剧。

一部同样内容的书稿，由不同风格的设计师来运作的话，其结果和感染力是肯定有很大区别的。书装设计受制于内容，不能摆脱内容的核心，这是共性。但另一方面，从经过设计的内容所产生的理性结构中可以引申出更深层、更广泛的涵义来，为读者提供想象力畅游的空间，这就是书籍设计的个性。换句话说，设计家要重新设计信息，或者说对书注入“质变”的意识，用设计语言进行书籍功能与美学相融合的再创造。我想书籍设计的探索，在于准确把握书籍功能与美学的关系，眼视、手触、心读的书籍和仅有外观的书籍形态还是有本质区别的。读者在一本新颖独特的书籍面前，深深受感于内容的传达，还可长时间品味内容以外的个中意韵，甚至在阅读的过程中将书籍作为把玩、收藏的艺术品来欣赏。这就是您所提出的书籍装帧具有的独立的审美价值和文化价值的基础。

张

你有哪些代表作？
请谈谈这方面的构思？

吕

谈到代表作，当然指在某一时期自认为做的得意的作品或得奖的作品。但过一段时间，对以往的作品显露的种种缺陷和问题就感到不安和不满足。因此，有时看看没有什么代表作可讲，只能作一设计思路的介绍，仅此而已。

十四卷本《中国民间美术全集》、手迹本《子夜》《黑与白》《朱熹榜书千字文》、五十卷本《中国现代美术全集》《周作人俞平伯书信手札影真》、一百卷本《中国文化通史》等算是自己比较喜欢的作品吧。

书籍装帧并非仅仅为书营构一副漂亮的“脸”。每一个设计行为都是书籍构成的外在和内在，整体与局部，文字传达与图像传播以及工艺兑现的一系列探索过程。因此我的工作最重要的是理解书的内涵并从中寻找较为准确而又具想象力的设计语言，重新演出一部耳目一新的、流动的、活性化的“剧”来。

我对书籍设计（Book Design）抱有浓厚的兴趣，其一，我可以阅读许多有价值的书，从中获得各种新的、有意思的、广博的知识和信息，这是设计者想象力的一种储存方式。其二，书籍的文化形态给设计者一种守静、儒雅的创作心态。我喜欢整个设计过程的这种氛围。

《礼记》说道：“天地不交而万物不兴，天地交而万物通。”静是相对的，动是绝对的。设计者应以动的视点去回顾过去的传统，展望现代和未来，不拘泥于过去的模式，发挥自己的想象力。我的设计行为已注意到当前的书籍特征已从单向性文字传达向多媒体多向性传达方式发展。要立体地编织知识的网络，要使书籍信息量大、新鲜感强。应以自身的智慧和想象力，创造出“天地交而万物通”的具有活力的设计。

张

当代书装主要受西方和日本的影响，
你认为中国当代书装有无必要构建自己
本土的艺术风格和文化价值？
如有必要，那么，
中国书装怎样才能处理好“世界化”“全球化”
与“民族化”之间的关系？
估计需要多长时间，
中国书装业的整体风格才能在
世界书装业中占一席之地？

吕

其实，中国的书籍装帧受外来影响仅近百年的时间。20 世纪 30 年代，鲁迅将日本的书装和欧洲的插图介绍到中国，还有一些老一辈设计家如陶元庆、钱君匋等老先生，也做过这样的工作。但中国的书籍装帧有更久远的历史，有丰硕的成果，其书籍形态之丰富，设计理念之完善，装帧手法之多样，在世界书籍业中占有非常重要的地位，我深为中国的书籍艺术感到自豪。我曾访问过许多东西方的书籍设计家，在他们的创作理念储存库中都存放着被奉为瑰宝的中国悠久书籍文化的理念。然而，由于历史的原因，中国优秀的书籍艺术文化被渐渐淡化，人们习惯于千篇一律、千人一面的书籍形态。当我们还在自我满足、故步自封之时，面向世界的窗户突然打开，面对如此千姿百态、丰富多彩的国外书籍，我们开始是冲动，像海绵般地汲取、模仿，而后又开始冷静下来，反思过去走过的路。如今一部分设计家开始重塑新形态的书籍，以此改变人们的阅读习惯、阅读行为方式。这种重塑书籍形态的做法意在“破坏”书籍固有模式和纯铅字传递形式的束缚，创导主观能动有想象力的设计。其意义已超越书籍构造物自身（或者说内容本身），目的在于启发读者在阅读书籍中去寻找并且得到自由的感受，由此萌发出想象力的智慧源。设计师完成传统书卷美和现代书籍相融合的创作过程，正是书籍形态变革的价值所在。

所谓越是民族越是世界的这类说法有其局限性。当今的世界已不是相互隔绝的绝缘体，文化、艺术、科技的互补是一个国家前进中的特征。所谓世界化，就是要吸取他人的长处弥补自己的不足，能者为师，并不是贬低自己，这是一种中国的文化精神。敦煌艺术融合印度佛教文化才显出它的辉煌。书籍艺术也是如此。但学习不是囫囵吞枣地仿造，书籍最直接反映本民族的文化精神所在，中国的书籍不能脱离中国人的审美意识和欣赏习惯，在创作过程中要挖掘和发现这种本民族最精彩的潜在渊源要素，继而创造最具个性的作品。民族化、传统化这些词汇应当带有时代概念。近二十年的书籍艺术的进步已开始在世界上显露出中国书装的魅力。

张

你现在的业务主要在国内，

有无开拓海外业务的设想？如有，

你如何看待这一市场份额？

吕

我现在的业务主要是在国内，也有少量与日本、欧洲、我国香港合作进行的设计工作。但由于地域差别，尤其是书籍文化，涉及大量文化背景和文化信息，编辑校对、稿件传递都有一定的麻烦。这与纯商业包装或做一幅广告不同。我的文化的根是中国，深置于大地的根如果没有养分滋养，自身就无法生存，尤其是以文化为基底的书籍更离不开本土文化的充填。将来可能会与汉字文化相关的国家和地区进行合作，从事有关东方文化艺术书籍的编辑、设计，出版一些有创意、有文化价值的书籍。我还没有在世界书装业中占有一席之地的想法。先把自己国家的书做好，做好了，人家自然会认可你。做不好，一心想往里站，也没有这个必要。

张

中国的书装传统源远流长，
目前书装界对传统的研究、开拓、继承还远远不够，
你怎样看待这一问题？

吕

我在前面谈到，中国的书籍艺术，有着悠久的历史而且占有举世瞩目的重要位置，这一艺术宝库真是取之不尽、用之不竭。目前我还远远没有认识她，有学不完的东西等待我们去发现、借鉴、继承，但关键是如何去学习、去继承。

是照本宣科地仿效复制，还是承其魂，拓其体是问题所在。中国漫长的数千年中，古人将书进行整体的精心设计，完善构成，从简策、卷轴、经折装、蝴蝶装到包背装、线装本，书籍成为一件完美的艺术品。现代的书籍又汲取西洋的书籍形式，印刷装订技术的现代化增添了书籍设计的表达语言。无论是古人还是今人，在书籍创造过程中研究传统，适应现代理念，追求美感和功能二者之间完美的和谐，是书籍存在至今具有生命力的最好证明。但我认为传统是发展的，不是静止的。古人为我们今人传递传统，今人则为后人创造传统。当我们至今还满足于近百年来一成不变的书籍形态时，是否应该意识到当今信息万变的传媒时代的到来，使我们所生活的经济文化环境发生了巨大的变化，“铅字文化”作为传统传播手段独霸一方的现状已受到视像等传播手段的冲击。保持书籍文化的生命力，是需要出版者、著作者、设计者、印刷工作者、读者来共同深入探讨和研究的课题。

一个当代人物的著作，还在用蓝皮面的古式线装书形式，一本关于中国传统文化的著作却是羊皮烫金，书口都烫上金箔，像圣经一般。值得我们去反思。

张

成为一个成功的书籍装帧家的条件是什么？

吕

要做一个成功的书籍设计师首先要喜欢自己的工作，真正有兴趣从事书籍设计这个工作，这是前提；然后是知性，即有丰富的知识积累和艺术涵养；再则就是悟性，可以说是一种灵性，要有想象力；最后是甘于吃苦、甘于寂寞。做书是件苦差事，接一本书，要去读，去研究，找资料，再梳理、引申，去一遍又一遍地寻找设计要素，再进行计算、制作、校对、找材料、监印制作，等等。有的过程是反复的无效劳动，有时是失算的伤感，有时则是双方理解差距的烦恼，反反复复，一次又一次，一本接一本，周而复始。然而一个满意的设计，得到作者、读者认可，这比任何一种享受都要舒服。一本设计较满意的书，可以翻看半天，甜甜乐乐的，什么烦心的事此时全忘了。因此我觉得这是一种苦中作乐的工作，要想靠书装设计挣钱，只有改变设计方向。

严格地讲，优秀的设计师应该有广泛的兴趣，如文学、音乐、戏剧、社会科学、自然科学，等等。设计水平的高低、作品的优劣，其实是由设计师本人的知识厚薄所左右的。表面的形式和先进的手段可为自己遮一部分丑，但挡不住众多读者、专家和历史对设计作品的品位评判。再则是书的整体运作能力。设计师要有导演的能力，掌握情感和理智的统一，并能对文字、图像、色彩、工艺进行整体的把握，最后得到读者的认可，才能算做成一本书。

最后，似乎高调一些，就是责任感。书籍不同于绘画，后者可以尽情地表达自己，错与对是自己的事。书籍是面对大众的媒体，书上有一个错别字就是误人子弟了，更不用说有碍读者阅读，失去书的功能作用了。片面强调书籍的展示功能，忽略书要给读者带来信息和愉悦，这不是做书的目的。

总之，要成功需要付出、摸索，我正走在这个过程之中。

张

工作室的建立是书装体制变革的必然，
请你谈谈你创建工作室的一些想法、
现在的运作状况。

吕

在上面有关目前出版社体制的题目涉及我成立设计工作室的部分动机。还有一个很重要的想法，就是如何把有限的生命、有效的时间真正能用在工作上，我就图这个创作空间。一年半以来虽历经困难，但创造出了一个自由探索的空间。艺术是创造性劳动，创造就有一个探索的过程。工作室里可以做各种探索试验，选择一个最佳方式、最合理的方案，尽管需要反复，需要先付出精力、时间和经济上的代价，但这是自己的主动行为，如果是用简单的行政干预管理，反复试验就不可能，现在这种创作空间就相对开阔多了。

打个比喻，过去在出版社工作，出版社和设计人员的关系是主雇关系。设计者受雇于出版社，在艺术设计过程中，往往受制于上至领导、编辑，下至出版、发行、材料等环节。而作为一个独立的工作室，出版社来请我为书做设计，这就成了主客关系。出版社希望有好的设计师做出好的设计，而设计师会千方百计动脑筋来做出一个双方满意的书。相对来说，出版社此时较尊重设计师的创作活动。一些好的设想、创意思路、工艺的兑现，就比主雇关系时容易实现得多。建立独立设计工作室主要作用还是激发从事这项工作的设计师们的工作积极性和主观能动性，摆脱大锅饭的依赖，投入竞争机制。此时每个设计师必须努力工作，拼命开拓新的设计领域，积极创作好的作品，让社会承认自己存在的价值。从长远来讲，这对提高我国的设计水平是有推动作用的。

我的另一个认识是，我国出版社的编辑工作思路应有所拓展，过去编辑的工作只负责文字的案头工作，其他一切不管，上有领导批选题，下有美编做封面，再有出版发行去做印制流通。我认为这不是一个合格的现代编辑，今天的编辑应该是一个书籍的整体策划者，书的最终形态、质量都应有一个设想。编辑要负责组织最优秀的作者，寻找最适合这本书内容的设计者，研究运筹最妥帖的书价成本，联系最佳的印制单位，采纳最好的宣传销售方法等。他们不仅有文字功力，还要有审美意识和实际操作能力。出版社没了美术设计人员，逼着他们去提高自己的艺术鉴赏能力，关心书的整体运作过程。从某种角度讲，美术设计人员走向社会，对提高社长、总编，以及每个编辑的素质是有好处的。从现代化、专业化角度看，有更多的专业工作室会加速设计人员自身的能力和素质的自我培养，由此带来的创作激情将推动中国书籍装帧业工作室的发展。

张

你认为中国的书装工作室和日本的工作室有无差别，
差别表现在哪些地方？

吕

现在国内纯粹做书籍装帧的工作室估计还有，我没去了解，不知道他们的运作情况。在日本、德国，我较关注他们的设计工作室的状况。其实就过程而言，几乎没有任何差别。出版社来组稿、设计、校对、出片、打样、再校对、付印等。这一循环是无国界的。但去关注它每一个局部过程，会发现一切是有规矩、有章可循的。比方公司各个项目管理、注册、资金收入支出、纳税，均有专业会计事务所代理。收支情况均在自己的银行账户上登记在册，一目了然，一切有法律制度，没有人治、人事关系，可省去许多烦琐烦心的事。在那里注册一个新公司，非常简单。做一本书时，相关单位也非常默契地互相配合，我做好设计，出版社做好组稿及设计的资料配合工作，印制工厂尽力做严把关，纸业公司提供最佳纸张和最好服务，就像一部机器的各个齿轮，相互咬合得很紧凑，没有无故的间隙，这样的机器当然运转顺利，一切都有法律依据，不要附加任何“润滑油”。当然，日本属东方型，比西方复杂些。

至于我学习所在的杉浦康平工作室，则是另一个世界，工作环境和条件未必有中国的某些工作室好，但是一个具有艺术学习氛围和人格品质熏陶的独特场所。工作的紧张程度在国内是罕见的，每天从上午 9:30 一直工作到深夜 12:00 电车末班车时间，天天如此。大家专注做好分内的工作，没有国内的计件制和加班费制，大家视作一种责任，根本不计较报酬的多少。工作非常投入，没有扯皮闲谈的工夫，而时刻流进耳际的音乐是最佳的轻松剂。我在先生事务所学到的除了他的设计理念以外，最大的收获是对工作尽心、尽职、尽力的工作态度和处事做人的价值观。

▲

图 2-2-05:《敬人书籍设计》，吉林美术出版社，2000 年出版

图 2-2-06: 收录于《敬人书籍设计》的本文

▼

2·3 激情万丈
——中国当代的书籍设计

对谈人：杉浦康平 × 吕敬人
对谈时间：2005 年

“疾风迅雷——杉浦康平杂志设计的半个世纪展”和“当代中国书籍设计 40 人展”同时隆重举行，日本设计巨匠杉浦康平与弟子吕敬人相聚在天府之国——成都，畅谈迅猛发展中的中国书籍设计的今天与未来。

源远流长
中国书籍艺术的
发展脉流

杉浦

吕敬人是此次 *IDEA* 特集要介绍的

▲

图 2-3-01: 中国书籍设计 40 人展北京首展，2006 年

图 2-3-02、图 2-3-03: 杉浦先生在“中国书籍设计 40 人展”成都展现场，2007 年

▼

在当代中国书籍设计发展长河中
注入充满活力的源流与原动力的书籍设计师。

今天，我们将通过书籍设计这一话题，
一窥处于东亚文化圈中的中国书籍文化的位置所在。
此外，还将探讨围绕以汉字为中心的中国文化的发展。
同时吕先生亦经历指导诸多年轻设计师的实践，
您对年轻人的未来有何展望？

首先，
吕敬人先生不仅有在日本生活的经历，
更是积极参与韩国、日本、新加坡等海外展览和学术活动，
对比大部分中国设计师，拥有较为丰富的海外体验。
通过此种体验，是怎样使您抓住书籍设计的核心，
并且对于中国文化又有了怎样的再认识？

吕

刚刚杉浦老师将我比作“注入活力的源流”，对我来讲还远远不够。我仅仅是在做推波助澜的工作。当代中国书籍艺术是经过数代人适应各个时代环境的变迁和付出不懈的努力，才构筑成今天中国书籍进步的态势。

比如20世纪30年代以鲁迅先生为代表的知识人发起新文化运动，勾勒出近代书籍艺术的雏形。20世纪50

年代，一大批画家都在参与书籍艺术这一行业，虽主要从事封面设计，但未涉足 Book Design（书籍设计）领域。“文化大革命”时期，出版社几乎处于停业状态，但仍有出版活动在悄然进行着。那时被指定的几家出版社发行出版以世界名著和中国古典系列丛书为主的“内部出版物”，规定一定级别的高级干部才能阅读，封面没有任何设计，白底一行黑字书名。尽管是封闭年代，想方设法通过各种渠道买到这类书，近乎达到疯狂阅读的程度，这个时代遏制不住年轻人的求知欲望。1976 年“四人帮”被打倒之后，向往读书的心思像火山一样爆发了。我也作为这股岩浆中的一滴，流向了书籍设计领域。

勇往直前
Book Design
（书籍设计）
的觉醒

杉浦

吕先生最开始在出版社做插画与编辑工作，然后从事装帧工作，是这样吧？

吕

我自小学习绘画，1978 年进入出版社从事插画工作。对于书籍设计完全没有任何了解的我，一边模仿前辈的工作，一边通过在图书进口公司工作的朋友，浏览和临摹国外书籍封面设计，以此为参考，自学装帧。当时国内还没有形成系统的 Book Design（书籍设计）理论，我外语差，无法读懂国外的书籍，只是照葫芦画瓢地学习，寻找一切能触及的表面的知识，渐渐地认识到只靠热情而无明确方向的学习，是做不好书籍设计的。我不满足自己的所谓作品和当时业内比较陈旧的千篇一律的设计批评，于是我寻找走出国门了解世界的机会，希望学习新的系统理论和能够真正指导实践的方法论。

在此期间，偶尔有能够接触到杉浦老师与原弘先生等日本书籍设计师的机会。在此前我仅了解 20 世纪 40、50 年代鲁迅先生带来的有日本味道的民国装帧，少许知道一点德国的表现主义、意大利的未来主义、俄国构成主义等流派的风格，尤其社会主义苏联的作品大量在模仿。而日本书籍设计所蕴含的东方韵味强烈地吸引住了我。当然，使用共通的汉字这点也是很重要的原因。改革开放后，人们的眼光都聚焦西方，在西风盛行中，反被日本强烈的东方形式所吸引，尤其是杉浦老师的作品区别其他日本设计师，尽管那时并没留意老师的名字。

不久讲谈社开始吸收中国研修生去日本学习，设计师宁成春先生被选拔成为第一届留学人员。在宁先生归国后我便立刻前去拜访他，他为我详细地介绍了诸多优秀的日本设计师，自然非常隆重地提到了杉浦老师。

杉浦

讲谈社的研修制度，
是由野间省一社长开始实行的。
野间先生拥有出版人少有的广阔视野，
其通过联合国教科文组织
加深与亚洲出版同仁的交流。

吕

为了去讲谈社，我利用晚间和半脱产的时间学习了两年日语。实际上，由于当时我的哥哥移民美国，最开始是学习英文，目标也是去欧美国家。但是，因我怀揣着无论如何也希望见到身在日本的杉浦先生这一念想(笑)，果断放弃坚持了一段时期的英文学习，改上日本语的课程。明明已经 38 岁的我和大学生们一起坐在课堂上，觉得非常的不好意思（笑），不过我的成绩并不比年轻人的逊色。

杉浦

那个时期的吕先生已结婚生子。
一定非常辛苦吧。
好在曾有上山下乡的经历，在严酷的环境下，
领悟到需要挽回失去的时间，抓住机会全面学习的重要性吧，
决心去日本留学也是吕先生敏锐的观察能力所致。
我是这样认为的。

吕

1989 年进入杉浦事务所，对我从艺道路来说是真正意义上的转折点。

首先，我对于 Book Design（书籍设计）的理解迈出了第一步，用“入门”这个词并不夸张。因为在当时，中国出版社对设计的要求大多停留在做封面上的装饰的层面，即便是拥有几十年从业经验的设计师少有担当起从里到外书籍整体设计的强烈意识。进入杉浦事务所学习后，才开始接触到真正的书籍设计这一概念。正如杉浦先生所言，书即是宇宙。书籍设计是构建包括著作者、出版人、编辑、设计师、印制、纸业、销售乃至读者在内的完整的阅读系统。并且要求设计师脑中心存万物的知识和想象力博物馆，如果做不到这一点，仅靠一点绘画能力是做不成书籍设计的。杉浦老师把设计师比喻为大坛子，一面要往里装进新鲜、独特的知识，又能够在坛子沉淀酿造，待需要时通过梳理提出必要的概念和补充信息。初次接触到杉浦老师这种思考方式时令我非常惊讶。

此外，编辑设计这一概念对我而言也是新鲜的。国内设计工作没有要求涉入文编的领域，即作为设计师要深入到书籍内容，深刻地理解原著文字，整理并提升整体文本信息传达的价值。在充分地理解文本内容的基础上，是考验设计师的知识结构和想象力。这种设计方法，在国内可能会认为这是设计师的越权行为，而我才认识到这才是设计师应该具有的工作意识和态度。

杉浦老师对音乐、文学、戏剧、电影等都有很深的研究，设计之外的艺术修养使他能够承担起书籍艺术的总导演，这些也是作为设计师所必备的素质，这一点也极大地触动到我，反省自己做了几个得奖的封面就满足的幼稚和无知。

设计作品，映衬出了设计者的内在修为。除了设计本身，还有待人接物的态度，对学术的潜心钻研精神，以及对工作的诚意和责任，对我影响至深。虽然老师可能会说未曾给予过，但杉浦老师的身体力行深深影响了我，是价值观层面的脱胎换骨，甚至改变了我的人生。

回到中国，我将自身学到的知识和感受向周围人做了分享，大家都对这种崭新的设计思维表示惊叹，许多同道由这些感动所汇集起来的爆发力终于催生出有形的作品。杉浦老师的作品和著作《造型的诞生》一书在中国出版，给予从事设计工作的人们在精神、思想、学识上产生莫大的影响。我所做的，不过是接到了杉浦老师投来的皮球再传送出去而已。

杉浦

非常感谢。
吕先生好比向池里投石，
如果将石子投向池的边缘虽然也会激起涟漪，
但不会形成美丽的波纹。
吕先生却是向当代中国书籍设计界的池子里投了一块石头，
并且是在最适中的地点，
以最合适的方法得到普遍的回音。

吕先生不仅仅在设计方面，
我对您积极的生活态度和努力向上的积极姿态非常赞赏。
在日本期间，吕先生刻苦努力，积极参与各种交流活动，
拓展视野，所创作的独特的人文绘画也令我为之惊叹。
不仅如此，他文采飞扬，在中国发表评论屡获奖项，
富有东方修养的言谈举止亦带给我感动。
独特的中国文化特色使得他不知不觉中
能够很好地把握投石的方法，
在石块的选择和池水的落石处形成巨大美丽的涟漪扩散开来。
我是这样认为的。

气韵生动
文化的再创造

杉浦

经历了日本学习的体验阶段后，
再一次回首展望中国书籍文化，得出了怎样的再认识？
又是如何运用到书籍设计中去的？

吕

在杉浦事务所学习一年后回国，仍感修行不足，于是二度赴日。如果杉浦老师第三次允许的话，我还会欣

然赴日学习（笑）。

在日本通过各种各样的学习而获得的视角，自己原来所持有的观念，如何将二者融会贯通获得第三视角，对于中国当时的书籍设计观念的改变是至关重要的。出国留学，不是把海外的知识照搬过来。我认为，在保持本土文化的基础上将海外学习到的知识作为营养剂，吸收之后栽培出仍拥有自身基因的作品，才是最有说服力的。因此，在日本学习到的杉浦设计语法和语言，不是简单的生搬硬套，而是与自己的设计理念有效的融合后注入设计中。这是杉浦老师教会我汲取营养并发挥自我的方法。

我认为最值得提倡的是书籍设计时的整体构筑体系。在杉浦事务所，我有幸参与了以“汉字”为主题的书籍制作。目睹了以杉浦老师为总导演的编辑设计制作的全过程，令我受益匪浅。

杉浦

太郎次郎出版社是一家积极以日本教育为主题的出版社。
此社企划了新书《学习汉字》这一出版项目。
《学习汉字》一书注重汉字的复合性、物语性，

吕先生也参与到工作中来，从文字的形成，
组成方式，视觉化再加入中国文化的背景因素。
此书以我为主导，编辑人员、著者、画家、设计师等
全体人员共同开会研讨，
提出关于此书编辑构成方面的创意，
书籍设计就是以这种方式进行的。

吕

回来后，只要有可能，得到出版方理解，我也会和杉浦老师一样，同作者和编辑们共同探讨，一起努力完成书籍的整体设计。以这种方式制作完成的书籍，取得了原出版诉求的预期，产生好的结果，在社会上引起了较好的反响，这是我的设计生涯中重要的一个阶段。

以此为契机，1996年，包括我在内的国内四位书籍设计师共同举办了“书籍设计四人展”，首次提出“书籍设计”的理念，并为展览制作了《书籍设计四人说》展览图册，展览和展册在业内引发关注。因为不仅是停留在装帧层面，而是深入到书籍编辑的领域，大家感觉新鲜。因此除了设计师，连编辑或社长们也纷纷购买此展册。时至今日回想，作品和想法尽管还不成熟，但提出设计应由表及里，由始至终，贯彻整体的编辑设计理

念，这对于推动整个业界的认识，效果显著。展册使用了多达35种类的纸张，这在国内印刷工艺与纸张的使用上也是一种崭新的尝试。原来纸张能够呈现多种不同表情，令大家惊奇万分。

“书籍设计四人展”活动后，于1999年举办了杉浦老师的《造型的诞生》出版纪念活动和演讲活动。那次讲座大家抱着极大的兴趣聆听，至今仍交口称赞。

杉浦

是吕先生的热心和努力促成了
《造型的诞生》中文版的出版。
这本书是由熟知日本文化的我的老朋友
李建华、杨晶伉俪参与翻译的。
实际上为了这本书的出版，人们做出了异常艰辛的付出。
日文版按照日本通常排版的方法是竖排版的，
可是现在中国无论是报纸还是书籍
基本上不用竖排版，通用横排版。
吕先生为了不打乱原版设计而坚持用竖排版在中国出版，
当我的助手佐藤笃司君前往北京吕先生工作室作校对时，
因当时中国电脑竖排软件还不成熟，
他看到工作室人员将电脑中自动横排的文字
一字一字地改为手录竖排版的文字。
也就是说，中文版的全文，

图 2-3-04:《造型的诞生》（中文版）中国青年出版社，1999 年出版

都是手工植入成竖排版的文字的。

当时为《造型的诞生》的出版书籍投入巨大精力举办发布会，
媒体、文化名人、记者都来参加首发式。
出版社在广大读者面前将第一本成书亲手交给作者本人，
各大报纸或电视台也会报道消息。
我为了向中国各界表示心意，特意准备了两天份的演讲，
这一演讲会因吕先生事前精心的准备，
具有强烈的号召力，来自中国各地的听众聚集了 500 多位，
最后举办演讲会活动将发布会推向了高潮。

吕

当天抵达会场内的有 500 名听众，场外还聚集了很多进不了会场的听众，直到深夜，大家都还一直在静静地聆听杉浦老师的演讲。这是近年来中国举行的各种研讨会少有的现象。当时聆听过杉浦老师演讲的学生，现在年龄已近 30 岁了。有时见面还会说起 1999 年杉浦老师的演讲对他们影响极深。

温故知新
传统和现代

杉浦

那么，现在就到了如何向传统书籍观念发出挑战的话题了。
吕先生归国后，有机会去北京国家图书馆一览保存完好的
“善本”图书，又正逢故宫博物院展出“清代宫廷包装艺术展览”，
中国人几百年来对包装和容器的追求，
以及那个时代使用素材的多样，
创意的多元性都使人感到惊讶，您是这样对我讲的。
另一方面，又开始了对传统书卷制作方法的研究，
将秉承传统制书手法的工匠集合起来，
成立了独一无二的手工书工房，到了 2000 年，
这一系列实践活动造就的吕氏设计让人们大开眼界，
中国设计界为之震惊。

吕

我自幼喜好古典书籍。家父藏书中有不少古典书籍，小时候都不懂这些古籍，但是对于宋体字和别具风格的木板插图，以及轻柔的线装书的形式很感兴趣。陈老莲先生的旧版画本《水浒叶子》的人物我都临画过，家传的原版《芥子园画谱》也因为被我翻看太多遍变得很破

旧了。

可惜“文革”时期，这些古典书籍和文物都一起被抄走。那个年代视传统文化为洪水猛兽。20世纪80年代恰逢改革开放，但人们都将眼光投向西方，无暇顾及传统书籍中蕴藏的精彩。

20世纪90年代末，在故宫博物院进行了“清代宫廷包装艺术展览”，展览展示了制作精巧的各种各样的容器、筐、包袱、盒子。展览中也有不少书籍、书画的包装展品。精致豪华的宫廷包装也好，古朴淳厚的民间实用器物也罢，无一不体现前人对美的追求，对功能性和便利性的重视。我被深深地吸引住了，于是又多次去观看展览，每回都有新的惊喜和感动，由此产生出亲手制作具有中国风书籍的梦想。

之后，我参与了“中华善本再造工程”工作，非常幸运的是有机会进入到国家图书馆地下藏书库。唐朝的经书、宋朝的刻本、明朝的绘本、木板印刷本、少数民族的贝叶经、藏传佛教的梵夹装、永乐大典、四库全书等，这些多样化的书籍形态，精美的图像文字，精湛的印刷技术，独特的装帧手法都深深地打动了我。这些古籍与那些一成不变的格式化的现代出版物形成鲜明对比。

传统书籍艺术赋予我灵感也给予我勇气，让我决心挑战古典书籍制作。为了实现这一梦想，在雅昌文化集团的协助下成立了“人敬人书籍艺术工坊”，着手书籍的传统制作方法研究，边学边做，历经多次失败后，终于为“中华善本再造工程”项目制作出一本本具有传统韵味的书籍。这些书为人们所接受，这类形态的书渐渐普及开来。我特别偏爱具有手感的自然材料，设计中尽可能保留这种触觉。由于现代社会的生活离自然越来越远，因此让我的学生们到工作坊做书，体验传统制书工艺的魅力，相信同学生们能够感受到书籍给予的亲近感。

囊、匣、箱、屜、盒、函、套、帙，这些都是中国传统书籍形式。根据具体内容的特性，在充分考虑阅读行为的基础上，从中选择最适当的装帧形态。比如说，用布或丝绢制成的卷轴，就非常便于搬运。还有四库全书（清乾隆帝下令编纂的典籍）册数庞大，根据内容分门别类收存在箱匣中，以不同色带区分，取用方便。因此，装帧形式必然是实用性与形式的统一体。这种传统书籍装帧形态的多样性给予我极大的触动。书籍的装帧形态可以说是画龙点睛中最后点睛的那一步。我非常珍视传统工艺手法并将其应用到自己的书籍设计实践中。

图 2-3-05: 为“中华善本再造工程”设计的图书

比如设计《朱熹榜书千字文》时，我选择运用了古代佛教经文常用的梵夹装形式。在设计《食物本草》中，我把人们日常生活中常用的藤制食器、食筐应用于这套料理学书籍外函中。设计中国最古老的棋谱《忘忧清乐集》，我尝试了以中国围棋的箱匣形态为基础，做成既可以收纳文本，亦可摆放棋谱的作品。我深信继承传统不是一成不变的，万事万物处于不断变化之中，基于原点的传承同时也要不断创新。

杉浦

那么，近两年中国出版界设计方面有何进展？

吕

对于中国目前的设计现状我并不悲观，虽然有妄自菲薄或妄自尊大的现象，也存在设计观念固化、制作粗放的作品，但国内也出现了大量不满足现状，为书籍艺术求新而发声的年轻设计师们。

著作家在做书的方面没有高标准的意识，认为白纸黑字将写完的原稿印刷出来就是公认的学术著作了，何须讲究设计的完美。有些作者仍缺乏让读者明晰地阅读和综合体验的诉求，提供的视觉图像质量很低，图解不清，信息梳理草率，无法在书里使用，有些文章的叙述结构也不尽如人意，这些不足之处似乎是作者个人的瑕疵，恰恰拖了中国书籍艺术整体向前发展的后腿。

还有一种现象，出版界为了追求效益，降低成本，越便宜越好的倾向严重，缺少做好书的企图心，造成出版物整体趋于平庸，无法培养读者的审美情操。其中运用能够打动读者的特殊纸张以显现具有中国独特魅力的书籍，一开始编辑积极，但往往雷声大雨点小，最后偃旗息鼓，这还需要出版人的求质、求新的愿望和来自设计师方面的引导。

当然光凭几位设计师的力量，不可能改变业界生态，我认为还需要动员起全体出版参与者。我考虑从最根本处着手，首先向出版社进行说服工作。因为一本书的成书，掌握在出版社的社长、编辑室主任、编辑人员手里。我从 1998 年起，担任了由中国新闻出版署主办的以出版界人士为对象的进修班讲师。不论自己工作多忙，我肯定挤出时间，不愿放弃和出版社编辑人员相会的机会。经过多年来的讲课活动，听课者达数千人。作为成果，也渐渐地给业界带来了影响与变化。众人拾柴火焰高，出版社的社长们渐渐转变了思考方式，设计新人也层出不穷。星火可以燎原，我愿作火种。

出版界的改变固然重要，而设计师同仁们理念改变更重要，因此有了 2004 年在北京第一次召开的北京首届书籍设计家论坛，请来十多位来自世界各国的著名设计家，杉浦老师作主讲。主办这种大型会议也遇到了层层困难，向主管方提出申请时，不予批准，转而得到清华美院领导的支持，经过种种努力才得以实现，但也受到难以想象的责难。

杉浦

大会非常成功。

吕

是的，大会成功了，参会者异口同声地说获得了从未有过的收益。

杉浦

“推进中国设计”的活动真是不易啊。

不过，那次研讨大会的热烈程度，

每一位聚精会神的参加者，都给我留下了深刻印象。
我还以为被人们一致赞誉是非常成功了呢，
没想到，吕先生在背后付出了如此巨大的辛劳。
不过吕先生一次次地与压力抗争，
再次成功举办了在成都开幕的
“当代中国书籍设计师邀请展”，
并且此前还成功举办了南京的展览。
聚集起一大批年轻的受众，
效果不同凡响。

吕先生回到中国出版界后的辛勤耕耘，
深深地打动了我。
吕先生的热情传播确实影响了一代年轻人，
打开了大家认识书籍设计新的视野。
在中国书籍设计界掀起了天翻地覆的巨浪，
这些是我从外部所见所感受到的。从前，
近代工业制作了大量价格低廉、质量均一的书籍，
目的是能到达更多人手中，重视的是机能性和生产效率，
从这一点来讲，是具有革命性的实践。
不过，书还具有另一番魅力，那就是捧在手中的书，
通过手触摸书所传递到全身的感悟。
这种魅力源自书的宇宙，
书应是融括宇宙意义的存在。
这种思考方式在中国激起了革新的浪花。

吕

刚才讲到推进工作遇到了一定的阻力。实际上不足以提及，绝大多数的人是支持和赞扬的，并与我共同努力，乐观向上。近些年是有显著变化的，出版社也从单纯追求商业利益转而为普及文化审美而努力。随之而来的是年轻的设计师们，主动运用编辑设计理念完成创作过程，充满个性风格的高质量书籍应运而生。书店渐呈新景色，各式各样的展览和学术探讨活动，为整个业界吹进了新风。虽刚起步，但对此充满信心。

熏陶成长
展望未来

杉浦

整个业界发生可喜的变化，
看得出来是吕先生启发引导弘扬的成果。
吕先生对年轻人的培养教育注入了极大的热情。
在中央美术学院和清华大学美术学院导入实践性的、
独特的教学课程，这些教学活动，
对年轻人寄予了怎样的期望，请和我们谈谈。

吕

2002 年我开始在大学任教，在学校里遇到了新的问题。一方面，学生们对书籍兴趣乏乏，做书前景并不看好，他们大多数为了将来有不菲的收入而选择专业。另一方面，有人认为设计学科是校方增收的摇钱树，越来越多的学校开设设计专业，并招收大量的学生。学校变成了急功近利的招商机构。这种浮躁环境下，老师忙于应付激增的生员，无暇投入教学精力，这样培养出来的学生怎能成为未来成功的设计师。

当下学生的大多数兴趣集中在计算机或者动画新媒体上，诚然这些课程也是非常重要的，但是如果书籍这一传播媒介消失了，将是非常遗憾的事情，也许我的观念有些陈旧。电脑确实给书写带来方便，但学生们字却手写不了了。书法课的荒废，使学生们在试图表现文字时，表现力就显得非常苍白。对于不同的文本，应该选择使用哪种字体，文字的大小，或是空间上的配置应该如何设定，学生对此都没有想法或深入思考，只是随性地将文字在纸上排列组合。部分学生直接模仿西方的设计，偏好使用英文字体，对汉字的使用敬而远之。对于文字的格律体系，甚至连文章的编写能力都不足。

我组织学生们去书店实地考察，映入眼帘的基本都是西式书形式，东方传统工艺制书鲜见，如果费力寻找线装书的话也能够找到，但学生们基本上不屑一顾。当我向学生们介绍丰富多样的中国传统书籍工艺制法的书籍时，学生们像发现新大陆那样，充满惊喜。

就这样学生们也渐渐地感受到物化的书是电子媒体所无法代替的，并具有感情色彩的载体。我既然站在讲台上，就要不懈地向学生们展示书籍的魅力。学生的感同身受，令我也变得年轻起来。

杉浦

确实如此。

吕先生让学生们动手制作书籍的授课方法很有创意。

看了同学们的作品形式多样，

感受他们对于书籍的全新的、独特的理解。

这正是传播开来的一圈圈巨大的涟漪。

你曾让学生们在校园里的石板路上用扫帚蘸上水挥洒写字，

这也真是一个好方法。

吕

我认为设计根源都源自文字，使我重视文字的教学。

这两年，与香港的设计师廖洁连老师合作，清华大学与香港理工大学设计学院之间开始了交换生学习课程。

长期在英国教育体制下学习的香港学生们，对传统的汉字有学习理解的愿望，反之，在中国本土长期生活的中国学生对汉字书写已没了感觉，文化背景不同的学生们之间的交流非常有意思。

在地面上写文字是非常好的教学活动。当拿着巨大的毛笔全身心集中在地面上书写文字的时候，实际上人、笔、大地联结成为一个整体。我把这个行为称为人与大地的对话。以前那些将文字和书写行为做了切割的学生们，通过在地上书写文字的实践活动，将自己和文字间建立联系，注入了情感。有的学生写有关恋爱的文字，有的学生写心想事成的文字。随后将这些字编辑排版制作成书，从中看出每个同学对文字的情感色彩。

杉浦

大地与人之间，
能够被文字联结在一起，
真是很重要的事情啊。

吕

文字带有感情，电脑打出的文字不过是符号。在书写中，汉字有了具体的形，诞生出情感，就像吹进了生动的气息而获得了生命。从而对汉字字形、字意也有了更深刻的理解。连续两年的授课，收到同学很多感想文章，我把这些充满情感的文章编辑制作成一本厚厚的书，回赠给每一位学生留作永久的纪念。

杉浦

吕先生给中国的设计教育带来了充满活力的新风。
10年间执教过的学生，
其中不乏被选拔参与“当代中国书籍设计40人”展览之人。
这些设计师当中，尝试运用独特的设计风格的也大有人在。
这是吕先生的魅力或者说是书籍的魅力巨大吧。
昨天会议中也提到同样的问题，即文字信息电子化，
将来书籍会处在什么样的位置，
您教导的学生们对这个问题有何见解？

吕

我不是很担心，书籍的便利性和功能性是电脑无法全部替代的。并且，现在中国出版的书籍变得更加有趣，更美，吸引着人们。我们学校毕业的学生还都很喜欢买

书来读，并且，现在中国社会对传统文化的传承越来越关心，传统文化相关的书籍也越来越受到瞩目。

杉浦

吕先生总是提到在我的事务所学到了新的设计方法。
在我看来是吕先生自己能够从深厚的传统文化中汲取精华，
并且能够吸收周边人们的崭新智慧。
吕先生一贯谦虚的姿态和对未来发展的热情
将周围的人们不断吸引过来，就好比将石子投向水面，
形成了美丽的涟漪，这一涟漪又反过来给予吕先生文化养分，
就这样产生出巨大的能量，再一次影响着年轻人。
我是这样认为的。

吕

能够得到大家的深厚信赖和支持，我非常感动。杉浦老师的人格魅力对我影响至深，杉浦老师治学的严谨，对待工作的求精，对人的真诚相待，受益良多。我知道这辈子要攀登老师这座山的难度，但我有方向和动力，每遇到困难的时候，想懈怠放弃，但老师的教诲一直给我敲响警钟，是我坚持不懈努力的推力。

杉浦

真的是冲破重重困难坚持过来了。

这本身就是吕先生对自己人生的最好设计。

今天非常感谢，与您谈话非常愉快。

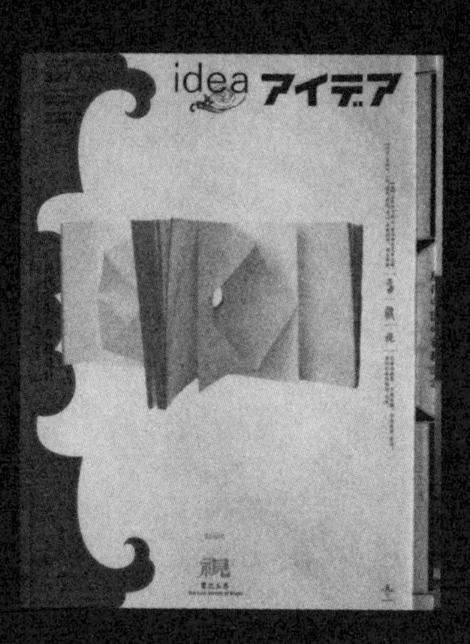

图 2-3-06：第 327 期 *IDEA* 杂志封面

图 2-3-07 ~图 2-3-13: 第 327 期 *IDEA* 杂志内页

2·4

“天圆地方”
——让文字的传统语法在今天发扬光大

对谈人：吕敬人 × 杉浦康平

对谈时间：2006 年

吕敬人出生于上海。“文革”期间被下放到农村，经历了艰苦的劳动。但是其间他的优秀艺术才能得到涵养。他有很好的书画功底，文章也见长。回城后进了一家出版社，立志从事书籍设计艺术。曾通过讲谈社的交流项目访日研修，后在我的事务所潜心钻研书籍设计。回国后与长足发展的中国出版界齐头并进，积极吸取中国传统书籍艺术精华和工艺技术之长，设计制作出一批批精美的书籍。他充满东方温情的设计和别具说服力的论证，对中国年轻一代设计师产生了很大的影响。他在组织举办 2004 年“中国书籍设计艺术展”和“北京国

图 2-4-01、图 2-4-02: 杉浦康平与吕敬人对谈现场

际书籍设计家论坛”中发挥了核心的作用。

——杉浦康平

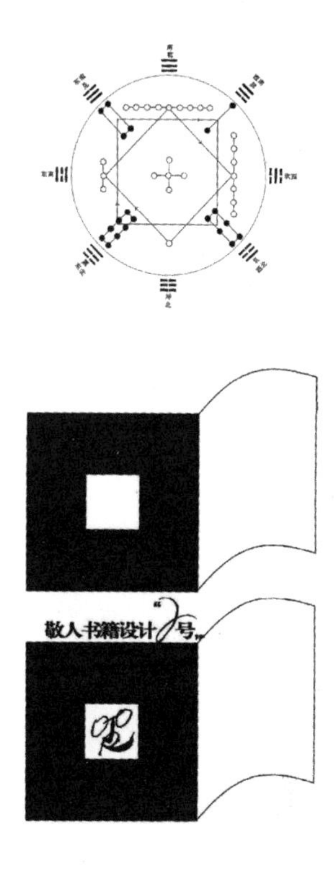

图 2-4-03、2-4-04: 上为基于圆相和方形的八卦文与洛书图的组合。

天地自然的阴阳变化（八卦）与方形大地的九分割法（引入魔方的洛书）

揭示“天圆地方”之深远的造化。

吕敬人的标志（下）。大阴（黑）方形上叠印小阳（白）方形，上下叠加呈“吕”字字样。

汉字发挥着
非凡的结合力

杉浦

吕先生是1989年来到日本，在我的事务所学习的吧。
在那之前，你在“文化大革命”以及其后
改革开放的年代，一直对美术锲而不舍，
后来又立志要学习新的书籍设计理念，来到了日本。
看到吕先生如饥似渴、孜孜以求的学习热情，
引发我对亚洲人重新有一个深入的思考。

吕

我们那一代人都经历了中国的动荡年代。这五十多年来，中国在政治和经济方面都有了巨大的变化。像“文化大革命”那样艰难的经历给我们带来了很大的痛苦。在自己内心，虽然对于艺术的追求没有改变，但在那种不安定的政治状态下所受到的痛苦记忆，无论如何都会残存在体内。后来到了日本学习，我最大的收获就是遇到了杉浦先生，您教我认识到热爱自己祖国文化的重要性。

杉浦

我每次问起关于中国的事情时，
你都千方百计地查找资料为我解答。
两个人长时间笔谈。从这些交谈中我感到，
奠定今天日本人生活基础的文化的绝大部分，
都是继承中国传统文化而形成的。
日本诸岛状似从欧亚大陆最东端突然间弹出来的
几块红薯摆在那里，以中国为主的亚洲文化来到这里，
不断地堆积沉淀下来。

文字亦然，
汉字已经成为我们日常生活的根本思考方式与文化的基础。
我们两人就经常笔谈，克服了语言的障碍。
我写的日本汉字和吕先生写的简体汉字，
虽然字形有所不同，但相互一看就能共享意象。
今天有翻译，我们可以毫无顾虑地交谈，
我希望能更深入地探讨一下有关汉字的话题。

首先想问的是关于汉字的象形性。
汉字是由“线”与“点”复合而成，仅仅盯着一个个汉字看，
就会激发人的想象力。
我想这是因为汉字既是物象又是物象某种程度的
抽象化和象征化。
这种象形性形成汉字的一个特色。
作为创造并在日常生活中使用汉字的中国人，

从使用汉字进行书籍设计的角度，
吕先生是怎样看汉字的象形性呢？

吕

汉字始于雕刻在龟甲或动物骨骼上的“甲骨文”，然后是铸刻在青铜器上的“金文”，随后是篆书、隶书、楷书、行书等，在漫长的历史过程中不断地衍变。

尽管，现在人们在日常生活中每天都看到汉字，但是对字体却视而不见。在中国，有一些艺术家、书法家、篆刻家致力于字体的研究，但只是很个别的例子，更多的人——譬如即使是出版社的有些编辑——也不关注字体的美感以及蕴藏其中的意义。

汉字的每个文字中蕴涵着无穷的趣味。所谓汉字的象形性，就是指汉字在反映事物形态的同时，也反映了它的意义以及声音。将某个文字与其他文字组合，便会带来不同的意思、不同的发音和不同的感觉，那可以说是一个宇宙吧。进而将这些文字构成词组与另一词组结合起来，便成了诗句。把这些单行诗句再组合成诗的话，将可以达到其他文字所无法表现的意境。

察象

取象

甲骨文

具象

表象（事）

金文

离象

篆书

遗象

隶书

超象

楷书

非象

草书

▶

图 2-4-05: 汉字的诞生及其变迁

右侧表示变化的书体名称，左侧为文字抽象化的阶段。

始于观察，经过具象、离象，走向超象、非象。

汉字书体顺应时代变化，逐步走向抽象。

图 2-4-06: “天地玄黄，宇宙洪荒，日月盈昃，辰宿列张。”

由一千个字构成、内容涵盖广泛的

朱熹《千字文》开头四组词。

▼

天地玄黄

宇宙洪荒

日月盈昃

辰宿列张

杉浦

汉字发挥着说不清的非凡的结合力。
举一个现代的例子可能有些唐突，
超现实主义诗人洛特·雷阿蒙（Comte de Lautréamont）
曾使用“如同缝纫机与洋伞在手术台上相遇般美丽”
（长篇散文诗《马尔多罗之歌》）这样的表现手法，
这语句是异质的事物间出乎意料的相遇或超越逻辑的拼接。
还有杜尚，他把躺倒的马桶搬进美术馆名之曰《泉》，
从而改变了艺术概念。
我认为杜尚的意图在于从西方现代的理论、逻辑
向不同维度的跳跃。
在偏旁结合、头脚叠加的汉字构造上，
有与此类似“意义”的铺陈，有意外性、发现性和创造性。
听了你刚才一席话，我忽然产生了这样的联想。
比如“鬱”这个烦琐的字吧，
它有一个简直像现代绘画、抽象画的字形，
几个字拼接各自的意义，欲穷尽郁闷、心烦这些“鬱”的本质。
而在手机短信、互联网上也能发现同样的集群，
即时下流行的一种称为“emoticon”的表情文字的字符，
是以横排文字与符号组合成图形，
尝试突破文字的传达。
这些表情文字的符号元素再紧凑一点的话，
与汉字的字形就很接近了。
在遍布全球的电脑空间也孕育着类似汉字的复合性和多重性，
以期打破字母排列的单调。

▲

图 2-4-07:"鬱"是木、缶、冖、鬯、彡的合成字。

将装有香草的酒器"鬯"，用缶和"冖"（盖）捂住，酒发酵，

变成用于请神祭礼的酒"鬱"。

从"密闭发酵"引申郁闷、心烦等词义。据白川静《字统》。

图 2-4-08: 在电子邮件、手机短信中出现的 emoticon，

意为情感 (emotion) + 符号 (icon)。

现在，在年轻人中不断地花样翻新。

▼

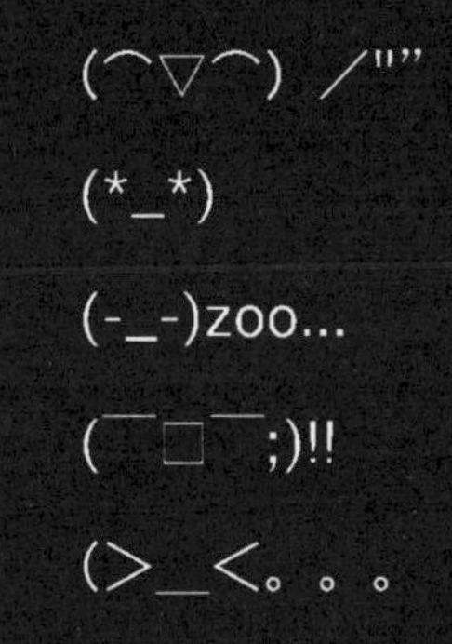

文字的组合
产生文章，产生诗篇

吕

汉字是中国人祖先的智慧结晶。汉字的造型与中国人的生活有着极其密切的关系。比如“招财进宝”“黄金万两”等组合文字，就会使用在人们的日常生活中。在更深的层面上，佛教与道教的相互交流中也会有各种符号（少林寺的石刻碑《混元三教九流图赞》中将佛教、道教、儒教融合在一起形成三位一体的符号）的交换、引用，并会不断有新的汉字产生。

从字的组合中产生出新的文字、新的诗。如图那样以汉字字素的构成拼合，形成具有丰富含义的新文字；另以汉字的字素、字形进行文字游戏般的回环排列的“回文诗”；拆散文字偏旁的“离合诗”，如“成处合成愁？离人心上秋”（宋·吴文英《唐多令》）还有文字结构颠三倒四的“神智诗”，运用汉字的独特形态形成汉文化中各种诗体形态。正因为有了这样的文字形态，才在汉字文化圈中产生了如五言、七律等根据一定的规则而形成的具有韵律感的诗歌形态。

◀

图 2-4-09:“黄金万两”的结体字。剪纸作品。

图 2-4-10:“招财进宝”的结体字。烫金。

▶

图 2-4-11 ~图 2-4-16：各种文字游戏。

◀

图 2-4-11：中国艺术家徐冰创作的英语字母汉字。

对字母纵横罗列，把一个英语单词变成汉字形态。

▶

图 2-4-12：拄着手杖，长髯飘飘的老寿星。

用“道通天地有形外”七个字绘制。

意为“形（河图洛书）现于外，遵守通天地之真理”。

河洛七字体寿星图碑。中国，清代。

◀

图 2-4-13：对诗的字形及结构赋予变化，
集人、神智慧的“神智诗”之例，宋代诗人苏东坡的《晚眺》。
将构成七言绝句的 28 个字浓缩，重新塑造成 12 个字。

▶

图 2-4-14：唐代以后流行的《盘舰图》，将纸转着阅读的诗篇。
以八卦文结成的八瓣莲花瓣上排列着 192 个字，表现一首诗。
屈大均作。清代。

▼

图 2-4-15、图 2-4-16：“拐李先生法道高”。
将八仙之一铁拐李的名字含在春联中的部分。

杉浦

很有道理，确实如此。

我在来北京的飞机上读了一本关于《说文解字》的书。

《说文解字》是西汉许慎著，

以中国最早的汉字研究典籍或辞书闻名遐迩。

据说许慎在书中说，“文”像纹样一样记述事物，

“字”是将这样产生的纹样像繁育后代一样大量繁衍的结果。

这是极具象征性的、有趣的解释。

换言之，“文”相当于象形文字

及指事文字（象征性地表示动作与状态的文字），

“字”相当于形声文字、会意文字。

他以“文”与“字”二字说明了汉字的

基本构成法以及意思的创造法。

吕

“文”是从原始的象形文字中产生出来的，这可能并不代表文字创造的意识的诞生，或许仅仅是作为一个标记、记号而存留下来的。这个标记被人们共同使用、记忆，即成了文字。

杉浦

有一种风俗是在死者或新生儿胸口、额头上

图 2-4-17："文"的甲骨文。

在死者胸口文上"×"印记或"心"字形，使死者超脱。

另外，在婴儿降生的时候或成人之际，有在额头上画"×"

印记避邪的习俗，由此产生"产"（產）、"彦"和"颜"（顏）字。

打上“×”号避邪。“文”大概原本就是用来避邪的记号吧。
而支撑着我们今天的文明、文化的语言，
就用这个“文”，耐人寻味。

吕

《说文解字》中提到，是传说时代的帝王伏羲创造了汉字。某天，伏羲折了一根树枝，在地面上轻轻画了一条线。这个一生出了二,二又变成了三,三则形成了万物。一分开了天与地、阴与阳、日与月，是诞生万物的最初的一画。因此，这一画成为了中国文字概念的基本，同时也创造了阴、阳的概念。俗语说，“一画开天，文字之先。”

内含对称性与阴阳原理

杉浦

关于汉字我一直有个疑问，
记字的时候字形越单纯越容易记忆。
然而，中国的文字一开始字形就很复杂。

比如“鱼”这个汉字。
一般来讲，只要在带尾巴的鱼的轮廓上画上眼睛，
就知道是鱼了。事实上很多古字也是这样的。
可是汉字却在轮廓里画上类似“×”印记的
骨头、添上尾鳍，使其复杂化。
“鱼”在汉语里念“yú”吧？这么复杂的字形，
必须边写轮廓边念“鱼”，
写骨头再念“鱼、鱼、鱼”地非得发音五六次才行 。
（笑）也就是说，
在古代书写汉字的行为可能不带声音的。

吕

有这种可能性吧，不过得找专家请教。

杉浦

不是在文字搭载声音，
而是将文字形态所蕴含的生命力牢牢地记录下来，
也就是使可视与不可视的物质两者都能包含进来。
再举一个例子，古代中国（殷代）有一种别具匠心的，
称为“饕餮纹”的青铜器装饰图案。
“饕餮”的意思就是“贪婪，贪吃”。
这个装饰的概念非常特别。
这里刻着左右一对的灵兽，

本来单面就可以完成的纹样特意反转过来，
将两侧连接成一个造型。纹样是复合而成的，
而且仔细看这个纹样，居然还加进去好几种动物，
在它的脸上能看见龙、凤，甚至老虎。
这是一种超常感觉的装饰，
与汉字的复合性有相通之处。

吕

这样的造型，与中国人的思维方式有关。在中国，人们很重视对称性。不过，在甲骨文时代大概还没有对称的概念，发展到篆书，开始重视文字的对称性、平衡、协调性，装饰性也提高了。

但是，到了隶书，却朝着摒弃对称性的方向发展了。这个时期所追求的是对比性、主次疏密，以及均衡中的非均衡性，是对比中的非对比，即经过平衡与对称阶段之后的不平衡与不对称。在非对比的同时，整体却极具调和性。写隶书时“一波三折”，一个波浪中有三个起伏，笔画充满了波势之美，就是体现这个概念的一种表达。

随着时代的变化，文字渐渐从向人们传达意义的功能中分离出来，成为艺术家的一种表现空间。文字的造

◀

图 2-4-18：一殷代装饰青铜器的“饕餮纹”。

上：对复杂纹样的解读。遮住对称形的一边，

出现了虎、龙、凤、牛、羊等形象。

下：由饕餮纹衍生的兽面。公元前 4 世纪后期。

在圆瞪的眼睛上覆盖着眉毛，带鳞的犄角顶端附着柔软的尖叶形。

周围蠢蠢欲动的蛇纹、虎姿给兽面带来丰富的表情。

▶

图 2-4-19：将鸟、龙等叠加在一起的青铜器的装饰纹样。殷代。

▼

图 2-4-20、图 2-4-21：一形成隶书书体（左）特征的“一波三折”的动态。

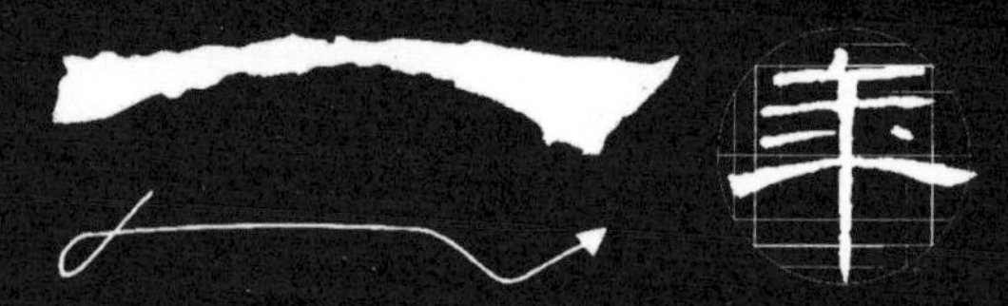

型也超出了方形的界限。

杉浦

吕先生这么一说，我又想到几个耐人寻味的问题。
我认为甲骨文时代已经有了某种对称性。
比如右手、左手以“和”单纯的对称形成文字。
还有刚才提到的饕餮纹周围填满了雷纹。
“电”的字形中巧妙地融入电光旋涡状滚动的形态。
阴阳对称的涡流已经存在于文字之中。
中国人对于人类身体所具备的旋涡状的左右对称性，
已然给予了充分的关注。
还有，在形成自然的根本原理中，
一定有无法相容的两个要素，一阳一阴。
正如吕先生刚才解释的那样，一产生了二，
由此产生了各种动态，产生了涡流吧。
我认为汉字对这种阴阳原理反应敏感，
并且绝妙地表现了它的动态。

简化字走过的路

吕

汉字是先民通过构形取象的方式创造的。在取象时，时而精细，时而粗略；因此繁简对比早在古代就存在于

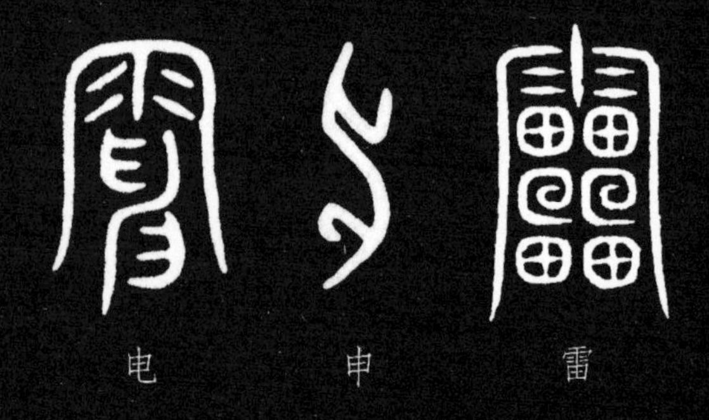

▲

图 2-4-22 ～图 2-4-24：文字“电”“雷”嵌入的旋涡造型，

撕破长空的光旋来自“申”字。

而申的字形也用在雷神、天神这个“神”字上。

图 2-4-25：“右”“左”的甲骨文和金文。

古文字字形表现为左右手形对称状。

▼

造字之中，我们的祖先确实是把阴阳的思想融入汉字里面，留给了我们。可是在今天我们应用的文字中，一部分汉字已经被简化了。在简体字中，有不是原意的调整，但也有些字随意而为之，汉字形声兼备的特点消失掉了。

简体化的确使汉字变得更便于记忆和学习。但是，汉字是音意文字，字体的结构与其声符、意符相关；其字形、字音、字义中具有深刻的文化含义，有些字简化后破坏了汉字的文化以及汉字所具有的内涵。

举一个简单的例子。“爱”，应属于“心”部。简化后的“爱”属于“爪部”，没了心，还说得上爱吗？由于简体字带来的误会，也闹出不少笑话。“髪”与“發”的读音都是“fā”，简化后被统一成了一个“发”字。“發”是起始的意思，如发生、发展、出发。而“髪”属“髟”部，现简化字中“理发”取谐音。没有“髟”，何有理的必要呢（笑）？

杉浦

这是因为头发还会长出来，生发啊。按照中国的阴阳轮回思想，“髪”毛没了，便转化为出发（“發”）（笑）。

发 爱

▲

图 2-4-26："爱"的简体字（右）和"發""髮"的简体字（左）

▶

图 2-4-27："器"的甲骨文

◀

图 2-4-28："竹叶诗"。翠竹与竹叶错落交织组成一篇诗。曾崇德作。清代

器
器

吕

还有，“穀”和“轂”也是同样。发音都是“gǔ”，在简体字中都被统一成了“谷”。“穀”字意为二山之间，故以山谷一词容易理解，但“穀”字为稻粒，简化后全部统一为“谷”，而繁体字中这两个字的象形会意是截然分开的，若“山穀”简写成了“山谷”的话，这样两个字的意思就混淆了。简体字还是会丧失象形的意义，同时也失去了传统文字所创造的独立性的自由。由于文字的这种变化，也已经体会不到古代中国人传统的创造力了。

杉浦

日本的新字体中，也有同样的例子。
“器”字的旧字体写作“器”，中央放“犬”，
是作为牺牲奉祀神的；
置于四角“口”的形状是奉祀于神前的祭具，
其中央放置作为牺牲的犬，也就是说中心部分是请神的场地。
可是，去掉了这一点就没有了犬，
为祭祀做的重要准备变得无影无踪了。
简化使文字丧失了本来的意义，
对于这一点你是怎么看的？

吕

我曾经从一位书法家那里听到过一段很有趣的故事。这位先生的父亲曾是中国著名的文化学者，在“国家文字改革委员会”工作过。1949 年后，对于文字改革曾有过两种不同的对立意见。

一种是推行文字普及的意见。当时的中国因为有很多文盲，作为中华人民共和国的复兴，有必要解决文字普及的问题。他们为此进行了调查，如何简化文字，适宜于大众掌握。

另一种就是为了加快扫盲速度，有人建议将中国汉字拉丁化。用 26 个拉丁字母注音，完全舍去汉字造型。

杉浦

应该是 1951 年左右的事吧。我们也震惊了。

吕

当时，那些主张拉丁化的人经常引用某位文化名人的话“不消灭汉字，中国将要灭亡”；与之相对立的语言文字学者们，则是说“汉字不灭，中国不亡”。当时的争论各持己见，也不无道理，现在看来十分有趣，但在当时是非常尖锐的观念冲突。

汉字的简化，并非是中华人民共和国成立后才开始的。在古代已经有过多次尝试。“国家文字改革委员会”的人经过考证，权衡利弊，针对如何实现简化进行了广泛的研究，在1956年发表了“汉字简化方案”。那时的简化方法是有一定合理性的。

但是，在其后几次发布的简体字中，有很多不合理的东西。特别是“文化大革命”期间，有相当多的汉字被废除了，并显露出不少弊端和混乱，因此1986年废止了第二套方案。

述说神话的文字，具有故事的文字

杉浦

对于我们日本人来说，
与汉字最初相遇是汉字传入日本的六七世纪。
因为没有体验过此前（汉字）在中国超过两千年的历史，
所以某个字是如何形成的几乎没有人知道。
然而，近年来随着对甲骨文等研究的深入，
渐渐认识到“原来这个字有如此深奥的含义”。

图 2-4-29 ~图 2-4-32：

杉浦康平与吕敬人对谈现场

我在几年前读到一位潜心研究甲骨文的
日本学者白川静先生的文字研究论述时，恍然大悟。
从此汉字变成了精彩的、有着诱人故事的文字，
“述说神话的文字”。
人类使用的文字形态，发展成两大趋势。
一是尽可能以最快速度记录声音的方法，
字母即为其例；
二是激发沉睡于人类内心世界想象力的文字形态，
我发现那就是汉字。

吕

在中国，也没有依照汉字的字源来好好进行教育。特别是“文化大革命”期间，因为一些政治上的原因，人们对于传统古老的文化采取了否定的态度。然而在那之后急剧的开放，又使人们的目光一齐转向了西方。

近些年来，随着经济状况的好转，人们终于平静下来能够回过头，重新看待自己国家的文化了。在学者中，研究汉字的人也在不断增加。有一位叫吕胜中的大学老师，汇集了有关汉字的图像资料，出版了一本叫作《意匠文字》的书。当我看到在民间竟沉睡着如此具有想象力的美丽文字，也同样是恍然大悟。

关于活字字体也是一样，政府曾经也投入力量。

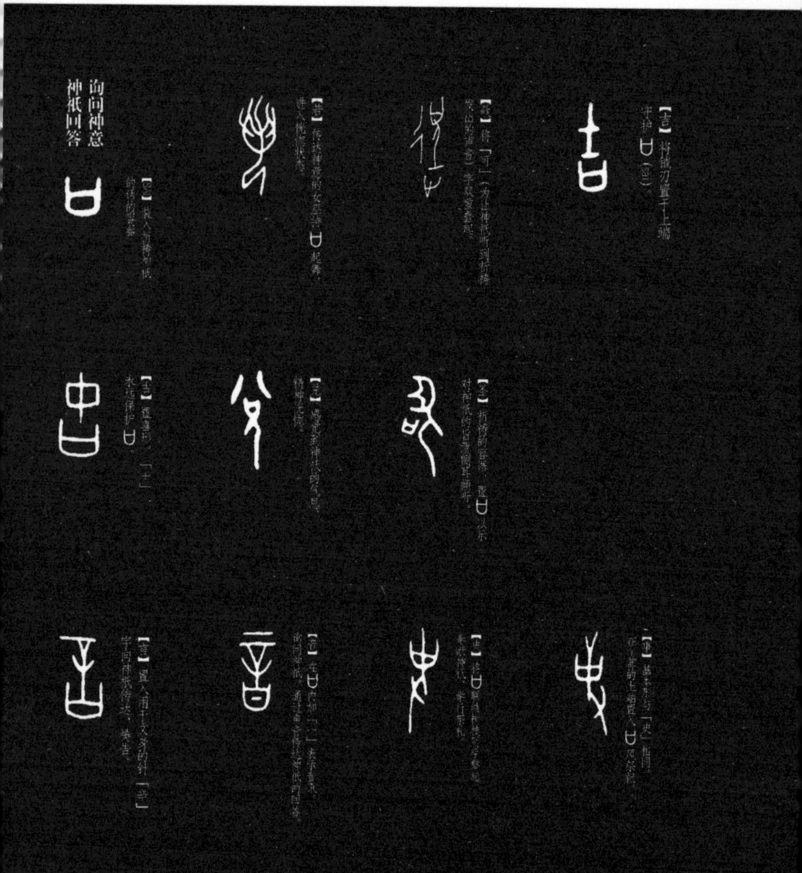

询问神意
神祇回答

【吉】将钺刃置于上端守护口（𠙵）。

【歌】将「可」（为让神祇听到祈祷发出的声音）字效验叠加。

【若】传达神意的女巫举口起舞，进入恍惚状态。

【口】装入祈祷神祇的话的容器

【圣】祈祷的容器，置口以示对神祇的启示侧耳倾听。

【兄】[illegible]精神无限。

【古】置盾形「十」，永远保护口。

【事】基本形与「史」相同，在一端的上端装置入口以祭祀。

【史】在口[illegible]，举行祭礼。

【音】在口内加「一」表示音讯，询问神意，通过音讯得到神祇的回答。

【言】置入用于文身的针「辛」字向神祇传达，誓告。

图 2-4-33：讲故事的汉字一例。

装入祈祷神的话的容器，选自与第一幅图有关的众多文字。询问神意——“言”、神的回答——“音”、对神祇的音讯——“访”、侧耳倾听——“圣”、传达神意的女巫——“若”等，以第一幅图为媒介的各种故事被文字化。

1961年1月出了一套“书宋体611”，1964年国家投入资金，为《人民日报》出了一套“报宋641”，其结构源自日本的“秀英体”，并在北京、上海成立研究所，做出宋体字长牟。20世纪60年代专为《辞海》做了一套“宋体1”字库，但汉字异体字多，印刷字体结构复杂，规范不易。“文革”后，字体的研究也处于停顿的状态。在中国，20世纪70年代后半期上海成立了日本的森泽（MORISAWA）排字事务所，那时广泛使用的是修改后的明朝体。此后，从台湾、香港也有一些字体引进过来。20世纪80、90年代中国基本上采用这些字体，继而，又补充了中国自己特有的一些字体。

不过最近，一些热衷于文字以及一些认识到文字重要性的有识之士，开始了开发中国自己的字体的工作。表现突出的是“北大方正”，他们投入大量财力、物力，汇集了一批优秀的人才在那里进行着“中国文字再生”的开发，现已初见成果。其中两款“方正兰亭”“方正博雅”字体均有所突破和创新，这是在中国创造的最初的“数码字体”（Digital Font）。

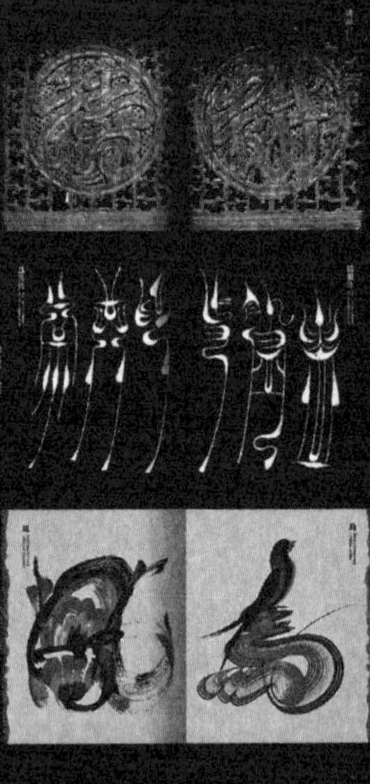

图 2-4-34 ~ 图 2-4-37：吕胜中《意匠文字》，
中国青年出版社，2000 年出版。
上下两卷的封面与正文设计。
书籍设计 = 金子 + 王序。

杉浦

以前你给过我这个字体的样本。
方正的字体曾经在东京国际图书博览会上展出过。

一波三折与天圆地方，汉字的构成原理

杉浦

我想再回过头来，
请教一下你刚才谈到的“一波三折”，
这是中国独特的造字法吧。

比如“山”这个汉字，一般要表现山的话，
写一个“∧”或“⊥”已经足够了，
可是汉字却写成“山”，这是三座山顶毗连的形状。
再看“水”字，是三条起伏的线。
《易经》上也说“一生二，二生三”。
之所以称为“三折”，
是否因为“三”对于中国人来说很重要呢？
另一点是一看到这三折，让人很自然地联想到律动、音响。
这也是对韵律、声响敏感的中国人特有的感觉方式吗？

请谈一下蕴涵于三折深层的美学。

吕

“三”确实在汉字里是举足轻重的文字。《说文》中有“三，天地人之道也，从三数”一说，其涵盖了宇宙万物的数字。“三”，本义上讲是二加一，但又具有多数之意，如“举一反三”“三思而后行”“三推天问”，象征深思熟虑的思维方式。还有传统伦理“三纲五常”是必念的圣贤之道，故称为“明三之理”。中国传统美学中也经常有审美三过程之说，庄子美学把自然无为的“道”视为大美，审美境界要经过“听之以身，听之以心，听之以气”三过程，后来又归纳为“应目、会心、畅神”三阶段。书法中的“一波三折”我想除造型以外，是否还寓意着变化、气动、韵律，以及“天、地、人”合一的古人宇宙观。

汉字的构成是以“天圆地方”为基本的格式。古人认为天是圆的，大地是方形的；大地是不动的，天是旋转的，也就是天动说。方形的大地表示文字的造型，中间的圆则表示文字的灵魂，这里包含四季的基本概念。文字在方形的大地上律动着，因此，汉字的造字总是变化着的。

在汉字中也有阴阳原理在起着作用。一看到汉字您

災 爪 洲

彩 心 恍

▲

图 2-4-38：有三座山顶的“山”字。

▶

图 2-4-39：有三画的重复的汉字字例。

明朝体，旧字。

▼

图 2-4-40：“天圆地方”，

对应宇宙结构的汉字造型。

偏小旁大，也体现阴阳原理。

就会知道，字的左半部略小，右半部略大，这是因为左半部是阴，右半部是阳。这样左右两侧形成了势，由此产生了律动，绘画中所谓“气韵生动”，书法也是一样的道理。“气”代表阳刚之美，“韵”代表一种阴柔之美，“气韵”代表两种极致的美的统一，这正表现了阴与阳的关系。

杉浦

原来如此，左右结构时，右边部分偏大。

吕

比如“硬”这个汉字，左边的“石”很小，右边的“更”就很大。从审美角度看，其体现出对比和谐之美，在不匀称之中达到均衡的最佳造型。

杉浦

对比的不均衡很重要。

天圆地方，音响和律动，对比的不均衡，
就是说汉字具有超越几何学分割法的独到的构成原理。
象征“天圆地方”宇宙观的灵兽就是龟。

龟甲不是含腹背两部分嘛，
因此它被看成象征“天圆地方”的灵兽。
背部甲壳代表天，腹部甲壳代表地。

古代中国有过用龟甲来占卜吉凶的“龟卜”。
据说这种“龟卜”用的是腹部甲壳而不是背部甲壳。
在龟甲上打洞，用火熏烤，以它的裂纹来判断吉凶。
占卜的内容被刻在龟甲上，这就是甲骨文的诞生。
如此说来，在象征方形大地的腹部龟甲上刻字，
与文字造型为方形是互相对应的。

吕

是啊，背部是气场，因此汉字是方形文字。而无论汉字如何变化，还是会固定在一个气场里面的。在中国文化观念的系统中，“方”是一个极具理想色彩的范畴，是一种空间形式，是先民对空间时间概念的表征，地方天圆，天地定位，蕴涵了阴阳气动和谐之意。

还有一种说法，即中国的汉字不是方形而是圆形的说法，很有意思。曾经有人制作了“八卦格”，大地仍然是方形的。在这个方形物的中间，八卦格的外框象征地，地为方；连接四边的中心点形成45°的内四边正方形，内正方形以外的四个角为天。也就是说，百分之

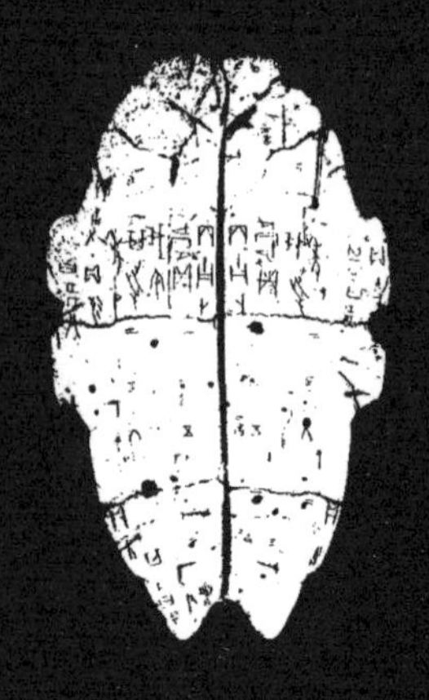

图 2-4-41：龟卜，
刻有甲骨文的占卜结果的龟甲。
腹侧甲壳。

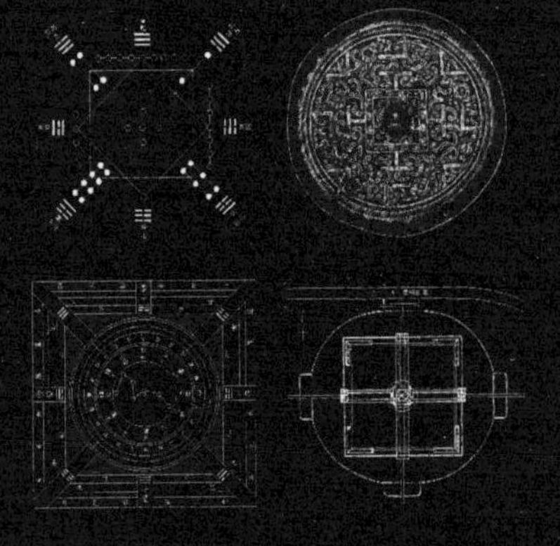

图 2-4-42 ～图 2-4-45：
投影了“天圆地方”的各种造型。
自上而下：
洛书八卦图、表示汉代宇宙意象的铜镜、西汉的式盘、东汉时期建造的明堂（祭礼殿堂）复原平面图。
无一例外的是对圆相的天、方形的大地这一宇宙结构的图像化，
同时对四方位、八卦、星座（十二宫、二十八宿）、王宫等的结构原理兼收并蓄。

五十的天与百分之五十的地，这样就形成了极为调和的比例。这样去掉四角的话，就得到了八卦。八卦里有东西南北中，因此说东西南北中全部包含在八卦之内。中国的这种汉字书写方式，一种是四方，一种是八位，然后是九宫、十二度。所有的文字都拱向中宫，这是汉字结字构成的模式。

以“亚”字为例，“亚”是指甲壳。也就是龟的腹部。东西南北中，然后它的四角是四个足，它们支撑着一个圆形的天。图形内有九个部分，这与中国传统中的一个说法“天下为九州”可能相关。五行包括了东、南、西、北、中，它们各表示一个方位，“方”是具空间的“四方”，也就是位于中央方形四面的四个方形，这样，组成了一个“亚”字。

杉浦

龟以四个足撑着天。

吕

文字是写在这个“亚”字中央的，能控制好的话，这是一个非常有安定感的字。就是这样的一种说法。

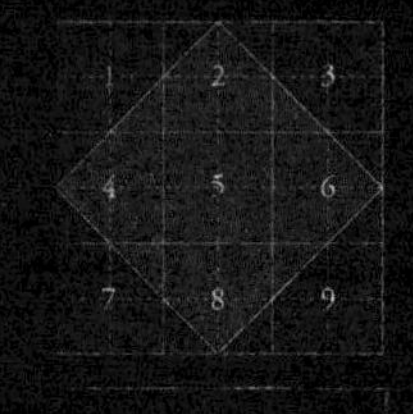

▶

图 2-4-46：八卦格子的构成原理。

表示大地的正方形与倾斜

45 度角内接的正方形。

▶

图 2-4-47、图 2-4-48：

外侧正方形的纵横向三分割产生九州。

倾斜 45 度角的正方形内部

生成八卦文的八角形和十二宫。

这个造型与汉字的字形互相照应。

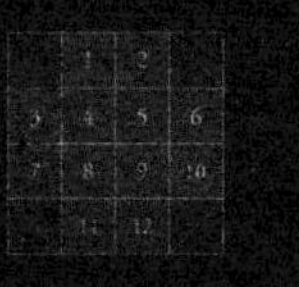

◀

图 2-4-49：装饰有龟蛇合体的玄武神（守护北方的神兽）和源于大地方形的“亚”字的石碑。

杉浦

上面你谈到的主要字体是楷书和行书吧。
现在我们所见的文字多是活字字体，而一变成活字，
方形的四角部分反而变得更重要了吧？

日本有一位我所尊敬的，研究中国文学的学者中野美代子，
她完成了《西游记》的全译，并对其中与道教、炼金术相关的
象征性进行了研究，是位有独创性的学者。
中野先生在尝试对汉字进行独特的读解。

三个字一组的汉字群，
每个字中间部分被抹去，但是细看仍能认出孙悟空、西游记、
猪八戒。由此可见，汉字是靠四角成形的。
反之去掉四角剩下的字就成了这个样子。
有可读的字，也有完全无法辨认的字。
因此，汉字的中间部分作用不大，这引起了中野先生的关注。
另一个例子是中国电报系统的“四角号码”检字法。
这种电报发送方法是对汉字四角的形状配以 0 到 9 的号码，
每个文字转换为四位数编码。
因此，文字的四角可以成为汉字的依据。

吕

我认为汉字是方形文字，而圆是文字的灵魂，这也许是非常重要的一点。这与人的精神是一样的。一般的

动作可能是直线的，而精神的运动则必然是成圆形旋转的。没有这个“圆”指挥的话，动作就变得不灵活了。

杉浦

甲骨文应该是用利器刻在甲壳和骨头上的吧？
所以它的字形向四方溢出，非常锐利。
而随着书体向金文、篆字、隶书、楷书转变，逐渐收敛成方形。
但是到了草书，由于加入了人体和手腕的运动，
文字再次呈现出圆相。
汉字的根基、文字构成法的根基确实是方形，
而汉字深入到人们的生活中时就变得既能方又能圆了。
造型能做到圆融无碍，这正体现了汉字的精深、
意趣和它的伟大啊；而奠定其基础的正是
“天圆地方”的宏伟的宇宙观。这一点给人留下深刻的印象。

星辰运动决定竖排与横排

杉浦

中国从 1949 年以后，
书籍文字基本由传统的竖排改成横排，
只剩下一小部分报刊仍然使用竖排。

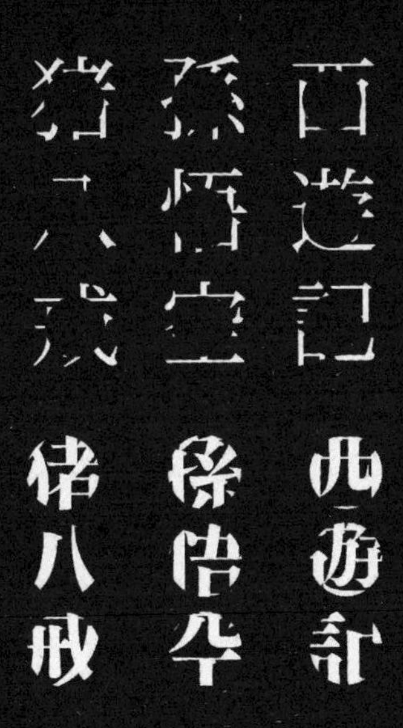

▲

图 2-4-50、图 2-4-51：中间部分为空白的汉字（上），

从四角剩下的笔画浮现出西游记、孙悟空、猪八戒的名字。

下为去掉四角剩下的字。

图 2-4-52："四角号码"检字法，

读取四角笔画的形，转换成四位数编码。

例如"端"是 0212，"孙"是 1249。

▼

端 孫

0212 1249

“文化大革命”以后，
报刊都改成了横排，竖排的书几乎绝迹了。

吕

横排化的变动，可以追溯到新文化运动时期。

当时，为了推翻清代封建王朝，反思中国的传统文化，引进了西方近代的民主主义和科学思想。横排这种西方的书刊排版模式也被吸收过来，追求新的潮流。因此，从革命运动起始，小学里的教科书也开始变成横排了。

我认为，汉字是方形的，同时从“天圆地方”和阴阳的概念或者汉字的结构来看，也是适合于竖排的。就是说，无论从文字结构的左右均衡，或是从文字的多少来考虑，竖排比横排更具韵律感。

关于竖排与横排，有这样的传说，古代有三位人物创造了文字。最年长的是梵，创造了印度的文字；其次是卢，创造了胡文；最年轻的是仓颉，创造了汉字。梵是从左到右，卢是从右到左，都是横排；只有仓颉是主张由上而下书写的，即“昔造书者之主凡三人：长名曰梵，其书右行；次曰卢，其书左行；少者仓颉，其书下行”之说。

我想，原因与他们各自所居住的地域有关。梵居于天竺，卢在另一方，他们以所看到北斗星的移动方向来决定从左到右，从右到左；而仓颉则居住于中原（中心），看到的星星是由上而下移动的，因此汉字便成了竖排。这只是一种传说。

杉浦

我还是头一次听说，真有意思。

由上而下的问题，也与甲骨文有关吧。
说起来为什么用龟甲来占卜，
是因为老天会根据甲壳的裂纹告诉你未来如何。
即甲骨文记录的是上天的声音。
文字诞生的根本就有天地意识，这样看恐怕更自然吧。
有人认为人的眼睑是上下开合的，
因此竖排易于阅读。
然而也有截然相反的说法。
从眼部结构看，眼球是由六块肌肉环绕、转动的。
为了左右的横向阅读，只需移动眼球左右的两块肌肉；
而为了上下移动眼球却需要动用全部六块肌肉。
总之，从肌肉疲劳度来说，
纵向运动眼球是一件很辛苦的工作。

图 2-4-53：有四只眼的仓颉。
他是侍奉于黄帝、天资聪颖的史官。
据说他张开四目便“见鸟兽蹄之迹，
知分理之可相别异也，初造书契”。
（汉·许慎《说文解字》）

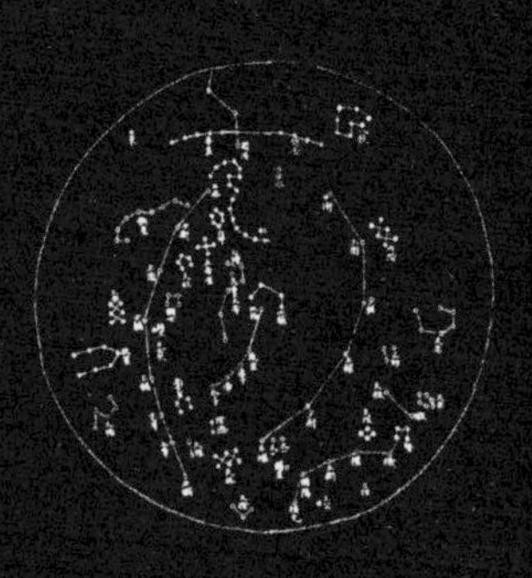

图 2-4-54：将北极、玉皇大帝、四辅等名
布置在中央天极近旁的中国星辰图。北宋。
图 2-4-55：汉字的构成法，有 34 种类型。
组合偏、旁、头、脚等，
以一至四的分割、包围等手法构成。

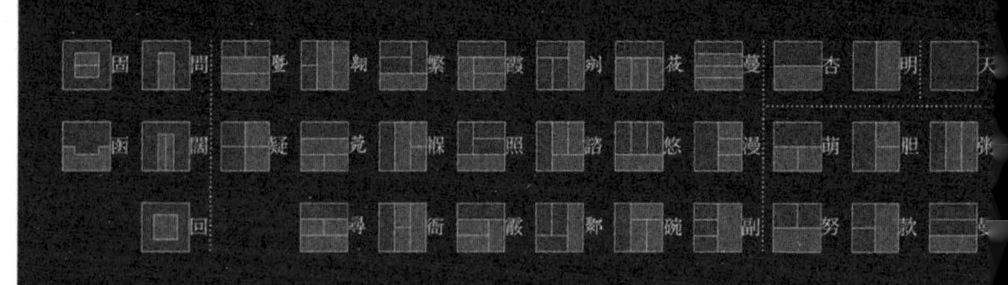

文字问题和汉字的历史是既艰深又意趣无穷的题目。
今后也希望不断思考，继续学习。
还请你多多指教。

方形与圆形，古籍的造型

吕

中国的书籍与我们刚才谈到的汉字的性质有着深厚的关联。中国的书籍，从古代经过数千年的时间一步一步地变化发展到现代，在书籍的形态、装订、纸张等各个方面，都充分地反映出我们祖先的智慧。汉字犹如拥有神明般的力量引导着我们向前。

杉浦

书籍是从记录文字开始的，随着时代流转，文字量日益增多。
从一行增加到数十行，甚至数百行。
如何将这些文字收于一册之内，就成为书籍设计的基本。
从刚才谈到的“天圆地方”的思想可以认为，
将汉字的方形安顿到方形的书中是顺理成章的。

我第一次到北京是 1976 年。

当时在王府井的新华书店前，看到了令人惊讶的一幕。

书店前面聚集了很多人，我好奇地凑过去，

一看，人们正在交换图书，

就是把自己读完的书交到想看的其他人手上，

而那些书多数不是方形的。

人们竞相传阅，结果书已变成“圆”的了。

因为书页又薄又软，书角被完全磨秃了。

我受到了强烈的冲击。

那时我感慨颇深，“原来书读得太狠了也会变圆”，

同时更重新认识了“书，本是方形”的。

然而再一想，让方形在人的意识中扎根并不简单。

为什么呢？譬如想划分我和你所在的地方，

最简单的方法就是用手从中心等距离地画线，这就成了圆形。

表示人的存在时也在纸上画圈，表示人的标志不用方形。

最简单的符号就是圆，

即人的认识和人的存在极其单纯地被表现为圆。

它要变成方形，如你刚才所说，就需要东西南北的方位概念。

不过从太阳的运行看，它先从东方升起，

在天空的最高点为正南，然后再西落。

它在天体上描画了一个立体的圆形轨迹，

要把它意识成方形空间还需要一点观念上的飞跃啊。

所以欲抵达大地是方形的认识，需要观念来一个极大的飞跃。

然而，正是这个方形的产生使汉字排版亦竖亦横，

产生了圆融无碍、自由舒卷的关系。

一方面，从古代书籍的角度看，
中国最古老的书是竹简或木简，
在削成筷子状的竹片或木片上记录文字。
用线串起来就像竹箅子一样连在一起，变成方形的书，
还可以收拢成卷轴装。就是说，
它既是方形书又融入了圆形结构。

吕

书籍的原始雏形是在龟甲上开孔然后用绳子系起来的“连龟板”。之后是竹简，再后来战国初期出现的是卷轴装，又称为“一轴书”。但是，卷轴装必须全部展开才能阅读到最后的部分，非常不方便。

在5世纪，南北朝、隋唐时期，佛学盛行，高僧将贝多罗（Pattra）本——贝叶经本从印度传到中国，是在植物的叶子上书写文字。但是对于中国人来说，这种形式对于由上而下的文字书写方式来说极不方便。此后，创造了中国独自的经折装。

人们对于圆的认识很容易，但是对于方的认识却经历了颇为漫长的过程。如果将圆置于正中，圆周内放入

同样大小的圆就变成书写“三”那样。圆的三次元，是在一个圆圈里可以生出三个圆，并能照此类推无限扩展，可继续作 12、18、24 个同样的圆。

然而，方形却不同，数量是会不一样的。称它为格子，是由于正中有一个格子的话，周围的格子数量会扩展为 16、24、32 个。因此，圆的和谐性不及方形，同时方形的折叠空间也比圆形有更高的效率。于是，制作正方形那样的书，能够把事物毫无浪费地收纳其中。

而细长形、长方形的容量最大，可以带来无尽的形状变化。在这里面，文字呼吸生息、居住着。

杉浦

文字呼吸生息、居住着，这就是文字的家啊。
总之，方形虽是方形，然而又是重合着天圆地方的一个宇宙。
吕先生正在尝试利用中国文化的文字、书籍
这些凝聚了天圆地方诸多要素的媒介进行设计。

你是在重新梳理丰饶的中国传统，
让它作为自己的书籍设计语法再现辉煌。
这种手法特别是在你设计介绍传统文物的书籍时，尤见功效。
现代化生产方式是以批量生产为前提，
制作过程中尽量排除手工作业。

图 2-4-56：圆的周围再排列圆，
就会出现六角形、正三角形，
再一个六角形。而方形，
则是在始终保持方形的状态下增殖。

然而，你的手法却属于逆流而动。
你是怎样达到这样的想法和手法的呢？

让中国的
传统为现代的
书籍制作所用

吕

现代中国所制作的，基本上是西方样式的书籍。我接受的书籍装帧教育也是如此。形成以传统的方法创作书籍的想法，是因为有三次契机。

首先是前面也说过的，去了日本学习。在这之前，我的眼睛只盯着以西方为首的外国东西。但是，杉浦先生的事务所却与日本的现代社会不一样，充满着东方的氛围。我曾经询问，“先生您是怎样去学习的呢？”先生的回答是，“我的很多的想象都是从中国的书籍得到灵感的。”我生于中国这片土地，却对自己国家的优秀文化视而不见，感到十分惭愧。因此，回到北京以后，用心看了大量中国传统书籍和古籍装帧方面的东西。

1993 年，我设计了全 14 卷的《中国民间美术全集》。我在日本学习时，杉浦先生传授东西方设计的纯化与复合理念。东方设计中将众多的元素看作宇宙的微尘，重叠再现，任何一颗微尘都是具有生命的符号，经过不断组合形成传达本质而又包罗万象的设计原理，我在《中国民间美术全集》中摒弃了国内惯用的、以往受苏联设计影响的所谓概括抽象手法，将中国传统的复合思维和多元表现在此书中，达到耳目一新的效果。

之后我做了名为《子夜》(1996 年) 的书，作者茅盾是现代中国的著名作家。我的构想是将茅盾的手稿用传统的装帧形式来设计，带帙的书可以从函套中拉出，这是模仿古代科举考试时运载行李的样子。我们可以看到扁担前后挂着竹藤编织而成的盛放着书卷的箱匣，行李由书童挑着的图像。在制作这本书的过程中，更深切地感到中国书籍文化具有多样化表现的可能。

杉浦

一般的书是书脊朝外放在书架上，
而这本书却要横卧，在地脚切口处饰以金属件。
这是遵循了中国传统的将几册书横着叠放的书籍形式吗？
传统的书籍是卧式摆放，并在切口侧标示各自的书名。

图 2-4-57：《中国民间美术全集》全 14 卷，

山东教育出版社 / 山东友谊出版社，1993 年出版。

作为国家出版项目对正在消失的民间艺术开展了全国性的调查、整理。

书籍设计 = 吕敬人。

图 2-4-58：《子夜》，中国青年出版社，1996 年出版。
中国文学界巨匠茅盾的代表作。模仿中国传统的装帧式样设计。
带帙的书可以从函套中拉出，打开帙取出书。
翻开书，著者的手稿（复制）伴随着他的声音扑面而来。
尝试有意识地调动五感的读书行为之作。
书籍设计 = 吕敬人。

吕

正是这样。不把书名写在书脊而是写在书根上，古代书籍的装订方式和纸张材料的特质，书是无法竖起来放的，故朝着读者的一面就是书根部分。

杉浦

“书根”，根的说法有意思，既看得见根，
又能拉出来的形状。

吕

20世纪70、80年代，乃至90年代初，由于经济上的限制，只能使用普通机械制造的纸张。我正在思考希望能运用表现与西方纸张性格完全不同的东方纸文化时，遇到了第二个机会——为中国文物局局长的著作《陟高集》做设计。当时，局长给我介绍了一个“清代宫廷包装艺术展览”，我知道后非常兴奋，马上跑去展览会。展品包括了书籍装帧。这个超乎寻常的、充满古人丰富想象力和精湛工艺水平的展览，使我对古代优秀的传统书籍艺术、装帧艺术有了新的认识。自此，我一直希望能把传统的中国书籍文化传达给今天的读者。

看了这个展览后，我对宋体字和活版印刷更增添了兴趣。宋体是中国书籍文字传达的基本字体。以此，我设计了《朱熹榜书千字文》(1998 年)。朱熹是南宋的理学家，被尊称为朱子。他所写的千字文在安徽省留存有拓本。

杉浦

采用了木板的这个封面，
看上去就像木版印刷的版木，
是用激光雕刻的吗？

吕

是的。我把一千个字反刻在封面和封底上，是对中国古代木版印刷的演绎，此书发行了 1998 册，封面连封底一共有 3996 枚，近四百万个字，若用手工刻大概十年也刻不完，所以只好用激光雕刻。

杉浦

这种夹板是传统形式吗？

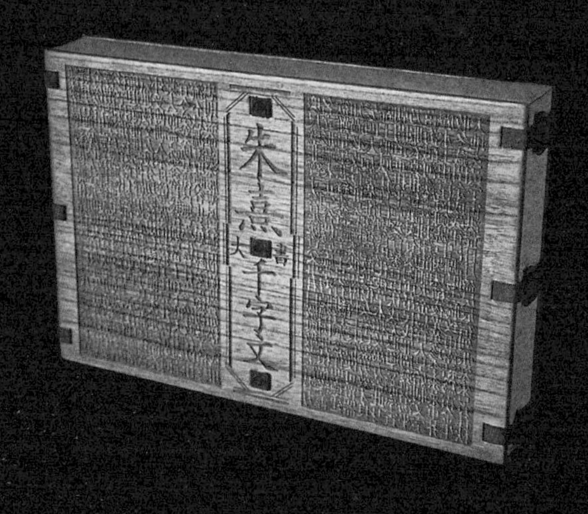

图 2-4-59：《朱熹榜书千字文》，中国青年出版社，1998 年出版。
将三分册的大型版本统一装在由两块木板组成的夹板装。
用激光雕刻成反向的 1000 个文字在作为封面和封底的
上下木板上。刻一套据说当时需要八个小时。
书籍设计＝吕敬人。

吕

是的。这叫作夹板装，从梵夹装演变过来的，但在传统形态基础上也有所创新。我想，中国的文字印刷、书籍特征是否可以用这样的形式来表现呢？这本书出版以后反响很大。

然后，第三次冲击是浏览了中国国家图书馆的地下书库中珍藏的古籍善本。在那里真正令我眼界大开。与此相比，今天书店里陈列的书籍实在单调得可怜。

杉浦

你得以真正地触摸了中国的传统啊。
我曾在1976年参观过这个特别书库。
不愧是书的宝藏。

吕

这时，我应国家图书馆馆长之邀，负责设计《赵氏孤儿》一书。这是被西方人称为东方“哈姆雷特”的元代戏剧脚本，大约18世纪时法国人把它带回西方并搬上舞台。我被委托制作复制本，作为中国总理访问法国时的国礼。在此之前中国的国礼基本上是景泰蓝之类的工艺品，而此次书籍则担负文化交流的角色。这本书从设计到印刷只用了几个星期，时间太仓促，做得不是很理想。封面一侧是法文版，一侧是中文版。因为有竖排、横排之分，两侧都是开始，故没有封面、封底之别。

杉浦

这是汉字与字母，
中国传统的木板与欧洲的皮革“合二为一”的装帧。
将它送给法国总统，对方一定惊喜不已吧。

吕

听说法国总统非常高兴。中国优秀的传统书籍也可以成为中外文化交流的大使。由此，以中国文化部、财政部为核心组成工作班子，将国家图书馆的珍藏精品进行复制的“中华善本再造工程”，我担任了最初的书籍设计工作。

图 2-4-60、图 2-4-61：《赵氏孤儿》，北京图书馆出版社，2000 年出版。
法文与中文，将两种文字集于一册。
左开的中文封面（左）为如意云头形，
右开的法文封面（右）为柔和的半圆形，特点鲜明。
中国传统的板子与西方传统的皮革组合，
数字与字母相遇，是“二即一”的设计尝试。
书籍设计 = 吕敬人。

参与“中华善本再造工程”

吕

进行这项工作期间，我有机会踏足国家图书馆。每次我都能从传统的书籍中获得能量和营养，产生巨大的创作欲望。与此同时，更感到自身的知识不足而努力地学习。我也因此了解到，过去的人们是在制作书籍的过程中不断地在书籍形态和设计观念上一步一脚印地逐渐进步不断完善的。

杉浦

请再说明一下。

吕

因为古人是动感地创作着书籍。书籍的装帧、装订方法、文字编排等，随着时代而不断变化，绝不会停留于一处。老子有句话：“反者道之动”，静是相对的，动是永远无止境的，任何事物都在动中产生变化，前进。

我想，传统是从古代流传下来的具有生命力的宝藏。为了我们的下一代，一定要珍重传统。因此，汲取过去传统的养分，结合当代的审美观和运用现代的技术，创作出让年轻人接受，使更多读者喜爱的书籍。这个“中华善本再造工程”除了限量的豪华版以外，有的也制作了定价低的、能在书店买得到的平装本。虽然有些书规定不能多印，但是这个“工程”深受中国出版界和读者的欢迎，还以这些书为题召开了专题讨论会。

对于中国传统书籍的再造，有些专家也有不同看法，没多久原来善本再造的设计概念被终止了。一时，不管是哪个朝代的古籍，一律做成蓝色封皮的线装本，中国传统书籍装帧演进的痕迹也弱化了。但是我前期设计的 15 余种书籍已经出版了，很多出版社看到后很喜欢，纷纷都来委托我运用传统的概念来创作全新的书籍形态，我为这些出版社又做了不少种书。

杉浦

你经手制作的这些书，
每本背后都有一长串故事啊。

吕

因为这些书，使年轻人对古老传统的书籍艺术开始

图 2-4-62：2000 年初"中华善本再造工程"

由国家图书馆出版社主持。

左：《辩亡论》《尚书》。不是简单的原本复制，

还采用了传统卷轴装的装帧形式，

是从根基上重新思考书籍结构的作品。

右上：《酒经·茶经》。

作为古典闻名的两书复刻本，

收入一个木制函套中。

著名陶艺家周桂珍与青磁艺术家高振宇

烧制的茶器和酒器浮雕分别装饰于

《酒经》《茶经》的函套之上。

右下：《沈氏砚林》。

象征中国古代文人品位的文房四宝的介绍。

模仿木制砚盒的函套封面镶嵌着

黑檀制古砚（仿制品）。

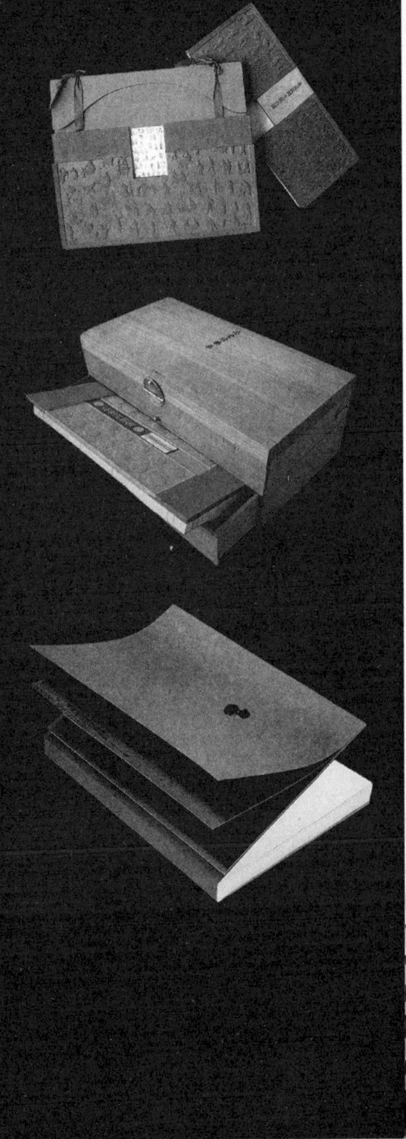

▲

图 2-4-63：《北京民间生活百图》，
北京图书馆出版社，2001 年出版。
清代民间艺术家彩墨画
《北京百行百面图集》的复制。
整个布面的函套浮现出百行百人的形象。
书籍设计 = 吕敬人。

▶

图 2-4-64：《忘忧清乐集》，
北京图书馆出版社，2001 年出版。
明代围棋的棋谱复制版，打开盛书的函套，
出现的是棋盘和棋盒。
为边读名棋谱边当场下棋的构思。
书籍设计 = 吕敬人。

▼

图 2-4-65：《香港设计师协会设计 2000 展》，
香港设计师协会，2000 年出版。
香港设计师协会双年展图录。
在硬封面上又贴了九种质地不同的黑纸，
每张都有不同的文字镂刻。
另外，在各章的插扉页上用黑线缝缀衬纸，
许多线头都从书中露到外面。
这种自由的构思和大胆的语法让人惊叹。
书籍设计 = 廖洁连。

关注。最显著的是设计学院的学生们，他们都惊讶于中国书籍艺术的美妙之处，开始研究传统书籍的人也多起来了。为此我感到欣慰，并为自己能从事中国的书籍设计工作而感到幸福。

杉浦

为下一代播下想象力的种子。
这一粒种子在你的努力下萌芽了。
看最近中国的书籍设计，
感觉出现了一系列题材和设计有趣的书籍，
摆在书店里的图书总体展示着在书籍设计语法上兼收并蓄、
生机勃勃的姿态。
这种活力预示着春天的到来，一粒种子发芽，
并含苞欲放，我感到下一代接上了班。
将汉字这一文字体系一脉相承，发明了纸张，
创造出轻柔线装本的中国书籍文化，正在迎来又一个春天。
对于今后中国书籍文化的发展，包括汉字的未来，
我愿意给予大力支持。吕先生和年轻一代人的努力，
为书籍文化的未来带来了希望。
今天我们谈了很多话题，非常感谢。

2·5 书·筑：历史的“场”

对谈人：方晓风 × 吕敬人
对谈时间：2012 年

关于“书·筑”

书籍与建筑有着密切的渊源关系。“书是语言的建筑”“建筑是空间的语言”，书与建筑都对人类历史产生了深远的影响，与人类的生存方式也密切相关。通信、数码技术的发展也对图书和建筑的意义产生了巨大的冲击。

为此，日本著名建筑家桢文彦和韩国著名出版家李起雄两位先生发起了中国、日本、韩国“三国建筑师和书籍设计师的对话”活动，并举办名为“书·筑”的展

图 2-5-01：方晓风，1969 年生于上海，
1992 年毕业于清华大学建筑学院，获建筑学学士学位；
1992—1997 年任职于上海中建建筑设计院；
2002 年于清华大学建筑学院获工学博士学位。
2002 年至今，任教于清华大学美术学院；
2007 年至今，任职于《装饰》杂志。

览和出版每国四组的十二本对谈集。

关于“场”

中、日、韩“三国”在历史长河中时而交流、时而对立，相互影响深远，也有着使用汉字、筷子、用酱油调味等共同的传统。“场”之论坛的构想，旨在从西洋文化中提取出现代主义，并将其融于本土文化后以各自的方式回应这三个国家——作为理性和感性共存的汉字文明圈，在明确自身所处位置的同时，作为面向现在与未来发布共同文化信息的平台而发挥作用。

LOCUS（场）一词是“位置”与“当地”的组合，在拉丁语中是“场所”的意思。历史学家阿诺德•托因比曾说过，文明的命运取决于“挑战”和“回应”。

关于历史的“场”

《历史的“场”》以传统建筑和传统书籍为原点，建筑理论家方晓风和书籍设计家吕敬人通过对这两种艺术形式的历史发展进程和特点进行探讨，进而展开 15 个

图 2-5-02:《历史的“场”》,
中国建筑工业出版社，2017 年出版

话题，围绕中、日、韩“三国”进行比较。透穿封面、封底的两个阶梯形态意在体现“栖身于建筑中的信息”通过介质在不同空间中交汇、融合。版面设计上，文字从书页的平面进入书的六面体中，使得双向阶梯连接起两位作者对“场”的构想。

话题 1
“场”之“三国”：
名相近，实各异

吕

应邀参加这次由日本著名建筑家桢文彦和韩国著名出版家李起雄两位先生发起的中国、日本、韩国“三国建筑家和书籍设计家的对话”活动，并举办名为“书•筑”的展览和出版每国四组的十二本对谈集，刚接触这个邀请觉得有点意外，一时脑子里一片空白。这话题从何谈起？我是做书人，对于书籍是信息栖息的空间有所理解，设计师应为读者创造“诗意阅读”文本的机会并注入时间与空间的信息陈述结构与语法。这些领悟来自就读于东京艺术大学建筑系而成就于书籍艺术的日本书

籍设计师，亚洲图形、曼陀罗[1]研究学者杉浦康平先生。但笔者对于建筑艺术本身实在是门外汉，这次活动倒是一个向建筑家讨教的好机会。

书籍与建筑有着密切的渊源关系。

法国文豪雨果曾说：“人类有两种书籍，两种记事簿，即泥水工程和印刷术，一种是石头的圣经，一种是纸的圣经。”

从洪荒时代到公元 15 世纪，建筑艺术一直是人类的大型书籍。建筑艺术开始于象形符号的石头堆集，把传说写成符号刻在石碑上，这是人们最早开始做“书”。要记载的符号越来越多，越来越繁杂，埋在土里的石碑已容不下这些传说，于是这些传说通过建筑展示出来，从此建筑艺术同人类的思想一同发展起来。最好的建筑也成了一本最好的书，传颂于后世。

15 世纪之前西方建筑艺术都是人类文明进程的主要记录手段，一些重要的文学戏剧作品也通过建筑这一

1　曼陀罗，梵文词语，原意为圆形。在佛教和印度教中，这些中心对称的曼陀罗图形具有重要的精神性和仪式感。

载体而诞生，如《伊利亚特》[1]《创世记》[2]等。而15世纪印刷术的发明改变了人类思想的表现方式，石头文字被谷滕堡的铅字所替代，思想文化比任何时候更容易传播。世界自从有了印刷品，铸成了直至21世纪的今天仍然伟大的精神建筑。

雨果对书有过这样一段的生动比喻："为这一建筑，人类至今仍不倦地为之劳动。这座建筑是层楼重叠的，到处可以看到从楼梯栏杆那里通往内部那些错综复杂的科学暗窟，它也是一项不断发展和螺旋式上升的建筑工程，是各种语言的混合，是全人类的激烈竞争，也是让智慧来对付新的洪水和逃避野蛮行为的避难所，是人类的第二座巴比伦塔。"

这是一位西方大文豪对于建筑与书之关系的很有趣又很有说服力的见解，尽管东方的建筑大部分为实木结构，但也有许多建筑石刻、志碑等流传，供后人研究传承。东方西方有相互影响的文明历史，而亚洲的中、日、

1 《伊利亚特》是由古希腊诗人荷马创作的叙事史诗，与《奥德赛》同为现存最古老的西方文学经典。

2 《创世记》是《希伯来圣经》和基督教《旧约》的第一卷书，记述了"万物的起源"。

▲

图 2-5-03: 莫里斯代表作《乔叟著作集》，1892 年出版

▶

图 2-5-04:《乔叟著作集》内页

▼

图 2-5-05：建筑体上的雕塑，意大利米兰市。

韩三国既有一脉相通的文化基因，又有各自鲜明的民族个性和文化特征。您是专注研究建筑理论的学者，也是专攻东方园林的建筑设计家，作为门外汉，很想了解中、日、韩“三国”在建筑艺术方面有哪些同与不同？

方

这“三国”建筑的样式看上去很相像，拍张照片看上去很像，
但是它们反映的空间实质是不一样的，甚至可以说有很大差异。
中、日、韩“三国”中，日韩的某些方面会更接近一些，
当然也是有区别的。因此从日韩的建筑看得出来，
有自己原生的文化在里面。
我们去韩国看它的书院建筑，非常有意思。
韩国的书院建筑往往跟村落毗邻，在山里面。
有意思的地方在于空间序列的展开完全不一样，
当然也有门，门是小小的，一进去，马上就看见一个特别大的、
完全开放的建筑，四周围是没有墙的一个大空间。
然后人怎么进入这个空间呢？是从这个建筑下面钻上去的，
因此这个建筑本身又成为第二道入口，
不是从建筑里面穿过去的，是从下面穿过去的。

吕

你指的下面是什么？

方

就是从房子下面。因为依山而建，就有高差，
所以建筑下面就挖出一个通道来。
走上去，是它的一个院落，围绕这个院落展开的
可能是一些生活空间。教学就在这么一个大房子里展开。
而这个教学环境完全都是面对着山，面对着自然，
是四周通透的这么一个环境。我们也有书院的这种环境，
因为东方文化都讲自然，但是我们跟自然的关系，
实际上没有达到这种完全的开放的程度，我觉得很有意思。
像这种从建筑下面穿过去的方式，
在中国文化里就不被认为是好的方式——太简陋了，
我们是不能忍受的——但是在他们那里没有问题。
这种方式反而营造了一种人是很谦卑的感觉，别有一番意味。

吕

这与日本茶室的入口一样，很有意思。

方

我们如果从“场”的角度讲，
中国文化在这方面是一种虚张声势的“场”。
我们讲排场，实际是这个意思，我们是通过物质环境的
巨大尺度来提升人的价值。因此到现在也是这样，
我们实际上是内心真的不够强大，必须借助外在的、物质的

▲

图 2-5-06: 韩屋建筑船桥庄

▶

图 2-5-07: 京都东寺树皮屋顶

▼

图 2-5-08: 故宫屋檐

这种大的尺度，或者说一种大的空间塑造来支援，
并且我们崇拜这种东西。中国人这种崇尚所谓“最”大的心态是
特别明显的。有时候讲得激烈一点，我们从来没有追求过最好，
我们只知道最大、最高，是数字上的这种“最”，
往往不是品质上的“最”。这方面我觉得是有问题的。
不同文化都有它的“最”，但是“最”的点是不一样的。
就像中国人去韩国的景福宫[1]。

吕

是啊，好几次带同学去韩国，他们对景福宫有些不以为意，说和我们的故宫能比吗？这种心态和角度有问题。

方

他们首先从规模上否定它，
实际上失去了更好地了解其价值的机会。
因此像桂离宫这样的空间，少有中国人去参观，
但欧美人还有日本本国人去看的非常多。
桂离宫呈现出来的价值就是，
拿草或者很细小的树枝去做屋顶，

1 景福宫是李氏王朝五大宫殿中的主殿，位于韩国首尔。

还有一种松树皮层叠的屋顶做法。
很多中国人初次去看这个建筑的时候不理解，
以为是一种很廉价的建筑。
实际这是最高级的一种建筑屋顶的形式，因为这个很复杂，
也最费工——那么小的树皮，一片一片叠成很厚的屋顶，
要收集这么多树皮，并且因为这个材料很小，
所以内部实际上需要复杂的工艺把它固定起来，形成
厚厚的屋顶。同时又有很好的性能，具有非常好的保温效果。
另外，它的造型上可以灵活塑造，弯一点、直一点都可以。
因此从工艺上来讲，这是非常奢侈的一种行为。

吕

京都清水寺[1]的屋顶表面看很简单，仔细琢磨那屋檐上面是曲线的造型，细密的树皮层叠严密，制作极为不易。

方

它是盔帽式，中国南方也有这个。
它里面会有很多技术上的难点，因为它变成弧线，
尤其弧度大的位置，有些区段是很陡的，瓦都挂不上，
要滑下来，所以需要每片瓦都钉在上面，都要固定。

1　清水寺是京都最古老的寺院，主要供奉千手观音。

而一般的这种屋顶，像民间的瓦，
直接摆放，相互一压就行了，
因此技术上完全不一样。

话题 2
“场”的价值指向

方

我们都会讲“场”，但实际上，同样的一个词，
指向的东西是不一样的。“场”是由什么指引的？
我们如果从物质的条件上来看，
“场”是一个物理的构成，就是空间。
但是“场”显然不仅仅是这么个东西。
“场”在我们的潜意识里面，一定是有精神上的指向。
中国也一直有，甚至民间有“气场”这种说法，
但是这个精神指向也不是虚的。这个精神指向是有具体内容的，
我想它的具体内容实际就是指这些不同的价值观。
中、日、韩“三国”看上去很接近，
但是背后的价值观实际上仍有差异。
当然有一些共同的地方，但是也有大不同之处。
从日本的屋顶建造，可以看得出来他们的追求。
我们最高等级的是琉璃瓦，非常绚烂，
是色彩上的一种辉煌。我们的皇宫建筑是色彩对比

最强烈的组合——红、蓝、黄——实际就是三原色。
檐下是青绿为主，上面是黄，身子是红。
红、黄、蓝“三原色”，实际是很现代的一个东西，
很张扬的色调。日本最高等级的实际上是黑色调。
它在华丽的东西上面用金，黑底子镶嵌金或者铜。
跟中国真的很不同，黑和金是最极端的对比。
我们强调的是色彩上的绚烂，而日本的用色虽然是最极致的对比，
但是如果用中国人的眼光去看，它又是相对单调的。
因此日本整个文化有一种对枯寂美的追求，
就跟枯山水的意思是一样的——它把所有多余的东西
都去掉了，非常之静美。
中国文化，我们如果讲“场”的话，
这个“场”是喧闹的，一个喧闹的场；
日本的“场”是一个静寂的场。
体现在园艺上也很不一样，日本的园艺很早就
特别注重对树的修剪，修得很整齐。
我们在盆景里面有这个做法，但是我们在许多大尺度的
自然园林里面，对树的修剪有控制，就是我们对树有控制，
但绝对不会把它塑造成那么整齐的形象。
中国有一篇很有名的文章叫《病梅馆记》[1]，
就是讲人怎么来塑造这些花木。
后来有当代艺术家还专门做了个展览。
看以前的树谱，就是加工这些树的画谱，
就跟缠小脚的方法是一样的。

1 《病梅馆记》，龚自珍所作的杂文，内容以梅喻人、批评时政。

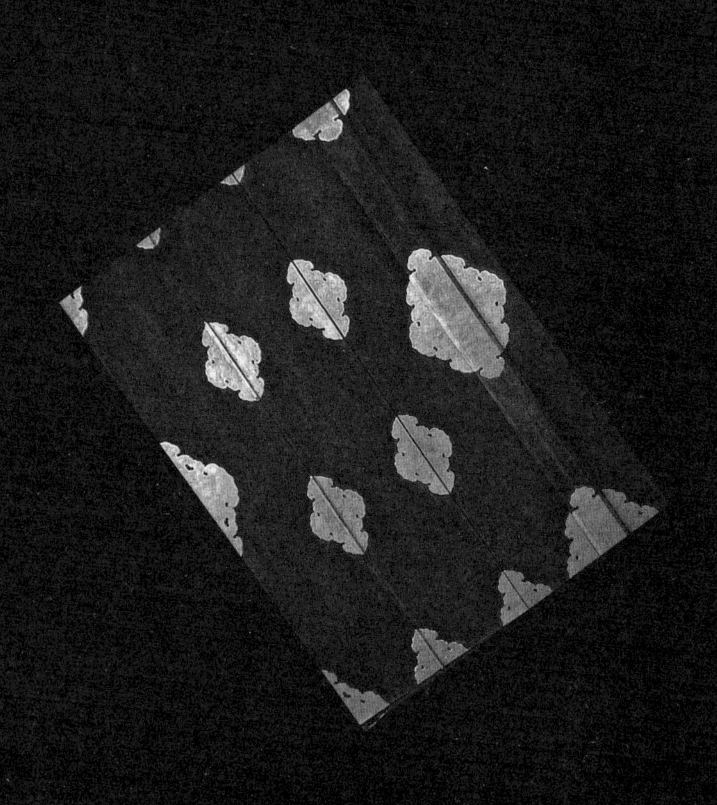

图 2-5-09: 日本建筑黑与金对比

吕

我很赞同您对“场”的阐述。这也是这次“书•筑”展的主要话题。中国传统中对“场”也有实与虚之说。“实场”表明一种存在感，静态的三度空间。“虚场”是讲流动的空间，既是时间概念，也还包含精神追求。中国的“场”往往表达丰硕完满的期盼，故形式体现热烈、喧闹、张扬，正如您说色彩上追求辉煌；但中国传统中还有更为重要的阴阳轮转，这是永恒不变的时间的周而复始，也是道家的核心。

拥有了这种“二而不二”的思维方式，就不会只图恢宏而忘了平常。这种优秀的文化精神中国应该很好地保留下去。而日本把中国的“禅”文化吸收过去，经过长期的消化理解，并融入日本的风水特征和民族性格，才形成独有的称为“WABISABI”（侘寂）的文化审美标准——追求一种时间自然流逝的沉寂之美、残缺之美，一种内外表里极致对立统一的追求。中国传统的盆景艺术就有这种“寸方生万千”的意味。中国盆景艺术中用植物造吉祥文字，妙趣横生。

话题 3
价值观的"场"

方

中国的审美是非常有意思的，
园林里面我们有一句很有名的话，
叫作"虽由人作，宛自天开"。
但是这句话展开的解释或者理解，实际是很困难的，
很多人往往对这句话的理解并不是全面的。
这个"宛自天开"是形容它看上去是一种自然的状态，
但是实际上是人为雕琢的结果。中国人并不欣赏纯自然的美。
像对沙漠的审美，那都是近代以后的事，
虽然有诗句"大漠孤烟直，长河落日圆"，
但是那个诗句表达的是一种悲凉的心态，
根本不是一种欣赏，传统上我们不欣赏这个东西。
因此现代人旅游去沙漠，觉得是一个挺时髦的事，
以前没有人会这样。中国人喜欢那种丰美、舒适的东西。
我们对生存环境的这种安全意识，是超越其他任何东西的。
我们希望在一个受保护的环境里面，
然后希望占有很多物质来加强这种安全感。
我觉得从这个角度来看，内心是不强大的，因为特别依赖于环境。
古代的时候，讲这种"天人合一"，
它的前提是敬畏，源自人对自然的恐惧。
尤其在农业社会，是靠天吃饭，

今年天气好，你就收成好，天气不好，你颗粒无收。
像陕北，如果你去过陕北的话，就有那种感觉。
就是说你可能三年都没收成，但是下一场雨，
只要下一场雨，你就可以吃三年、五年。

吕

电影《黄土地》[1]里面人们祈求上苍下雨那个场面是挺有这种感受的。

方

但是在一个传统的社会构架里面，
一定是有几方面的力量来制衡。
因此中国一方面拜物的东西非常强，
但另一方面我们有原来的所谓“清流”，
一个社会一定有一股“清流”。
这股“清流”就是知识分子里面好发议论的所谓“公知”。
它适当地去平衡掉一点不好的东西。

吕

是抵消与社会不容的东西。

1 《黄土地》，拍摄于1984年，陈凯歌导演作品。

话题 4
交流的“场”

方

从文化传播的路径上讲，中国文化历史悠久。
中国跟古代朝鲜陆地接壤，容易传播。
日本离朝鲜更近，一方面受到朝鲜的影响，
一方面大规模地派出遣唐使到中国来有意识地学习。
在那个历史阶段，这是很了不起的事。
与被动的文化交流相比，这种主动的、大规模的和
自上而下的文化交流，在其他国家的文明史上并不多见。
所以日本的个性，在某些方面，跟中国恰成对比。
日本民族是一个危机感特深重的民族，
他们一直谈危机感。
但是他们克服危机的方式跟我们不太一样，
也可能这里面有地理的因素。
他们是通过修炼自己，
往往更注重内心的东西，反观自身的这种行为更强。
在一位美国学者撰写的《菊花与刀》[1]里面有一段比喻，
他拿西方人跟东方人作比较，说西方孩子如果跟父母吵架不和，
就跑到自己房间，把门一关，自己躲起来；
但是日本人，如果小孩跟父母吵架，

1 《菊花与刀》是美国人类学家鲁思•本尼迪克在第二次世界大战后期所作的关于日本文化模式的研究报告，颇具影响力。

他只要把眼睛闭上就行了，就是你怎么讲，他不管你了。
他把他的心关上，因此他是在控制自己。

吕

这种个性和它的建筑有什么关系？

方

建筑方面，中国跟日本其实有相似的地方，
实际上日本也是讲围合、内向的空间。
日本国土面积并没有传说的那么紧张，
它的人口跟国土的比例还可以。
实际上中国的一些大城市人口集中度更高一些。

吕

最典型的，上海的弄堂房子，那才真叫“火柴盒子”。

方

我们的土地也特别紧张。
但是中国由于社会的阶层差异太大、太不平均，
因此像园林这种东西在中国是很奢侈的，

中国就把园林发展出一支很独特的艺术。
但是在日本，私园应该说没那么多，
日本的园林大量的都是跟寺庙结合的，
由此人们才能参观到。这说明什么呢？
说明作为寺庙一部分的私园相对具有公共性。
然而日本可游的园林不多，
相比中国园林这是一个大的区别。

话题 5
游走与静观

吕

什么叫可游？

方

就是可走起来。可游的，不能说没有，但是没那么发达。
日本是强调可观，它的观往往就是静观。
后来日本园林很快在现代主义兴起之后，被西方人学过去，
因为它是用一种比较有效率的方式去解决问题。
我们说在办公楼里面，或者在一些公共空间，
弄一小块可观的园子，马上氛围就改变了，
有点四两拨千斤的感觉。

▲

图 2-5-10: 别有洞天的苏州藕园

图 2-5-11: 东寺，日本京都

◀

但是中国把“可游”要放在“可观”的前面，
我们一定要走起来，
再小的园子也要走一圈，走两步的。
在南方，由于用地也很小，
我们就在这个可游上面动了很多脑筋。
我们想什么办法呢，两条路径是丰富可游性的，
一个是做山洞，做山洞之后，就有明有暗，两条游线，
地盘尽管小，但丰富性就出来了；
另外是视点的高差变化，上去一看，就有视觉感受的变化。
我们还做楼房，南方的园林里面经常会有楼出现。

吕

小桥流水，亭台楼阁，移步异境，是动的概念。

方

楼的话，是在两个标高上面去展开，它的丰富性就增加了。
日本这方面做得相对要弱一点，它很少有这种，都取之于内。
日本的内是一种相对枯寂、干净的，是比较空的。
而中国的内，是通过一个外在元素的塑造，追求丰富性。
中国人对丰富性的追求是太特别了，
几乎是全世界最极致的一种，跟印度还不一样。
印度是繁与密，热带的那种感觉。
有时候它这种密的构成原则是简单的。

中国的审美是挺微妙复杂的。
表面上繁复，它的构成原则可能是简单的；
而真正的丰富性是结构上的丰富，
不是表面、表象上的繁复。
举个例子，在中国园林里面种树，
树的种类几乎不重复，每棵树都是不一样的树种。
这跟西方就完全不一样。当然在日本也有相似的情况，
但是日本会把树种得很少，单独去观赏这一两棵树。
中国也有这样的做法，但更多的是要营造出一种山林气象。
山林气象要追求一种繁密的效果。
但是这个里面，实际上技巧要求很高，
如果树种都不一样，很容易种杂了，焦点不清晰了，
太粗放，也不符合我们的审美。
因此我们就非常讲究树种搭配，
在每棵都不一样的条件下，
还要够营造出一种能符合画意的情景。
实际上是有秩序的，
但这个秩序不是一个简单的规则，
而是一种更高级的组合方式和均衡。

吕

追求均衡和谐的氛围。

话题 6
高度人文化的自然

方

英国人在园林里面也有一支，叫作自然风致园，
但是那个自然风致园跟中国园林区别很大。
它那个感觉就真的是自然了，其实也是人工做的，
但是它让你觉得是那种“野”的自然，好像人工没怎么弄过。
但是中国人的自然，实际上是精心修饰出来的，
并不是一个“野”的状态而是很“文”的。
我们的自然是跟诗、画关联在一起的，
是高度“人文化”之后的自然。
中国园林，尤其在今天来讲，
不好理解的一个原因是并没有读懂它。
其中文学性有时候过于强了，
若没有一定积累和修养就不能理解。
我举个例子，拙政园[1]的“荷风四面亭”对面，有一个小亭子。
它是建在一个小山上，叫作“雪香云蔚之亭”。
这个名字好多人是看不懂的。
比如这个“云蔚”是什么意思，大多数人就不知道，
是因为它的文学性过强。

1 拙政园，江南园林的代表，苏州园林中面积最大的古典山水园林。

吕

“雪”是有两种理解：一个是自然下雪；一个是把雪点比喻成花。反过来也可以互借。

方

“雪”实际上就是梅花，
雪而有香，白而有香，就是梅花。
“云蔚”也是指梅花，实际这两个词是同义复合。
“蔚”就是浓、多的意思，
“云”“蔚”放在一起双重强调。
想象一下冬末早春的时候，
满山梅树，花开一片，雪香云蔚。
如果没有一定的文学修养，可能无法理解。
中国园林的命名有时候虽然不是这个季节，
但是看了这个名字之后，人会有一种想象空间。

吕

中国园林很大的一个特点，除了看自然景观以外，其实就是人文景观——所谓文人墨客题写的条幅、匾额等，品读起来特别有味道、耐琢磨。

方

它在提醒你怎么去欣赏这个景，我们是讲主题的。
中国造园，景致里面的主题性特别强，西方这方面就相对弱。
我们的一个景，就像“雪香云蔚”一样，
是要让你体味的。它对面这个厅堂叫作“远香堂”，
在“远香堂”正好看荷花，香远清逸，远香就是这个意思。
这个名字，你如果不是夏天去，你也能想象这个这种意境。
从另外一方面讲，对游客来说变成了“猜谜语”。
你来了之后，谜面是这个，
你得知道它的谜底是什么。

吕

从另外的角度想，也有某种含蓄性，让你捉摸不透。

方

我们可以理解为一种设计高度投入、高度精致的东西，
因为其他文化在园林设计上，
可能就没那么去规定它，去约束它。
东方梁柱体系的结构，
实际跟现代建筑的框架体系是同样原理的，
只是材料不一样——你用钢筋混凝土，他用木头，
所以空间大小上有点区别。
中国跟日本在这点上比较像，

但日本建筑的内部空间划分比我们发达，
实际有点接近于西方的建筑了。
我去二条城[1]参观的时候，印象很深，
进去后顺着走的时候，一下子都很难判断这个房子多大，
反观中国建筑的单体结构往往比较清晰。
日本建筑的单体空间比较大，分割上也比较自由，
因为是梁柱体系，只要在两根柱子之间一封就封上了。
它有很轻的装修，所以内部空间会很不一样。
但是中国建筑的内部空间发达程度就相对要弱，
尤其是民居，基本上都是单一进深的，
达到 6 米、8 米进深，那就算不错了，就是这种规格。

吕

现代都市建筑使生存空间被压缩到极限，传统的居住概念已经消失。人如鸽子一样被圈养在“笼子”中。

方

日本在近代发展中比较注重效率，
但是有一些人，他们有一种文化自觉，他们在不断尝试。
像安藤忠雄，他设计的住吉的长屋，就是要塑造一个内向空间。
其实这个院落模式，某种程度上讲

1　二条城是幕府将军在京都的行辕。

跟中国传统的院落模式非常相似。
但又有他新的思想在里面，更强调人跟自然的接触机会。
因此他设计的线路，若用餐必须露天走一段，
一旦下雨，需要打把伞。
他要让你感知外面条件的变化，
对住户来说好像有点强迫、有点过分的。

吕

确实匠心独运。

方

是的，因为这个，一个住户在里面住了30年，真没搬走。
他这个房子面积其实很小，全加起来60多平方米，就这么小。
起初邀请安藤进行设计的时候他还是个年轻人吧？
因此很多名作，实际上不光是建筑师造就的，
也是业主造就的。

吕

书籍设计也一样，有读者造就的成分。

方

道理是一样的。他有这种理解，有这种价值观，

这个住户也能坚持下去，并且也没有再私搭乱建，绝对保持原貌。
要在中国，早就私搭乱建了，一看不行，
在院子里再封上一点，又多一间屋子出来。
因此说日本人有这种内心的约束能力。
中国的社会实际上跟园林很像，园林里每棵树都不一样，
我们这个社会每个人也不一样，并不统一。
好的时候，很微妙地达成一种整体和谐，
也很有力度，丰富多彩、多姿多样。
但是不好的时候，水平不高的时候，就相当混乱。
中国园林也是这样，很多园林，
最高水平的园林的确就那么几种。
要建成一种比较完美的状态，需要设计者付出很大的心力。
几大名园跟一般的园林之间的落差非常大。

吕

你认为中国哪几处名园能够排在前几位？

方

苏州拙政园，东西两块建的时间不一样，
差异较大，东部尤其差，中部最好。
留园很好，最精彩的是五峰山房边上，
石林小院这一圈，那是水平最高的。
还有艺圃也是非常好的，是文徵明的后代建的。
无锡寄畅园、扬州个园、何园的一部分，也很出色。

北京北海的静心斋水平非常高，
然后是颐和园里面的谐趣园。
这个几乎是最高水平的，还有同里的退思园水平极高。
木渎也有几个园子，水准略微差一些。
岭南四大名园也不错，但是宣传不够。

吕

我祖上在湖州南浔。

方

那里有烟雨楼比较闻名。

吕

也是悠游谐趣。我最近给那里的名园嘉业堂做了一本书，也去过一次，是一个书院。建筑与自然环境相互关照，有很典型的江南园林风貌，渗透着文人谐趣，幽然雅静。

话题 7

时间的“场”和“场”的动力

吕

方老师谈了对于中国建筑，尤其是东方园林的感触。建筑本身体现了东北亚内部以及东方西方的文化差异，真是受益匪浅。

我没有方老师从理论到实践那么深入地研究过建筑，不如让我从建筑的角度来谈谈书，或者从书的角度来谈谈我对建筑的看法。

这次主题是“场”。“场”有空间的概念。空间在日本有另一称法叫作“间”。在日本人的感觉中，“间”就是两个物体之间所达成的空间，我们称为“空隙”，日本称为“间”；也有些人称为两种声音停顿当中的间隙，专业一点叫音乐休止，他们称为“间”。因此“间”的概念，我自己理解，不是静止的，而是第三者去感受的现象或过程。

因此这让我马上就想到，做书也具有同样的道理。如果说书是一个房间、是一座建筑的话，那么书就是信息居住的空间。做书，往往讲所谓的装帧设计，无非解决平面的阅读关系，构成、对比、均衡、空白的利用，等等。这只是从平面的、二维的角度来看问题，是平面设计；但今天谈到的是建筑的问题，建筑它是三维空间。它并没有局限在平面的视觉概念上，而是在实实在在、让人去体验和经历的空间与时间。

那么书也具同样一个概念，那书的设计立足点到底是什么？让信息（文本）通过平面构成、文字设定、图像制作、色彩配置、审美语言等设计手段而得到合理安居的场所，但这并非是设计的终极目标。书籍设计是让读者在页面空间与翻阅时间流动过程中得到阅读享受的运筹。

书籍是让信息得以诗意栖息的建筑，更是流连于舒适阅读时空的“场”。

我在跟杉浦老师学习的过程中，他给我感受的是，书籍设计不仅仅完成信息构成的平面传达，而是教会你学会像导演那样把握阅读的时间、空间、节奏控制，学会文字、语句、图像、空白……游走于层层叠叠的纸页中的构成语言，学会引导读者进入书之“五感”[1]阅读

1　五感，即触、视、嗅、味、听。

途径的语法，或者可称为编辑设计的理念。作为一名建筑师来说，接受客户做建筑设计项目，目的和结果无非有两种：一种是表面工程，有些客户只要你解决一个规模建筑，大面积，炫眼即可；而另一种是真正解决人舒适居住的，或重在功能和文化审美相结合的场所，都要为大家营造一个受用的空间。当然前后两个空间与成本有关，但立足点是不一样的。我不知道方老师是怎么去想，作为一名建筑师，你也做过许多项目，你的观点是什么？

方

我觉得这个问题挺大。吕老师讲的过程中，我也一直在听。
这里面其实书跟建筑有一个很相关的地方，就是时间性。
书看上去也是静态的，但是实际上它在翻动，
它的很多美妙的感受在于翻动的过程当中，因此书也是有时间性。
这个时间性非常重要。有人讲“建筑是凝固的音乐”，
其实这个比喻不恰当，把“凝固”这个概念过于强调了。
实际上建筑是有律动的。
这种律动就体现在人与建筑的互动中。
建筑不是一座雕塑、不是一幅画，
你可以在一个瞬间看清这座雕塑或这幅画作，但建筑不能。
我目前自己在做设计或者教学当中，经常对学生讲一个概念

(当然还不是一个很通用的概念，但是觉得还挺有用的)。
我如果做景观设计的话，做一个花园、园林的话，
就特别强调“景观动力”。
跟吕老师刚才讲的杉浦老师的意思，我觉得有相似的地方。
就是说，好的空间设计会指引你在里面活动，
你顺着它走很自然、很正常，它有很多种手段来控制着你。
我们知道，在视觉传达里，有一大块任务就是做导视系统[1]。
导视系统用在很多公共空间里面。
我并不是说导视系统是不必要的，
但是对于好的设计来说，对导视系统的依赖会比较弱。
因为你进入这个空间之后，很自然地就会被引导、被分流，
按照人流的走向来找到你想要去做的事情。
其实书也有这个意思，有时候虽然这本书还没看过，
但是想看的内容在哪里，或者怎么去找到想看的内容，
它会有一个比较明晰的方法，翻阅就很容易去找到它。
其实空间设计也是这样，
好的空间设计，它实际上是指引你在空间里走。
像我们说中国的空间园林，在这一块就特别明显，
你认为是很自由自在地在里面走，实际上是设计师控制了结构，
只不过并没有这种感觉而已。就是说设计对人的这种控制，
它当然是出于善意，不是那种恶意的控制，
它是不易被人察觉，但是它会规定你的行为。
我觉得这个也是跟“场”有关的一个概念。

1 导视系统，是结合环境与人之间的关系的信息界面系统。

“场”是一个听上去很虚的概念，
包括我们有时候讲“趋势”、讲“氛围”。
讲这种词汇的时候，它很虚；但实际上又是很具体的，
因为它的确会影响到你真实的感受。
在建筑里面，像这种真实的感受，它控制你的方式、方法非常多。
比如通过光，人有趋光性，明亮的地方自然
就吸引你往那个地方走，所以有方向控制。
有时候用不着通过地上画一条线的方式来完成，
而是通过空间光的分布，就已经可以有规划。
贝聿铭在苏州博物馆里面做得非常好，
把公共部分都设计有天光，展厅相对是暗的，
因此人在公共部分活动的时候很自然，
但是实际上是按照他的路线在走，然后也不容易迷失。
他把庭院放在中间，庭院本身也是亮的，就是产生光的一个场所。
类似的案例不少，有时候通过材质、通过色彩，
就可以实现这种指引。

吕

你刚才讲得很有意思，中国的园林设计看似无规则的自然形态，其实设计师是精心为游者设定了行走的空间。我去过苏州博物馆，光是一种柔性的结构，既虚又实。这和前面说的编辑设计有相通之处。为什么我对这个话题感兴趣，因为今天的出版界还没很好地去研究这

图 2-5-12: 苏州博物馆，
美籍华裔建筑家贝聿铭设计

个问题，以往的工作分工泾渭分明——编辑看文稿，设计师做书衣，出版部管纸张印制——虽然近二十来年有些变化，但仍有大部分出版人固守旧规，甚至认为信息是不可设计的，设计师不可以碰文本传达的结构。这是一块属于著作者、编辑、出版人而他人不可涉猎的禁地。他们认为设计师有什么资格动我的白纸黑字，其实文本不会变，但同样的文本设置在不同的“场”中，传达的效果，乃至结果都可能是不同的。我注意到你刚才说的“景观动力”一词，我换一换，叫作“阅读动力”，要搞清什么是善意的阅读设计。

业内有些人对书籍设计只作比较静止的解释，解读为装饰审美、构成审美，或者是形而上学地空谈书卷之美。刚才你谈到建筑和书籍设计当中利用空间、时间概念确实是共通的，是一个相对静止与相对流动的问题。我们往往在做书的设计时，比如先要定版本尺寸，然后定版式，包括版心大小、题头、页眉、页码、栏数、行间距，等等。我觉得只是一个基础的设定，所谓的定规矩。但是更重要的，如你刚才说的，设计是一个引导读者逐渐深入到文本阅读过程的创造。日本建筑家矶崎新有篇文章，我特别有感受，题目叫作《间隙与间的共性》，大致意思说，现代美术馆并不是说有白墙、做好隔断，铺就地板就大功告成，重要的是对空间的运筹。他下面讲得特别好，美术馆建筑是营造使艺术家们想在哪里挂画、设置艺术品的空间，而并不单纯是墙的运用，是自然造成的空白，是自然光、人工光的调节，房间的比例关系，等等。总之，不仅仅是开放空间、墙壁、地板，而是空间本身。这就是唤起艺术家创作的意愿，并能够使创作进一步拓展的空间，就是说怎么能够为艺术家们在挂上自己的画以后，得到最完美的体现。

书也是这样，到最后谁是创作者？固然是书的文本作者，但我觉得编辑、设计师、印艺者，甚至于读者也是创作者。也就是说我们怎么能够给读者创造一个理想的、让人愉悦接受的，并且能够感到满足感的信息翻阅空间。以这样的观念来看，书籍设计不仅仅是个版面设计，更不是封面设计，而是引导读者诗意阅读的编辑设计，设计是将信息完美传达的再创造的过程。

这方面我有一些体会，最近设计了一本《剪纸的故事》。征得著作者的同意，《剪纸的故事》不是按部就班地将原文本结构做一个简单的章节分割而已，而是根据内容重新设计阅读通道，重构文本传达系统，为读者创

▲

图 2-5-13:《剪纸的故事》，人民美术出版社，2010 年出版

图 2-5-14:《剪纸的故事》内页

▼

造了愉悦接收信息的可能性。比如文本构成的戏剧化演绎方式；图文的自由撒落和有序的编排；中英文阅读的叙事比重关系；色彩并未按原作而是根据信息角色重新设定；为物化阅读感受而采用不同质感的纸材；印刷油墨在多种异样纸张上的反射率和透明度的应用；从作者的创作方式导入书籍页面中由外向内的剪入半页形态；也包括用反映民间艺术的五彩线来缝缀；甚至于把印厂裁下来的纸屑装入书套中，残留下作者创作的痕迹，等等。《剪纸的故事》是设计师信息再造的过程，既尊重文本内涵的准确表达，同时打破装帧设计的固有观念，信息在空白中穿越，也在翻阅的过程中得以流动，刚才你说的“动力说”，其实就是赋予读者“阅读动力”。这是一种善意的阅读设计，其结果为文本增添了自身价值。此书的设计获得2012年度莱比锡“世界最美的书”银奖，作者、客户（出版社）、使用者（读者）满意，这应该是善意设计的初衷。

回到刚才提到的矶崎新的设计概念，书也是存放信息的空间本体，使原作有进一步拓展的空间，并得到最完美的体现，这不是设计师的职责吗？

我想，“场”不只是空间，还有时间的体验。书在翻阅的过程中，光对纸张的半透明所造成的空灵感和联想感，以及在阅读过程当中人为的动作、姿态的参与，形成了一个进入“居所”的气氛，在“屋子”里自由走动的乐趣，而不是说我给你一个空间，画地为牢，而是让你游走于页面之中影响你的情绪与心境。

我特别同意你的观点，我们其实不是给一个限定行动的屋子，而是给你一个流动的、诱导的，可以让你产生继续发挥的受用空间。书其实也是一样的道理，无非就是你用建筑的元素，我们是用书籍的语言。

方

书的元素里面，有些东西更微妙。
我以前不是特别有体会，后来由于做杂志的原因，
这方面才有更深的体会。书一定会有一些空白，
当然以前留空白，可能是因为要裁切，因此要留天、留地。
现在我觉得，有很多空白实际上也是阅读过程中的一种提示，
有时候它的空白留在那里，你就愿意反而去多想一想。
它给你有意识地制造一种停顿，不是一味地去读这些字、
去读这些东西。因此，这个空白的意味很有意思。
的确，可能每个人的感受并不完全一致，
有的人觉得留空白太多了是浪费纸，这是另外一回事。
但是就我个人的感触而言，我觉得这里面很有意思。

包括鲁迅，他特别强调书上留空白，
他是那种老的文人习惯，因为他们一定要写批注，
写自己的感受，读书读到哪了，有眉批，注记一下。
其实这种观念，我觉得是非常好的。
它也是一个时间性的体现，
有一定的空间留出来，是让读者来完成。
比如，清华大学图书馆里发现了一批梁思成捐给图书馆的书。
那批书原来没太做整理，后来一整理发现全有批注，这太好了。
这批书的价值就不一样了，拥有特别的价值了，
包含了一个大学者的理解。这些书的时间性又不一样了。
因此很多这种时间性的东西，我觉得有时候在设计的教学里面，
没有应有的强调，被忽视掉了。
但是这些东西实际上是非常美的，包括现在的电脑程序里，
也会设计相应功能，PPT 也有备注，网页有时候也可以有书签。
现在我自己的感受，电子的这些东西都不能代替原来的东西，
它没有那种纪实感，没有那种完全跟人之间的互动。
纸质书，你看着好像是个死东西，
但是有时候发现，它又是互动性最好的一个载体，
从这一点讲，它的互动性确实比其他载体要好得多。
现在这个话题也有困境了，因为现在年轻人
越来越不用传统方式阅读，他们越来越欣赏电子阅读，
但是实际上是不太一样的。因为我以前看书，
我自己也会做一些眉批，虽然我做学生的时候，
我并没写下什么高深的话在书页上，但是我这个眉批也有价值。
有价值在哪里呢？它反映我当时对书中内容的一种接受程度。

隔了若干年回去再看，就觉得很有意思，并且我也很清楚，
对于好多事，当时我还没想明白，当时我就是这么理解的。
现在我再看时，又觉得我多想了一层。
因此“间”这个概念其实很好。
但是这个概念的确有点日本味，跟中国人的理解
还有点不太一样。日本特别强调的是虚的那一部分，
就是在两个过程之间，原来你可能是忽略的东西，
你甚至认为这个是最不重要的东西。
就好像看一部舞台剧，
幕间的休息，幕与幕之间的转场，都在创造着空间。
这些空间并不存在于我们真实的生活中，
但是戏剧舞台却通过它们有效地调动着观众的想象。
有很多设计师恰恰是很好地重新演绎了这些空间，
使某些看似不重要的东西重新显露价值。

话题 8
“场”的反馈

吕

你刚才说到日本强调两者之间的“虚”的部分，是可想象的一种发挥，或者是留有余地联想。

中国传统书卷文化中也同样强调“虚”的语境，比如古籍的装帧，在书封和扉页之间有五六面，甚至于十

多面的空白页，上面只字没有，古人称为“脏页”。顾名思义与翻阅防脏有关，因担心手上的尘染污伤到印有文字的正文页，故特意设置多页白纸让你净手。表面上看这是非常务实的手段，仔细想想这无字的虚页，包含着对文字、先人的智慧的一种尊重与敬畏的提示，翻阅过程中是精神修炼的过程，虚实之间却可以感受到好多的想象空间。

我想，进日本茶道室前的净手和家居的设立，不仅仅是功能之举，也有“虚”的精神层面的启示吧。遗憾的是，我们许多好的传统没有很好地保留下来，今天的商业文化造成利益优先，过于强调物质回报，出版物的留白空间越挤越少，字越来越小，书越便宜越好，稍留点空白，会斥之为“卖白纸”。因此你会发现，近百年来，书的面貌和过去不一样了。比如古书页一贯留有充分的空白天地，因为古书的著者是创作者，读者留眉批的可能是第二个创作者，以此类推，书成为一个可发展的信息载体。“过程”——这是何等宝贵的智慧积累。很遗憾，现在我们的书都是买卖的商品，成本是首要问题。我们心中早已没有“间”这个概念。

方

我们现在的这种出版印刷观念，严格来讲，很西化。
为什么？这里面有原因，16世纪以前西方人在印刷这一块很弱，
他们一直是手抄书，在羊皮上面的，还不是纸上书写。
字写得很工整，图画得非常漂亮，非常精美。
他们的书是当作艺术品来呈现的，所以形成西方人对书的看法。
而中国印刷起步很早，我们一开始就没有把书当艺术品，
就是拿它当交流的工具，中国以前刻书并不挣钱。
今天好多人批评出版社靠考试书挣钱，
还有一种观点认为考试书市场过度繁荣，
对国家的文化是一种损伤，听上去也有道理。
但实际上古代也是考试书最挣钱，因为有科举。
以前没有出版控制，大量的文人自费刻书，
为我们流传下来很多书。文人出书刻板，
有的也卖一点，量不大，主要是送人。
因此书在以前，就是文人唱和的一个手段。
所以这个过程，是非常有意思的。
人们追求反馈的心是一样的，所以我们现在喜欢看
博客下面的评论，你发一条微博，就等着人家转发多少，
评论是什么样，这种心理是一样的；但是手段、方式全变了。
我们现在再看到书的时候，
过于强调书的工具性，而没有从审美的角度去理会，
书的审美不是形式审美，是个过程审美。
有意思的是，中国古代的画也是这样。
一张画画完了，有的是画家自己写，有的收藏人会题款；

这张画送给一个什么人，此人拿到画之后也会写，
并且有的会一张一张接续下去。
我记得吴冠中批评过这个，
他觉得中国画上面写题跋[1]，有时候反而把画面给破坏了。
单从画面的角度讲，他这个批评有道理，
但是从文化的角度讲，它这里面反映出
一种很微妙的唱和关系、一种互动。
所以中国人的诗里面特别喜欢“和”，唱和，
并且这种对话你会发现是超越时空的，
就是你可以跟唐代人对话，然后你的这段话留下来，
可能几百年以后再和他人对话。
这种感觉现代人越来越不理解了，
过于相信新载体的那种直接的手段。
而实际上，看似简陋的传统载体，
却会发现它对这个审美所展开的细节
有着宽广、丰富的想象，
这种感受非常微妙，现在不多了。
鲁迅特别讲究书，比如强调书不裁毛边，自己裁。
他是传统文人，文化修养摆在这个地方，有一种审美期待。
书拿来之后，读者一定要参与一下，
缺乏了这个过程，就不是一个真正爱书的人。

1　题跋，写在书籍、碑帖、字画等前面的文字叫作题，写在后面的叫作跋，总称为题跋。

吕

你谈了我原来经常想的问题，如果书纯粹是单向的授受关系的话，就像你说的，西方人过去做书的目的是宗教传播，往往是带有某种强制性。中国书卷文化由于开发比较早，纸张发明也好，雕版印刷也好，使书成为简便、有效、广泛的传播手段，所以中国古籍是普及文化的最早载体。你刚才说书籍给予人们的一种授受关系不是那么严厉的、等级森严的，相反倒是普通庶民能够得到的一种东西。正是我们一开始提到的法国文学家雨果所说的西方谷滕堡印刷术的发明打破了神权的文化垄断。我们的印刷术要比西方早得多，而且不光是宗教经本和官刻，民间各种刻坊也是流派繁多。

整个社会自上而下通过书传递文化，足见印刷对社会发展所起到的巨大推动作用。随着书籍功能与审美的演变，中国书籍的形制也呈现丰富的变化与演进，比如说简册、卷轴、龙麟装，均因翻阅不方便，而被经折、蝴蝶、包背装所替代，直到比较成熟的线装，成为古籍中最常见的书籍形态。中国的装帧也是随着时代与时俱进地延展过来。

五四运动以后，西方先进的印刷技术传入中国，书的形态也随之变化，应该说是一种进步。机器化大生产使书的传播更加快速，然而也带来了书籍形态、印刷方法、装帧形式，还有竖排变横排等长期的西式单一化。而设计意识上的西化是可怕的，“四书五经”居然做成书口烫金箔的羊皮面装帧。东方书卷中函、帙、箱、匣、盒的丰富形式，几乎从普通读者眼前消失，而滞后的装帧观念把西方传来的形制固态化，弱化了东方书籍设计艺术中的传承动力，只求表面的书衣打扮，不能顾及东方传统书籍设计仍可在当代发挥着它的光和热，然而实际工作中恰恰是这种观念造成种种矛盾与困惑。这也是我这些年努力去改变这种现状的动力。

我们说的继承不是原封不动地照搬、复制。我看了你在杭州西湖做的雷峰新塔的设计很受启发。你的设计立意很明确，一是保护文化遗产要尊重传统意境，二是保护不等于维持现状。我关注到你意图协调雷峰塔与保俶塔在西湖中的景观气场，尤其考虑到风水中对称流动的空间，兼顾夕照（时间）、湖面（空间）、山体（固态）、街市（流体）诸多元素，将自然与人工的中国传统审美和时代建筑理念结合起来。这在底座结构设计和现代建材语言中得到很好的呈现，既尊重外观的传统景观，又满足了时代的需求。多年以前，我们学院的高中羽老师在看了我的作品集后，专门给我写信给予鼓励，其中有这样两句话："不摹古却饱浸东方品味，不拟洋又焕发时代精神。"

这句话成了我做这项工作的座右铭。很遗憾，他前不久去世了。我真的期待中国的书籍和建筑一样，能够多元地发展，不光是在外在的造型，更在于它内在的"场"，让你的阅读或居住感受愉悦，享用舒适，领悟诗意。不管是传承还是现代，是东方还是西方，沟通融合很重要，体现个性特征更重要，这样的世界才精彩。

话题 9
设计的陷阱

吕

方老师，以前我看过你的书，这次我又把你的书拿出来看了一下，其中你提到一个设计陷阱的问题，举了一个特别好的例子，就是政府机关门口都竖了好多旗杆，为插万国旗而备。但是那个旗杆，它只适用于一些国际性的活动，平时没用，竖在那儿，当作放自行车的一个一个格子倒挺合适。我觉得确实在今天的许多设计中，多余的设计，不以人为本的设计，不仅给自己制造麻烦，也给受众添堵。你对这种现象，能不能作一些分析。

方

书的确比较自由一点，它跟建筑相比，
有时候它在形式上搞一点变化，受众容忍度要高一些。
但是有时候过于突出设计师想法的设计，的确会带来很多不方便。
因为我知道《美术观察》[1]有一次实验性的设计改革……

吕

是我带着改造的，虽然不成功，但做得很有意义。

方

那次争议非常大，我觉得稍微过了，
它包括版式，整页横向一行，甚至两页都是一栏。
那样我觉得有点过了。
正常的话，实际上一页里面分两栏，甚至三栏。
当然它这种形式，比如它有没有意味，可能也有一定的意味，
但是我觉得它让人不舒服，哪怕你想刺激读者，

1 《美术观察》，中国综合性美术月刊。

或者你想怎么样，也要在一个大家能够接受的范围内，
要不然我觉得就有点欺负人了。

吕

里面还有一个阅读科学性的问题，要从人的视线宽度考虑。

方

它必须在一定的地方断开。

吕

的确，如果是违背了人的一些功能需求上的设计，那就是一种陷阱，为阅读设计了陷阱。就像楼道设计，几十米长，楼梯设在两端，行走上下就不方便。

方

包括它有的版是这么排的，这本书看着看着，要转 90 度。
这个东西也可以理解为一种想法，
我觉得这个有点过了，因为它不必要。
我觉得设计师展现自己才能，
完全没必要像魔术师变戏法这样，

用这种夸张的、引人注目的方式去实现。
可能每个人审美的角度不一样，
我喜欢的设计师是有点举重若轻，或者大智若愚的
——他可能看上去好像没有给你做太多文章，
但是他把事全给你整理得很舒服，就很好。

吕

我同意您的说法，但年轻设计者往往在打破常规的大胆探索、成功与失败的角力过程中得到体验和提升。这次设计实践教训来得深刻而有意义。设计的逆向思维很重要，我认为关键是针对哪一类受众而设计，《美术观察》是学术类读物，求变的设计语言肯定不适合这一类读者群，关键要把握好度。在建筑里面有没有哪些突破常规的概念设计？在建筑行业里是否有允许那种非常规的，或者说大智若愚的，让人非常刺激的尝试呢？

方

这个我觉得可以允许。
但是我自己有一个观点，还是看什么类型，不一样。
比如一位艺术家要出版一本作品集，
设计上做大胆的尝试是完全可以理解的，
因为这部书的受众就是要读他的内心世界。

书籍设计师且极尽可能地还原出艺术家的气场，
而欣赏他的读者本身对艺术家的作品也有一种认同，
我觉得这样的语境是默契的。但是很多大众的出版物就不一样了。
建筑也是这样，建筑师可以玩得很奇怪，
但是公共建筑还是要克制一些，因为它的受众不是一组特定人群，
否则也有为建筑的使用设计了陷阱的可能。
有很夸张的，艾森曼——解构主义的建筑师，
他早期做的建筑设计，实际也没想盖起来。
他是理论上的一种探索，探索这种解构的关系。
原来都是很对位严整的关系，现在他做设计，尝试变化一下。
比如这个房子，这个梁和墙是对齐的，跟房间布局也是对上的，
这几个系统是重叠的，那都是传统的形式。
他把这个东西错动一下，房间这么分，墙跟房间扭动一下，
梁跟其他东西再扭动一下，那就对不上了，肯定形式就很怪。
本来他只是画图做了方案，结果他做了十几个方案之后，
有个有钱人觉得这个东西很好玩，
这个房子他喜欢，就把它盖起来了。
盖起来当然对这个理论影响就很大了，
比在纸上面说服力更大。但是这个房子，
那个人也是拿它当个玩具收藏的，他就是有钱，
他盖起来，住起来舒服不舒服不是他主要考虑的问题，
他就是拿它当一个概念。它很有意思，
在一个双人床中间是一条裂缝，并且这道裂缝的地板
也是楼板没有的，当然他铺了玻璃，表示关系的一种分裂。
然后是餐厅，餐桌有一个柱子，正好在这个位置。

当然可以解释，他说这是他们家永远的客人。
但是这个东西，如果是你自己家里，我觉得完全没有问题，
你能忍受，别人不会管你的。但是公共建筑如果去这么做，
我觉得就不会太合适，因为它会带来很多不必要的麻烦，
你不能为了宣传一种观念，去损害到其他人的正当利益。

吕

但是那种超乎于公共场所或者人正常居所感受的规则之外的，突破一些所谓的规矩也好，创意也好，多少还存在着潜在的一些价值可评论。我曾参观过法兰克福斯塔德尔博物馆。施耐德+舒马赫（Schneider+Schumacher）建筑设计事务所为这间古老的博物馆设计了占地3000平方米的延展馆。建筑师没在地皮上搭建房屋，外观仅仅是起伏的大草坪，其中有许多直径2米左右的玻璃圆孔。这些圆孔呈矩阵排列，为地下延展出的展厅提供自然光源，所有的建筑文章全做在地下，完整的天际线都保留给本馆的这座19世纪哥特复兴式建筑。这种理念既违背常规，又合情合理。我记得日本建筑家也有这样的创想。

方

这个是非常有意思的，我觉得东方和西方有点不一样的地方。
我们看西方的建筑师，你会发现西方建筑史里面
充满了小作品，大量的东西都是小住宅。为什么呢？
那种探索性的东西，往往是在小作品上面先去实现。
但是东方人恰恰相反，
东方人眼睛看得见的、能记住的全是大作品。
东方人编写的建筑史里面，往往没有小作品的位置。
你去看中国人编的建筑史，没有多少小作品，
我们往往以作品规模的大小来评判它的价值。
包括我们现有的评奖体系，都很明显，
有的作品没做完的，你都知道它能得奖。
为什么？因为它大。
只要大，它就已经好像足以说服其他人认可它了，
真的是很滑稽的，所以这也是价值观的一个错乱。
所以我们的探索性，有时候有点过，过在哪里？
我们拿最公共的东西、规模最大的东西在探索。
实际这也是成本很高的探索。
所以西方倒是有意思，
越是规模非常大的，越是资金投入量很大的这种项目，
反而做得相对保守，不见得那么有革命性。
为什么？因为这个东西要花公共财政，
所以会有很多审计，公共财政的支出不是那么随意的。
另外，觉得拿这个东西去冒险，风险太大，
完全可以有相对成熟的东西来承担这些风险。

由于在很多小建筑已经试验过了，
有时候可以在大的上面来实现。
我们现在有些大型公共项目，
你当然认为是一种勇气也好，确是有点过了；
并且这种表面上看上去好像鼓励创新的模式，
实际上是扼杀真正的创新。为什么？
因为小东西上面的创新我们也看不见，
小作品上面的创新我们都看不见，
所以最后就没有人真正在小东西上面去琢磨这些事。
但是其实小作品上面的创新，反而是最有价值的。

吕

和你有同感，这些年中国审美价值取向的扭曲不能忽视。比如陶瓷设计，重在雕塑外形，不关心生活陶瓷，那怎样从最平常的生活环节中体会享用之美。现在是哪种赚钱就跟风，画家们都去画瓷瓶、瓷盘，而且越做越大，因为政府机关、楼堂管所要放，要威风。

陶瓷的产生，来源于生活。它的功能是什么，如果只图所谓表面的“艺术”，而忽略生活的艺术，人们的审美价值判断能力会丧失。审美品位都是在点点滴滴的生活中潜移默化地积累起来的。那么书也是同样，刚才你说到，书的基本功能是什么，是阅读。如果你把它做成了雕塑，那它作为纸张造型艺术可以，但作为一个阅读物，它就有问题了。当然不能排除书籍造型语言方面的探索。T 型台上服装模特的穿着未必适合当下，但有代表未来实用趋势的可能性，你说对吗？

话题 10
文脉的"场"

吕

回到你的专著《建筑风语》，其中一篇文章写的是关于中国住宅的脉。这个脉你提得很清晰，所以你才会去给人家看风水、讲五行。这方面我还不是很懂，你能不能稍微做一个解释。另外五行在建筑上经常顾及，那运用到我们的平面载体设计，是不是也有这样一个联系。

方

中国的风水理论，主要基础一个是阴阳理论，
一个是五行，然后加上八卦，然后再衍生到九宫格这些东西。
阴阳就是两个数，五行跟方位、跟季节、跟时间都挂上了，
然后再到八卦。八卦实际上是对五行的一个完善，
就是把东北、西北、东南、西南再加进去。

你就能发现，四加五就是九，九宫格。
九宫格的中间部分去掉就是八卦。
它们构成了一个很有意思的相互联系的系统。
马克思主义讲，事物存在着普遍联系。
古人没学马克思主义，但是很早就有这个观念。
其实我们讲风水、讲算命，就跟这个普遍联系的思想相关联。
没有普遍联系，我们就无法去预测一些事。
五行理论就是相生相克。
相生相克揭示了一个变化的规律，就是说它建立了一套逻辑。
这个逻辑当然不能完全真的很科学。
但是为什么还是琢磨风水这件事情，我觉得它很有意思。
它变成了我们这个民族、我们这个国家的一种审美图式，
它构成了我们对形势判断的依据。
有时候你可能也不信风水，
但是你无形中已经具备了这种风水所规定的美感。
如果讲阴阳的话，阴阳这个理论特别重要的实际上是两点：
一个是平衡，如果讲阴阳肯定要关注平衡，
没有平衡就不叫阴阳；
另外阴阳一定是运动的，
阴和阳之间的关系一定是相互转换的，
这是中国讲阴阳时的一个重要观念。
中国人往往讲由儒家出发的中庸之道，是受阴阳思想的影响。
太极符号中，黑的造型中心是白，白的造型中心是黑，
还有一个“极”的概念。
两极互向相反方向发展，它揭示了一个运动的观念；

另外揭示了你中有我、我中有你的概念，
它不是很纯粹、截然的对立关系。
以前念书的时候老师开玩笑，
说如果阴阳这个概念让西方人表达，
可能就是电视机上面调对比度的符号，一半黑、一半白。
但是东方人就把它改了一下，
改了一下反映的思想就不一样了——平衡和运动。
中国人在描述一个事情的时候，或者在选定一个形状的时候，
往往不选择最简单的形、最单纯的形。
我们实际上希望有一种调和的东西在里面，
就是让它有一种微妙的倾向。
例如古代建筑的屋顶，屋顶是曲线。
关于这根曲线怎么来的，其实有很多讨论，
但是现在建筑史的证据很清楚，
最早中国古代建筑的屋顶是没有曲线的，是直的、平的，
曲线是慢慢形成的，后来才有的。
但是你如果去看的话，就会发现，曲线更符合中国人的审美，
它更有弹性、更柔和。
但是这种柔和不是软的柔和，而是有弹性的意思。
它既有一种内在的张力，又不是很硬，柔中有刚的那种感觉。

吕

是不是你说的“奇正之道”的这个关系。

对，奇正也是这个意思，它一定是奇中有正，正中有奇。
所以我们看中国古代的书法，最难写的是楷书。
我们看几大家，几大家的楷书之所以成名，写得好，
就在于它跟印刷体不是一回事。
楷书妙就妙在它这么规矩，却还包含了很多自由的东西。
那种手写的随心性，很微妙的一种感受，
是我们现在做字体、做印刷体的时候所无法实现的。

我前两天准备了一个课件，我想起孟浩然的一首诗：
“春眠不觉晓，处处闻啼鸟。夜来风雨声，花落知多少。”
我为什么讲这首诗呢，有意思的是在最后两句：
“夜来风雨声，花落知多少”，
有一种淡淡的忧伤在里面，但整首诗是明快的、充满生机的，
包括“花落知多少”的前提，实际也是开了很多花，
愉兴之余又略含忧伤的表达。这就很中国。
包括我们做菜也是这样，
南方人实际是深得此中真味，
咸的里面加一点糖，加一点甜的，
构成了味觉上的一种层次感，很有意思。
我以前的中学老师跟我讲，我没考证过，但是可能真有这么回事。
以前的泥瓦匠，在刷白墙的时候，
往白灰里面扔一个煤球进去，感觉更白。
这就形成了一种文化图式。我觉得它帮助我们更好地
理解东方文化的一种特质，就是它怎样去实现一种微妙的平衡。

这种感觉在文化的各个层面都有体现。
另一方面讲风水，风水反映民族心态，
我们强调安全感、内向，我们不是特别开放，
追求一种比较安全的、受保护的状态。
这种空间形态，对中国影响也非常大；
甚至在书上面，其实也是有所体现的。
我们的书也是很内向的。

吕

对，所谓书卷气，这个气也是文人所追求的一种内敛，不张扬的语境。

但现在有些文人做的是平常事，却说着很大的空话，把讲究方寸艺术的封面放大成海报大小展示。居然说这是体现中华民族追求的大美，大与美怎么能画等号。

方

因为我们的传统书籍是不讲究封面的，
现代装帧强调封面大多来自于西方，
而中国传统书籍封面几乎是一样的。
就像我们的住宅，表面看不出太大区别，
推门进去才发现别有洞天。千家万户并非千篇一律，
只有深入了解才能感到每一个家的个性。

吕

这话题特别有意思，中国古人是追求外在的一种平和，内在的丰富。他不基于表面的所谓张扬喧哗，更注重内心的深邃丰满。他们讲究的是高幽雅静、安然清逸、阅趣恬得的读书意境，应该说当时的文化气场导致那个时代的书籍特征。

辛亥革命后，书籍运营的商业模式被引进。今天我们的出版业内，大家有些浮躁，面临竞争，都希望在众人面前能高他人一头，所以对于外包装方面关注更多一些。这也是世界性的问题，商业化是其中的一个原因，另外可能还是价值取向的问题。有时接受采访，被问道："怎样做好看的封面才能在商业方面取胜？"我马上回答："第一，我不只做封面，是从里到外的整体设计；第二，我不认为书的价值好坏取决于封面。"长期以来，业内把封面看作装帧中最重要的部分，而对于它的内在文本结构、传递方式、引导人们阅读的编辑设计，几乎是不顾及的。出版者以为出版是单向的授受行为，我在教育你，让你接受，你有什么权利来跟我品头论足，只要我打扮得漂亮，你买就是了。我觉得这是一个非常错误的观念，因为它脱离了中国数千年的书卷文化的阅读本质。

去年我参与我国“十二五”九年义务教育中小学的课本设计。在这个过程当中，发现一些编著者对设计的索求是图像越花哨越好、色彩越炫越好、装饰性符号越繁复越好、空白越少越好……因为发行部门强调这是市场需求，它觉得这卖钱，这才是今天孩子们所需要的，儿童的审美修养全然不顾。回眸民国教材，叶圣陶、丰子恺两位老先生做的教科书，没花没草没色，白纸黑字、注重空白、讲究秩序，从内容到形式优雅清秀，一读又朗朗上口，越看越爱看，封面单色、平和，像和你说悄悄话，是靠内力让你接受的。

书籍的设计，我觉得和建筑也有相似之处。刚才你说的很重要，建筑的目的到底是什么。它不是表面让人看着耀眼的东西，它是实实在在让你住得舒服一点的场所。回到今天怎样认识书籍的价值，首先我觉得和建筑一样，是让你舒适地阅读。第二，我觉得是人们进入图文栖息的空间——书里，诱发智能的发挥。再一次说到矶崎新盖那个美术馆的目的，不是只给设计一个墙壁和地板，而是让艺术家们感到可以在这个场所里展示自己的作品。书也同样，让著作者提供的信息能够得到读者的共鸣和沟通，甚至创造互动的机会。比如前面说到的写眉批，翻阅过程中留下只言片语的感受，为今人、为后辈的阅读，留下一块空间和时间交汇处，而由此令这本书值得保留、收藏、传代。书籍设计也体现了自身的价值。如果只是一张脸漂亮，即使贴上琉璃瓦，内在没有细节，也只是“绣花枕头”一个。这是一个价值错位的问题，希望大家保持清醒，努力改变这一滞后的装帧观念。

话题 11
“间”与空间

方

这个社会节奏越来越快。对快的这种追求，
实际上带来了另外一种相对负面的东西，就是“浅”。
所以现代社会，浅交流多、深交流少，
包括我们这样的交流，在古代都不算深交流。
像这种对话，有可能我们会延续很长时间，
谈很多次，最后慢慢会达成一种相互之间的启发和互动。
现代社会这方面是有一个毛病，并且价值导向宣传，
越来越把你往“浅”里推，不把你往“深”里推。

我觉得这是一个大问题，是一种价值导向。
讲到这里，我觉得还要回到日本“间”的概念。
拿看戏做比方，你看戏的时候，可能觉得幕与幕之间的空档，
第一，它是一个无可奈何的空档，没办法；
第二，你觉得这个空档是没有用的空档，如果看电视的话，
相当于插播广告，最好能快进，直接看到下一幕。
但是他们提出这个“间”的概念之后，就不一样了，
如果从那个概念出发去想，这个“间”的意义反而非常重要。
它本身实际上是对上一幕的总结，又是下一幕的序曲，
但是它又是无所作为的——它通过一个空白、
一个不作为的时空，去实现这么一个过渡，
实际上功能还很强，还很有意味。
当然，东方的文化都带有这个特点，中国也讲留白，
是“计白当黑”，但与“间”的境界稍有差别。
为什么？我们“计白当黑”，还是当黑，
我们还是把白当作一个图形，但“间”真正的非物质化了，
用一种非物质化审美的眼光去看待这东西，
我觉得是非常有意思的。
因此，也带来了他们审美里对枯山水中枯寂的欣赏。
枯山水从起源讲，是中国南宋的时候产生的，
是从禅宗里面出来的，但是在中国后来就失传了，
反而在日本发扬光大，流传至今。

吕

现在国人已对日本审美哲学“WABISABI”非常熟

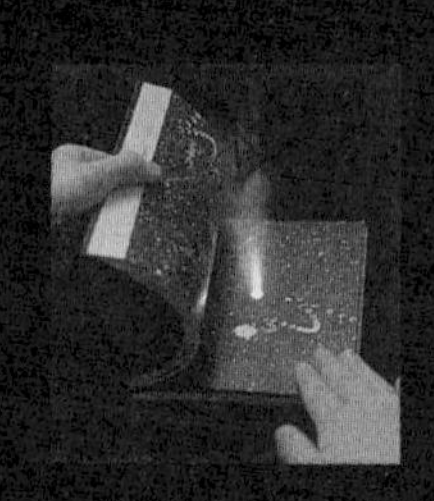

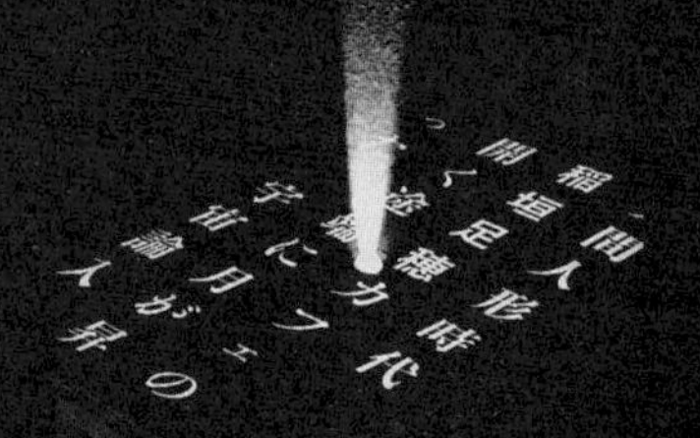

▲

图 2-5-15:《人間人形時代》，
1979 年出版，设计 = 杉浦康平

图 2-5-16:《人間人形時代》内页流动的图像

▼

▲

图 2-5-17:《敬人书籍设计 2 号》,

电子工业出版社，2002 年出版

图 2-5-18:《敬人书籍设计 2 号》内页

▼

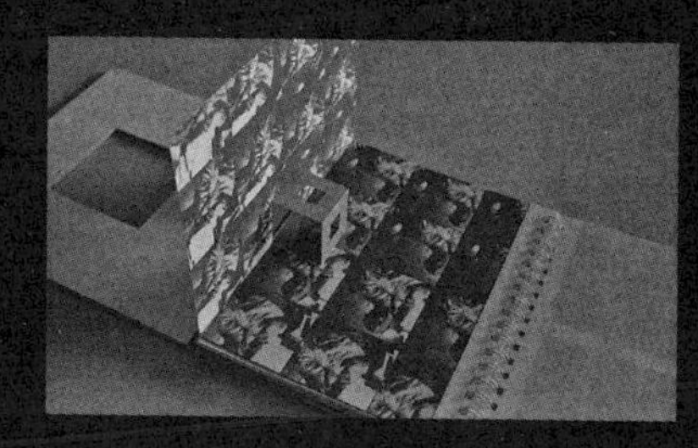

▲

图 2-5-19: 枯山水，日本赖久寺

图 2-5-20: “间”在日本建筑中的体现

▼

悉，这个词的汉字写作“侘寂”，有禅宗的意味，即流逝的美、残缺之美。认为华丽的东西是暂时的，自然留下来的是一种永恒的美。所以他们在瓷器设计中，无心却有意地保留原质泥土的痕迹，或者说盖房刻意保存木头自然裂纹的状态。就像枯山水一样，它不追求真实丰茂的树林和山河，以一石代表群山，在白色的沙石上划出曲线象征波涛 。这种简约的表现手法，体现“间”的意念。

若一出戏，或许不是戏，是某种瞬间，是虚实之间过程的意识流。这个境界追求很有意思，就是说你的建筑也好，我的书也好，其实当你翻开，进入每个居住场所或信息栖息地后，留下的瞬间给使用者带来愉悦，或者在内心永远保存下来的那份“寂静”，一种耐人寻味的滋味。如何达到这一境界是需要我们好好去思考的。

方

这个“寂”[1]，就在这个“间”的概念里面，

实际上我们用现代的话语来解释的话，

1 寂，指的是随时间的自然演进而变化的事物。被称为“寂”的事物能庄严而又优雅地面对老去。

就是它突出审美主体这里面的主体性。
其实电子时代的这种主体性的沦丧更严重了，
你完全是处在一种被动状态。

吕

我觉得是在被动阅读。

方

真的是这样。
“间”这个东西，实际强调的是主体性。
你看戏也好，听音乐也好，欣赏也好，
别人不作为的时候，恰恰是你要作为的时候。
你在这个过程里，就不是一个“他者”了，你真正投身进去了，
所以这个“间”很微妙地就在这个地方，
它实际上是你投射进去的一个机会、一个入口。
其实这个思想的来源，早期真的源于中国，但是已失传。
实际上我们的传统文化，中断得也很厉害，
像清朝对于中国传统文化的切割，太严重了。
陈寅恪有一句话，他说“华夏文明造极于两宋”，
就是说华夏文明在两宋的时候是顶峰。
在建筑上，梁思成的看法还有点不一样，
梁思成认为宋还不如唐。
但是实际上，我觉得陈寅恪才是真正懂中国文化的人，

宋在豪迈的方面不如唐，但是宋是一个更综合、更平衡的东西。
唐其实是有点过于粗放、过于夸张，宋实际上是比较平衡的。
并且宋的时候，如果从现在后世的眼光看，
所有的文化都达到了一个相当高的水准，
书法、绘画、诗歌，包括戏剧、宗教等方面，都达到了一个高峰。
画山水画，我觉得真没有超越宋的，
后面的越画越不空灵了。
宋的时候，有那种空灵的意识。
我想象那个时候的确是有禅宗产生的思想基础和它的社会环境。
严格地讲，我们今天的人，
可能已经很难还原那样一个禅宗的世界，或者说那一个境界。
我们很难还原，我们只能想。
日本的禅宗肯定又是日本化的，它会更决绝。
但是我觉得，中国原来的本土的自然生长出来的禅宗文化，
可能不那么决绝，会更优柔一点，更有余地一点。
当下建筑的这套体系来自西方，
这个技术体系的确有很多优越性，改造了我们。
但是中国人的构建体系，我更愿意用“空间审美”这个词，
而不愿意用“建筑审美”这种词来讲。
为什么呢？就在于传统的中国人
实际上并不把建筑看作一个太高的事情，
建筑属于形而下。我们更看重的是“间”，
就是建筑和建筑之间的那些东西，
当然我们不用这个概念。我们用“院落”的概念，
用一个整体的“境”的概念。

“境界”这个词是中国本土的词，
这个“境”的概念是非常重要的。
所以你去看，大量的中国古典的风景、园林、名胜，
它都不是以一栋建筑来出名的，不可能的，
它一定是一个整体。
你说看一座庙，不是说只看这座大雄宝殿，
它肯定是从山门开始，到藏经楼，一直到塔，
这才是一个整体环境。我觉得特别可怕的是什么，
这么一个简单的道理，现在基本上被人忘掉了。
由于这种建筑观念的引入，我们越来越专注于单体本身，
这是非常可笑的一个事情。
甚至如果我要提出批评的话，你看我们的奥运工程，
很有名的两个建筑——“鸟巢”“水立方”，是毗邻而居的，
但是你到那个地方走一下你就知道，这两个建筑是没有关系的。

吕

人家说了，这叫作“天圆地方”。

方

所有的人都说好，圆也不是个正圆。
我们现在处在一个中不中、西不西的尴尬境界，
中的东西丢掉了，西的东西也没学好。
这个如果放到西方去建设，人家也不这么干，
会把它市民化，把空间尺度会降下来。

我们还要龙脉，还要中轴线，一路弄过去，
并且轴线两边这么不平衡。
建筑与建筑之间都没有关系；
空间上没有关系，形象上也没有关系。
这种事物相互之间的关系，这个道理在西方也要讲的。
西方人那么看重单体，他都要讲单体与单体之间的关系。
他们受惑于鸟巢这种体量感、形式感。
鸟巢给社会带来的所谓冲击力，而没有人真正地去想。
这种体育场馆，在这个城市里面，
它到底发挥了怎么样积极的作用？
它给普通市民的生活到底带来了什么？
它的意义、价值，到底在哪里？
“间”可以把它理解为“场”的一种特殊形态，
是“场”的一种，包括我们讲间隙一样。
我们认为“隙”这个东西，甚至可能认为它是一个无奈的产物。
但是我觉得对“场”的这么一种综合的理解之后，
会用一个放大的眼光去看待这个概念，
结果发现这里面等于有另外一个世界。
我们很早就开始强调，在老子的思想里强调“无用之用”，
讲得过于玄虚缥缈。“间”的概念实际上
就是把它规定到一个更可感知的、很日常的语境里面去了，
但是我们一讲这个概念，有时候讲得就不太日常了，
我们就讲到玄学，更高妙的东西。
讲空间的时候，很多人会引用老子那段话，
实际上最早引用这个话来进行专业讨论的是外国人，

不是中国人，是赖特[1]引用这句话，
“埏埴以为器，当其无，有器之用”
“三十幅共一毂，当其无，有车之用”
“凿户牖以为室，当其无，有室之用。
故有之以为利，无之以为用”。
他其实是讲有无之间的关系。
从老子这段话也可以看出，中国人普遍认为肯定
“有”是好的，什么东西占有、有了，是好的。
但是老子讲的意思是，有了也是好，但是没了才有用，
他讲的是这个道理。碗里面没有水，你才能当碗用，
碗里已经装了水，等于这只碗没了。
其实这个道理很简单，
碗里有水了，等于这只碗没了，等于少了一只碗。
老子当时讲这句话，其实跟建筑一点关系都没有，
他讲的并不是建筑，他讲的更多的是一种政治哲学。
但是后来引申到空间上，有道理了。
他讲的这个观念，某种程度又是西方来的，
西方人强调你盖房子，钱都花在什么地方了，
钱都花在地基上、墙上、屋顶上、窗户上，
但是你想要的并不是墙，并不是窗户，也不是地基，
你想要的实际是由这些东西所组成的那个虚的部分——空间。
你要的并不是个屋顶，因此屋顶再怎么弄，
其实没大的意思，你要的实际是这个空间。

1　弗兰克·劳埃德·赖特（1867—1959 年），美国建筑师、室内设计师、作家、教育家，是 20 世纪最有影响的建筑师之一。

因此早期的西方设计的确带有这种思想，它是由内而外设计。
西方人为什么那么喜欢穹顶，
其实最早这个穹顶，外面看是很难看的，并不好看，
就像罗马的万神庙，那个建筑并不好看。
你从外面看，看不出来它有什么好，
但是你要里面就知道它好了，
里面是一个很完整、很几何的空间，然后天光从上面下来，
那种神圣感，并且那个尺度跟人之间对比之后，
人那种渺小的感觉，那个太感人了。
因此很多人学建筑，在现代这个语境里学建筑的
都受希腊、罗马的影响，这个影响的来源
就在于这种空间的表现力，它强调的是空间。
罗马万神庙感动你，绝对不是它外面感动你。
我们可以这么理解，罗马万神庙实际上是一只特别好的碗，
一只巨大的碗，只有到碗里面去过的人，才知道这只碗多好。
包括他们那些大教堂最能反映这个特点，
比如哥特式的教堂，有的高六十多米，甚至接近一百米，
实际它就一层楼。从功能上来讲，十米都很高了，
但是它要做这么高，为什么？
它要的也不是这个墙，要的不是这个高度，
要的是里面空间所形成的这种氛围，这种精神。
一进去你就觉得上帝应该在里面，自己好渺小，就是那种感觉。
尤其像我们不信教的人，一进去也很自觉、很安静。
因为它那种神圣感，空间本身已经给你这种感觉，
你不能太放肆。

吕

刚才你提到的万神庙的空间，我最近去了罗马，就近观赏了该庙，想象不到它有两千多年的历史，公元6世纪初罗马人就有如此的大手笔。由于悠久或世事变迁，外观真有老朽之感，然而一旦进去，一种恢宏的气势让我倒抽一口气，一种意想不到的惊讶。这是一座几乎呈圆形的空间，正当中无一摆设物，从天顶9米直径圆孔透射进阳光，随太阳的东起西落移动的光束切割了殿内空间中的任何带弧线的构件，势不可当。这直射光束显得那么威严而神圣，墙上的光影也随着光的移动演绎着一幕幕纷繁的宗教人物故事。圆形穹顶的直径正与地面到天顶圆心高度相等，43.3米。何等精心的几何级数计算，我们完全可以把建筑当成一个球体，宇宙的大圆照着小圆，身处其中自有渺小之感而肃然起敬。正如你所说，虽然不是基督徒，仍让你感觉上帝的存在，很有意思。据说罗马人那时就发明了水泥，对世界建筑发展有着巨大的贡献。除了万神殿，到其他教堂也好，建筑设计总会利用阳光的照射，随着光线方向的变换，给你一个时间上的强烈感受，给你的一种空间的精神寄托，同时也带有时间性，不知道对不对？中国人在建筑方面对

图 2-5-21: 由万神庙穹顶透射进室内的光，意大利罗马市

空间和时间是怎样理解和应用的呢？这方面我要向你请教。

方

东方传统建筑，在这方面，
就建筑本身而言，不如西方。

吕

是的。你到中国的庙里感觉就是黑漆漆的。

方

我们对光不重视，
但是我们实际上把光用在什么地方呢？
我们用在室外，用在院落与院落之间的关系。
我这次带学生去苏州园林，他们就体会到了。
看留园最后一进，冠云峰[1]那个院子的时候，太明显了。
因为前面一路走，园林里种很多树，
整个园林里是很阴凉的，房间里也是。
南方的园林建筑很高，进深很大，

1 冠云峰“留园三峰”之一，江南园林中最大的湖石。

虽然不是很黑，但是也是一种很阴的感觉。
结果一到冠云峰这个院落的时候，那个院落没有超过 3 米的树，
全是矮树，好像突然之间打了聚光灯一样，石头是最高的，
白花花的湖石，很亮，周围也有点绿色，
但是它都衬托这个东西，一下子明暗的对比太强烈了。
学生一看很激动，拿照相机出来拍。
后来我跟他们讲，其实你拍没有用，你拍不出来这个感觉，
为什么？这个感觉是前后对比产生的，
照片拍出来，谁都一样，拍的就是太阳下面一块石头。
但是你在里面走的时候，你很激动，为什么？
你是在经历一个序列，一个时间的过程，
前面铺垫好了，到这里才好像突然打光，你很激动，要拍。
其实拍完了你就发现，这个照片回去看，
并没有那么太神奇的东西，它作为一个画面本身并不神奇。
但是它神奇在利用光，利用这个秩序和节奏变化。
所以在中国为什么建筑本身不能单独地作为一个审美对象来看，
仅把建筑作为审美对象是残缺的，是不完整的，
因为中国对建筑的态度就是这样。
我们也不追求建筑的体量特别大，我们偶尔有几所大庙，
因为里面有大的菩萨像，但是撑死了那种庙的体量放到欧洲，
连个乡村教堂都比它强。我们重点不在那个地方。
我们强调的是内部空间和外部空间之间的一个平衡，
我们也不是说内部空间很不重要，全压缩了。
我们的内部空间也不小，但是我们其实更看重外部空间。
在园林里很有意思的一点是，有几个大园林，

里面有大的厅堂，比如留园的五峰仙馆体量非常大，很奢华，
但这么大个厅堂，几乎看不见它的立面。
这个概念很现代，看不见它的立面。为什么？
因为它把这个厅堂就当作一个空间来看待，
我没把它当一个雕塑看，我没想让你看它的造型。
它重要的是提供在室内看室外这么一个空间。
从外面看它，距离很近，所以看不全这个东西，
这边看过来也是这样。五峰仙馆是鸳鸯厅，
冬天用南边的厅，夏天用北边的厅，很舒服。
它强调的是在这个厅里面感受环境。
从这个案例可以看得很清楚，
它看重的不是建筑、造型，它看重的是这个空间，
就是我有一个很舒服的室内空间，
在这里我可以欣赏到专门精心布置的假山叠石和景观。
我在这个地方看，接待客人、朋友，
并不想让你去看我这个建筑怎么样。
因为他的审美跟现代很不一样，把建筑形象抹掉了，
就是在空间设计里形象消失了，没有形象，
所以这个设计简直是太妙了，境界是很高。
但是现在很多人不体会这个东西，
认为做园林也就是做园林建筑，
那就是在园林里面要做几个亭子，做几个造型，
那个是点景用的，是次要的，不是很重要的。
它的重要性跟厅堂是没有办法比的。

吕

传统建筑真是一本非常丰富而有趣的书。我曾参与中国国家图书馆“中华善本再造工程”，也是一项非物质文化遗产保护的工作。我的认识就是中国传统书籍的形态应该继承下来，但不是复制，即做好传承过程中的发展。对多种中国传统书籍形态进行再造，并在材质方面作了一些探索，中国古籍中非常讲究材料的应用，锦缎、布匹、丝绸、皮革、木材、翡翠等，当然与书的内涵和身份相呼应。比如“中华善本再造工程”中有研究价值的《茶经》与《酒经》，专门请紫砂和青瓷的大师、高手做茶具和酒器的浮雕，设计镶嵌于楠木书函中，纳入经过内页设计的线装本，希望传递酒香茶韵的语境来。设计的过程当中，我也体会不同的书应有适合自己居住的场所，和建筑一样，读者进入书的“建筑”也有体验进门廊、跨中堂、入厢房的过程。装帧材料也像建筑材料一样，关乎与人接触的存在感，甄选的目的即为了诗意的阅读。在日本，我从杉浦老师那儿学到了关心信息传达的空间意识。空间不仅仅是一个物体的空间，他指的空间具有时间的概念。

他让我明白一本书的设计它不仅创造外在的造型，

还要达到一个境界，外在的东西是虚无的东西，不是本质的东西，你可以当它不存在。所以我反而更关注内在信息在翻阅过程中的传达和记忆。我曾设想设计犹如演绎一出“书戏”的概念。因为戏是信息流动传递的最佳表现方式之一。一出戏从开幕起始，开场锣鼓响起，它都为信息传递作着某种铺垫——它是可视的，也是不可视的；既可听，亦可不听；静候，让你思索。你可以视而不见，也可在心中造型。所以从这个“场”也好，“间”也好，其实归根到底，它提供让读者去创造、去使用、去发挥的机会和想象空间。作为书籍设计师来说我们不是信息的附庸者，是信息传递的参与者，我可能会和文本的作者来进行共同创造。当然要把握好自己的分寸感。比如我做《怀袖雅物——苏州扇子》一书，从选题策划就开始介入，对文本本身提出结构上的建议，也包括文本内在信息结构布局、书籍阅读形态，注入各种细节的建议，有点像做建筑，当然不是大建筑，是桌面上的建筑。

我觉得看建筑，真的不是光看它的外形、内部功能和气氛意境的塑造，甚至包括走到某一个角落上的光线，或是走过墙面之后所反射出来的投影。好的设计体现在移动的享受之中。书也应该是这样，随着一面、两面、三面，逐张、逐页翻到最后，当中色彩的布局，虚实的分割，纸张质地的选择，传达轻重排列，空白转折移动等，还包括字体的大小、疏密，文字块的行走，其实都是在做一个非常重要的时间和空间的“场”的设计。

方

刚才讲的里面，有一点特别重要，我觉得还要说两句。
中国人讲的“空”，跟日本人讲的这个“空”还不太一样，
它更接近于一种真正的空，但也不是讲它什么都没有。
我写过一篇小文章，叫《“空”谈》，空谈就是谈“空”。
中国人的“空”强调的是一种容量感，
比如老子讲的，“当其无，乃有器之用”，
这个“空”实际上是一种容量。
因此有时候，这个“空”里面内容很丰富。
有一次我看白明画的那个水墨，那叫空，画得很好。
他是在很大尺幅的宣纸上画，拿淡墨慢慢地渲染，
一遍一遍地渲染，整个画面就像烟雨空蒙的那种感觉。
他比较好地把中国人对“空”的这种意识表达出来了。
这种“空”就妙在它没有那种明确的主体，
没有那么强的规定性；也可理解为一种自由，
就是身在其中，随心所欲。
它不具体告诉你什么，但是它里面又有很多线索，

有很多提示、隐约的东西在那个地方，这个很有意思。

话题 12
交流与模仿

方

这个的确是信息技术发展带来的一个挑战。
因为模仿的事情很难避免，
古代也是在模仿，好的东西被模仿也很正常。
但是古代信息交流很困难，所以要模仿也是很难的。
我们看古代的文献很清楚，就算在意大利，
当时文艺复兴的那些巨匠，之所以成为巨匠，
有好几个人都是因为得到贵族的支持和资助，
在罗马待段时间，然后把罗马的古代遗迹那么多东西
研究一遍回来。所以即使在那个时候，
意大利本国人要学习罗马都是很困难的，所以形成了这种落差。
当然我们说古典审美的这套系统其实也很复杂，
它对形式的训练。现在的确是太快了，
这种模仿的时间间隔和难度都大大下降。
以前即使想模仿，仿得好，也是很难的一件事情。
但是现在因为电脑这种东西，使得模仿越来越容易。
电子文件拿到了，那我很容易改成另一个东西。
建筑模仿要有些特殊的要求，但书籍的材料、技术限制很少，
模仿起来就容易得多。

泛滥的模仿带来一种扁平化，包括思想也是扁平化。
因为现在一种思想，如果一时得到流行的话，
它可以在很短的时间内传遍全世界。
信息发布者就可以利用现代技术使一个东西得到瞬间的广泛传播，
并且好像看上去像达成了一种共识。
实际也不是共识，就是一种无意识的模仿。
这种扁平实际上是由于思维落差造成的，
这个在审美上是一个非常大的阻碍，
一旦它的主体性缺失以后，实际上就不能叫审美了。
我原来对书籍没那么多关注，
后来我去做杂志，对这方面就关注更多。
书的这一块，给我的印象就是，它的约束相对少一点，
自由度非常大，必然带来好坏的标准问题。
我觉得书这一块，学西方也学得比较快，跟得比较紧，
包括很多手段。那种技法用多了，也会给我们带来困惑。
平面的展览我也看了很多，的确花样繁多，
但另外一方面，那种有共鸣的东西不多。
我觉得有个问题跟建筑界也有点像，
就是在很多的花样里面让人解读起来有些找不到路径，很疑惑，
当然可能也是我不懂，这也是一个原因。
但是从表象上看，有时候我觉得很多形式过于一致，
包括建筑界也有这种情况，就是近代这个时期我们怎么看。
近代，西方的东西来了，与传统元素进行杂糅。
从设计史研究的角度讲，我们不太看重这个时期，
觉得这块水平不高，觉得近代就是西学。

但最近再看这事，反而又不对了，又变了，
觉得现在学西方比那个时候还要厉害，因此我们看它，
倒不是只看西学的问题，
而是看它传统到底留存了些什么，
传统的东西是怎么跟西方的东西衔接的。
这个我觉得也是一个问题，这个想听听吕老师意见。

吕

文字的横竖排好像与建筑没关系，但其实跟建筑是有关系。东方的竖排，西方的横排，泾渭分明，盖房子要搭脚手架，横竖交错构成结实框架；世界文字语系的丰富性，是促成各民族文化多元性的催化剂和黏合剂，也筑就了不同宗教、文化、思想相互交替，螺旋发展的世界文明之塔。这就是“文字”无与伦比的重要性。文字不是物，是思维意识的符号化展现，视觉上又是有形的东西，结字为文，形成不同的阅读体系，自左向右，自右向左，自上而下，上下结合等，由此又产生了书写体系。

真庆幸世界文字没有大一统地国际化，而保留了各自独特的语言，使世界多了一份精彩。中国文字阅读方式的改变，以及文字简化改革，都有其历史背景，有必

然性，也有茫然性。繁体变简体当时为了便于扫盲，但到了第二套方案后不得不放弃，因为字源意思的核心构架被抽去了，就像房子的四根柱子撑起一个屋顶，拿掉一根也许还可以，再抽一根就岌岌可危了。如今很多学者提出恢复繁写法，这个成本可能太大。我赞同大陆用简识繁，海外用繁识简；中小学上语文课，繁简同教。其实常用字只有几百个字，完全记得住、分得清。繁体字也有简体写法，比如姓范的“范”，山谷的“谷”。

中华人民共和国对民国那个时代的文化是有选择地肯定。今天我们回过头来一看，其实民国时代那些学者文人，他们有着根深蒂固的中华文化底子。当时的书籍设计界有许多大家如鲁迅、丰子恺等尽管吸收了意大利未来派、德国表现主义、俄罗斯构成主义、包豪斯风格等艺术理念，但是他们借鉴的东西是经过文化过滤后所体现出来的东西，还是中国的一种审美。

当时中国的出版文化主要集中在上海这样一个国际化、商业化的都市，因此各种文化的介入也势必反映在当时的平面设计界。现在回过头来看，那个时候有它进步的一面。去年我们做了一个展览叫作“故纸温暖——民国的美书”，其中有一幅《中国汉字四千年合流图》，把中国文字起源到发展的全过程，梳理成一张巨大的信息图表，1921 年由商务印书馆委托设计。在那个时候人们对信息图形设计（Info Graphic Design）已有全新的认识，令我震惊。艺术都有它一定的革命性、阶段性、螺旋式的形态变化，到一定成熟的阶段，则产生“范式革命”。

我找到了国统区抗战时期的一系列设计，也找到解放区延安时期的一系列设计，每一阶段的设计都有特点。最打动你的，不一定是技巧，是人们的心气。如今凭借电子手段，设计师可以轻易做设计，不需如前辈们那样通过亲自经历感受，再一笔一画地表达出来，作品缺乏某种温度的感染力。社会是发展了，手段进步了，但能力反而在退化。

改革开放，人们从封闭的环境中走出来，终于见到了外部世界是什么样子，而大量爆炸性的信息扑来，又无所适从。我觉得今天是个迷茫的时代，相信建筑界也差不离。三十多年前，信息封闭，很少看到国外的书，我记得那个时候偷偷地到唯一可以引进外国书的中国图书进出口公司找朋友，借来书一张一张临摹。因来之不易，自己十分珍惜每一个学习过程，认真消化后的东西很难忘掉。今天信息获得太方便，拿来就用，所以设计的雷同化、模拟化成了普遍现象。这种模拟时代造成了今不如昔的印象，山寨行为是一种令人担忧的进步中的绊脚石。

当然这些年书籍设计界还是取得了不小的进步，越来越多的书籍设计师认识到阅读重要性的设计本质。2004年我们获得“世界最美的书”奖项称号的那些书，基本上不是那些表面“炫”的书，大部分是那些为普通读者阅读，但有信息再造概念的书籍设计作品。

方

在获设计奖的书里面，我觉得有一类也挺有意思，
就像朱赢椿的作品中，有的书是他自己策划的，
从内容到形式完全出自一人之手，这也是一种。

吕

评委们评书，首先关注它的属性，选择没有过多的装饰，让人愉悦阅读的书，然后从专业的角度，针对文字排列空间把控、图文相应对位关系、信息条理阅读清晰、纸材应用、印制质量应用准确等进行评判。创意是

体现在阅读设计之中的。你说到朱赢椿那种自编、自写、自画、自导、自演的书，更容易体现设计师的主观意图，突破出版社设下的那些不必要的清规戒律，反而呈现出不同一般的清新面貌。他的《蚁呓》中有大量的空白，是情景所需，得奖前媒体猛烈炮轰；得奖后，当然是一片赞扬声，因为读者喜欢，再版了很多次，好几个国家买了此书的版权。设计师可以成为一名著作者，而非书的化妆师，这是一个非常重要的信息——文本作者是主角，设计师是配角，无可非议，但当设计师真正拥有优秀导演的素质和能力，他可能成为该书的第二作者，因为设计提升了原文本的阅读价值。这种对内容的主导性视觉编辑设计意识，更缩短与先进出版国家的差距，是提升中国书籍艺术水平的重要环节。

话题 13
“场”的亲历与体验

方

这个问题在建筑界也有体现。体现在什么地方呢，就是相当长一段时间内，中国人学建筑是通过照片学。

通过照片学还不光是出不去的问题，
包括本国的一些优秀的设计，也是通过二维的东西传播的。
因为那时候的确穷，想跑趟苏州去看看，也不是那么轻松的事。
由于注重能画出来的这些东西，而画不出来的东西则学不到。
我自己这十几年体会特别深，在教学和实践里面，
实际自己也在变化，对很多问题的认识也是在逐渐加深。
我因为去苏州的园林很多次，也带学生去，越去就越发现，
它的那种美好的东西无法传达。
拍照也拍不出来，拍回来一看，发现不是你想表达的那个东西，
有时候录像都不行。但是越是这样，我越觉得它有意思，
越能体会它真正打动你的东西是什么。
现在我出去之后，拍照的意愿越来越淡了，
因为有时候我觉得我宁愿不拍照，我去把这种体验记下来。
其实拍照很有意思，拍照它会转移你的注意力，你出去的时候，
通过镜头所看到的世界，跟你不拿镜头
直接去感受到的那个世界，是不一样的，是两个世界。
一拍照，你只会关注它的形式细节，然后关注照片的构图，
恰恰忘了它这个空间本身的意义是什么。
因此我现在带学生出去，第一遍走，规定他们不拿相机，
就跟着我走，我走的时候还讲解一下，
觉得它哪个地方有意思，但不要拍照。
走一遍回来，再给你时间去拍。
这样的话，空间的东西学生最起码有一个印象，
不然全是镜头里的东西。
有一次带学生去香港，回来我让他们把

这个空间的模型建出来，然而他们真“傻”了。

他们拍照片，不注意空间关系，所以需要建模就傻了。

吕

以上现象我的学生中也有，采风只看表象，对采访对象的人文历史背景一无所知，当然只能走马观花看热闹。因为当今能静下来读书、做案头工作的时间越来越少。这就要回到浅阅读的问题，今天的信息量太大，各类信息丰富多彩、五花八门，但是你一掠而过，无法用大脑梳理，留下印象。平面设计师、建筑师们越来越依赖于现成的数字信息，以至于不能解决现实问题。

现在很多中国旅游者到外国，到一个地方拍张照就算完了，“到此一游”“存照为证”。而里面的历史文化背景，之间甲乙丙丁、子午卯酉的关系都不知道。同样，参观国际图书博览会，就拍那个封面。你只拍它的封面干嘛，你应该好好看里面的信息结构、图文的叙述关系。他不看，拍封面为作设计时的参照用。这和旅游是一个道理，先理解一个国家、一个地区的人文内在关系非常重要。这样对事物才有自己的看法，设计才会有出人意表的创意，不然就会流于模仿。

方

并且我们有一种很愚蠢的观念，
认为拍了照，好像就把这个东西占有了，
其实完全不是那么回事。你没有把这个东西真正解读之前，
你拍照也是没用的，你拍回来也不知道要干什么。
所以我让学生先不要拍，原因也是这个。
你先理解一下这个东西，别连这个对象都不理解，你就开始拍。
我觉得追求一种智力上的进步，是人类文明的发展总趋势。
不会说我们的发展趋势是反智的，如果这样，是很荒谬的。
但是现在反智倾向很严重，在平面领域、建筑领域都有这个问题。
他觉得稀奇古怪地随便弄两个东西出来，好可爱哦，就行了。
有时候看上去可能挺有前卫感，但是我觉得他这种前卫
并不是那种结构上的出于信息表达技巧上的深思熟虑，
有时候就是形式层面的一种变异，图新鲜而已。
我觉得审美里面是包含智力因素的。
这个东西还真的困扰年轻一代的学生，
有时候我和他们都很难有效地沟通。

吕

就你刚才的问题来讲，平面设计当中也存在，这种意识还是很厉害的。我觉得学习是全方位的，学习和应用他人好的东西，这没错，但是有一点，就是目的必须清楚，为什么借鉴他人的理念，你的受众是谁？

我还是比较提倡学习并经过消化融合外来东西，不要低估国人的智商。向国外学习学的不只是形式，主要学他们的思维方式、逻辑分析能力、观察事物的切入点等，确实有很多东西值得学。

方

方法论层面的学习，包括价值观层面的学习，
这个都是应该的。

话题 14
字体设计

方

我们这几年对字体设计开始重视起来，
字体比赛越来越多了。这也很有意思。
以前那个时代，是没有电脑的时代，
很多人设计的时候，都是自己设计字体，写美术字。
我念书的时候，我们画完图，题头的字都是自己写的。
我那个时候也经常琢磨这件事，并且我还是班里
经常帮别人写那个字的人，挺爱干这件事。
但是现在因为电脑，我觉得这种写字的乐趣反而被剥夺了。

吕

现在反过来做书要学习民国书中的字体设计，我们发现那些中国的字体通过你的书写和理解，能创造别有趣味的新字体，看民国书封，光字体就能够打动你了。不过时代和技术的发展，改变了以往的设计手法。说来也有趣，20 世纪 70 年代末进出版社，那个时代还属铅活字印刷，封面上没有那么大号的铅字，所以必须手写。然而除杂志、少儿、美术类图书可以设计变化字体，一般的图书均是标准宋体、仿宋、黑体或书法字。今天拿出民国时拥有丰富文字表情的设计，广受褒奖。当年民国书中活灵活现的手写字一下子感动了许多读者，我想也是他们拥有“写字动力”的原因之一吧。

汉字是方块字，四方、五行、八卦、九宫、十二度，字形构架自成规律，很像一座建筑，大都是直线，既有它的局限性，也有其自由之处。西文字圆、斜、出格，变化多。日文中有汉字，还有片假名、平假名，大小曲直富于变化。中文造字是件很妙的事。由于不满足电脑字库提供的字体，有些书籍设计师开始在自己设计的封面上写具有个性的文字，但要突破编辑、发行的预设限制。

北大方正公司更投入力量，设计出多套更适合阅读，又富于美感的新字体，值得表扬一下。

方

这个挺重要的，
我看你做的很多书，也是自己重新来写书名。

吕

我挺喜欢写字。

书上的文字不想固守一个规矩，文字也可以成为信息传达的主角，艺术最宝贵的就是不同，这是很重要的。

方

其实我主编的杂志也一直希望有字体方面的创新，
我一直没太说，因为我知道这事，其实大家不愿意干。
比如我们的每期封面，专题名称的字，
如果有点设计，通过字体也是表达观念的一个手段，
甚至有些其他图形反而可以不要了。

吕

文字成为设计的主体，很有特征。回过头来看，不

管是《美术观察》的改造也好，包括您主持的《装饰》杂志实验也罢，过程的经验是宝贵的。因为审美好与坏的标准是很难界定的，人的智力、文化、经历、地域差别等，都是有区别的，所以不能够强求一致。但是杂志毕竟要有受众，有一个读者群，你要尊重他们，这是设计原则。我觉得在你担任主编的过程当中，做了一件很有意义的事情。

方

关于杂志的版式，
这几年每年的开期都要想这个事，
对我来说真是个学习的过程。
编辑杂志有一个框架的问题，
网格我是很认同的，因为我觉得这点跟建筑很像。
另外信息一定要分层，分层之后它产生了结构明晰度。
它并不在一个平面上，实际上这个信息仔细去读的话，
好的设计它是立体的，
它能够带给你原始信息之外的新的信息。

吕

是啊，好设计掌控最佳的明视距离，先看什么、后看什么，轻重、快慢、层次、节奏，懂得把握阅读的视

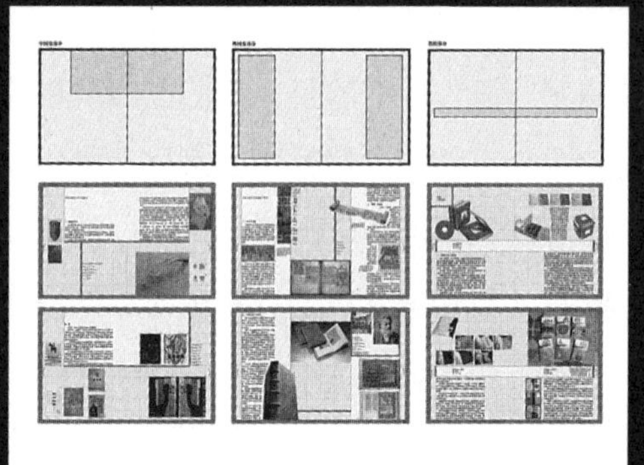

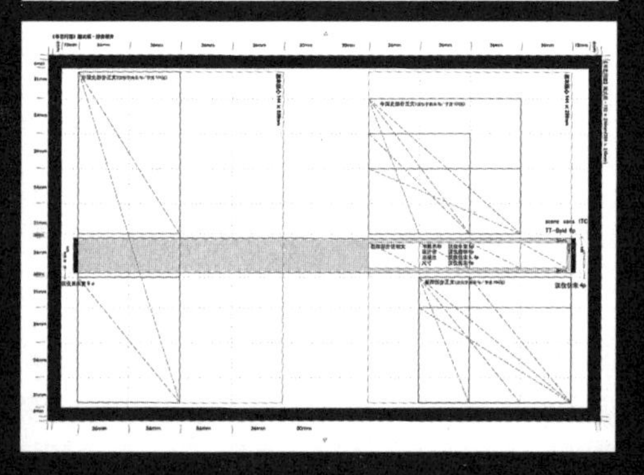

图 2-5-22、图 2-5-23:《书艺问道》2006 版中的版面网格

觉时间，这是很重要的。

话题 15
“场”——文化立场

方

现在最可怕的事情就是我们丧失了文化判断力，
丧失了价值判断的能力，因此才会迷茫，
在各种信息面前无所适从。
民国时期，也不是说所有人一开始就很清楚这点，
包括中国装饰美术设计泰斗庞薰琹。
庞薰琹当年出国也是在很年轻的时候，
对传统的东西也看不上，
对传统意识的觉醒反而是在国外完成的。
在国外，因为他的导师跟他说，你应该回去看看，
你们自己国家那么优秀的东西在哪里，你都不知道，
却跑来学这个。你学也隔着一层，实际学不好。
后来我念清华建筑学院的时候，
有一位老师跟我讲过一段话，我觉得讲得非常好。
我那个时候正犹豫自己到底学中国建筑史还是学外国建筑史，
自己很喜欢外建史，因为那时候对外面十分好奇的那种情绪
是很普遍的，觉得中建史不好玩。
后来那位老师讲，你要能学好中建史，外建史也能学好；
要是中建史学不好，外建史也学不好。

当时我觉得这话还有点玄玄乎乎的，
但是这么多年下来，我觉得很有道理。
因为不管学什么，史也好，论也好，
最后其实都建立在文化理解的基础上。
本国文化是最容易理解的，你连本国文化都理解不了，
对他国文化的理解，基本上也是瞎理解。

吕

我也有一段经历，与您的感受相仿。这是一段永远铭刻在心的经历。20 多年前，我赴日本学习，师从著名书籍设计家杉浦康平先生。杉浦先生毕业于东京艺大建筑系，是日本战后设计的核心人物之一，也是现代书籍实验的创始人。初到国外，从长达二三十年的封闭环境出来，一切都很新鲜，平时就表露出崇洋媚外的心态。杉浦先生看在眼里，无时无刻不给我提出各种关于中国古代文化的问题，提醒自己是一名中国人，并时时启迪我对中国汉字和东方智慧创意造物的敬畏心。他一直以自己 20 世纪 70 年代在德国任教时真正认识自己东方文化基因的经历开导我，强调敬重并学好自己国家文化的重要性。他用他的设计理念“悠游于混沌与秩序之间”，至今 80 高龄的杉浦先生，仍以他的学术力量在东西文

化交互中寻觅东方文化的精髓，并向世界发扬光大。他希望我能够更多地关注和热爱中华文化并运用到设计实践中去，对未来中国的书籍艺术发展做出一份努力。这是一次陶冶与修炼心灵的留学经历，这些教诲对我以后的设计和教学都产生了巨大的影响。

出国以后，看到异乡镜子中的自己，反而令我清醒自己的文化归属，反思自己的文化立场。

方

我印象最深的也是第一次出国，那时去了西班牙。
站在西班牙街上，我就突然涌起一种感受，
这个地方非常好，但它跟我没关系，有一种疏离感。
有很多东西你原来很向往的，书上看到的，
你现在来了也看到了，没有那么激动的感觉。
所以我就想，这些东西到底是什么，你在对它
不是很了解的情况下，你也很难有那种触动，尽管很有名。
其实你要是背它的背景知识，也能背出很多来，
但是你站在那儿，不是那种很切身的感觉。
那个时候，我觉得得到一次非常重要的体验，
让我明白自己是彻头彻尾的中国人。
我年轻时候，也很有一种想跟传统割裂、告别的情绪。
我印象很深的是，上大学的时候，
有一个电视片提出一个理论，

就是告别黄色文明，走向蓝色文明。
黄色文明就是我们内陆文明，蓝色文明就是海洋文明。
后者就意味着更开放的文明，要走向海洋文明，全盘西化。
当时觉得它讲得没错，但现在我不同意这个观点了，
那次出国的真切体验，给我的印象特别深。
我特别理解全盘西化的荒谬，就是说不可能，
因为人是中国人，怎么西化。
就像我刚才讲的，我原来对外建史的兴趣要大于中建史，
现在让我给学生上外建史的课，我也能上得非常好，
因为我太熟了，很多东西我也非常喜欢。
但是你那种喜欢，还是隔了一层文化的喜欢。
后来我更关注本土的传统研究，
现在我讲中国人的空间的时候，
相信我讲的东西，
会是很多其他国家的人永远不可能讲出来的。
这是我们的坐标决定的事情。
尽管我上学时，我们设计教育完全是西方的体系，
并且我以前看了大量的书，也都不是中国人写的书。
那时候喜欢看很多翻译过来的书，哲学的、美学的都有，
甚至认为自己从思想上，已经变成一个外国人。
但我出国的时候，很清楚地知道，
你根本跟他一点关系都没有，你还是个中国人。
哪怕你接受外来的东西，
你也是在中国这个语境下所接受的东西。
这是非常有意思的。

▲

图 2-5-24:《藏区民间所藏藏文珍稀文献丛刊精华本》，
四川民族出版社、光明日报出版社，2016 年出版
图 2-5-25:《赵氏孤儿》，国家图书馆出版社，2001 年出版

▼

吕

这两天我们围绕着“场”进行的讨论很有意思，虽然我们分别从事不同的专业，可能是因为共同的文化立场才有心有灵犀一点通的对话，意犹未尽的交流，篇幅不够，我们的讨论必须刹车了。

杉浦康平老师曾说过这样一句话，让我这辈子无法忘却，他说：“依靠两只脚走路的人类，亦步亦趋，这是人类前进和发展的步伐。如果行走中后脚不是实实在在地踩在地上，前脚也迈不出有力的一步。这后脚就是踩在拥有丰厚的传统历史文化的母亲大地上！人类正是有了踩着历史积淀深厚的土地上的第一步，才会迈出强有力的文明的第二步。进化与文明、传统与现代两只脚交替，这才有迈向前进方向的可能性。多元与凝聚、东方与西方、过去与未来、传统与现代，不要独舍一端，明白融合的要义，这样才能产生更具涵义的艺术张力。”

这是他的设计哲学，并形成杉浦康平独有的视觉语言和设计语法。他认为万事万物都有主语，一个事物与另一个事物彼此重叠、盘根错节、互为纽结，经过轮回转生达到与其他事物的和谐共生，即共通的精神气场。我想这大概就是万千世界周而复始的“圆”的概念吧。

我们并不会排斥西方文化，而是精心吸纳、融合，但对东方思想充满自信，学会驾驭两者之间关系的能力，释放自身智慧的思维能量和圆满自我的途径。

谢谢“书·筑”活动，与方老师有了这次愉快，并收益良多的对话机会。

3 人物谈

3·1

引导我
跨进设计之门
的导师
——杉浦康平

杉浦康平
引领我走进
书籍设计之门

从我跨入杉浦康平先生在东京涩谷的事务所之门的第一天算起，至今已经有二十二个年头了，无论是两年间与杉浦先生朝夕相处的日子，还是之后那些年未间断过的往来；无论是先生来华，还是我去东京；无论是每年每月的书信、fax、email，还是经常的电话联络，他的点拨教诲从没有停顿过，若要说学历，我可能是在他那儿就学时间最长的外国学生，足足有二十来年。这些年来，我在他身边聆听书籍设计艺术的教诲，在他的艺术作品中领略设计者与读者之间心灵的对话，从旁感受他的研究与治学，体验他生活与艺术创作的过程，感悟他行事做人的修为。

事务所设在涩谷并木桥附近的一栋公寓楼。这一带有许多旧书店，先生爱书成癖，为此 1968 年设立事务所时就选择在书店街的附近。奇怪的是杉浦事务所的名称，英语称谓 PLUS EYES，直译是"复眼"，即昆虫的视觉器官，由无数个六角形的小眼构成一个繁密的视觉球体。当时我甚感困惑，请教先生，才知这是复眼的联想引申——"多视点"。对宇宙万物，对世间百相，对昨天、今天、未来，多层次、多角度、全方位地观察、解析、探究，这正是杉浦设计理念的精髓所在。我抱着极大兴趣尝试去感悟杉浦康平的奥秘世界。

先生的学识渊博，思维敏捷，他的兴趣广泛，视野高远。他专一好学，不耻下问，求知欲从未半途停息过，虽年过八十，却仍像二十岁的年轻人那样渴望新知。他不求名利，不容空谈，鄙视权力。他扎扎实实做学问，实实在在做设计，拥有令人敬佩的做事做人的态度。从

20 世纪 50 年代至今，作品不计其数，成就斐然，独成流派，影响日本、亚洲乃至全世界。他在亚洲各国有无数仰慕者，皆因为他的学术思想的影响力，他那源自深远东方并超越国界的文化感染力，还有他的人格魅力。

他出生在日本，却能跨出自身国界疆域的局限，用放眼汉字文化的大视野，去学习研究，并形成杉浦设计哲学思想，创建杉浦设计思维方式和设计方法论。他在战后接受西方教育，并赴欧洲最著名的设计大学任教，但最终仍回归到亚洲文化的源点，寻求亚洲审美价值的核心所在。他并不排斥西方的优秀文化，而是很好地吸纳其精华应用于实践，将逻辑思维和理性分析贯穿于东方文化研究的过程之中。

为了体验亚洲丰富的文化本源和更多了解各民族人文的本真精神，他用大半生的精力奔走于东方各国，印度、尼泊尔、不丹、新加坡、印度尼西亚、韩国、中国都留下了他的足迹。抱着对东方文化神灵顶礼膜拜的虔诚之心考察古迹、坊间；拜访专家学者，聆听最底层、最世俗、最自然的呼吸声并将之融入他的亚洲文化课题之中。他每到一处必去当地书店购买相关国家历史文化的书籍，有时数量册数太多，不得不用各种方式托运。

经五十多年的累积，他的事务所成了一个图书馆。2010年，他将收藏的近万册图书全部捐赠给日本武藏野美术大学图书馆，为培养年轻学子，奉献出一生积累的最宝贵的精神财富，倾注了他为教育治学的满腔热忱。在他的策划下，韩国坡州书城（一座会聚三百多家出版社、印刷企业、书流中心、影视基地的城市）建起了“东方书籍艺术资料中心”，该中心汇集以亚洲为主和来自世界各地的优秀书籍艺术作品，以供来访者学习浏览。由他主持的中、日、韩东亚书籍艺术研讨会自2005年起每年举行，延续至今，促进了亚洲书籍设计艺术家的交流，以推动亚洲优秀的书籍文化向世界传播。他呼吁亚洲各国珍视自身的传统文化，倡导21世纪亚洲文化走向世界的自强精神。他在曾经任教的神户工科艺术大学成立了“亚洲文化研究所”，并亲任名誉所长，秉承着关注、保护和传承的宗旨，要在他的有生之年更好地致力于亚洲文化的研究和推广，为在世界的艺术之林中绽放出独有的东方艺术之光。

20世纪70年代，他随联合国教科文组织的文化考察团首次访问中国，对中国悠久的历史文化产生了浓厚兴趣。1989年，受中国出版工作者协会邀请，他与日

图 3-1-01: 首届东亚书籍艺术研讨会，2005 年

本书籍设计家菊地信义一同访华，并做了精彩演讲，给当时的听众留下了深刻的印象。1999年，中国青年出版社出版了他的论著《造型的诞生》，书中对东方造型符号的渊源作了深入浅出的分析，在中国当代年轻设计师心中播下了敬畏和珍爱东方传统文化的种子。2004年，他出席北京首届国际书籍设计家论坛，发表了著名的演讲“一即二，二即一——书之宇宙”，2009年在北京举办的世界平面设计大会表上又发表演说，引发了中国年轻设计师们对东方设计哲学的思考。2004年以来他多次担任“中国最美的书”的评委，高度评价中国近年来的书籍艺术，并在日本媒体上积极撰文介绍中国的发展与进步。

杉浦先生对中国文化有着浓厚的兴趣和深切的情感，其独特的研究视角和切入点都给予以汉字为母语的学者以启迪。他编著的《文字的宇宙》《文字的祭祀》《文字的美 / 文字的力量》一系列书籍都具有很高的学术价值。杉浦先生对亚洲图形的起源更有长期的研究和独到的见解，他撰写了《造型的诞生》《叩响宇宙》《生命树 / 花宇宙》《多主语的亚洲》等十多部专著，其中多部以多国文字出版。他对藏传佛教的艺术精髓——“曼陀罗”

图 3-1-02: 2006 年杉浦康平担任“中国最美的书”评委。
左至右：吕敬人、杉浦康平、廖洁连、王行恭

精辟深入的研究和解读，使得在东方诸国的学者也受到他的影响。

在杉浦先生的设计理念中，一再强调书籍设计不是简单的装饰，对此我开始有了新的领悟。他让我明白所谓书的设计是设计者与著作者、出版人、编辑、插画家、字体专家、印制者不断讨论、切磋、交流中产生的整体规划过程。尤其是杉浦先生对文本的解读，都有他独到的见解，更是以自己的视点与著作者探讨，再以编辑设计的思路共同营造全书的架构；以视觉信息传达的特殊表现力去弥补文字陈述的不足；以读者的立场去完善文本阅读的有效性；以书籍艺术的审美追求，着重于细节处理和工艺环节的控制；以理性的逻辑思维和感性的艺术创造力将书籍的所有参与者整合起来，并发挥各自的能量，汇集群体智慧；以一丝不苟的态度为读者做一本尽善尽美的书，其过程远远超过做装帧的职能范畴。

我从未体验过这样繁复的做书经历，在国内早就被扣上越俎代庖的帽子，固有的装帧观念也常会令我自责是否搞错主角与配角的位子。书籍设计师的这种专业性令我惊讶，更引发我竭尽全力去关注，并参与一些书籍设计的过程。这也使我重新认识和定位自己，感慨书籍

▲

图 3-1-03:《文字的宇宙》，写研社，1985 年出版

图 3-1-04:《文字的宇宙》内页

▼

◀

图 3-1-05:《多主语的亚洲》中文版，中国青年出版社，2016 年出版

▶

图 3-1-06:《传真言院两界曼陀罗》，写研社，1977 年出版

▼

图 3-1-07: 杉浦康平艺术文论系列出版物

设计者的职业素质和设计理念绝非会画几张画，能写几笔字就能胜任的，也感受到做出好看的封面或画出有艺术性的插图并不是书籍设计的全部，这里有一个很关键的问题就是意识以往装帧观念的局限性，重新界定设计师做书的目的性和责任范围，认识书籍的装帧设计，编排设计，编辑设计三位一体的设计理念之重要。在设计者背后极具知识的铺垫、视野的拓展、理念支撑的必要性。杉浦先生让我开始明白作为书籍设计师除了提高自身的专业素养外，还要努力涉足其他艺术门类的学习，如目能所见的空间表现的造型艺术（建筑、雕塑、绘画）；耳能所闻的时间表现的音调艺术（音乐、诗歌）；同时感受在空间与时间中表现的拟态艺术（舞蹈、戏剧、电影）。他指出自满自足的狭隘的装帧误区（日本业界也存在），引领我走进书籍设计之门。

杉浦先生曾形容一个设计师就像一个大坛子，随时随地、无时无刻将各种知识或新鲜的感受装进去。杉浦先生的大脑就是个大坛子，除了博览群书外，他喜欢到各地旅行采风。我曾随他一起参加民俗节日活动，拜访民间艺人，参观各类展览，浏览书店，聆听音乐、观赏戏剧、电影。杉浦先生的工作室可以说就像一个世界音

图 3-1-08: 在杉浦康平工作室，1989 年

乐的殿堂，各种音乐尤其以东方的为主，犹如天籁之音从早到晚徊绕在整个工作室的各个角落。下午茶的时候杉浦先生让大家观赏各种短片，有自然科学、人文景观，当然还要关注现代科技发展的纪录片，观后他给予点评，随后进行讨论。与杉浦先生在一起最大的感受就是他那没完没了的问题，“为什么？”几乎是他的口头禅，他鼓励大家独立思考，敢于怀疑，思维上勇于另辟蹊径。他不以掌握知识自居，似乎更享受追求真理的过程。杉浦先生的工作室像是一个知识传播的大课堂，除了他的助手外，还有不少像我这样来自不同国度、地域的学生，这里也是一个包容着各种文化的学校。每个学习者都竭尽全力地将丰富的知识填充进自己的脑海，经过吸收消化，最终形成了结合自己本民族文化特点的知识。

每次国内外出行，杉浦先生会随身携带着高精度录音机，采录清晨丛林中的鸟叫声，溪谷中潺潺的流水声。白天他录下人来人往的小街市巷的嘈杂声，静籁的夜晚录下虫鸣和风啸声，他以敬畏之心留下大自然中的一切噪音。而另一方面，杉浦先生对科技的进步同样也抱有浓厚兴趣。学习建筑设计的经历和追根寻底的习惯，使他具有严谨的逻辑思辨能力和对数据精度的严密要求，自然体验的噪音学说和东方的混沌思想，结合西方科学严密的逻辑思维，形成杉浦设计公式：艺术×工学＝设计[2]。

20世纪60年代后期两次到德国乌尔姆造型大学执教的经历，成为杉浦先生重要的转折点，设计手法从“模式”过渡到“内容”，使他开始从文本内部重新思考封面设计。让书籍杂志拥有自己独立的“面孔”，他精心编排设计的文字组合以及亲自绘制的立体图形跃然纸上，使一本本书刊呈现出前所未有的景致。

他为构建近代活字主流字体的审美气质和传达表现，进行了大胆的试验和实践。尤其是粗宋体那种浓重的“黑色”在竖排字体的构成中尽情施展具有丰富的音乐节奏感的魅力。他精心编写的四本字体应用手册成为很长一个时期日本设计师必用的工具书。“因为有了杉浦康平自此开始有了用日本字所创造的美”（日本设计界泰斗龟仓雄策语）。可见杉浦先生在文字方面注入心血的研究成果，在日本具有举足轻重的位置。杉浦先生创造性地将瑞士完善的网格体系运用到日本特有的竖排格式中，同时他的设计规则是一种靠倍率增减架构秩序的格子天地，成就了独有的秩序之美的杉浦风格。他对精确度洁癖般的苛求，最终使作品达到几乎完美无瑕的程度。

杉浦先生说，一个优秀的设计师不仅拥有能容下知识的“大坛子”，而且在需要的时候能够随时拿出来——是经过解疑存真，去粗取精，经过消化的东西，成为创意的智慧点，是赋予个性的东西，是一种跳跃性的思维。设计不仅仅是技巧物化的高低评判，更是设计之外的知识展示和修养的显露，犹如绘画界的一句俗语“功夫在画外”的道理。杉浦先生又让我走出“设计”而获得了更为开阔的设计天地。

20 世纪 60、70 年代，“噪音语法”作为杉浦先生设计的核心研究课题，不断尝试着各种手法，也是他正式跨入书籍设计领域的重要阶段的研究。通过翻来覆去的噪音语言和语法的探索，经他双手所创造出来的那种充满生命感的书籍、杂志、音乐函套、海报、信息图表设计所表现出的深厚人文底蕴，经久不衰，至今仍显现出充沛的活力。

对于从“噪音”中诞生的杉浦康平书籍设计语法，我既无知，更觉茫然，尤其在国内闻所未闻，业内也只是泛泛谈及形式为内容服务的大道理，而别开生面地深入探讨设计语言的本质与规律的并不多。我怀着一种迷惑忐忑的好奇心渐渐走进杉浦先生的“噪音”世界。

走进杉浦康平的“噪音”世界

1951 年在东京重点中学毕业的杉浦康平，成绩优异，老师们期待他考有前途的东京大学理工学科，但他与之相左，选择了与理科相关的建筑艺术，1955 年从东京艺术大学毕业。杉浦先生虽是建筑专业科班出身，却倾心于平面设计，1956 年即获得“日宣美展”大奖(“日宣美展”奖是当时年轻艺术家心目中的最高荣誉)，20 世纪 50 年代末，他在日本平面设计界已显露才华，不断创作出令前辈们刮目相看的优秀作品。

杉浦先生酷爱音乐。他自小受传统音乐熏陶，却曾热衷于从西方古典到前卫音乐的研究，他主持策划的音乐戏剧都融进现代艺术元素，他对抽象几何学造型进行了锲而不舍的探索，撑起了那个时代现代主义造型语言之翼。杉浦先生一直关注意大利的前卫艺术运动，研究未来派噪音音乐的构成规则，联想地球对于宇宙空间弥漫的电磁波的表现形态，这一前瞻性理解和发现，渐渐形成杉浦先生以后主要设计语言的起因。

杉浦先生的“噪音”设计可追溯到五十多年前，为日宣美（日本宣传美术会：当时日本最权威的国家级艺术机构）设计的唱片函套系列，接着他又在为音乐会设计的海报中，明确地以噪音的形式表现主题。之后，杉浦先生不断探索延展噪音设计论，逐渐形成他独特的设计语法，影响了几代日本设计师，乃至亚洲的设计。

“噪音”来自于
自然万象
和世间百态

20 世纪 50 年代的日本东京，并没达到今天那种城市化程度，那时世田谷、涩谷、杉并区一带，夜晚一片嘈杂的青蛙和昆虫的鸣叫声。杉浦先生去过巴厘岛，在山野里转悠被叽叽喳喳的喧闹声所围绕，这就是大自然的噪音。巴厘岛的人们就是在这样的环境中生存，印尼的民间歌舞就是在自然的噪音中孕育衍生。

杉浦先生认为人的成长过程，胎儿在母体中被杂音

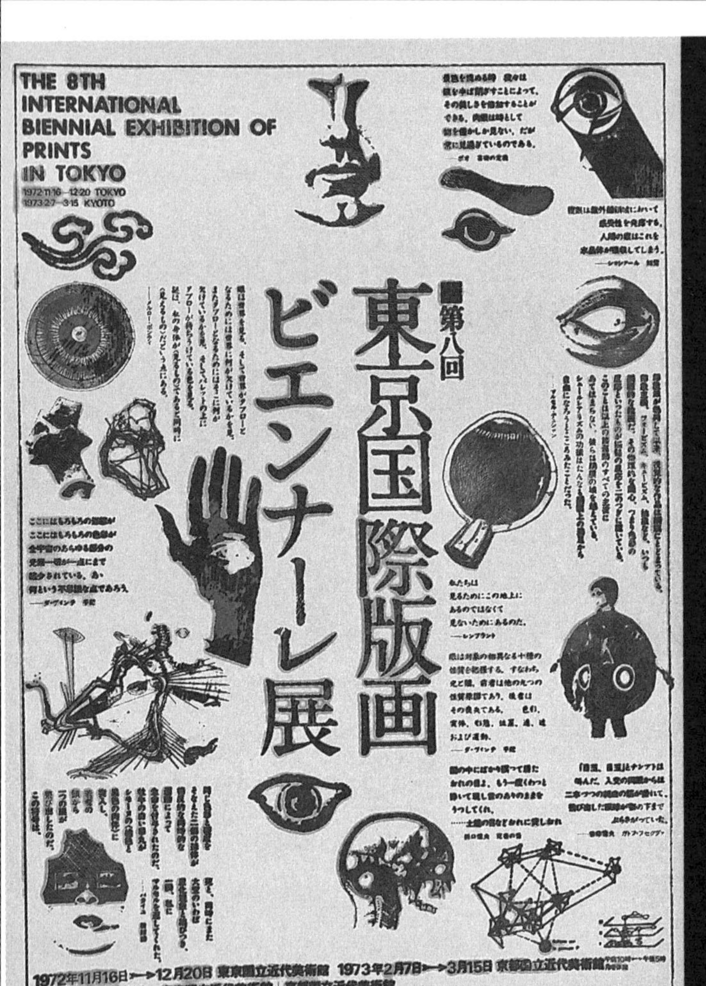

图 3-1-09:《东京国际版画展》海报设计，1972 年

裹拥着，全身都浸透在如同巴厘岛山野的躁动声中，赋予心脏强有力的跳动。人类就是由不断躁动着的精子和卵子的结合，最终达到诞生的瞬间，在胎儿的体内留下了深深的印记。

噪音亦可解释为杂音。所谓“杂”是“纯”的反义词，也称为低质的言辞，是一种驳杂的语音。杂如同多种颜色混合成的编织物的状态，倾向于一种视觉表现，或称为杂音的视觉表达。

他说，对比一下光和音在电磁波中传送，是在纯净的环境中进行的，没有噪音。然而，人类在语言的交流中，利用声音传送信息。在听取对方语言分辨声音时，会受到大自然中的山川草木嘈杂的声音干扰。比如在瀑布旁不大声说话就不能传达信息。杂音的概念，是近代才被强调的东西，是产业革命的结果。自机械诞生之日起，强烈的音响随之而来，无时无刻不影响着生态环境。蒸汽机车喷吐的气嘘声、发电机的电荷爆发声、自动织布机的轰鸣声等都令人胆战心寒。一系列未曾有过的声音侵浸人们的耳目，这是近代所带来的令大地震颤的声音。自此，人类社会过去那种自然安详，如同绒毯般质感的静籁世界被截然割裂，留下了一股紊乱而刺激的声音。杂音就是在这样一个充满暴力的背景下潜在地存在着。

杉浦先生开始投入设计的20世纪50年代，正是20世纪第二次世界大战后的混乱期。白天的街道上充斥着骚乱杂音，那种毫无操守的美国文化不断浸淫着日本社会。混杂与挣扎，良莠不齐相抵又共存。20世纪60年代围绕日美安保条约的政治运动，势必导致杂乱纷争、吵吵嚷嚷的社会环境，而给予当时的设计带来潜在的影响。

当年还十分年轻的杉浦先生深受音乐魅力的感染并沉醉其中，在那时的音乐世界里，有两位现代音乐家深深吸引着他，有一个叫皮埃尔·夏凡尔和皮埃尔·阿里的法国组合进行的试验性创作，利用战时发展起来的磁带录音方法将日常生活中人们发出来的声音进行集中拼合。同时将乐器音乐融合进去。音乐会的组织者还把人们交谈的说话声和物件相碰撞的声音，也有风声、水声等自然之音融合在一起。将噪音重新组合、修补、合成一部作品，并刻成了唱片。另一位受20世纪30年代未来派运动影响的埃德加·巴雷斯以巴黎为中心进行创作实验，活跃在噪音音乐的舞台上。杉浦先生当时像着了魔似的聆听着这类音乐。噪音的魔力给当时的乐坛强烈的新鲜感，唱响了那个时代，并影响了以后电子音乐的开发。

在美术领域，杉浦先生关注美国抽象表现主义画家波洛克的作品和记号艺术，以及美国西海岸艺术家的点彩主义画风。另一位吸引他的是法国画家兼音乐家迪比费，他的作品显然受强烈的充满活力的非洲音乐的启发和影响，创作一种将绘画音乐化的作品。

那时的东京，还处于孕育着战后复兴的胎动时代，百废待兴，拆毁与建设同步。在这一背景下，杂音性的概念引发杉浦先生更为深层的思考。

但在那个年代，美国商业文化盛行，其中广告界是任凭主导者制定的规矩行事的商业世界，他们想强调商品的完美与可靠度是为自身带来利益的所谓秩序性，美国的广告此种倾向尤为明显。受其影响的日本设计师们一味将商品极尽完美无瑕之能事地整合作为设计的首要目的，杉浦先生对这一类商业载体持怀疑与抵触的态度。他认为与其要塑造一种臆想的物品，倒不如去表现其层次化、阶段化的形成过程，其中还包含多少非秩序化的因素和符号分解、组合、重构的过程。这正是杉浦先生追究噪音根源的初衷。

阅读感受
能增殖的“噪音”

杉浦先生初期创造的噪音图形以线条语言的运用和黑白处理为主。通过原始图形的切割、连接、分解、层次化重新组合成新的图形。这种不断复合化的设计，最早用于音乐唱片盒套设计，后来设计的音乐海报也注入了噪音符号。如1957年为黛敏郎、武满彻的音乐会设计的电子音乐函盒，1960年为东京现代音乐节设计海报。杉浦先生从20世纪50年代到60年代期间不断在线的表现方面不遗余力地尝试着。

杉浦先生大学期间在学习建筑时经常有引用建筑图的场合，特别在意“影”的作用，他非常注意物体投影的图面表现，尽管设计是在平面上作业，影子使对象呈现丰富的凹凸感，由此延展到噪音图像中影子所发挥的作用。1960年为“世界设计会议”设计的海报上应用了影子的语言。从1959年开始，在《广告》杂志上整整一年全部以噪音图像语言为主体设计语言。1961年为《中井正一全集》设计，应用影子造型结晶化的手法，被称为“震动的节奏”或称为“波纹的层次”。

杉浦先生在对同一符号图形进行不断反复、移位、切割、重组，把不断增加的图形为“能增殖的图形”。在研究其“从杂音趋向秩序”的生成法的过程中，这逐渐成为杉浦先生非常重要的设计语法。

关于“能增殖的图形”的形成过程，杉浦先生有一个有趣的经历。那个年代是活版印刷的时代，那时的图版均用铜版腐蚀的方法，然后与活字组合成版面。可那些铜版只限用一次，用后就丢弃了，看到印刷厂的角落里堆满了废弃的铜版，非常可惜。而一些杂志的题字，用了很好的板材，保存下来反复使用后，字的边缘都磨成了圆形。杉浦先生突然想到同一块铜版可以反复使用，经过多次精心刻意地设计，组合重构，移位切割，同一个图形结果形成千变万化的图样来。这个创意，既节省经费，又有多种可能性。后来设计的《音乐艺术》《数学讲座》《设计》的封面均被杉浦先生称为“自我增殖的图形系列”。

杉浦先生对噪音有一种强烈的视觉表达意识，在选择书籍整体设计时会将噪音的主角意识贯穿其中。1971

年设计名为《自我的丧失》一书，正文用灰色纸印一色。此书是以主述不能动摇自我意识为主题的现代文学和艺术，文中引用现代科学的许多范例，解答如何延展其自身生命的内容。杉浦先生根据文本的大致框架，直观的感觉可以应用法国画家迪比费的噪音绘画元素，从其作品中摘取某些暗号画素，而达到入木三分的结果。这本设计将文字与暗号符号混杂在一起，名言警句与噪音并存，唧唧喳喳，若隐若现。若不是聚精会神地看，也许看不到任何东西。杉浦先生以此作为一种反命题来进行探讨。封面装帧使用了不常用的丝织物，一色丝网印刷。杉浦先生为唱片公司设计的音乐函套系列两色套印，有时也用荧光油墨，在紫外线的照射下噪音图像呈现完全异样的视感，产生强烈的视觉效果。在印刷手段上，更呈现出若隐若现的不断变换的噪音感。

将各种各样的图形符号相会、组合、并置、拼贴而形成的噪音图像是一种产生异化作用的视觉现象。将色彩变成噪音，有限的三原色，或填满，或抽减，或剥离而产生了森罗万象、色彩斑斓的噪音。

图 3-1-10:《传统与现代技术》海报设计，1984 年

书中包容天宇中
噪杂的星尘

宇宙天际中的星尘是杉浦先生挥洒不去的主题。日本电波天文学家森本雅树先生是杉浦先生的中学同学，在森本的书中，杉浦看到了另一种噪音——全新感受的天宇群星深深灌注进他的意识之中。过去触及的噪音话题涉及的是音乐活动和现代艺术领域，而天文学家森本雅树让他感触到科学领域中的噪音同样具有震撼力。开始，受控制论的影响，科学家诺巴特·威易纳从航海术得到启发，根据控制论原理，提出信息控制和生产控制技术，与此并行产生出全球化通信理论中噪音的问题，作为重大课题提了出来。美国数学家申农设定了信号与噪音之间的比较，称为“SN 比”。

环顾周边的日常生活，噪音现象比比皆是，它的全意即是多元的姿态。当杉浦先生针对这一话题面对天际和虚空的世界，他从极大到极小，从宏观到微观进行深入研究，其视觉化成果不断多层化地在杉浦先生的脑海里显现出来。

自古以来人们关心天宇中闪烁的群星，空中飞过的流星束，及光子群，其实就是星星的碎粒“垃圾”，空中光子、量子，群星乱舞，杉浦先生称为星星的微尘噪音，并呈现出宇宙线的轨迹。散乱纷繁的群星是最典型的噪音表现，无法算计的星星零乱到了极致，洒落在无垠的苍穹中，辉放着强弱不同的光，形成有趣的图像，杉浦先生说，这也是后人命名星座的畅想之初吧。从感性的出发到微尘噪音的联想，再到图形的诞生，相互关联、相互触发，奇迹便产生了。

由宇宙星空的启示，思考人类生命的起源，其根源归根结底来自于点的分布。人类的肉眼能看到星空的尘埃，宇宙与人类到底存在怎样的关系，生命的造型和知性来自于何方，丰富的联想由此产生。

20 世纪 60 年代末，杉浦先生为松冈正刚办的杂志《游》做设计。他们之间进行了热烈的讨论，不久，松冈有了撰写《全宇宙志》的构想，两人一拍即合。这是杉浦先生以星尘作为视觉符号主角，极尽发挥噪音语言之能事的开端吧。

在另一本《宇宙论入门》的设计里，从外包封、内封、环衬、扉页、目录、序言到内文页几乎全部被星尘湮没。微尘、杂音的层层叠叠中源源不断地涌出信息，从杂音的光栅中表现生命，以此种气氛营造该书著作者、宇宙史学者稻垣足穗所期待的目标。书的正中还穿透了一个孔洞，注目窥透宇宙的无垠。

《全宇宙志》全部页面都用黑色作底，上面布满了群星尘埃，成为在当时极为激进的一种设计，也成为杉浦先生之后经常思考的以星辰为背景的设计语言和语法。

运用星辰方面具有控制力表达的设计是《立体看星星》这本书。他在德国期间曾对三维立体图形产生兴趣，通过在投影几何坐标上用红、蓝二色描绘出来各种群星造型。这类试验在以后的设计中不断尝试。杉浦先生做的《立体看星星》，初版至今，已再版三十多次，并翻译成世界各国文字出版，中文版于2006年与中国读者见面。1969年创刊的《都市住宅》杂志封面，矶崎新和他的助手进行近代建筑空间立体图的试验。当时的埴田主编希望给杂志注入新鲜的活力，杉浦先生决定把封面做成立体建筑图，那些日子他几乎是彻夜不眠，一根线、一根线地极其严谨细致、精确无误地进行立体视觉图的描绘。

关于噪音的发现，杉浦先生有过一段有趣的经历，他经常去印刷厂，看到满版印刷过的纸张表面上出现星

◀
图 3-1-11:《全宇宙志》工作舍，1979 年
图 3-1-12、图 3-1-13:《全宇宙志》内页
▼

敬人
书语

尘般的白点，因为纸上的纸粉末，或者从外面落下来的微尘垃圾。那时印刷机虽有防护设备，但仍防不胜防，显然要印出漂亮的活是真要有精益求精的技术。打样的彩稿一来，若屋子黑一点，打样上会呈现闪闪发光的星星尘埃般的点。如果有凹凸质感的纸，油墨未必能饱和地印在表面，同样也会出现许多星尘点。文稿打样上，由于活字组合后在字与字之间也会留下一点一画的污点积集在那儿，印压后的文字则也会出现残缺的部分。若再看一看印刷的活字盘，更是布满了垃圾星尘。对于这些污点，一般校对时都会圈出来表示去脏点。但杉浦先生觉得特别有意思，他认为无论是生产的哪一个过程，都会有杂品产生，而人的生存过程中同样陪伴着无数的噪音和令你不愉快的事情。因此所谓星尘已不仅仅属于上天所有，人们的周遭环境与文化多彩并浸沁于每一个人的器官和身心，他说这是在地上与星尘相会。时间的噪音，无时无刻录下经历的过程。

星星尘埃的表现手法并非经历了《全宇宙志》《宇宙论入门》《都市住宅》《立体看星星》的工作而结束，相反以新的思考角度在运转。从星辰中产生的种种想法转换为宇宙观方面的思考，并以此为背景喷发出来的一系列《亚洲的宇宙观》的研究话题，一发而不可收。之后策划主持“亚洲的宇宙观”展时，从展览馆的天顶吊下无数颗豆粒般的小灯，像天空中纷杂闪烁的群星。杉浦先生不仅专注书籍设计，还对空间设计、杂志设计、广告设计、音乐函盒设计等作为他整体的设计思想相连接，进行不同层面的多元思考。

“噪音”反映出人生事态与社会现象

人的行动产生痕迹，会留下噪音符号。20 世纪 50 年代末到 60 年代，日本社会充满动荡的气氛，形成具有扰乱特征的时代性。杉浦先生那时也参加示威游行，参加政治斗争，演出话剧。显然这就是一种社会性的噪音，掀起破坏平静秩序的噪乱的杂音，如同法国五月革命那种运动。

时间轴所表现出的噪音符号同样存在。一堵墙随着时间的推移，其物态在潜移默化地产生色、质、形的变异。生物的生命结束后，向周边的环境渐渐渗透，如同织物浸染时产生色的变异，通过时间过程导致噪音符号的时间性变化。由于动物的运动过程，或者人类在移动的阶段都会留下痕迹，并生发出鲜明的噪音符号，而引发其他动物或他人的兴趣。由动作产生的过程始末，发生骚动的噪音。这是作为社会给人类留下的作品化的痕迹。现在刚才过去在纪录能够反映出时代特征变化或事件扭曲等现状，亦可称为社会缩影的噪音符号。

噪音能反映社会的一个侧面，也可以说是群众论的一个历史横断面。《骚乱的民间运动》一书是作家管孝行关于民众运动的论述。设计以骚动、噪杂、混乱的视角，抽象化的手法，用狂草的笔触书写了几十个趋向四面八方的动态符号，然后一张一张拼贴、组合、积集，产生旋涡般群众运动的气氛。从封面、环衬到扉页，到处充满了骚乱行为的动态表现。目录编排的文字中混杂着从作者原稿中提取出来的手写文字，就这样吵吵闹闹，熙熙攘攘的文字，将整个活字排式激活了，字里行间传出了喧嚣的噪声，全书渗透进暴力噪音到了极致。

值得一提的是另一套书《大森实选集》。大森实曾是日本每日新闻社政治栏目的负责人。20 世纪 60 年代末辞职后，独自奔赴越南战场，专写战时采访报道。杉浦先生将大森在战地拍的三十五毫米胶卷底片夹在纸上的模拟形态，作为设计该书的视觉符号。一种在战斗现场采访、收集素材后，急匆匆整理材料的战乱现场感充分地体现出来。全书从包封、封面、环衬、扉页到内文，各种场景的照片凌乱地夹卷在书页上，活生生地表达了噪声化的紧张、混乱、残酷气氛，诅咒令人窒息的战争年代。

当时流行采访报告文学，斋藤茂男系列的《新闻的危机》是其中一例。此书与时代同步的进行时体例，针对新闻、报道、言论自由等诸多问题产生的危机感进行现场采访，作为记者的一种声讨。杉浦先生在封面上将文本以十五个字一行的组合句排列，用粗红铅笔在文稿中写上校对批示符号，制造特有的职业气氛，这些在文字间“横冲直撞”的笔迹，留下了噪音般的痕迹。斋藤是共同通讯社的名记者，也是战地记者。他的一套文集封面上放置了亲笔手稿，并利用了笔记本活页上的孔洞，显现采访性。书页用仿旧纸，每一册分别用三种颜色将内容进行划分，形成有层次的区隔。凡作者笔迹印刷的文字页用另一种纸插入正文。噪音的手写文字，赋予了恰如其分的阅读感受，有层次的设计安排，逼真地打动读者，心绪似乎随着采访在战地奔波。虽然只是一个载体，但并没有切断读者与作者之间感情的交流，而达到两者沟通的互动水准，这就是设计的感染力，设计的力量。

《平凡社百科年鉴》封面，根据视觉的角度变化设计烫压小小的几何符号的组合，看不明白是什么形，但由于受光角度的不同，从不同方位看不同的几何型，有层出不穷变化的图像组合。这是受粒子论的启发，用于设计的一例。杉浦先生把这些设计元素视为撒入书的宇宙空间之中的一颗颗尘埃。

以上这类噪音到处可以找到，容易发现。而将多种噪音符号进行对称处理，又生发新的“杂乱无章”的噪音，其中存在着严谨的构造法，却让人感觉似乎是随心所欲的纷乱无序的杂音。《全宇宙志》所表现的星尘与自然现象有所不同，是趋向于秩序感的噪音，似乎星星的飘荡浮游的微尘在逐渐开始进化。

将星尘噪音符号按波形蜿蜒曲折的格子规矩，成秩序状地还原，注入图形模式的噪音。《印》将彩虹箔的噪音符号进行烫印，使噪音的纷繁性被授予更深的涵义。《梦之书》使在同一形的基础上再生出来再次利用，一种望风扑影的符号，表达了梦的诞生和生存蜕变。

平凡社

百科年鑑 [1979]

学問・文化
暮らしと出来事
世界と日本
宇宙・地球・自然

現代の洞窟——地下街

急激に増殖、発展した地下街。
いまや〈地下街のないまちは都市として失格〉とまでいわれるが、一方
さまざまな問題も露呈し始めている。
自動車に追いまくられる人間が
逃げこんだ〈現代の洞窟〉は
はたして〈オアシス〉なのだろうか。

1960年代後半になって、それまでの高度経済成長政策が生み出した経済の急激な肥大化が都市構造に反映し、〈歪み〉を招くに至った。とくに都心部における異常な膨張として現われた構造的矛盾は切迫し、その解決策として、公共空間を基軸にした都心部の高度・集中利用を目的とする再組織化が大規模に実施された。このような都市政策、都市構造上の要請を背景に、公共性の強いターミナルを中核とした地上空間の高層化と、地下空間の開発が半ば必然的に進行し始めた。その一連の推移のなかで、〈地下街〉は世界に類をみない独自の都市発展形態として発展してきたのである。ここにとりあげた大阪梅田地下街は、30年以上の歴史をもち、1942年〈旧ウメダ地下街〉の竣工に継ぎ足しを重ね、地下街自身が活力をもった有機体のように増殖を続けてきた。このまれにみる自己増殖に加え、経済活動の面積当りの集積度と活動密度は10大都市中最大。1日の利用者数約200万人という過密化の現実は、地下街の構成自体が抱える防災・環境衛生などの切迫した問題にとどまらず、都市の社会・文化現象の問題へと必然的に波及せざるをえない。〈地下街〉は高度化する都市空間の最も顕著な戦場といえる。とりわけ、大阪梅田地下街はその代表格である。これから、その地下にもぐりこみ現場に探偵してみよう。

a 地下街は巨大なパイプ空間だ
大阪梅田地下街のイメージ・マップ

阪急三番街
竣工年月—1973年11月
総面積—79,880.00m² 店舗数—307
最も新しい施設と
モダンな身ぶり高級志向

大阪駅構内
地下商店街
竣工年月—1971年6月
総面積—6,241.4m²
店舗数—42
閑散とした地下街

旧ウメダ地下街
竣工年月—1942年12月
総面積—9,698.50m² 店舗数—77
最も老朽化した場所
人の振舞いが主役
地下街に住みついた飲み屋街
天井が低く、閉所感が強い

阪急電鉄
梅田駅3F
国鉄大阪駅2F
地下鉄
御堂筋線
梅田駅B2
阪急ファイブ
阪急百貨店
阪神電鉄
梅田駅B2
地下鉄
四つ橋線
西梅田駅B2
阪神百貨店
曽根崎警察署
地下鉄谷町線
東梅田駅B2
大阪駅前
第1ビル
大阪駅前
第2ビル

ウメダ
地下センター
〈第1期〉 竣工年月—1963年11月
総面積—19,167.01m² 店舗数—211
〈第2期〉 竣工年月—1970年3月
総面積—8,867.47m² 店舗数—43
飲み屋が多い 多様な人の振舞い
ヤング、サラリーマン志向

ドージマ
地下センター
竣工年月—1966年7月
総面積—7,982.02m² 店舗数—71
均質な空間構成
サラリーマン志向

b 午後5時の表情
人の流れと振舞い
人の流れをそぎ落とし、
ふくれあがるたまり場。
仕事から解放された人びとは、
ショッピング街へ、飲み屋街へと
吸いこまれ、終电状態に近づいていく。

—人の流れ
—人のたまり場

追い込まれた

漁場を荒らすイルカ1,011頭を
壱岐・勝本町の入江で捕殺したが
写真を見た海外の自然保護団体から
激しい抗議が殺到し外交問題に。

複合と散乱

地下街はパイプ状の空間に見立てられる。全体的景観や広い視界を欠く地下空間では地上と異なる固有な〈場所〉の発生がある。上図には梅田地下街に見られる場所の〈分節域〉と〈結節点〉を示した。分節域はその空間の質感などを基に区分し、老朽化した閉所感の強い場所には皺が寄り、新しく華やかな感じの場所はピカピカと光り輝く〈イルミネーション風〉に描かれている。結節点は広場や連絡口など分節域をつなぐ役割を果たし、シャボン玉のような透明な球体となっている。パイプに付着している軟体性の塊は地下街に接続した建物の地下階である。地上へ通じる階段が毛穴状にのびている。場所に刻まれたマチエールの感覚は人間の行動形態に共鳴し、モダンな場所ではファッショナブルな身ぶりが主役を演じ、老朽化した場所には終戦直後の地下道のような人懐しさと哀しさが充満している。現代の都市施設の中に、このような多彩な〈場所〉が都市にとらわれた人々とともに生き続けているというのは稀有なことではないだろうか。

图 3-1-14:《百科年鉴》，平凡社，1979 年出版

多姿的文字
彰显变幻无穷的
“噪音”魅力

20世纪60年代开始，杉浦先生不断变化设计语言，进行大胆的实验性设计，对文字的细微观察和运用，活版印刷新技术和手段的开发，悉心进行纸张材料的选择，这些实践在那个年代给读者带来不小的震动，也为后辈设计者留下了巨大的决定性影响。

杉浦先生认为，世界的基本构成要素是最细微的微尘。宇宙由无数的细小颗粒组成，其实我们的生命体也是由尘埃所组成的。一本书由成千上万个文字组成好似星尘云屑、微不足道的杂音要素，随着设计的渗透到层层叠叠的纸面中，它们繁杂琐碎、魔幻多变，它们汇集成文本的千军万马，甚至还会通过设计成为传递信息的主角儿。

在《真知》杂志中整体运用“杂音”要素设计，每一面都利用细微的“杂音”记号，隐隐显浮聚结的版式、投撒散乱的文字、跳跃活泼的图像，甚至在切口上大做文章这本杂志可以说是未正式宣布的设计实验场。

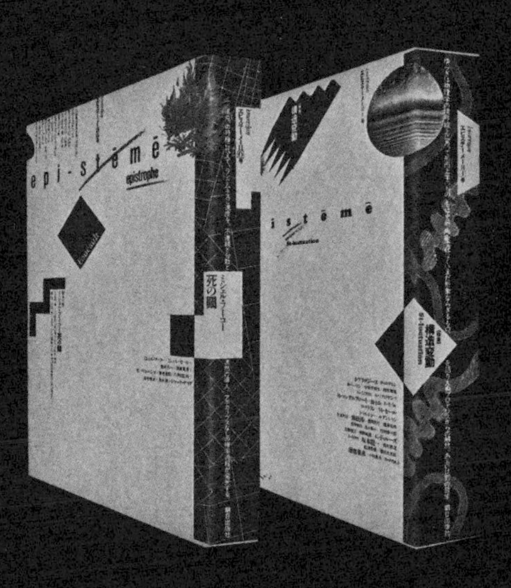

▲

图 3-1-15: 时间轴在《真知》杂志内页中的体现

图 3-1-16:《真知》创刊号，朝日出版社，1975 年出版

▼

杉浦先生的设计中，经常运用电影的手法，如《电影的神学》一书（泰流社，1979 年）中时而在映像中显示出文字，时而映像从文字中逐渐化入化出。

在记述文字的过程中，展现出各式各样的记号噪音。比如在校勘文章时写下的校对线、圈、叉、勾、点、字都可以视做噪音符号。若将已有的文字用橡皮擦去、书写的停顿处、在文字栏（版心）以外涂抹的文字。文字剧场的舞台有太多的噪音引人注目。

有关文字形态的研究，杉浦先生更多地将他挚爱的汉字情节和严谨的学术思想融进他的设计之中。季刊《银花》杂志自 1970 年创刊至今，已出版一百二十二期，一直由杉浦先生担任设计。设计中汉字那凛峻秀美的姿态和一张一弛富有节奏韵律的排列组合，将文字完美生动地展示在书籍设计之中，充分体现杉浦文字论的结晶。《银花》杂志封面中，杉浦先生将图像文字与地球轴二十三点五度倾斜角保持一致的设计，起源于他对中国古代“天圆地方”宇宙说的研究。他一直关注文字的四方、五行、九宫、十二度的“天圆地方”学说，并应用于书籍文字设计的语言组合排列，照应来自四面八方的视线的阅读设计。那些在书籍文字方面的创意和独树一帜的设计，不胜枚举，先生以它独特的哲理思考，潜心驰骋在书籍设计广垠的想象空间之中。

随着当今数字化信息时代的到来，人们运用数字化程序，靠计算机制作超越自身能力极限的设计，这种快感是不言而喻的。然而，解释那种超越今人取自于自然深层意念的文字，比如护符的文字，寻究人类追求善美的神话般文字符号的过程，这种魅力和亢奋感靠手指操作鼠标是解答不出来的。杉浦先生所期待的是触及具有文化渊源的设计，如古老亚洲的图像宇宙中，存在一种肉眼看不到的，潜藏于生命之中的设计，他深深感悟于此，这是一种不可逾越的价值观。

书法家井上有一先生在巨大的纸上挥毫洒墨，用他的全身心力投向一纸空白，犹如在空中行舞，超脱自身形体的存在，文字随其形开始赋予文字生命的表现力。杉浦先生认同他对书法真髓的思维方式和书写是像孕育生命一样重要的过程，才会设计出《井上有一炽梦录》这样震撼人心的巨作。

文字的造型深基于生活的方方面面，也许人们已经忘却这些变幻无穷的文字产生于何处。为此，杉浦先生自 1975 年至今，以写研社每年的月历为舞台，将饱含

图 3-1-17:《井上有一·绝笔行》，UNAC TOKYO，1986 年出版

着生命的汉字众生相一个字一个字活灵活现地跃然纸上，从寻根溯源到深层涵义，从生态圈到文化范畴，犹如让读者进入文字博物馆的氛围之中。

同时以杉浦版式学而展开的文字设计的创新实验，从单个文字、词组、标题、群体文字到字距、行距、灰度；从阅读关系到明视距离；从噪音到秩序，从秩序到噪音，这样周而复始的设计过程，是鉴别对噪音文字群控制力的考验。杉浦先生一直在摸索诞生于从噪音到秩序的文字表现规律和方法论。围绕着不同的主题为读者和同行呈现出人意表、赏心悦目的新作。《游》《讲谈社新人文库》《真知》《传闻的真相》等均发出游戏般的文字“噪音”魅力。《文字的宇宙》《文字的祝祭》的问世，其影响远远超越了汉字圈文化的国界，在西方也引起了巨大的反响。

杉浦康平的设计哲学
——东方多主语世界的和谐共生

以上只是杉浦先生诸多噪音设计语言和语法的一部分，不仅仅从书的外在表达出发，还包括书的内部，将

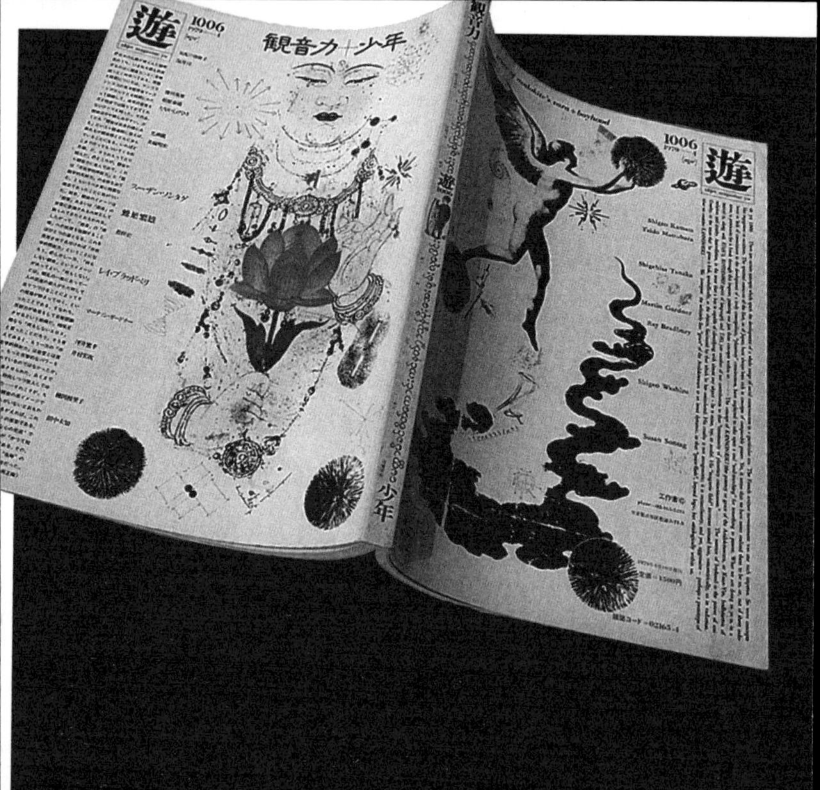

图 3-1-18:《东京国际版画展》海报设计，1972 年

噪音渗透于书页的纸面、纸背，内文的整体贯穿于噪音设计是杉浦先生始终在探索的主题。

杉浦先生“噪音”设计的语法是丰富多变的，并处在不断地发现和创造中。学习杉浦先生的噪音学说，并不只是学得一种设计手法，而是求取观察自然、人类、社会的方法，汲取浩渺深邃的宇宙世界（社会科学、自然科学）之养分，丰满有限的知识，拓宽学术的视野，提升创想的能力。

杉浦康平先生曾经这样说：“书，就像打开未知却充满预感的井盖，深井里面盛满故事与思想、声音与影像、生命与地球历史。”可以说书是触及未知世界的载体。书与一粒种子一样，它能承载释放世间的万事万物。一张纸亦然，拿在手上自然产生天头地脚。从左到右画线，即呈现从过去到未来的时间流。一张纸既反映时间，又反映空间。白纸一张也是宇宙。纸张组合起来的书就是高深的容器或一口井，知识与智慧既能往里深入，亦能从中汲取。

他指出：万事万物都有主语，森罗万象如过江之鲫，是一个喧闹世界。一个事物与另一个事物彼此重叠层累，盘根错节，互为组结，联成一个网。它们每一个都

▲

图 3-1-19: 戏剧海报设计

图 3-1-20: 日本时间地图，1985 年

▼

有主语，经过轮回转生达到与其他事物的和谐共生，即共用精神气韵。我想这也许就是中国道家所谓生生不息的“圆”的概念吧。这倒印证了他的信念，宇宙是一个多主语的世界，东方与西方、混沌与秩序、传统与现代，每一事物既有其存在的必然性，更有其相互依托的共通性。他在后半生的研究中始终贯穿这一思想，并形成杉浦康平独到的设计哲学，释放自身智慧的思维方法和圆满自我的实践途径。

这也许正是杉浦先生能维系久远艺术生命的根本所在。

书籍设计使无生命体得到生命。（杉浦康平语）

图 3-1-21: 杉浦康平近照

3·2

恩师
贺友直

时隔两年，我再次回到上海担任“中国最美的书”评委。按照惯例，每次到上海必去探望恩师贺友直。自1973年在北大荒幸运邂逅正在挨批的“资产阶级反动学术权威”贺老师几近40年了，那时50岁的贺老师正值创作高峰期，他创作的《山乡巨变》连环画可以说其影响覆盖了整个美术界。“文革”戛然剥夺了他的创作权利，他瞬间成了整日挨斗的牛鬼蛇神，接着下放到农村，劳动改造，多年后被派到北疆与工农兵三结合，监督利用，以观后效。就这样，在我下放的农场，天上掉下来一个我们学画时特别崇拜的贺“姥姥”（如同红楼

◀

图 3-2-01: 拜访贺友直老师，2015 年

▶

图 3-2-02: 贺老师画上海老城隍庙长卷，2009 年

▼

图 3-2-03: 在家中的贺老师

梦中宝玉慕盼的林妹妹），让我们这帮绘画青年乐得屁颠屁颠的（手舞足蹈）。我与齐齐哈尔知青侯国良，上海知青刘宇廉（已故），天津知青赵国径（后去天津美院上学，很不舍地离开小组）有幸成为三结合创作组的成员，开始了与这位“黑帮分子”同吃、同住、同劳动、同创作的朝夕相处的日子。365个日日夜夜，下生产队体验生活、收集素材、研讨脚本、塑造人物、构想情节、制订手法、完成画稿，一年后，一部《江畔朝阳》连环画出版了，从此我们成了贺老师名副其实的学生。贺老师的艺术追求、细微的生活观察、严谨的创作方法，使我们这些没有经历专业训练的绘画青年茅塞顿开。他勤于思辨、认真做事，他疾恶如仇，端正做人，成了我们走人生正道的引导者，受用至今。几十年来他像我的父辈，亦是良师益友，更成了心灵沟通的莫逆之交。

贺友直老师是当代中国美术史绕不开的人物，业界授予他连环画大师、造型艺术家、教育家、故事大王、视觉艺术表演家、戏剧导演都不为过。他在美术领域的影响已不局限在绘画本身，在造型美学、创作思维、画法画论、教学思想方面都风标独树，备受业内各画种同行名家敬重。

自60年代创作《山乡巨变》以来，在画坛吹起一股清新的贺旋风，善于捕捉人物复杂心境，关注生活物像细节，根植于社会底层草根的善意，在《山乡巨变》的四本画作中发挥得淋漓尽致。读者无不被画中一山一水、一情一景、一苦一乐深深打动，这些平实又真挚的艺术手法，“文革”中反招来不歌颂高大全式英雄人物，只画小人物、小情节、小道具，所谓“三小”的批判。今天看来，那一幅幅来自于生活又接地气的作品最具生命力，已是当今共识，但在那个黑白颠倒的年代，实在让人哭笑不得。《山乡巨变》已成为中国美术史中的经典，唤醒中国美术人的手、眼、心，并证明连环画可登大雅之堂。之后《白光》《朝阳沟》《十五贯》《小二黑结婚》作品不断，《杂碎集》汇集了一生总结的画理。他的贺家白描传承中国古典绘画的精髓，又融入现代审美的形式美学，他的贺家线描能魔幻般掌控表象的驾驭力令同行折服，并影响海外。

十一年前有幸为上海人民美术出版社设计了《贺友直画三百六十行》。贺友直笔下的世间万象，众生百态，一个个活灵活现、惟妙惟肖地展现出来，像穿过时光隧道，回到七八十年前老上海的历史场景，让当代人进入这些早已消失的语境，体味至今还残留的痕迹，引发感悟和反思。打开扉页是一幅长长的拉页“小街世象”，是贺老师八十高龄的力作。秉承清明上河图的观相术，回忆莽莽草民的世象百景，画石库门，小作坊，三教九流、贫富杂陈的芸芸众生，生动、有戏。精妙的白描线条，刻画出一条上海街巷的嘈杂、喧嚣、哀怨、生死相属的戏中戏，令人细细回味品读。

贺友直用他犀利的观察力，捕捉社会人道中最细微的情感人心，寻找生活中点点滴滴的物像景致，游刃有余地编织着人生故事，画就《贺友直画三百六十行》中近百幅行道众像。专注的剃头匠、仗势欺人的白相人、眼明手快的堂倌、温婉的卖花女、狠毒的拿摩温、苦面卖唱人，还有令人怀旧的诸如西洋镜、老酒馆、大饼油条粢饭豆腐浆。像陈老莲“水浒叶子”极简的绣像，如“清明上河图”的群体组合，繁密有致、虚实相间、画风清雅、用笔老辣。形态、境景、性情都有故事和精气神，每一个人物都像被赋予了灵魂。还要特别提到的是贺老师撰写的文本，语言风趣幽默，文字干净利索，叙述语境独成一家，真可谓图与文珠联璧合。

11月21日是贺老师的生日，与第二日要回美国的

◀

图 3-2-04:《贺友直画三百六十行》，

上海人民美术出版社，2004 年出版

图 3-2-05:《贺友直画三百六十行》内页

▼

二哥约好在巨鹿路贺老师家门口会合。巨鹿路没太多变化，房子没拆，还是那种情调，那股味道，只是临街的店铺，开了关，关了开，新老板、老伙计，老店主、新伙计，风水年年转，人去茶凉。而住在这里的贺老师饶有兴趣地用一双犀利的眼睛观察着社会的千变万化和世态炎凉，他那一幅幅上海风情画里，用画笔描绘出人生百相。拐角一家生意兴隆的“咸亨酒家”不知何故关了门，原本每次探望，我都会在这里买一坛贺老师喜欢的绍兴花雕，真扫兴，这回买不成酒，换了挺务虚的鲜花。沿街的两条斜向小弄堂都可进，两直线交叉夹角的一栋，拾级而上就是贺老师的家门。推开门迎面就是直通二层的楼梯，陡陡的，举眼看不见二楼的门。没有玄关，开门抬步就上第一个台阶，共 18 级台阶，贺老师每天上下楼不知走多少回，半个多世纪走下来，相当于攀登珠峰多少个来回了吧！现已 90 高龄的他仍健步上上下下、进进出出不在话下，可谓奇迹，也在理中。

这是间被贺老师自嘲为三房一厅的 30 平方米左右的房间，其实只用柜子、布帘、床架隔成睡觉、吃饭、工作、会客的多功能的格子，自从搬进来生儿育女，五六十载未曾动过窝。在这小小的屋子里却诞生了影响几代美术人的佳作《山乡巨变》《小二黑结婚》《朝阳沟》《李双双》《十五贯》《白光》，得奖无数，享誉世界。贺老摘得中国“造型艺术成就奖”，文化部、中国美协“中国美术 / 终身成就奖”，法国昂古莱姆市荣誉市民等诸多荣誉。20 世纪 80 年代他被中央美院特聘为教授，并先后出版多部理论专著。年过古稀，却精力旺盛，创作力勃发：新加坡寺庙巨型壁画、世博会上海老弄堂长卷。89 岁为上海新落成的美术馆完成 2 米 ×2 米的《上海大世界》，其间出版多部画作《老上海三百六十行》《贺友直自说自画》《杂碎集三部曲》。他所有的原作全部捐给上海美术馆，本可留给后代，或换得比现在好得多的住宅。他是位大师，却从没有大师腔。

楼梯有点老，踩上去嘎吱嘎吱响，抬头仰望，先见地平线上一轮圆，接着露出贺老师的脸，他每次都会在房门口迎接，一会用英语，一会儿用日语、普通话、宁波话说着欢迎的话，他是语言幽默大师，一开口笑语连珠，时间长了保证你下颚骨发酸。要不是投错行，他绝不逊色于北方的相声大师侯宝林、马三立，南方滑稽戏名家姚慕双、周柏春。

送上鲜花，贺老师一脸严肃，直叨咕：“花过敏，

▲

图 3-2-06:《贺友直 杂碎集》，上海人民出版社，2009 年出版

▶

图 3-2-07:《贺友直 杂碎集》分册封面

▼

图 3-2-08: 贺老师部分作品

没必要，没必要！”贺老师一贯反对送礼，但对视如儿辈的一片心意他明白，转而一笑，对着我们有意用宁波腔的洋泾浜英语“悉那咕荡 泼类斯喔（sit down please）”招呼我们坐下。因二哥在美30多年，贺老师存心用英语与他调侃，经历过殖民地城市上海的他，虽平时从来不用外语，却还能不时蹦出许多英文单词。“Now I very busy”“so busy”他又加了一句，不失强调的意思，却又有些夸张的语气。刚完成的《上海大世界》，是凭记忆把60多年前的大众游乐场的众生相记载下来，贺老师惊人的记忆力超越了电影胶片，他那独特的贺式视觉导演手法和与生俱来的人物表演才华，把彼时、彼地、彼情、彼景一五一十，活灵活现地描绘出来，也许一些研究社会史的学者只有从他的画面里才能寻觅到时空倒转的记忆。后来他又办了好几个回顾展，那时在绘制2013年的两本挂历，内容是20世纪中期至今上海人衣食住行的变迁，另一主题是新二十五孝图，增加的一孝是狗主人敬孝爱犬图，又是有意搞笑，有点尖刻，这是他的风格。善于观察生活，琢磨事态的贺老师随时把摸社会的脉搏，透析人世间的美恶善丑，他的脑子从来没有停息过。我今天在书籍设计中应用的编辑设计和书戏理念何尝不受他的影响。

边谈边开玩笑，师母外出，他亲自拿玻璃杯给我们泡茶，随后溜出一句："可以免费续杯啊！"又把我们弄得前仰后合。笑完以后话锋一转，煞有介事地说："为赶年历的约稿，上午画两个小时，现在下午还要增加两小时，不过今天有人（指我们）跑来占了我画画的时间，这费用怎么算啊？"他又扔出一个包袱，引出新的话题：关于珍惜时间。他谈到画小人书的趣味和价值，不羡慕人家毛笔一挥挣大钱，他却用一生的光阴白描大千世界，虽清平，不悔丁管细毫在方寸纸上耕犁百态世相；图满足，杯酒落肚，构想不断，读者喜欢，乐哉乐哉。他说做事要坚定，他指了指我，"小吕若要画连环画，肯定比不过我，而他做书籍设计，认准了坚持下去才有今天的成绩。"我知道，他指的是我当年在出版社做装帧，不安心，想画画，被贺老师批评不踏实做本职的事。我至今为自己的好高骛远和浮躁感到难为情，但为能得到他的及时拨开迷雾而庆幸。在北大荒认识贺老师后的四十年，多少封书信，多少回授艺，多少次恳谈已经记不得了。回眸一瞬间，进入花甲之年的我几经风风雨雨，坎坷与幸运，失落与收获，事业与生活的每一个关节眼上都有恩师的点拨和指引，我无法忘却。

谈得欢，故时间过得快，因有约上海人民美术出版社李社长谈书稿，我们不得不起身告辞。见我们要走，贺老师要挽留，说咱们应该出去“撮一顿”，四十年前在东北学到的土语仍然不时蹦出来。只要有空，每次不会错过品尝师母烹调的一手好菜，今天没口福。见我们谢辞，他掏了掏口袋，摸出几个硬币，说了句：“嗯？铜板勿够，算了，算了！”他给自己圆了场，又留下一溜笑声。

跨下长长陡陡的楼梯，回头看了看向我们招手的他，心里默默念叨：“谢谢贺老师，我的恩师。”

▲

图 3-2-09: 贺老师为我的插图创作指点迷津

▼

图 3-2-10: 编辑中的《小二黑结婚 五绘本》稿件

▶

图 3-2-11: 正在写字的贺老师

3·3

理想国的缔造者
——李起雄

这座城市给我带来极好的美感。早晨的阳光、蓝天的大雁、野外的沼泽地，浑身引来一股清新。从 1988 年开始到现在，经历了近 30 年的坡州的造书人，正是每天迎着这样的曙光，来构筑他们心中的理想国。他们追崇保留大自然的生态环境，同时聚集全国最优秀的做书人在这块 88 万平方米的大地（第一期工程）上营造最现代化的出版城。坡州的建设，秉承天人合一的自然观，为后代造就真正幸福感的文化理念。

坡州是一座新兴的城市，这里聚集了数百家韩国的出版社、印刷企业、书刊流通企业、量贩书刊发行会社

图 3-3-01: 坡州出版城理事长李起雄先生

和各类个性书店。这里更有国际化的会议中心、图书信息中心、酒店，规模宏大的展览场所、设计名家的工作室，这里经常举办各类学术交流、文化艺术演出和展示活动，以及群众性的读书、造纸、做书活动。出版社从策划、编辑、设计、印刷到发行流通一条龙完成。200余家的出版人交流切磋和相互竞争，合成一股，出版韩流从这里喷涌而出。目前已开启第二期工程，规划面积为68万平方米，建设新媒体基地的“图书+影视”的城市。第三期正在规划在330万平方米的农地上融合传统稻作文化出版人文精神的“图书+农场”城市。

殊不知这儿是一块荒无人烟的军事禁区，不远处即是与朝鲜接壤的三八线。随着南北关系的缓和，更为同一民族的文化交往促就和平大业。以韩国李起雄为代表的出版人历经重重挫折，突破军方压力，亲自求见当时在任总统金泳三，陈述“出好书必须有一个好的文化环境”，即“韩国出版正体性”的亚洲出版文化主导意识，面呈建设坡州书籍城的宏伟蓝图，感动了执政者并得到政府的支持和优惠政策。韩国的出版人们真的在缔造心中的巴比伦塔，世界独一无二的文化理想国。

李起雄先生出生于书香传承的贵族家庭，父亲在家

▲

图 3-3-02: 坡州出版城

图 3-3-03: 出版城内智慧森林公共阅览室

▼

开设“悦话堂”的书斋，授学编书，厚学载道。结束学业后，离开现已成为国家非物质文化遗产的庄园到首尔，子承父业成立了出版社。为了建造坡州出版城，他走遍世界各国，寻找全球最优秀的建筑家。我也很有幸，陪同李起雄老师到北京“长城脚下的公社”去考察优秀建筑。李起雄先生提到建设坡州出版城时，总要提起一位韩国抗日义士安重根，1909 年 10 月 26 日，他在哈尔滨刺杀了日本首相伊藤博文，被捕后坚贞不屈，被判绞刑。安重根在旅顺狱中手书的“一日不读书口中生荆棘”，李先生特意刻碑竖立在书城最重要的建筑前，警示供后人敬仰。他还请画家画了一幅画。画中的李先生手握方向盘目视前方开着车，后座坐着安重根凝重的表情，时空穿越，意味深长。李先生见我一脸疑惑，他认真地说：“烈士一直在空中看着我，要走正道，毋要懈怠，他的精神拨雾清霾，引领的力量无时、无处不在啊！”有了这份信念，坚定不移聚集了首都一批中坚出版人出谋划策，力邀世界和本国建筑名家参与组建，投下开拓未来新型城市的大手笔，就这样奋斗几十年。

他们信守“乡约”，共同制定共同遵守的规则，比如生态保护，建筑高度，间隔零障碍，出版社标牌统一

▲

图 3-3-04: 悦话堂的书斋

▶

图 3-3-05: 悦话堂园内景色

▼

图 3-3-06: 李起雄躺在儿时生活过的悦话堂屋檐下

▲

图 3-3-07: 油画《同行》

▼

图 3-3-08: 书城内安重根纪念碑

▶

图 3-3-09: 李起雄在讲述作家安重根的故事

等，形成公共整体意识，契约精神在所有的合作细节中体现出来。它内在的力量出自于它的节制、均衡、和谐和人间之爱，其核心正是书卷之气，是人和人之间通过文化来传递温暖，因此您会感动于它是一座创造阅读之美的城市。书城特别现代，但不放弃传统，坚持东方的理念。坡州酒店里没有电视机，只有书。在每一房间的门上，会贴一张作者的相片，这个房间里陈列该作家的著作，供宿客浏览阅读。李起雄先生特地把一古建筑原汁原味搬来，把透着浓浓的传统家居与现代建筑结合起来，传递坡州浓郁的人文气息。李起雄先生有很多藏书，建起的悦话堂书籍艺术博物馆，定期举办专题书展，供人们浏览。博物馆的进门处，专设一个神龛，右侧是他的祖辈和父母，左侧供着韩国几代重要文人和著作者，时刻记住感恩与敬畏的礼书。感动处处体现于人和书之间的书香气韵，传统在这座城市的保留。

李起雄的书籍城经 20 多年建设已见端倪，而李起雄先生积劳成疾，大病一场，所幸他付出的心血终于赢得书籍城被世界瞩目的繁盛局面，也促使韩国的出版行业调整出版整体结构，理顺行业规则，加大本民族书籍艺术设计力度。各级政府还组织密集的国际国内书籍设计学术交流活动，以亚洲文化特色面向国际化的市场，并在亚洲形成凝结东方出版相互交流融合的纽带，拓展21世纪的东方文化精神。

如今除了正式出版领域外，保留活字印刷，设立纸张平台，开设书店群体，搭建世界一流的流通书库。世界著名的设计家安尚秀老师在这里建立了名为“PATI”的设计学校，影视学校也即将开学，未来IT业进入，在这里构建从出版到新媒体，从艺术到工学的综合体系。

坡州一直举行包括出版在内的各种学术、评比、颁奖活动。2005年我参加了第一届东亚论坛，把东方同与不同的文化融合在一起，创造东方都有的书籍语言和书籍语法。时隔10年，李起雄再把我们聚集在一起，举行“第十届东亚书籍设计论坛”。坡州书城，为东亚的文化精神的传播提供了一个舞台。

一个国家的强大，文化的力量不可忽视，即软实力的体现。韩国政府这几十年来，认同设计即生产力，亦是文化核心价值体现的观点，国家为此专门设立了设计振兴指导委员会的政府部门，推动韩国包括书籍设计在内的各种设计产业。坡州书籍出版城的建立正是政府以文化大视野的高瞻远瞩，是为振兴国力，振奋民族精神的重要举措。显然这里离不开像李起雄先生那样百折不挠的先行者和实践者，才使韩国书籍的进步让世界刮目相看。

最近李起雄先生的新著《书城的故事第二部》出版了，为了表彰这几十年来的贡献，政府官员、学者、艺术家们聚会庆贺，为他颁发奖杯，我也有幸到韩国致贺。钦佩之余，我看着台上这位身体瘦弱，略显疲惫却总是激情万丈的他，油然感慨人间真有“滴水穿石”的传奇。

图 3-3-10、图 3-3-11：

悦话堂出版社内景

3·4

夏日的对话
——与菊地信义的
《树之花》之遇

那是个夏日的夜晚，空中的烁烁繁星与地上的闪闪霓光交织在一起，装点着东京的天和地。白日那令人厌怠的热浪渐渐退去，习习晚风拂来一缕清新。

经讲谈社夏目君的介绍，菊地信义先生约我于这个晚上在银座会面。按约定的时间我踏进一家镶嵌着玫瑰花门饰，名为“树之花”的咖啡馆。店面并不大，环境却十分幽雅。在东京银座嘈杂的夜晚，这里堪称一块闹中取静的“净土”了。上了二楼，菊地先生已在那里等候。先生着一件深色圆领棉毛衫，一头浓密的长发下高挑的眉宇间闪着一双大大的眸子，透着一股男性的智慧与潇洒。没有过多的寒暄，我们的谈话即涓涓地流入书籍装帧这条河道，菊地先生一边侃侃而谈，一边抽着香烟。透过袅袅薄纱般的烟雾，听着他对装帧美学的探求，我蓦然感到，他对书籍装帧的无限爱意和执着的追求。

“菊地先生，能否谈谈您对书籍装帧的看法？”我问道。“要讲清这个问题，很不容易。”菊地先生谦虚而认真地说，“简单地讲，就是对每一册书都注入改变的意识。力求以平面、空间乃至时间上立体地去展现一个既不单纯属于作品的解说，也不是狭隘的外表装饰；它像一部静态的戏剧，让读者通过装帧来感知内容的概要，并通过触觉和视觉揭开书籍所特有的封闭世界，在作者和读者之间连接起互相信任的纽带，这也许就是装帧的含义吧。”先生弹了弹烟头上的余灰，接着说：“书是塑造人类内心的工具。人从一生下来就开始编织人生，众人编织着社会。书将社会的发展和人类的苦乐善恶记载下来公之于世，人们就可以从中拓展知识，陶冶心灵。可见书对人类起着何等重大的作用！这是我搞装帧以来经常思考的问题。”他深吸一口香烟，颇有感慨，“从事如此富有意义的工作，谁不想设计出让读者交口称赞的好书呢？我经常逛书店，当然并非关注书店主经营得好坏，而是去观察读者对书籍装帧的反应。当书籍展示在书店的柜台上，首先映入眼帘的是书的视觉形象，用经装帧家之手把设计四要素——色彩、图像、文字、材料的重叠再生所塑造出来的书的形态来吸引读者。当读者拿起书，从外表到内文，从天头到地脚，从视觉效果到触觉感受，展开时空的流动，读者会无意识地受到感染。不管最终读者对书的内容是否满意，而作为装帧这一介于作者和读者之间的微妙关系——把司空见惯的文字溶入耳目一新的情感，将作品视觉化、立体化、流动化，使书籍产生一种不可思议的生命力，以牢牢吸引读者的视线，从而达到融化读者的目的。这正是我最大的愿望和满足。”先生的一席话，使我感受到一个装帧者所应把握的视点和自己所处的位置，更使我叹服他对书籍装帧的见地和研究。

室内回荡着悦耳的轻音乐，窗外的星星点点分不清哪是灯影哪是星光。菊地先生又谈到书籍装帧的书卷气和商品化的合理平衡、汉字与外文字母并用的异化共存。最后他告诉我，他即将作为日中书籍装帧艺术展日方装帧设计家的两位代表之一（另一位是日本著名书籍装帧艺术家杉浦康平先生），赴中国进行访问和学术活动。

▲

图 3-4-01: 在菊地信义事务所

图 3-4-02: 在菊地信义先生指导下完成的书籍设计,

Carving the Blues, Libro Port 出版 , 1994 年

▼

出于对中国悠久历史文化的仰慕，他为此感到极为兴奋。

夜已很深，人们纷纷离席，去赶乘十二点的末班车，我也起身告辞。此时，菊地先生拿出一本精装的书赠送给我。这是不久前出版的先生的装帧作品专集。淡雅素朴的包封纸里隐隐夹杂着植物的纤维，好像还透着一股大自然的芳香。这是造纸厂按菊地先生的要求特制的书装纸，它很能代表菊地先生作品的淡雅质朴的个性。作品集汇集了先生自 1973 年到 1987 年十五年间装帧设计中精选出的一千来册书。为了此书的出版，他整整用了三年时间，经过深入细致的整体策划，在分类、编辑、版式构想上独具匠心。在摄影方面，选用十几种拍摄视角，全方位的调度来展示书的三维空间，体现书的全貌。作品从豪华本到简装书，从袖珍本到系列丛书，其品种数量之巨、艺术质量之精是令人惊讶的。从中可见菊地先生在书籍艺术这块园地里别具慧眼的耕耘，呕心沥血的追求。我真希望这本作品集能介绍给中国同行，让他们和我一样能从中汲取值得学习和借鉴的东西。回国一年后，这一愿望终于实现了。时值中日建交二十周年，中国青年出版社出版了这本书的中文版。

◀

图 3-4-03:《菊地信义的装帧艺术》，中国青年出版社，1993 年出版

图 3-4-04、图 3-4-05:《菊地信义的装帧艺术》内页

▼

3·5

喜欢吃馒头的
安老师

十多年前安老师在北京中央美术学院任教，他住的教师宿舍正对着我家窗口。我早晨经常去附近的南湖公园散步，无独有偶，总能看到安老师手捧在附近街边买的热气腾腾北方大白馒头，一见面，他会笑眯眯地用中国话慢条斯理说“馒头，好，好吃！”那年他教授央美同学编辑设计和字体编排课程，我也经常去看他的教学，与众不同的书籍设计理念令同学们感觉既新鲜，但也有些不适应。无论朝曦还是夕夜，他一直在教室耐心解疑，循循善诱，逐一点拨，同学们被安老师的教学热情提升了学习热度，课程圆满完成，最终学生把作业编集成册

《众艺》，畅销再版，一书难求，这正是安老师教学成果的最好说明。

因为杉浦康平老师，我结识了安尚秀老师，他的许多出其不意的作品不断打动着我。也因为安老师，我越来越关注韩国的设计，并喜欢与韩国的同行交流，从中受益良多。2000 年首尔世界平面设计大会(ICOGRADA)、2005 年坡州首届东亚书籍设计论坛，之后的十多年经常去韩国。我主持的“敬人书籍设计研究班”每年都到韩国 BOOKCITY 见学，安尚秀字体设计学校是我们的必到之处，安老师会做充分的准备给我们师生讲学，每次有新的内容。记得 PATI 刚创建不久，我带清华美院同学去学校访问，令人惊讶的是安老师用两个篮球场大的场地，特意为我们展陈几十年来收到的来自世界各地数百封邮件，他侃侃而谈这些包裹的故事，通过时间隧道回流，不可思念的事与物在当下空间呈现了多姿多彩的人文境像，我佩服安老师给予我们的精心提醒——智慧来自深厚的积累，厚积而薄发。我至今还记得他在一次演讲时曾经说过的一句话：“传统不只是过去的遗物，它是每个时代里最好的东西，在历史潮流的研磨中释放光芒，传承至今。”怪不得他一直坚持韩国文字的研发和创造，他的教学打破固有的教育模式，带领学生们走出教室，尊重传统，面对历史，走向自然，挖掘世界人文万象，追寻不同民族真善美的价值判断，他以东方人温良恭俭让的儒教文化之心，包容着丰富性、多元化的万千世界的存在，最终通过他向往的弘扬本民族优秀文化的初心，提倡年轻人为打造经得起时光碾磨的艺术去释放能量，这也成就了今天我们所看的 PATI 学校令人钦佩的教学高度。

馒头，中国北方老百姓餐桌上最最不起眼的普通食物，低调，不张扬，像安老师平易近人的谦虚秉性，和他在一起，心里总是暖暖的；但馒头外软内紧，嚼起来有劲，扛饿耐饥，这又很像安老师对事业的那股执着和韧劲。在一起教学时感受到他亲力亲为，苛求严厉，不轻易妥协的一面。站在目睹从经历白手起家到建起的新教学大楼面前，感慨万分。兴奋之余，我感受到的恰是安老师那股耐得住寂寞，顶得住困难，乐观且永不服输的精神。

馒头先生，设计、教学、做事、为人，他成了我一生的楷模。

▲

图 3-5-01: 安尚秀在 PATI 设计学院教室内

▶

图 3-5-02、图 3-5-03:

安尚秀在敬人书籍设计研究班授课，2013 年

▼

图 3-5-04:

敬人书籍设计研究班学院参观 PATI 设计学院，

2016 年

3·6

把书当作快活玩具的松田行正

认识松田行正先生之前，是买到他做的一本书《一千亿分之一的太阳系＋四千万分之一的光速》，震之，便开始饶有兴趣去寻找这位奇人。《一千亿分之一的太阳系》是一本让人“晕菜”的奇书，手捧这本书就像把整个太阳系抱在怀里，真不可思议。全书以精密的一千亿分之一的矢量信息参数将围绕太阳的每个行星依光速距离排列，每个星座又附着大量相关的信息，翻阅就像在星际间行舟，地球、金星、水星、木星、火星、冥王星，找到它们的故事，身临其境。这需要严谨的科学态度和数字化逻辑思维将这些枯燥的数据视觉化、戏剧化地编织成充满趣味的书籍。显然他是深谙信息视觉化设计规则，并时刻在开拓别开生面新阅读的书籍设计家，非一般书籍装帧者所能及。这样的选题，缺乏想象力的出版人一定是雾里看花，茫茫然，或指责这是白痴的玩物丧志，吃饱撑的，明白人一定认为这是千载难逢的好题材。这位日本特立独行的书籍设计界的奇才，拥有挂牌为“牛若丸”的一个人的出版社。自编、自导、自演，一年出一本书，坚持了 20 多年，独立出版了 20 多本书，许多是畅销书，输出了不少版权，名扬出版界。据说“牛若丸”是日本民间传说中的小神仙，好似中国的葫芦娃，调皮伶俐、惩恶扬善。松田先生期待自己独立出版的每一本书都能显出富有想象力的灵光，给某些观念陈腐的日本出版业带来一股冲击力。

我决心要找到他，会会这位神奇之人。经友人佐藤先生引见，在东京僻静马路边一栋公寓里见面，这是一间不太大的事务所，是我常见的工作环境。然而初见本人，让我惊着了。事先了解比我只小一岁的他染着一头红发，穿着时尚，皮肤白皙，透着精神气，看上去起码小我十多岁。

松田先生非设计科班出身，大学就读法学，那时正值20世纪60年代中期，中国正在闹“文化大革命”，日本也受余波震荡，各大学都搞停课造反运动，乱成一锅粥，松田说还好那阵子对他影响不算大。不过毕竟经历了大学专业的法学教育，养成了独立思考、逻辑条理的辨析个性，形成了他做书独有的学术风格。当时年轻，又喜欢艺术，酷爱音乐，不习惯死板的工作约束，从中央大学法学部毕业后，未去司法部门求职，而尝试做了多年杂志编辑、书籍设计，期间深受杉浦康平先生的影响，最终成立了松田工作室和一个人的出版社。虽整日忙于书籍业务，却忙里抽闲，不时参加摇滚乐队的演出，他是一位优秀的电吉他手，尽管今年已近古稀，仍好寻找刺激，乐此不疲。

童心未泯的他对各类知识充满着好奇心，生性善学思辨，寻觅各种知识领域未知世界的内在关系，从宇宙存在到虚拟瞬间，都成为他的研究方向，并寻觅有趣的切入点，从视觉宏观到微观，从物质存在到精神，知识在他的细微精确的表述中生发出奇妙的诱惑力，让你去亲近，去深探。而我们的许多专门家、大编辑们做着生涩的大学问却无法接近普通人的地气。《一千亿分之一的太阳系》《眼的冒险》《圆与方》《81个横断面》，独

▲

图 3-6-01: 松田行正在敬人书籍设计研究班授课，2014 年

▼

图 3-6-02:《1000 亿分之一的太阳系》

▶

图 3-6-03:《1000 亿分之一的太阳系》内页

▶

图 3-6-04、图 3-6-05:《1000 亿分之一的太阳系》经折装版

▼

图 3-6-06: 牛若丸出版作品

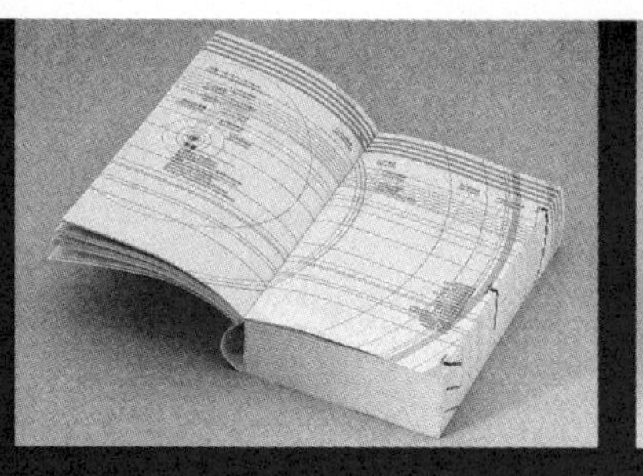

特的视角阐述再也平常不过的现象，却又传递出其不意的科学话题。他说：“有些书的内容在国内出版人眼里是不可能被认可的：简直是痴人妄想，哪来卖点？只因为我们的大脑往往是平面思维，缺乏的是宇宙世界相互关联的，有着需要多棱镜般的时间与空间穿透力的思考。”松田出版物让我们开启了另一扇观察世界的窗户。据说他的书卖得不错，我在日本好多大书店里看到为他设立的专柜，不少书已翻译成其他语言在多国出版，《记号学》在大陆和台湾分别以红、橙、黑、金等多种版本发行，赢来许多粉丝读者抢购收藏。

松田先生谈到他的书籍设计理念：“做放在书柜和桌面上都具有存在感和可对话的书”，值得我们做书人回味。在 2014 年第三期敬人书籍设计研究班上，我有幸请到他来授课，他的开场白：“我要做令人愉悦的书；充满梦想的书；作为物化的书；一本温馨的书；不自觉想赠给朋友的书。”他可没有国内出版人那种荡气回肠的豪言壮语。“我想要颠覆对书过于严肃的定义——书是快活的玩具”。我们从这些桌面上放着的小小的、朴素的、并不张扬的，普普通通有趣的书中却能感受到其中的内力、活力和知识的力量。

研究班上展出了将繁复的信息编辑设计后物化制成的书籍，还有他设计的信息图表作品。将平面的信息进行结构化的图表设计已成为松田行正终生的事业之一。他的逻辑性、条理性、系统性的信息传达思维意识造就了他——作为当代书籍设计师必须拥有的基本素质。

用 IDEA 杂志主编室贺清德先生的评述："松田就像运动员或艺术家们那样把控着自由的空间，他专注研究事物相互间缜密的矢量关系，但并不仅仅依赖于纯粹的数理化的计算，而是极富感染力和想象力地塑造了生动的视觉信息蓝图，可能这也可称作为信息的绘画艺术吧。"

松田行正先生与众不同的设计思路给中国的同行带来反省与思考，尤其面对新媒体时代书籍出版市场激烈的竞争局面，如何把握内容选题？怎样构建文本叙述结构？ 为什么要了解编辑设计语言和语法？ 故事是否该有出人意表的别样的叙述法？以这样的问题给我们的出版人、编辑、书籍设计者自己一个测试，也许您会得出一些有益或有趣的新答案。

4 创作谈

4·1 我做传统书

家父藏书中有不少古籍，自小接触古装书，那时根本读不懂书中深奥的文言文，而对书中的宋体字、韵味十足的木版插图、薄薄的书面纸和线装书的形式感兴趣。我把古版本中陈老莲的“水浒叶子”人物临了个遍，一本家传原版《芥子园画谱》也被翻得稀烂。

“文革”期间，家中古书随家具被红卫兵抄家时一把火葬送了，那时社会视传统文化如洪水猛兽，一概作为封建糟粕粪土来批判。20 世纪 80 年代开放后，人们的眼睛集中盯着西方，无暇顾及传统书籍中蕴涵着的精彩。

1989 年，我去日本学习，对日本设计既大胆吸收世界各国优秀文化理念，又非常重视和保留本民族文化特征的意识，留下了极深的印象。

回国后，在做书的过程中，我尽可能尝试吸收传统视觉元素，把它们注入现代书籍的设计之中，比如《中国民间美术全集》《子夜》等均在继承传统书籍形式方面进行了一些探索。

20 世纪 90 年代，郑欣淼先生（后来担任故宫博物院院长）特意来信推荐在故宫博物院举办的“清代宫廷包装艺术展”。展览中陈列了清廷精巧的囊、匣、盒等原件珍品，其中包括大量图籍、书画的各类包装。宫廷包装的精致华贵、民间器物的粗犷古朴，均展现了中国古人追求美的心理和讲究实用功能的设计智慧。一本本令人叹为观止的图书形态、精美手工艺、富有人情味的自然质材更让我驻足难移，后来我又去了两次，每次皆有所得。这一经历更激起我的做书梦。《朱熹榜书千字文》《马克思书信真迹手稿》也在这书梦中诞生了。

21 世纪初，我参与“中华善本再造工程”的设计工作，有幸进入了藏书量居全国之首的国家图书馆地下书库浏览中外古籍。唐经文、宋刻本、明绘本、版印刷本、少数民族的贝叶经、藏宗教梵夹装、《永乐大典》《四库全书》等都给我一种令人震撼的视觉冲动、一股暖暖的幸福感。

对比当今书籍出版物固定划一的标准模式，我深感中国传统书籍文化宝藏之丰富，古人想象力之聪慧，今人实不得自以为是，自高自大。古籍文化之精髓真是取之不尽，用之不竭。真希望这令国人自豪的文化财富不要被所谓的与世界接轨所淹没了。中国传统书籍艺术给予我很多启示，也激励我抱着浓厚的兴趣，而全身心投入富有挑战性的古籍再造的书籍设计活动中去。

不久，文化部、财政部成立了“中华善本再造工程”专门的委员会。数月后，《食物本草》《人间词话》《忘忧清乐集》《茶经》《酒经》《沈氏砚林》等十余部被注入新设计理念的古籍出版了，成为全国各大图书馆的藏品，并作为国家与国家进行文化交流的重要礼品。

中国近代书籍设计，受外来影响仅百年历史。20世纪30年代，鲁迅将德国、英国等欧洲的插图和日本风格的书籍装帧介绍到中国。其实中国的书籍艺术有更久远的历史，有着丰厚的文化积淀，其书籍形态之多样、图像文字语言之奇妙、印刷工艺之精巧、装帧手段之独

图 4-1-01：长年专注于传统文化主题的吕敬人书籍设计作品

特，在世界书籍史上有着举足轻重的历史地位。拥有被视为世界文化瑰宝的造纸术和活字印刷术的中国传统书籍艺术传统，由于历史的原因逐渐被国人慢慢淡忘，今人对其价值的认识还远远不够，还有待有识之士去挖掘、去弘扬。关键的问题是如何学习、怎样继承和拓展？

在数千年漫长的古籍创造中，它们经历了简策、卷轴、经折装、蝴蝶装、包背装、线装等形式。古人并不作茧自缚，而是在自我否定中逐渐完善，在保持时代精神的美感与功能之间的完美和谐，推陈出新，不断衍生出新的书籍形态。这是书籍能存在至今，具有生命力的最有力证明。

至于传统书籍的再生，是照本宣科的如法炮制，还是承其魂、拓其体，重新创造一个具有古籍内涵和传统文化特质，又呈现鲜明时代特征的新的书籍生命，这是值得今天的出版工作者、学者、设计者共同研究探讨的课题。

中国在悠久的文化历史长河里，书籍艺术一直以动态的姿态在变化、发展着。老子有句名言：“反者，道之动。”书籍设计者们不拘泥于束缚发展的旧模式，不满足于已有现状，而敢思敢想，虚心向世界各国民族的优秀文化学习，达到“不摹古却饱浸东方品位，不拟洋又焕发时代精神”的追求。继承与创新、民族化与国际化、传统手段与现代科技的探索，都能为书籍艺术呈非静止化的动态发展注入活力，而达到“道之动”的真正境界。

为了实现这个愿望，我与雅昌彩印集团合作成立了“人敬人书籍艺术工坊”，按照传统造书的手工艺技术，边做边学，经历了多次失败，而终于完成以上“再造工程”一本本传统书籍。同时制作了许多具有传统意味的现代书，为社会所认同并引发这类书籍风格的设计热潮。我庆幸能用手触摸这些来自于大自然恩惠的质材，我尽可能保留这种原始材料最亲密接触的艺术创作，尤其是在当今越来越远离生活的电子虚拟时代。因此，我也让学生们亲临工坊，亲自动手做书，体验传统工艺，感悟传统书籍形态的魅力，感受书籍给我们带来的亲近愉悦之感。

图 4-1-02：敬人工作室作品中关于函、匣、箱、屉的设计

4·2

《中国记忆》——创意的传承与延展

《中国记忆》以构筑浏览中国千年文化印象的博览“画廊”作为设计构想，将本书内涵元素由表及里贯穿于整体书籍设计过程。全书以 BOOK DESIGN 的设计理念展开，整体从编辑设计、编排设计、装帧三阶段进行，设计核心定位是体现东方文化审美价值。中国传统文化审美中道、儒、禅三位一体，即道教的飘逸之美，儒家的沉郁之美，禅宗的空灵之美融合在一起，并试图渗透于全书的信息传达于结构和阅读语境之中。

全书充分体现书籍设计语言的综合运用，以保障主体文本的全面展示。外函盒贴签选取中国传统绘画中的大地、江海、山峦等万物组合构成中国千年文化的生命之场。设计思路是将中国最典型的文化精神所代表的天、地、水、火、雷、山、风、泽进行视觉化图形构成融入全书的阅读气氛中，以体现东方的本真之美。书名字体选择雄浑、遒劲、敦厚的《朱熹榜书千字文》中“中国记忆”四个字进行重构，让读者拿到书的第一时间就直接感受到东方文化气息。

以文本为基础，编织内容传达的逻辑秩序结构和物化驾驭规则，把握好艺术表现和阅读功能的关系。《中国记忆》内文设计着重编辑设计概念的贯入，以中国特有的传统书籍形态，即使用柔软的书面页纸和筒子页包背装结构组成中国式阅读语境。每一部分的隔页应用36克字典纸反印与该年代相呼应的视觉图形，烘托该部分的历史年代。随着翻阅，若隐若现的纸背印刷图形与正面文字形成对照，若静若动，引发超越时空的阅读感受。薄纸隔页与正文内页的纸质形成对比，具有鲜明的触感，读者可以自觉感悟出每一部分的区隔，增添了全书的层次表现。为了完整呈现物像画面全景，跨页执行M折法，以纸张宽度长短结合的结构设计使中心部分书页离开钉口，使单双页充分展开，增加了信息表达

图 4-2-01:《中国记忆——五千年文明瑰宝》，文物出版社，2008 年出版

图 4-2-02:《中国记忆》书脊

的完整性和阅读的互动性。单页形式的排列，则强调文字与图像的主次关系和余白的节奏处理，为书籍陈述的层次感和有序性进行充分的编辑设计，由此形成全书整体设计理念的全方位导入。

封面应用我拍摄的具有水墨意蕴的万里长城摄影作品为基调，蜿蜒雄阔的气势表现以自然万象之源为本体表征的东方美感，突出画册主题的中国艺术精神。

占书三分之二高度的腰带以中国典型的文化遗产图像反印在薄薄的纸背上，通过对折使视觉图形若虚若实、亦真亦幻，烘托一种跨越中华历史时空的氛围环抱全书。腰带上方有意显露封面上方的巍峨长城，并用红绳绣有象征吉祥的纹样与人文、地域、历史特征融为一体，封面强调稳重、含蓄、典雅，即中国书卷语言的独特展现。

本书区别于此类图书惯用的西式精装硬封形态面貌，而以亲切普通的简装本形式面对读者。特种装是本书的附加设计，属政府馈赠国礼之用。函盒以传统的六墙函套装为基础，打破传统书函模式重新设计组合结构而成。以自然的两种色泽棉织物装裱成太极内涵盖和上下天地隐纹外函盖，并由如意纹木质扣件相连，配置吉祥玉佩和万寿结组合件饰物。此函盒的构想体现中国文化特征

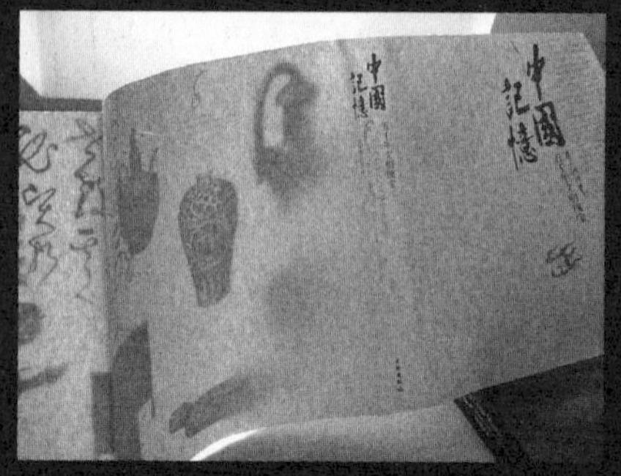

▲

图 4-2-03、图 4-2-04:《中国记忆》半透明腰封

图 4-2-05:《中国记忆》精装版函套

▼

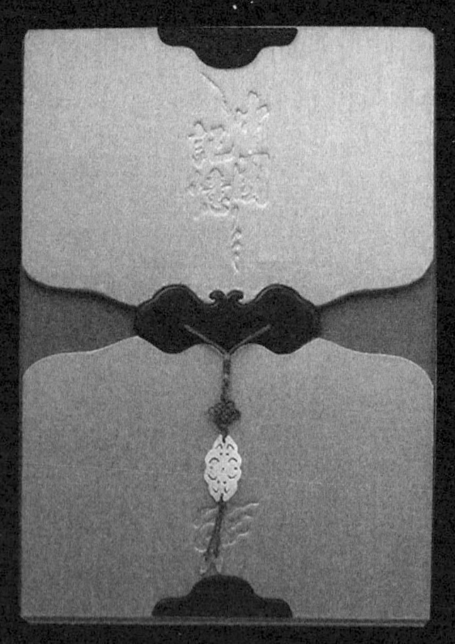

与时代性相结合，并强调实用保护功能的设计理念。

《中国记忆》设计力图要做到代表国家身份的大度气质，既体现中国传统文化的典雅端庄特质，又应用西方设计概念而具时代气息。通过书籍设计使内在丰厚的中国文化艺术精品得到充分展示，让读者在品赏中回味森罗万象的中华文化意境，通过阅读留住中国记忆，这正是本书设计的初衷。

图 4-2-06:《中国记忆》M 折内页

4·3

《怀袖雅物》——书籍整体设计理念的运用

折扇被视为中国文人雅士的象征物，士林中的时尚。折扇是书法家、篆刻家、画家和士大夫书画、题写的创作天地，也是汇集诸多制扇艺人在扇面、扇骨、展刻、扇头、扇坠、扇套、扇盒等工艺技术方面的精湛展示，是聚合多种审美的艺术品。自古以来，无论是宫廷，还是民间，扇子已超出其实用功能，更是收藏者的珍爱，是中华非物质文化遗产中一块重要的瑰宝。设计这套书是为文化传承和积累，来不得半点浮躁与虚哗，故抱着虔诚和严谨的敬畏之心去做的。

这是一部历经五年，整体贯穿书籍设计概念的作品。

自2005年与编著者商讨该书策划主题开始，虚心向他们学习专业知识，应用编辑设计的新思路不断和作者研究商榷，提出全书信息视觉传达构架体系的书籍设计思想，达成充分体现中国扇子在历史传承、艺术审美、工艺过程全方位向读者完美展示中华非物质文化遗产的编撰结构方面取得共识，而一步一步切实贯入编辑设计、编排设计、装帧设计三位一体的设计过程。很有幸，主编赵羽本身就是一位优秀的平面设计家，编委们都是博物馆的学者行家，我的设计思想始终得到他们的支持和理解。另外也受到出版家苏士澍、汪家明、李新等诸位先生的指导、激励，备受鼓舞。

自20世纪70年代以来，信息设计概念被引申到平面设计应有效展示信息而非仅仅停留在增加吸引力和艺术化表现层面（装潢）。设计者针对文本进行逻辑化的发展主题、要点的强调、清晰的层次处理、阅读线索的导引等而创建信息结构的组织协调控制体系。书籍设计者的角色则扩展到需要承担起文本内容和语言表达的责任，这种视觉化的表现可使其内容更清晰地传达给受众。这就是书籍设计与装帧概念的不同之处，即直接介入文本创编的全过程。

图 4-3-01:《怀袖雅物——苏州折扇》，上海书画出版社，2010 年出版

本书的第一步就是编辑设计。

编辑设计要建立整套书五册信息传递的框架。首先要明确该书的核心内容、传达的目的和阅读对象。由此制订专业性、学术性、知识性、欣赏性、收藏性的设计定位。对扇子的历史演进和结构进行分门别类的视觉化语言叙述。每一分册富有个性的信息演义语法，扇子物化始末的过程陈述，翻阅的时间与空间的节奏形态；还原图像的完美传达要求，以及全书体现中华文化精神和文人风韵的表达等设计理念与编著者进行交流，最终在专家们的指导下确立了全书的设计方案。

主要介入内容结构的设计体现以下几个编辑设计要点：

1. 强化扇子制作过程的视觉化阅读；
2. 理解扇子解构与重构的图形化解读；
3. 提供全书有时间与空间层次感的翻读；
4. 享受戏剧化演义图形镜头感的赏读；
5. 领会文字承担的角色语言的认读；
6. 贯入视觉化内容编织的书戏语法的品读；
7. 融入中国扇子传统精神与现代审美的书籍语境。

编创人员围绕以上思路取得共识：全书一定要排除

当下非功能性的过度包装的恶劣风气，装帧要量体裁衣，物尽其用，更要防止急功近利的浮躁心态，只图外在的表面装饰打扮，忽略内文信息的翔实、精准，图像品相的完美和还原度；避免快餐式的出版思路，宁愿多次编辑返工，改变书籍内部结构，不断修正设计方案，不放弃打造中国传统和现代审美相融和的书卷精品的出书宗旨，设计出与电子载体全然不同，且独具魅力的传统纸面载体。编辑设计的思路在编著者、设计者、出版者、编辑者、纸品制造者、印制装帧者们五年的共同讨论、磨合、交流中完成。每一位在尽心尽力、辛勤耕耘的酸甜苦辣经历中，体味出做一部好书的不易，全体参与者都是书籍整体设计系统工程缺一不可的一分子。

编辑设计方案的确立，全书信息阅读结构的认定是书籍设计最为关键的第一步。这使接下来的编排设计、装帧设计得以前后贯穿、互不割裂，艺术与工学同步，体现书卷气与物化技术同行，全书品位质量的控制有了保障。

本书编辑设计特别强调主述的时间概念，把从采竹、选竹、制骨、刻骨、做面的折扇工艺全过程的视觉解读作为全书的重头戏。虽只占一小部分，但读者理解了造就中国扇子之美的“天时、地气、材美、工巧”的人智物化的道理，并由表及里解读扇子制作的时间流程和工艺追求的心路历程。设想取得主编的共识，编著者下大力气采编，集积大量素材，为设计这一部分“戏”的演绎作了充分的铺垫。

继承传统并不等于过去的复制。本书的题材是属文化遗产的传播，一方面要准确再现古扇精华，同时对传统定式有创造性的延展和突破。编辑设计的重点是把握好主体语境的传达。全书现代性的视觉语言，从色彩、符号到布局始终在封面、扉页、章隔页、书页的整体中贯穿运用，概括抽象的扇子、扇骨、扇刻、扇面符号和响亮的色块既现代，但又要透着浓郁的中国传统文化特征。

书与电子载体的不同之处是翻阅的形态。本书的信息阅读方式，从折扇的多层重叠特性中，找到不断翻折的读书行为。在筒子页的基体中，注入 M 折页、双折页、单拉页、长短页、半透页、宣纸页的信息，分别以不同的主题内容在多主语的陈述过程中承担各自的角色，信息在互动的翻阅过程中得以多姿态的呈现。

编排设计虽在二次元的平面上进行文字、插图、照片、色彩、空间、灰度、节奏等的设计运筹，但其每一面不是孤立的，文本诸元素的延续性、渗透性、时空性是版面信息编织必须具有的设计意识，绝不是版心模板的简单充填。《怀袖雅物》体例繁杂，建立网格系统是非常重要的。设计中以文字属性分割成不同的板块，分门别类为若干等级的题首、正文、说明文、注释文、图解文。建立字体、字号系统，《通释》《竹人录》和三册画册构成既有不同，又要统一 。图解文的阅读鉴别符号贯穿各集，突出识别性。插图文本的半透明重叠为体现物件的整体性。图像的分布、调度、切割和视觉镜头感均有仔细的斟酌。全书的灰度与空白的经营为版面信息的阅读性和视线流得以最好的体现等等。

最后一步的装帧设计十分重要。依据文化属性、体裁内涵、阅读对象决定书籍装帧形态的定位，装帧工艺的设计和把关是书籍物化良莠高低的关键，是以往装帧者业务方面不太关注的重中之重。

《怀袖雅物》是一套介绍中华传统艺术，传承世界非物质文化遗产的书籍。全书必然透着中国的书卷气息。古线装、经折装、筒子页、六盒套等传统书籍形态作为本书装帧设计的基础，但不拘泥于原有模式。 比如书页中的夹页、长短插页、拉页合页、M 折页均是古籍中没有的。为了更好地、有层次地传达文本信息而采取配页法，线装的缀钉形式由习惯的六眼钉改为十二眼钉，书脊钉口特意为四册线装本分别设计梅、兰、竹、菊四君子的图案。函盒根据阅读本与珍藏本的不同用途，分别进行结构上的设计。

因为线装书的形制，为保护书籍需要函套。简装本以三墙套夹和瓦楞纸板盒组合。珍藏本内收纳仿明代乌骨泥金折扇和经折《竹人录》，配以四墙扇头梅花套函，创造性地引用扇骨概念作为函盒锁扣，既体现主题又具功能性。函盒不奢华，且庄重、典雅，不失书卷气韵。这里需要有一个度的把握。

本书以图像为阅读主体，图像的品相至关重要，前期摄影要求功力，后期印前的色相控制，印刷中的还原度的把握，所有的过程相关人员都是一丝不苟，全身心投入，设计师在不断的沟通中，把握好每一个细节十分重要。

纸张是承载内容的舞台，要做到纸张语言和表情的准确把握。《怀袖雅物》用了近十种纸，分别担当书中不同的角色。正文纸为突现东方书物的翻阅质感，经多次到中国最大的金东造纸厂与技术人员商讨，专门为此套书制造专用纸。因离设计要求还差5克的柔软度，原纸拉回工厂，重新制造而得以使用。如此严谨的经营态度，真令人感动。

全书印刷装订的难度落到深圳国际彩印身上，印质还原的高要求，薄纸的印刷难度，多种配页的复杂度，手工传统装订稳定度，南北方不同的湿度都给他们制造了大量难题。幸得国际彩印领导层打造国际一流印刷产业的视野和艺术审美的高标准，以及精益求精、认真负责、知难而进的企业精神，完美完成本书的全部印刷装订工作。长期与我们合作的雅昌企业集团在巨大的工作压力下，竭尽全力，努力配合，完成函盒的制作。

书籍设计是一个系统工程，没有后期的印制装帧工艺的兑现，设计只是纸上谈兵，由衷的感激之情难以言表。

如今他们的付出得到了专业人士的承认和丰厚的回报。《怀袖雅物》获得2010年第八届“亚洲印艺大赛印刷金奖”，2010年第二十二届“香港印艺大赛印刷金奖、全场大奖”，2010年第四届“中国金光国际印艺大赛创意设计金奖”以及2010年度“中国最美的书奖”。2011

年获第 62 届“美国印制大奖班尼金奖”。

书籍设计的工作不能脱离书的市场流通，五年的设计过程中，与编著者、出版人、印制单位就书的成本、定价、营销不断切磋讨论。表面上与设计无关，其实在一次次的交谈中，了解客户的需求和心结，而提出我们的看法和建议，同时也在不停地调整设计的定位，并参与到书籍营销的宣传品的设计过程。

书价的设定，设计师是没有一点话语权的，如今的定价偏贵，我不满意。也许出版方和编著者有他们的计算方法或受制于业内流通的潜规则，这是我做完这件事唯一的心中之痛。我希望更多的读者能读到这套内容丰富、印制精良，具有学术、审美、收藏价值的反映中国优秀扇子文化的书籍。

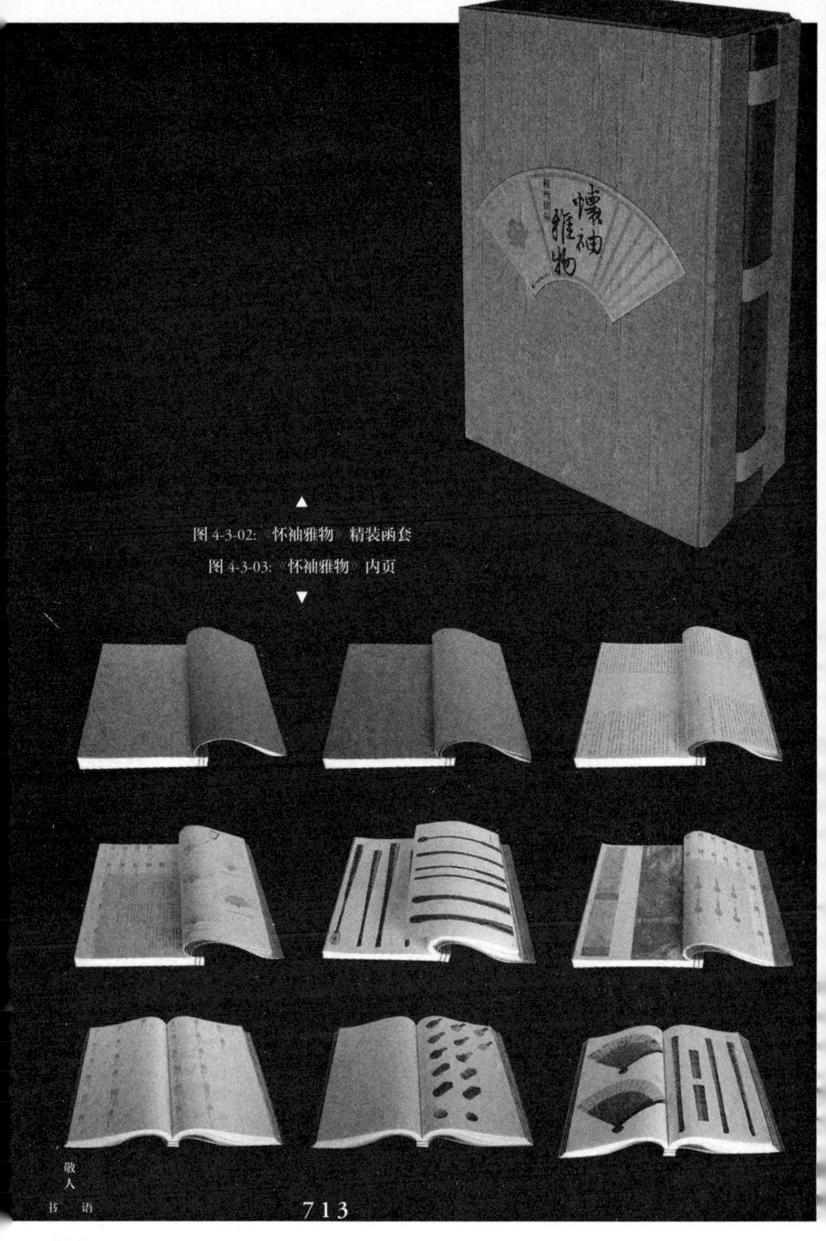

▲

图 4-3-02:《怀袖雅物》精装函套

图 4-3-03:《怀袖雅物》内页

▼

4·4

从《怀珠雅集》的设计，谈怎样完成一本书的整体设计

2002 年张子康时任河北教育出版社驻北京分社负责人，我的工作室与他近在咫尺。一日，子康拿了五位藏书票画家的作品让我做五本小画册。我做书的目的是著作者作品的最佳传达和如何让读者得到最满足的阅读感受。画家作品固然重要，而藏书票的背后还有多少资讯和内涵可以通过设计得以饱满，仅做装帧是不够的，我的书籍设计想法得到了子康和原社长王亚民的认同。

以往的观念普遍认为，书籍装帧就是为书梳妆打扮，是为著者做嫁衣裳，要想超越文本则是非分之想。我不同意将设计与文本内容相割裂，认同对那种画蛇添足的

过度设计是越俎代庖之举的批评，但也为至今还把书籍设计视为商业包装而悲哀，这正是装帧观念的滞后所致。确实，书籍设计与纯美术创作不同，设计者无权只顾自己意志的宣泄，无视著者和读者的需求。正是书籍整体设计概念要求设计者不可自作多情，而要主动对文本进行深入的分析，并注入独到的看法和情感，与著者或出版人沟通，想方设法创造与内容相吻合的构架系统，认知在不同传达语境下导入个性化的语言和语法，弥补文本信息传达的视觉缺陷，营造文本阅读通畅的气场，增添对原始文本理解的联想再生，通过设计在著者和读者之间架起一座顺畅的桥梁，并真正为文本实现增值效应，这就是书籍设计者与装帧者的不同之处。要认清主、配角色转换的可能性，并要了解自己多了一份责任，多了一道综合素质修炼的门槛。

被公认为配角的设计师在书籍设计舞台上到底该承担怎样的角色，是否有可能会担起主角 B 甚至于主角 A 的职能，这正是当今出版界乃至设计界感到疑惑甚至争议的问题。我以下谈及的书籍整体设计的过程未必适用于任何文本，则为大家提供一种方法作为抛砖引玉的参考。

一本完全区别于“装帧”概念的“书籍设计”

出版社提出为五位画家做五本藏书票作品集的设计要求，我认为编辑定位只停留在供少数人欣赏的艺术类画册层面，局限了读者群的广泛性，也不能全面完整体现读书文化的内涵，应将欣赏性和可读性相结合，故建议对该书的出版编辑思路和文本结构进行重新调整。

与编辑一起分析藏书票艺术的起源、过程和生存状态，需要为年轻读者提供与藏书票相关的书卷文化知识，建议加强编辑力量，组建新的编辑班子，以藏书票的艺术展示为框架，展示每一幅作品的同时，注入经过编撰后的学者、名人、藏书人对读书只言片语的感悟和对藏书票的诠释，可使图与文有深度的传达，扩充原文本的信息量，从而提升阅读的价值。

确立本书基调，即中国文化气质的设计定位，整体设计要求调动中国古籍中的视觉符号元素，但必须符合当代人的阅读审美情趣，抓住中国文化特征图形、汉字字体、字形及文字群排列的丰富形态，以体现形式与主体内涵相统一并带来阅读生动的书卷审美语境。

版面设计是文本视觉化的戏剧再现，全书各页舞台中的每一个元素（演员）都为全剧演出过程中担当重要角色，图形、色彩、字体、字号、行距、段式、空间、文字群的分解组合，阅读节奏层次把握，甚至于每一个符号、一根线、一个点都有着非同小可的重要作用，本书版式的每一面设计与整体关系都有精心的运筹，排列的文字均有丰富的表情。

不游离书籍阅读习惯，强调传统形态的全新演绎。从而设定外在造型、成本核算、内文传统筒子页装订方式；选择最具亲近感的手工宣纸、麻绳、瓦楞纸等材料以及既传统又创新线缀方式，具有飘逸的翻阅质感，以达到文人追求回归自然、淡泊高雅心境的追求。

经过设计及反复试验的全过程，以忐忑不安的心情，送交出版社审视，判断最终结果的良莠好坏，这是一个十分重要的创作步骤。作品必然要经过著作者、编辑者、出版发行者以及读者的第一时间“骨头里挑刺”，总结改进以利于完善，才算最后设计的完成。

《怀珠雅集》全套五本出版后，读者纷纷购买，也成了许多爱书者的珍藏品。该书经历了编辑设计、编排设计、装帧的全过程，尽管对方未必事先提出这样的索求，但对于书籍设计者来说是应该具有的设计意识。书的形态是一个立体的载体，翻阅书籍是一种动态的行为、过程，随着书页的启合，时空的流动，可以将文本主体语言和视觉符号进行互换，为读者提供新的视觉经验，并产生联想，设计的作用正在于此。本套书的设计在主体与客体、审美与功能、艺术与物化之间寻找一种平衡关系，并运用富有个性的设计语法进行信息再造，使书得到了文本以外应有的增值体现。一本区别于“装帧”概念的“书籍设计”就这样完成了。

完成一本书籍设计过程的八个步骤

（一）主调设立

书籍设计的终极目的是传达信息，确立主调是完成书籍设计迈出的关键的第一步。深刻理解主题是信息传达之本，是设计过程之源头，随之才有进入以下各个阶段的可能性。将司空见惯的文字融入自己的情感，并有驾驭编排信息秩序的能力，掌握感受至深的书籍设计丰富元素，并能找到触发创作兴趣点，主调即可随之设立。

（二）信息分解

信息分解不是简单的资料整理，而是要赋予文化意义上的理解和在知性基础上展开艺术创作，使主题内容条理化、逻辑化，在分解中寻找相互内在的关系，在归纳中梳理每一个环节的线索，以组织逻辑思维和戏剧化的分镜头视觉思考，由信息元素变为内心的传达。

（三）符号捕捉

在书籍整体设计中，要强调贯穿全书的视觉特征符号的准确把握能力。其中最为重要的有一种“全书秩序感的存在，它表现在所有的设计风格中”（贡布里希语），如同绘画中的调子，音乐中的旋律。书籍设计在阅读过程中给受众一个感知的整体框架，无论是图像符号、文字构成、色彩象征，还是信息传达结构、阅读方式、材质工艺，均可从中捕捉到形成读者心灵一线有序的归结点。

（四）形态定位

要想塑造全新的书籍形态，首先要拥有无限的好奇心和对书籍造型异想天开的意识。要创造符合表达主题的最佳形式，适应阅读功能的新的书籍造型，最重要的是必须按照不同的书籍内容赋予其合适的外观。外观形

▼

图 4-4-01:《怀珠雅集》,河北教育出版社,2003 年出版

图 4-4-02、图 4-4-03:《怀珠雅集》内页

►

EX-LIBRIS
Ex libris

象本身不是标准，对内容精神的理解，才是书籍形态定位的标尺。

（五）语言表达

语言是人类相互交流的工具，是情感互动的中介。书籍设计语言则有诸多形态组合而成，比如书面文字语言，则有不同文体表达；图像语言则有多样手法；阅读语言是明视距离的准确把控等。因此书籍语言更像一个戏剧大舞台，信息逻辑语言、图文符号语言、传达构架语言、书籍五感语言、质材性格语言、翻阅节奏语言，均在创造书与人之间令读者感动的书籍语言。

（六）物化呈现

书籍设计是一个将艺术与工学融合在一起的过程，每一个环节都不能单独地割裂开来。书籍设计是一种“构造学”，是设计师对内容主体感性的萌生、知性的整理、信息空间的经营，纸张个性的把握以及工艺流程的兑现等一系列物化体现的掌控，架构设计师心中的书籍“构建物”。物化书籍之美的本质是什么？为阅读创造与我们生活朝夕相处的“亲近”之美。理解和掌握物化过程是完美体现设计理念的重要条件。

（七）阅读检验

书是让人阅读的，而不是一件摆设品。古人说：“书信为读，品像为用。”翻阅令读者读来有趣，受之有益。设计师要懂得在主体与客体之间找到一种平衡关系，设计者无权只顾自我意识的宣泄，要想方设法在内容与读者之间架起一座顺畅的互动桥梁。设计要体现书的阅读本质，可以从整体性（风格驾驭完整，表里内外统一）、可视性（文字传递明快，视像画质精良）、可读性（翻阅轻松舒畅，排列节奏有序）、归属性（形态演绎准确，书籍语言到位）、愉悦性（视觉形式有趣，体现五感得当）、创造性（具有鲜明个性，原创并非重复）六个方面去检验。

（八）书籍美学

通过书籍设计将信息进行美化编织和使书具有丰富的内容显示，并以易于阅读、赏心悦目的表现方式传递受众。在春秋《考工记》中有此陈述：“天有时、地有气、材有美、工有巧，合其四者然而可以为良；材美、工巧，然而不良，则不时，不得地气也。”古人将书籍美学中艺术与技术，物质与精神之辩证关系阐述得如此精辟，也是书籍美学所要追求的东方文化价值。不空谈形而上之大美，更不得小觑形而下之小技。书籍美学的核心体现和谐对比之美。和谐，为读者创造精神需求的空间；对比则是创造视觉、触觉、听觉、嗅觉、味觉五感之阅读愉悦的舞台，并为读者插上想象力的翅膀。

4·5

《剪纸的故事》

——演绎一出生动的剪纸书戏

当你喜欢某一事物时，你会着迷，赵希岗的剪纸艺术成了我无时无刻不关心的事。那是在 2004 年第六届全国书籍艺术展评奖过程中，我看到两幅相当于全开纸大小的剪纸插图作品，一幅是《断桥》，另一幅是《孔雀东南飞》。且不说赵希岗的图形语言准确表达文学作品意境的感染力，那一剪下去游丝穿行，在纸面空间中留下清风明月、百鸟歌鸣，实在是妙剪生花。绘声绘色的作品既保留了民间剪纸艺术的风韵，但又绝无依葫芦画瓢的痕迹，足以看得出他深厚的绘画功底和对当代艺术语境的追求。以后我不断读到他的新作，依然在斗方天地中创作出一件件的剪纸作品，令人目不暇接。气势磅礴的《西游记》《三国演义》插图，花团锦簇的农时节气等更令我瞩目的是他新剪的瓜果蔬菜系列，披沙拣金的手法，凝练概括的造型，鲜灵灵跃然纸上，还有那一只只生龙活虎的飞禽走兽，妙趣横生，忍不住开怀大笑，活脱脱一个个人间世相。

赵希岗经历中央工艺美术学院本科、清华美术学院研究生的学习，他沉浸于故乡山东民间文化滋养的土壤，又得益于中国高等艺术教育学府的熏陶，不善言辞的他谦虚、勤奋、刻苦，且智慧、幽默。手不离剪刀的日日夜夜，造就他独特娴熟的剪纸手法、与众不同的视觉语言：点、线、面的起承转合；粗细疏密的里应外合；大胆“放肆”的造型对比；粗放中见细腻、稚拙中显奇巧，扣人心弦又耐人玩味。我决意要通过书让人们了解这样一位优秀的艺术家，把他的作品奉献给大众，走进艺术殿堂，并跨出国门。

这就是《剪纸的故事》的起因由来。在做书之前，一家有名的纸业工作室邀我做 2011 年的挂历，我立即将剪纸作品推荐给他们。充满对赵希岗剪纸艺术的喜欢之情，用心设计成的挂历受到欢迎。剪纸作品也受到多方关注，在社会上产生不小的影响。接着我又将其介绍给人民美术出版社，被社领导和编辑认同，一拍即合，并给予设计很大的创想空间，设计师马上投入书籍设计工作。

《剪纸的故事》从选题策划、文本设定、内容构架、编辑思路、传达节奏、色彩系统 、翻阅形态、阅读质感、工艺兑现等戏剧化的书籍设计是装帧、编排设计、编辑设计三位一体概念的综合运用，以至成本核算、市场界定、书价确立……工作室无不是在与作者、责编、纸业、印制、出版单位不断商榷沟通中决策的。

首先提出该书的四项设计宗旨：1. 全面展现剪纸艺术家作品的个性特征。2. 呈现作者在传承民间艺术的同时创造当代语境追求的理念。3. 以纸张三维空间为舞台，演绎一出全新的剪纸书戏。4. 为普通受众提供具有东方之美的剪纸艺术，得到诗意魅力的阅读享受和一本赏心悦目的五感物化载体。

围绕宗旨充分发挥书籍设计的创想力，进而进行有序的整体运筹和编辑设计。比如建议作者进行作品陈述文字的撰写和中英对照的要求；设立全书信息传达的构架系统，划分内容视觉板块，为作品得到全新的阅读节

2011
Calendar
antalis
赵希岗剪纸艺术
Art Works of Zhao Xigang

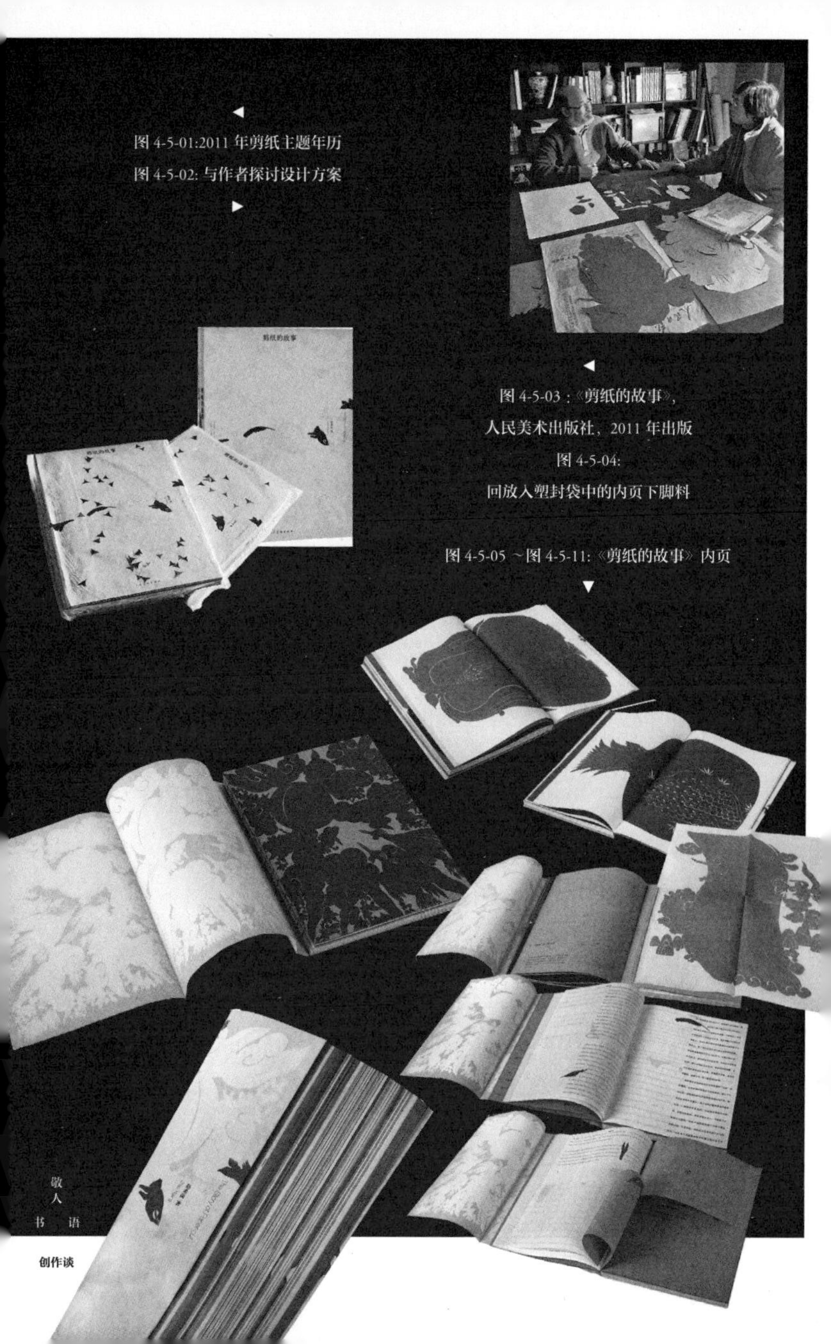

◀

图 4-5-01:2011 年剪纸主题年历

图 4-5-02: 与作者探讨设计方案

▶

◀

图 4-5-03：《剪纸的故事》，

人民美术出版社，2011 年出版

图 4-5-04:

回放入塑封袋中的内页下脚料

图 4-5-05 ～图 4-5-11:《剪纸的故事》内页

▼

奏；设计不拘泥于原作的平面陈列模式，通过对作品的解构重组产生别样的视觉冲击和信息传达；将作品进行拆散聚合、流动游走于纸面，强化内容于空间及时间的叙述性；作品色彩的全新设定为主题的民间氛围得以强化；书籍翻阅形态中设定部分书页的横向断切为读者贯入由外向内剪纸的潜在意念；特殊薄纸印刷的大折页感受民间剪纸原作的真切感；严格的工艺设定，如模切、套页等，让读者品味书卷细节的特殊美感；多种不同的纸张玩味自然质感的书之五感气息；裸露彩线锁背装以及每贴中心多彩色线表现与多色的剪纸相呼应；包封背面图形印刷对折后为封面动态图形得到生动的气氛烘托；书籍袋套内特意装入模切下来的彩色纸屑能留下剪纸的余味。《剪纸的故事》的设计完全改变了装帧的概念，编辑设计更是著作者与设计者共同出演的一台戏，当然首先是有好作品作为基础，并打动设计师。有书籍设计概念的设计师就会根据文本采取不同的设计语言和语法，挖掘文本之外可发挥的创意，完成既体现原著本义，又为文本增添了阅读价值的信息再造全过程。

编辑设计是书籍设计理念中的核心，是过去装帧者尚未涉入的，是对文本作者和责任编辑“不可进犯的领地”的一种“干预”。编辑设计鼓励设计者积极对文本的阅读进行视觉化设计观念的导入，即与编著者、出版人、责任编辑、印艺者在策划选题前，或过程中，抑或在选题落实后，开始探讨文本的阅读形态，以视觉语言的角度提出该书内容架构和视觉辅助阅读系统，并决策提升文本信息传达质量，以便于读者接受并乐于阅读。编辑设计的过程是深刻理解文本，并注入书籍视觉阅读设计的概念，完成书籍设计的本质——阅读的目的。设计者和作者、编辑者默契配合，致使视觉信息与文字信息珠联璧合。书籍设计师不仅会创作一帧优秀的封面，又会塑造出人意表、耐人寻味、具有阅读价值的图书来。

21世纪的数码时代改变了人们接收信息的传统习惯，视频信息阅读已成为一种生活状态。即使传统阅读仍具魅力，也必然要改变一成不变的设计思路，更不能停留在为书做装潢打扮的工作层面。我们将会投入电子载体界面的设计工作，那更要学会信息收集、分析、建构、传达的编辑设计本领，并使电子书拥有美的阅读感受和书卷气息。敬人设计工作室的设计师们正努力学习，不断实践，争取成为跟上时代节拍的书籍设计师。

4·6

《烟斗随笔》

——韵味与乐感

《烟斗随笔》是日本三大著名作曲家之一团伊玖磨先生的散文集，是作者生前随笔专栏“烟斗随笔”的精选，《朝日新闻》曾连载团伊先生的随笔散文达三十六年之久，这件事本身就很令人称奇了。“烟斗”，更让人感到一种身份、时光、潇洒等意象笼罩的悬念。三十六年的积累，它告诉我们的不仅仅是音乐，而是一个完整的、真实的人性。正如他的好友、著名音乐人吴祖强所说：“《烟斗随笔》是一位作曲家并非以音符，而是用文字来表达内心感受的作品。”

团伊玖磨先生以音乐名世，但他的散文却呈现了他更丰富的人格特质。他的旷达、豪气，他的细腻、感性，还有他骨子里的童真和贵族气兼有的气质。他使所见、所闻、所感，犹如山间潺潺溪水，自然而淡远，透出隽永的人性真意。他的文笔富有音乐特有的细腻情绪和节奏感。于是《烟斗随笔》的书籍设计构架和文本叙述基调从优雅与淡泊着眼，营造一个富有韵味和乐感的文学意境。

结构——序曲

书籍结构是一种辅助陈述作品精神的有效方式，“结构”的特点形态，诠释了作品的信息特质，它既是理性的，也是感性的。“每一个着眼点以及组织模式，都能够给人一种全新的结构；同时，每一种新的结构也将使你理解出一种不同的意义。”[1]

书稿提供了基本结构。本书内容统分为四个部分：1. 吴祖强、迁井乔、余秋雨、团纪彦先生的序文；2. 正

1 《信息饥渴——信息选取、表达与透析》，（美）理查德·索尔·沃尔曼（Richard Saul Wurman）著，李银胜译，电子工业出版社，2001 年版，第 52 页。

文，节选的 108 篇团伊玖磨先生发表在《朝日新闻》专栏上的随笔散文，辅佐少量摄影图像；3. 附录，包括团伊玖磨先生发表在《日中文化交流》上的三篇文章和译者的译后记；4. 大事年表，团伊玖磨先生一生重大事件的记录。

正文以“时间”为脉络，辑页以较少变换文字的朴素风格，来体现其“淡”。版面统一在空灵且宁静的大调里，即使文本中存在反差鲜明的作品和情绪，读者的整体感受仍然是浸润在统一的氛围里的。让读者聆听这位故者娓娓道来。设想全书阅读的结果，对整体意象基调的把握十分重要，这是设计起始最重要的一步。

文字——节奏

作品是随笔散文，篇幅长短不一，这个特征正好可以用作书籍节奏的设计元素；此外，空间（留白）的设计也是调节节奏的常用方法；还有，文字块恰到好处地灵活运用，也是创造节奏感的一种微妙手法。

本书文字的节奏设计了几种版面变式：

目录文字：打破以往文字连续排列的习惯，设计为三至四行一组的文字块群，错落有致地排列组合。犹如轻松、俏皮的室内乐，感受一种略带纯真童趣又不失法度的韵律。文字像流露出淡淡的诗意。

序言文字：采用 10 磅（pt）的报宋，并给以较大的行距、舒缓的阅读引导，营造一种持重的序曲氛围，渲染了人们对团伊先生的眷念，也是对之后正文的情绪引导。

正文文字：在距上切口 8 厘米处界定了内文文字排列的上限，8 厘米以上的天头部分留有较大的空间，使文字块的分量压迫感减轻，版面略显闲适、淡远，也给读者提供了一个余音缭绕的遐思栖息地。正文大留白的舒朗版式，是一条隐含的、首尾有致的基调线。这线不仅引导着读者的视线，形成自然流畅的视线流，也着意营造一种轻音乐的基调氛围。通过大面积的留白和手写音乐符号的应用，来共同缔造空灵、悠扬的乐感。

另外，在保持文字大小、行距、网格分栏规则一致的情况下，变换行宽的长度，通过文字群外形的变化与对比，求得版面灰度的变化。根据每一篇文字所叙事情的内容和风格，或竖长或横宽，或齐左或齐右的文字群块形态，造成篇章意蕴的相对独立感，一如不同乐章的转换音色。

大事年表：文字为6磅书宋，双栏竖排，在黑色拉页上翻白印刷。通过强调时间和适当增大行距，借鉴电影的片尾形式感。这与正文形成极大反差的设计，是乐章终结富有仪式感的休止符。

图版——和声

由日本摄影家广濑飞一拍摄，真实记录了团伊玖磨先生生活和工作的情景，在营造本书意境方面有独到之功。这些照片通过不同角度把团伊先生的品格、风貌表现得淋漓尽致。借助照片的风采为书平添了丰富的意味，一如合唱中的和声部。

如何使这些照片与书本巧妙地结合，在阅读文字之余点亮一盏灯让你眼前突然明亮起来，虽然只是调整位置和图片的大小，但把握空间的调度、顺序、节奏、剪辑，还有电影中的镜头感、扩张、凝聚、松散，根据文本叙述加入最恰到好处的画外音。形象、情景、手稿、烟影都能成为辅助文本的一个角色，交响音乐中的每一位演奏员起到与全曲最贴切的辅音作用，为主旋律增添

图 4-6-01 ~ 图 4-6-05:《烟斗随笔》内页

了层次的变化，哪怕只是一记鼓声。

为了阐著作者的音乐家身份，设计师采用了手写的音乐符号贯通全书，乐符不仅在封面、封底，还在环衬、目录、各篇文章的开头以不同的姿态出现，强化视觉上的乐感。

平静的终止符

封面是书籍设计的最后一道程序。《烟斗随笔》为异型16开的简装本，略显长形，尽可能地与手稿相契合。

书名“随笔”前冠以“烟斗”二字，据说，用烟斗是他的嗜好之一，烟斗形象似乎已经有某种文化的潜台词。为营造全书宁静优雅的气氛，封面上没有直接用作者的摄影照片，只以外轮廓起凸浮现出团伊先生嘴叼烟斗的剪影，在淡灰色封面纸上印了一层白油墨，烟斗口处露出的袅袅烟雾中，隐隐飘出音乐家书写的音谱，沉思中稍显出俏皮的色彩。书名字有意放得很小，让它在淡远的空间中，远远地回眸着团伊玖磨先生。封面在色彩上做减法，吻合全书的基调，也许销售者会不高兴，

图 4-6-06:《烟斗随笔》，国际文化出版公司，2005 年出版

但我相信具有越来越多元审美需求的读者会接受的吧。

《烟斗随笔》通过编辑设计紧扣文本核心主题，貌似简单平淡的呈现结果，却注入大量的构想和心力，选择最好的设计语言和语法。所谓最好的设计是没有设计，是一个伪命题，即使出版人没有任何诉求，设计者也要用书籍设计的理念和态度去对待每本书，最好的设计应该是看不出设计痕迹的设计，同时让读者享受到有设计的设计也是好设计。

5 书评

5·1 海洋彼岸等待着一个黑色的吻
——读乌塔、乌尔里克设计的一本概念书

初读此书之前不得不先了解一下“boundless”这个书名，“bound”有界限捆绑的含义，而书籍装帧的“bind”一词在英文的过去时态中恰恰也写作“bound”。于是“boundless”被设计者巧妙地赋予了“无边无际”和“无装订”的双重含义。而这个双关词直指“住宅中的艺术家”活动给设计者的命题“货船与书”。

打开银灰色函袋，里面有未经装订的7款折页。它们分别代表从美国纽约乘船横跨大西洋抵达德国汉堡港所需要的7天。一一将其打开，可见船只照片的局部画面。若按照星期日到星期一的顺序拼接起来，刚好形成

图 5-1-01:《无边无际——船之书》，Nexus+Unica T，2002 年出版。

作者 + 设计 = 乌塔·施奈德 + 乌尔里克·施图尔茨，

本书应 Nexus 出版公司策划的“住宅中的艺术家”活动之邀而设计。

一艘完整的乘风破浪的航船。设计者在这一面上还相应标注了根据 GPS 测定的某日、某时、某个行驶点的经纬度数据。据乌塔女士讲述，折叠形态象征了船员翻开航海图的过程。

在这 7 款折页中，作者如同书写航海日志一般将 7 种关于货船与书的思考娓娓道来。以下为 7 款折页的内容：

装订船 / 星期日

设计者根据 20 世纪 20—80 年代欧洲印刷业者中流传的一则趣闻进行了采访，这一页内容是采访过程中留下的电子邮件笔录。当时欧洲的印刷成本增加，不少出版社都选择在印刷价格相对低廉的亚洲印制书籍。由于大批成品书从香港通过海路返回欧洲的耗时过长，不少出版商突发奇想，即将装订机搬进船舱，把货船变成了一艘名副其实的装订船（Book Binding Ship）。但是这一行为的可行性至今备受当年参与其中的印刷业者的质疑。

trans | port || über | setzen
up in different stories

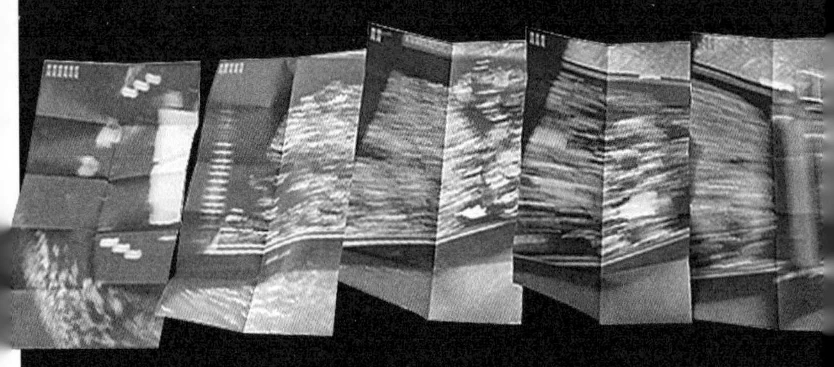

图 5-1-02 ~ 图 5-1-04:《无边无际》内页

书与船 / 星期一

书和船都是容器，一个承载故事、知识与思想，一个承载人与货物。

“船”的发音与四个方向阅读 / 星期二

设计者将两组文字纵横交错排列。横向排列的是关于书承载的与关乎书本身的文字，正看如“爱、希望……”，倒看如“教科书、出版商……”纵向排列的词语包含航海所用到的词语以及欧洲各国货船名字的拼写，同样以正反向分开阅读。有趣的是，作者在各种船名字的发音中，找到了一个共同的音节“Kall”。

海图 / 星期三

全球海图每年根据航路变化而不断更新。然而，为什么要运输？因为有需要物品的地方存在，因为有人们需要告知或与他人分享的思想存在。我给予你思想，我给予你物品，同样我销售给你思想，我销售给你物品。

导航图——不迟疑地航行下去 / 星期四

运输，从一个港口到另一个港口。此岸是创作者和思想的家。思想登上纸面，从一页航行到另一页。原稿到成书，纸如海洋。读者在彼岸，思想真正着陆的地方。

古拉丁文文献中的航海注意事项节选 / 星期五

种种思想转化为书籍。在这一信息被不断运输的过程中，新世纪的电子书通过电子纸张也加入其中，这使作者联想到这样一幅画面：船成为中转站，货物不断重组，甚至文字如微尘般通过书籍重组后还诞生了新的文字。

让书与图书馆来导航 / 星期六

亚历山大大帝建立的亚历山大图书馆旨在收集全球的书籍，从异域文化认知出发进而控制其领地，足见知识的力量。在这一利益的驱动下，帝国的船只疯狂地建造，以求运回更多的书籍。书籍在运抵或装箱的过程中，又不断地被复制着。原版书虽然返回了图书馆，而它流传开来的拷贝本似乎更具价值。

字母表是一个容器，它包含一切潜在的抽象事物。而物质的容器只可以容纳物体，如果不是我们幻想，它无法容纳抽象的物体。书是一个容器，它可以以一个真实的形态容纳一切。

将这一面内容摊开连接起来，可以看到这样一组诗句：

故事就在那里

文字一个个被舀出

星星数着页数

听，海平面那端

不同的故事在苏醒

或许昨日就要重现

文本卷入夜晚

带来一个黑色[1]的吻

The story is already there
every text has to be spooned out
and stars number the pages
listen, far out the horizon
waking up in different stories
and perhaps yesterday will arrive soon
text enrolls into the night
a black kiss of printing ink

1 原文为“来自油墨的黑色之吻”，因考虑到中文语境已比较具体，故去掉“油墨”一词。

图 5-1-05: 本书设计者之一乌塔·施奈德女士在介绍她的作品理念，2012 年

5·2

解读《锦绣文章》

——读袁银昌《锦绣文章》书籍设计有感

近日读著名书籍设计家袁银昌先生的一部设计作品《锦绣文章》，读后感受颇多。其中固然有对著作者丰厚饱满的内容与对中国古代织锦纹样精深的研究成果的钦佩，更多的则是为本书设计的恢弘气度而感动不已。全书设计对主题气氛的准确把握、视觉符号的精巧运用、图像还原的严谨到位、设计理念的崭新体现均有充分的展示。

我以为《锦绣文章》（以下简称《锦书》）的设计有以下几个特点：

《锦书》的设计为读者创作了与内容相融的阅读氛围

书籍设计是经过设计者对内容的深入理解，通过感性的创想、理性的周密策划，并对信息的有序编织和工艺印制的完美呈现，构建完整体现内涵又具想象力的设计师心中的书籍“建筑”过程。

阅读《锦书》设计，让你犹如进入图文营造的精神栖息地，绚烂的传统织锦纹样所渗透出的中华古老文明的文化气息无处不在，其为阅读环境取得一种亲近与和谐的空间。

这是设计者的高明之处，不为设计而设计，也非为装饰打扮设计，设计者抓住书籍设计理念中最为重要的难点——为读者创造与内容相融合，并令他们身临其境的阅读氛围。

今天我们仍可以在书店中看到许多形式与内容游离，内文与表皮毫不相干，图文编排无秩序、无节奏、无层次，充斥着噪声杂音，装帧漂亮却毫无文化气息，更无书卷语境可谈的书籍，这是部分设计师、出版者装帧观念滞后所导致的，在书籍市场中为了赢得短期效益的浅显认识的结果。

袁银昌在《锦书》中把握住本书主题的灵魂，并由此运用各种视觉表达语言引申出文字以外的，令读者感动的人文气息。当读者拿起这本书进入阅读“剧场”，首先从丝织材料印制的精致封面开始，我们就从心里触摸到全书的主题一个表现中华锦绣璀璨的织品纹样的世界。巡视全书的三个立面，由每一页周边的图像设计合聚而成的天头云纹表面和地脚立面的水纹，书口侧面呈现出生动的龙纹，随着翻阅的过程，一条腾龙穿云破雾，翻江倒海跃入你的眼帘，并让读者的心绪全然融入全书的主题气氛，这已超越了一般化的装帧概念。

开启封面后，设计者逐层逐页地引导读者有趣味地进入主题，品味织锦奇葩艺术的佳境，《锦书》从结构、色彩、图文、符号、空白，无不在诱发读者的想象力。日本著名的设计家杉浦康平曾有此论述：“一本书不是停滞在某一凝固时间静止的生命，而应该是构造和指引周围环境有生气的元素。”

袁银昌恰如其分地汲取并提炼出本书中表现内在意蕴的有生气的元素，使书籍的内涵充分的展示并得以升华。

《锦书》设计贯入当今书籍整体设计的新概念

书籍设计应该是一种立体的思维，是注入时间概念的、塑造三维空间的书籍信息载体。其不仅要准确把握住书的外在形态，更要通过设计让读者在参与阅读的过程中，人与书之间相互影响和作用，而得到整体的感受。

袁银昌在完成本书的整体架构和形态定位后，全力投入书籍内容的信息编排的创意之中，他与作者反复研究，共同探求以书籍视觉语言来掌控全书的传达线索，经营好全书的层次、节奏和表达方式的设计思路。比如贯穿于全书的边框形式符号设定了主题表演的舞台架构，以及与读者交流的阅读模式，逐页连续的空白缓缓引入扉页；一只“与彼朝阳”的翔凰领你走进主题的领域；一片白云穹托着全书的目录；上下卷的卷首页的十二根彩条为全书穿针引线，七彩线注入序文的第一小节，像一缕缕七色光在空间和文字的经营中渗透流动；图版部分体题排列，有序不紊；“龙莽纹”“凤凰纹”“珍禽纹”“瑞兽纹”图像的切割、分解、会聚，集中与分散，局部与整体，均有刻意的斟酌，平中有奇，静中有动，小中见全，一页一页的设计，如同舞台中的一幕一幕好戏；准确设定的字体、字号、行距、字距、符号、页码、空白，像围绕着主题正在声情并茂演示自己的角色；最后疏朗的空白尾声页中的“清道云鹤”像在回味全书的余音，与开首页的翔凰相呼应。

把握书籍语境的传达意韵，在于书籍设计语言的准确运用，从整体到细部，从无序到有序，从空间到时间，从逻辑思考到幻觉遐想，从书籍形态到传达语境，一种富有诗意的感性创造和具有哲理的秩序控制的能力，是书籍设计家应该具有的新概念。

书籍设计与以往的装帧不同，其不只是一个外表的装潢和简单的图文版式排列，而是设计者在理解主题内容基础上介入全书信息的编辑设计，是对主题内在组织体从“皮肤”到“血肉”的三次元的有条理的信息再现，更要为读者注入阅读愉悦的感受和启示想象的空间。袁银昌先生的设计掌握好“锦书”外表与内在表现的呼吸关系，而使读者得到畅游于时而波澜壮阔、时而涓涓细流的中华文明之河的阅读享受。

书籍设计物化过程中的精神体现

当今流行的数码技术带来的各类新媒体的普遍使用，几乎改变了每一个人的生活，屏幕已经成为一种新的并被广泛运用的信息载体。不能否认信息传递的多元化使人们更快捷地获取信息，这是社会发展的一种进步。但是也不能否认一部分数字化的设计带来一堆千篇一律、如同转基因食品那种乏味的视觉垃圾。一些书籍设计也在高速运转的书籍市场“快餐”中，减弱了自身的特质，并忽略了图像再现的严格要求和图书语言的综合运用。有的作者、出版者拿着数码相机胡乱一拍就当作出版书籍的图像作品敷衍读者。这是一种极不负责任的做书态度，当然这类低质的书造成资源的极大浪费，我认为这也是一种精神污染。

然而，我在这本《锦书》中观赏到的每一幅作品都是如此精致，图像清晰，还原到位，质感饱和，每幅图均有上佳的表现，视觉信息得以充分地传达。本书的著作者是一位极严谨又深谙艺术美之道的专家学者，他奠定了本书好的基础，但设计者在后期制作中的深刻理解和技术把握是在这一基础上的完美再现。据说袁银昌对每一幅图都亲自反复调试，从明度、对比度、饱和度、清晰度、还原度，决不放过细微的误差，他在CMYK的游戏中可以说是一位高超的玩家，当这些图像印刷在经他一手反复挑选的特定纸张上，一幅幅灿烂绣锦力透纸背，浸润着文化意蕴的中华古老艺术张力，直可称之为一篇锦绣好文章。本书的图像质量在同类画册中可以说是出类拔萃的。如果没有设计家的艺术眼界、设计功力，还有敬业精神是达不到如此高的品质，并让读者有此美妙的视觉享受的。

书籍设计是一个将工学与艺术融合到一起的过程。书籍设计应是编著者、设计者、印刷工艺者共同完成的系统工程。今天我们有意模糊著作者、编辑者、发行人、设计者的明确分工，也不确定书籍形态、信息构成、印制工艺和媒体属性的划分界限，书籍设计是一种大设计的概念。

“当我们从头到尾去阅读书籍时，无疑最重要的部分是idea——一种‘物质之精神’的创造。作为物化的书籍，我们所创造出刻画着时代印记的美——给现在的以至于将来的书籍爱好者带来的快乐永远流传下去。而在新鲜的外表下，无形又不可见的即是我们深藏其中的传统。我们为这个世界增添了一些美好的东西。”这是德国著名书籍设计家戈内·A.卡德威的一段精彩的感悟。

由衷感谢《锦绣文章》著作者高春明先生和设计家袁银昌先生为中国艺术传承的书籍领域留下如此精彩的一笔。

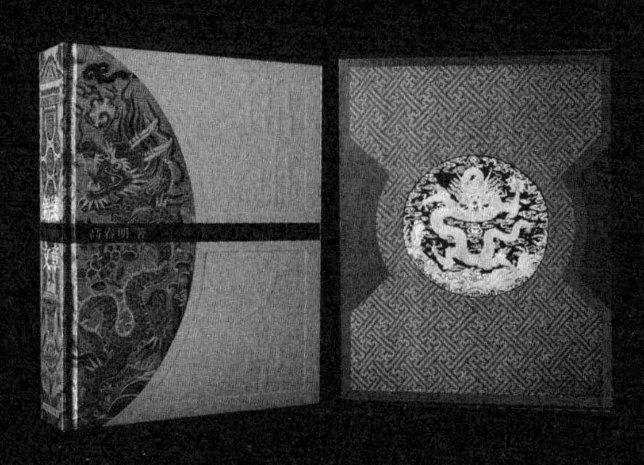

▲

图 5-2-01:《锦绣文章——中国传统织锦纹样》,
上海书画出版社,2005 年出版。设计 = 袁银昌

图 5-2-02:《锦绣文章》内页

▼

5·3 照映字脉

——读姜庆共先生编著设计的《上海字记》

上海设计家姜庆共先生长期从事平面设计，在几十年的工作中，收藏了大批从 20 世纪初民国时期到现在不同载体上应用的各类字体印刷物，无论是新闻书刊还是商业产品，均展现了 20 世纪随着时代变化而呈现出不同特色的中国文字百年世界。他把多年收集的文字精选出来，编著成了这本《上海字记》。书中展现了随着印刷技术的演变，从字体书写到印刷手段，以及字体、字形、用途的变化，映衬着文字功能和造字审美的变迁，同时又反映出中国社会、经济、文化等时代进程的轨迹。这是姜庆共先生多年研究的重要成果，虽属上海地域性文字的展示，但作为中国近代印刷和出版的摇篮地，这些文字家喻户晓、耳熟能详，成为与人们生活休戚相关的视觉符号，是社会发展的时代缩影和中国平面设计史进程的佐证。

今天我们对文字心存多少敬畏呢？电子时代让我们获取文字太轻松、太简易了，只需从电脑中下载即可。但过去不是，文字需要书写，耗费很多智者造字潜句，古人通过木板雕刻，把文字刷印在纸张上，再形成一本书，所以大家对文字由衷敬畏。老话说“贱父贱册”，即对拥有文字的书不尊重，就如同对父亲的羞辱。汉字是记载中华文明生命体的细胞，中国汉字的特征，象形会意，是世界仅存的，并还在使用的象形文字，文字具有非凡的表现力和内在的力量。“上海字记”让我们对文字抱有敬畏心，对 20 世纪书写文字的人们充满敬意。

在这本书里，可以看到 20 世纪三四十年代的文字的多元形态，不仅是商家的标志，广告或包装上的文字，还有文化载体上的文字是如此丰富。鲁迅的书籍设计《呐喊》，他在隶书的基础上进行了演变，笔画之间的躲与让都产生了一种韵律感，形成一个呼之欲出的“呐喊”符号，他在其他的书籍封面设计中改变了楷体固有格式，而形成了全新的视觉符号。可以看到民国时期的文字，书写者创造着不拘一格的文字，给你一个阅读文字美感的享受，感受一种新的造型意境。新文化运动给文字的创造带来全新的面貌，设计师们引进国外的各种设计流派，如吸纳了苏联的构成主义、德国的表现主义、意大利的未来派、西方达达派、野兽派等各种设计观念。在英文字体的书写方法基础上，创作了全新的各种各样的新字体，但他们有着深厚的中国传统文化的根底，无论创造的文字怎样千变万化，仍保持着汉字真草隶篆的构架关系与美感。如《百雀灵》《最新外衣》《十月戏剧》《人世间》《水银灯》《良友画报》用一种抽象意念创造的文字，还有像《现代学生》刊名字令人感受富有青春的活力，若用于今天的印刷品上可能属于不规范文字。这些设计家们在变中讲究文字的结构和意味，不是简单的为了形式而造字。其中也包括当时解放区的一些装帧文字也极具创造性，那个年代是中国字体设计百花齐放的黄金期。

到了 1949 年以后，文字强调标准化，文字有规范，繁体字改成简体，虽然这对文字的扫盲工作有利，但对文字渊源的理解和创造性相对减弱了，但仍有部分延续

20世纪20—40年代遗留下来的造字传统，如当年的凯歌牌收音机、永久牌自行车的设计作品，书刊如《最新口琴曲吹奏讲义》《孔雀东南飞》《上海之春音乐会》已成为造字经典。到了“文革”，文字普遍粗壮张狂，那个年代的文字具有斗争性，以粗宋、粗黑体为多，如大字报、大标语、宣传画，甚至商品。字体相对单调，能够表达创意的东西比较少。改革开放早期，还是在沿袭“文革”的一些字体，比如1978年以后的封面作品可见一斑，如《远山的呼唤》《巴黎的秘密》《军港之夜》字体毫无个性，还是缺少早些年的那种充满活力和诗意的丰富想象。最近20年文字的创造已有摆脱束缚的迹象，年轻的设计人在广告、包装等商业设计领域创作出新的文字，北大方正、汉仪字体公司也投入巨大精力、物力创造新的字体，还举办全国性的字体设计大赛。然而现代科技的快速进步，书写文字的手段转换成数码工具，人们不需要书写即可以轻而易举从字库里提取各种各样的文字。方便快捷有优越的一面，同时却也带来浮躁的负面，大家不愿意花很大功夫创造文字，造字变成“奢侈”的行为。尽管如此，在书籍设计业界，还是涌现了一些在文字设计上不甘于简单拾取电脑字库，而在乎创造有新意境文字的年轻设计师，他们在践行着前辈留下来的字脉。我相信姜庆共先生编著这本书的动机正是给当代惯于喜新厌旧的文字使用者，带来诸多回归记忆的思考和启发。正如上海人民美术出版社李新社长在序中所言：“字迹虽属小道，但以小见大”，这也是《上海字记》这本书的价值所在。还有书中的12篇采访记和归纳的字体大事记都是值得一读的珍贵文献史料。姜先生不仅出版了《上海字记》，他积数十年的心血和耐力，编著了“城市行走书系”之《上海老城厢》《上海教堂建筑地图》《上海杂货铺》等多部图书，均有独到的编辑思路和看点，这些书已由上海人美社出版。

最后有感于当代书籍设计师的职能已发生变化，从只做书衣打扮的装帧者到担当起书籍内容的传播者，他们转换了以往一贯的装帧角色，对文本多了一个主动投入视觉化的编辑切入点，成为信息主题传播的驾驭者，介入了书的共创或独创，这才能适应从“装帧”到“书籍设计”观念转换的时代需求，拥有“书籍设计”意识的设计师在未来的中国书坛中一定会独树一帜。

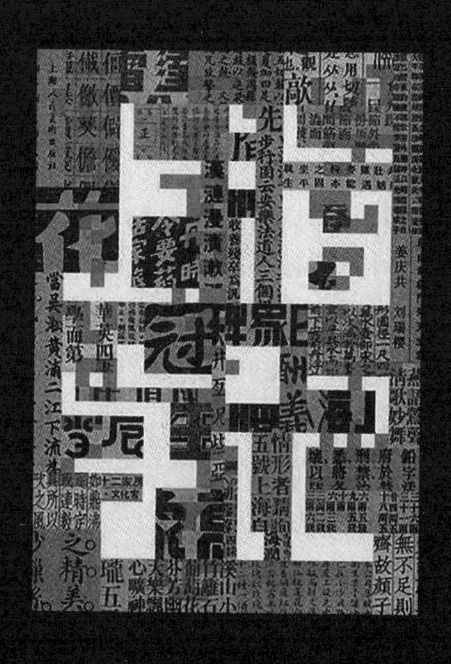

图 5-3-01：《上海字记——百年汉字设计档案》，

上海人民美术出版社，2014 年出版。

设计 = 姜庆共

5·4 花木兰之歌 从铅笔与剪刀中流出

继 2013 年《云朵一样的八哥》获得布拉迪斯拉法国际双年展金苹果奖之后，绘本画家郁蓉的创作激情不断喷发。《口袋里的雪花》《烟》《夏天》一部部充满想象力的好作品相继在国内外出版，一位养育着三个可爱的孩子的母亲深深沉醉于她的绘本世界。历经多年的构思，三番五次地推敲斟酌，几度推翻原稿，追求尽善尽美艺术的又一部佳作《我是花木兰》终于和读者见面了。

我有幸多次与郁蓉相遇，谦虚的她总让我这个门外汉提意见，她对绘本艺术的执着和充满童真的创作心态深深地打动了我，之前在担任全国第七届书籍设计大展评委时，对她的《云朵一样的八哥》印象深刻，该作品获得插图类最佳奖。为创作《我是花木兰》，她多次带着孩子从英国赶来，每次我们会就此作品进行热烈的讨论。

你会发现郁蓉极力在摆脱某种艺术家傲视读者的创作心态，她总是从孩子的心理挖掘角色的造型、神态和叙述语言，为每一幅画面寻找到准确表达主题的语法，那种天马行空的创想和无限定的反“成熟”手法，透着她那童心未泯的稚气和启发孩子感应未知图像世界的机智。也许每一幅作品呱呱落地的瞬间，她总能窥察到自己孩子们的第一反应，从而捕捉住能打动小读者的故事语境。

《我是花木兰》中郁蓉用穿越时空的绘画与色彩对比手法，时而“我”与古时北魏花木兰交替出场，时而心神相依，奇特而又不无合理。左右对页是统一的整体，特意设定的拉页开启，即是故事的扩展或画面长镜头的延续，哇！孩子定会发出惊喜的叫声。那些细腻描述的场景是主题的铺垫，但又是故事之外重要的画外音；充满生活气息的农耕村落；喧闹街市庶民商贾的众生相；战马奔腾、敌我厮杀的惨烈场面；萧瑟秋风、群山苍松的寒夜……这一切都衬托着全书贯通的、高度概括、夸张变形、身披红色斗篷的花木兰替父抗敌的飒爽英姿鲜明形象。简约的主线情节却滋生出无穷的末梢细节和讲不完的故事。惊叹郁蓉细致入微的生活观察和人物性格的把握。

该书的创作手法仍应用画家驾轻就熟的铅笔素描与剪纸的手法。几十年前受感于陕西采风时民间剪纸的心灵触动，开通了她创造独具个性的剪纸与绘画相融合的绘本形态思路。铅笔与剪刀是郁蓉的两把神器，剪刀留下拙朴刀痕的造型，铅笔画出轻松流畅的图影，剪纸洗练的平面凸显出铅笔自然线条的细密，看似随性巧遇的对比之美，栩栩如生、娓娓道来，显现出画家的匠心独具。

全书故事读来轻松，却有着人与景、人与物、人与人的严谨关系，穿越中时不时让这个古代的巾帼英雄回到当下，使读者联想翩翩。绘本叙述语法是多样的，线性的平铺直叙法司空见惯，而穿插时空错位的描述，需花点心思进行揣摩，可开发孩子们的想象，我们不可低估小读者的阅读能力，这也是郁蓉的绘本作品与众不同的个性特点。

前些日子她发来一些创作该书时拍摄的画面，一匹匹战马、一个个士兵、一座座战帐的剪纸竖立在画面上，月光升起，大地上留下长长的投影，三维空间的真切场景，让我入情入境。郁蓉真会玩，也许她正与孩子们大摆龙门阵咧，也许又一本新的绘本构想正在萌发出来。记得她曾说过这样的创作感悟：“做图画书是一种无私的奉献，一种基于对孩子的真爱而不计名利的付出。”相信用这种诚实率真的态度创作的作品定能传递出真性情而不矫饰，充满善意而不假大空，容易熟套的花木兰故事读来耳目一新，这部作品有许多感动我的地方，于是写下这些推介文字。

《我是花木兰》是一首美丽的歌，她从铅笔和剪刀中缓缓流出……

▶

图 5-4-01：《我是花木兰》，

中国少年儿童出版社，2017 年出版

图 5-4-02、图 5-4-03：《我是花木兰》内页

▼

5·5 写在《字体传奇》出版之际

中国近百年的汉字及阅读形制变革，着实动荡不小，至今余音未了。

20 世纪初的新文化运动要与旧时代做一个彻底的了断，激进者曾喊出“汉字不灭，中国必亡”的断言。50 年代的文化变革依然拿汉字开刀，1955 年元旦的《光明日报》正式代表官方“宣告”中文排序由上而下的东方竖排改为由左向右的西式横排，不久国家文字改革委员会宣布首批由繁体改写为简体的汉字名单。1958 年，传统的汉符注音改成拉丁字母的汉语拼音法正式通过，尝试为将中国千年汉字体系改为拉丁文书写系统做一铺垫。虽然繁体字简化有其积极的一面，但一些字仅保留了汉字造型的躯壳，失去了文字源流的本质意义，造成文字的无序滥造，混淆了文字改革的初衷，幸好第三批文字改革终于叫停。然而遭殃的已不仅仅是汉字本身，而是对汉字字体发展脉络和汉字应用体系研究的缺失，并造成应用文字研究方法论的迷茫。

当人们的行为方式仅为响应号召，在尚未理解消化的情况下就付诸实施，接着被又一波号召紧逼，使人们既感到无奈又无所适从。上一代人就这样失却了拥有闲暇的沉静和独立的思辨能力。中国13亿人在使用汉字，从孩童到成人，从博士到学者，从文字读者到平面设计师，真正对母语的字形起源到文字排列有所理解的人并不多，虽有书法篆刻艺术的专攻者另立门户。人们不知道印刷字体及文字群版面规则与阅读关系的重要之处在哪儿。当今数码技术对于人们在文字应用上带来触手可及的方便，使人们更落入只会“埋头干活，不懂抬头看路”的盲目，与以往年代的“听文件、少动脑”的状况相似乃尔。

此文不是对曾经的文字改革做孰对孰错的评判，也非论述文字竖排与横排的是非曲直，我们还来不及好好总结分析改革开放以来的良莠利弊，又一股由“经济腾飞”引发的自满自负风抬起，居心叵测者愿把中国抬到世界第一的位置，有心人知道这个高帽戴不得，中国绝没到飘飘然的阶段。就平面设计这一领域而言，不要被大兴创意产业口号所蒙蔽，该领域基础的基础——文字设计与应用的研究水平与世界并未在同一个平台。要发展，有所作为前的清醒比作为更重要。

编译者之所以推出《字体传奇》一书，一方面正视在国际化进程中，西文已成为中国人文化生活中视觉化的一部分；另一方面环顾国人文字使用之现状，当今电子软件似乎让使用者无须在理解的基础上去选择字体，设计者运用电脑程序和现有字库能最便捷地，却又盲目地掌控版面。传统载体的文字使用者对印刷字体也未必有理性的认识，而西文字体最广泛的版式法则是建立在对文字的理解和应用基础之上的。正如译者在序言中所述：“在中国现代意义上的字体设计还是个新生儿，缺少好的字体只是表面现象，更深层的问题是平面设计师与字体设计师对于字体认识的不足，没有相关的字体基础知识与术语系统，我们就缺乏有效的工具去认识与研究字体。”

该书讲述了国际上被广泛应用，也是全球化文字体系中成为最鲜明的视觉传达信息符号的“Helvetica”体，即无衬线黑体的传奇故事。解读该款字体从形成、使用、检验到成熟的成长过程，提供字体自身演变到发展应用研究的一种逻辑推理和深入方法，并传递出一个重要的观念：语言不只具有传递信息的功能，还具有逻辑美和阅读美的认知系统和审美价值。“Helvetica”体的剖析还有利于理解与该字体相近的中文黑体造型关系及应用。该字体在日本被称为歌德体，担当着近代直至当今从宋体汉字家族中脱颖而出的重要角色。一种文字在国际上广为认同、广泛使用，展现着一种优秀文化的自信，这对于全世界使用最多的汉字的字体研究学者和文字应用工作者无疑是有启示性的。

王国维在《国学丛书》序中有这样一段叙述：“学无新旧也，无中西也，无有用无用也。凡立此名者，均不学之徒，即学焉，而未尝知学者也。”《字体传奇》中文版的策划者杨林青、李德庚两位有在欧洲留学的经历，无论在国外还是在国内都有着优异的实践成果，故看待当今中国的设计多了一个视角，也多了一份体会与思考。在当下一些学界弥漫着谈“洋”色变的气氛下，我钦佩他们的眼力和做学问的耐力，取西文之长，为汉字所用。了解到他们对《字体传奇》阅读后的收获并希望与国人共享的心情，对当今国内字体设计及应用存在的问题表现出的忧心和一份责任感，故深受感动。

该书的出版不仅对字体设计和汉字应用专业工作者有直接的指导意义，对于从事学术研究和教学工作者可提供文字研究方法论的一条别样的途径，也对从事传播载体工作的设计师、编辑、出版人、新媒体编导等相关业者均具参考借鉴的价值和影响力。

一款有生命的字体，一个生动传奇的故事，愿译者德庚的最后一句“他山之石，可以攻玉，希望它能应验”，同为期待。

图 5-5-01:《字体传奇——影响世界的 Helvetica》，
重庆大学出版社，2013 年出版。
编著＝拉斯·缪勒等 翻译＝李德庚 设计＝杨林清

6 写序

6·1

书戏与书艺论道
——贺第七届
全国书籍设计艺术展
论文集出版

序

一本好书犹如一出好戏，不仅是赏心悦目，更是影响内心和周边心像物境的生命体。

书的本质不言而喻是阅读，但不仅仅指的是一种过去认知的纯粹文字阅读，其实还包括形态阅读、触感阅读、交互阅读、聆听阅读等，即使是视觉阅读，也有图品、字形、编排、空间、时间、节奏、层次、结构的欣赏，还有信息戏剧化设计语言和语法领悟联想、启迪展现，以及阅读美感的享受。

书籍中的文字、图像、色彩、空间等视觉元素均是书籍舞台中的一个角色，随着它们点、线、面的趣味性跳动变化，赋予各视觉元素以和谐的秩序，注入生命力的表现和有情感的演化，使封面、书脊、封底、天、地、切口，甚至于翻开内页的每一面都呈现出书籍内容时空化、层次化，有阅读韵味的书戏来。东方艺术的一个重要特点，即表现为主题在抽象时空中的演义性，并贯穿于延续性的戏剧变化，富于联想。如京剧生、旦、净、丑的做、念、唱、打，像欣赏江南的园林，步移景异，是一种时空的经验。

一出戏，整个情节是沿着一条既定的剧情路线进行的，或是线性结构、起伏性结构，或是螺旋性结构，是依循内在的逻辑自然地发展着。正是这种秩序与条理性，使观众体验到了信息流动的细微变化。因此，书戏则是设计者把控信息生动表情传达和内容情节起伏相继的内在逻辑关系，让读者感受到故事始终的时间与空间体验的阅读载体。

好戏要有一个好剧本，但必依赖导演、演员、乐手、舞台设计者的全新演绎，即分析剧本中的依因果律，铺设情境相互通贯之道，因事因人因物扮演出“一花一世界，一沙一天国”[1]富有艺术意境的角色，从中品出演员戏路的道道来。

“道”是艺术表现的一种规律，创造的动力来自于观念，即“道”的不断认知与完善，所以演好书戏必有其“道”。书籍设计者介入文本内容结构的再编辑，视觉传达系统的再设定，阅读语境的再创造，是在传统装帧基础上的设计性质的重新界定，是设计范畴的延展和设计责任的再提升，这就是我们当今需要探讨的书籍设计规律和方法论的书道。

对于书籍设计者来说，长期以来装帧的“道”，使设计者认知的职权范围比较狭窄，尽管有时也冠以书籍整体设计的想法，但在设计者的主导意识上受到很大的局限，从而不能与著作者、出版人、编辑和发行进行平等的交流和沟通，阻碍了设计者就文本进行有建设性的设计努力。比如，当你想为提升文本的阅读价值，建议合理修整文本构架系统；为增加学术性，提出增添触类旁通的辅助视觉信息要求；或突出阅读的可视性，选择最清晰文字体例和重设空间构成关系；为提升观赏性，强调更新或提供高质量的视像图稿；为有层次的阅读感受、增加必要的体现时间传递节奏的空白或隔页；

1 摘自英国诗人勃莱克的诗句。

为让读者愉阅及五感体验，建议创造与文本内涵相符的书籍形态和采取人性化的物化手段……也许有人会质疑设计师有越俎代庖之嫌或戴上自我表现的帽子而被轻率否定。其实文本与设计相互之间并不矛盾，犹如“道”与“艺”之间的互补互动一样。著名美学家宗白华曾有这样一段精彩的论述：“生命本身体悟‘道’的节奏，‘道’尤表象于‘艺’，灿烂的‘艺’赋予‘道’以形象与生命，‘道’给予‘艺’以深度和灵魂。”，设计不是文本的替代，“而是‘注入’形式的结构，使平凡的现实超入美境，但这种‘形式’里也同时深深地启示了精神的意义，生命的境界，心灵的幽韵。”设计赋予文本美的生命，文本为设计注入深度和灵魂。

一本完整的书籍设计要求设计师完成装帧（Book Binding）、编排设计（Typography）和编辑设计（Editorial Design）三个层面工作，即书籍设计（Book Design）之书道的全部过程，而这一过程非一人所能为，这对设计者来说须在原装帧基础上，尤其在过去装帧所不涉及的第三个层面上提高认识，扩大设计范畴，培养交流、沟通、运筹、合作的能力，增加不同层面的工作强度和整体责任，更要求设计师具有对不同文本性质和读者群需求有把握设计“度”的控制力，并且注重提升自身学识和修养以及掌握综合艺术学科知识的全方位水平。

书籍设计与其他平面设计门类的概念有所不同，它不是一个单个的个体，也不仅仅一个平面，它具有多重性和互动性，即多个平面组合的近距离翻阅的形式，涉及多向领域的交叉运用。我们的视点除了在选择书的内容、题材去决策设计的方法与方向、视觉语言与信息构架语法、叙述结构与阅读节奏，还要像一个导演在接到一部剧本后所展开的思考和工作程序一样，去创造使平凡的现实进入美境的阅读书戏。“书籍设计不只图封面好看，而是整体概念的完整”，莱比锡“世界最美的书”图书基金会主席乌塔女士曾这样说，“一本好书不仅在于设计的新颖，更在于书的内容编排与整体关系贴切，十分清晰地读到内容。设计师要通过对文本的分析，各种相关素材的寻找，图像的配置，字体和文字群在空间内的安排和时间中的游走，文本信息传达结构的处理，书卷阅读之五感等一系列设计程序来诠释作品。”这正是设计者追寻书艺论道的一条途径。

从以往的装帧的设计范畴到书籍设计（book design）三位一体的概念有多少不同；艺术与市场、设计与阅读的关系需要怎样的探索与反思；或者就书籍设计理论研究方面哪些属于有待深入和开拓的领域进行广泛的学术批评和讨论，正值第七届全国书籍设计艺术展之际，论文评选得到来自全国各地社会工作室、大学师生、出版社的书籍设计者的踊跃参与。论文经评委会初评、终评两次遴选和认真讨论，《第七届全国书籍设计艺术展优秀论文集》终于即将付梓出版。参评者每篇文章独特的思考切入点、各有见地的阐述论点和活跃的学术探讨精神，必将对新传媒时代的书艺之道产生有价值的推动和影响。

书艺论道的理论研究应成为书籍设计界持之以恒的普遍行为，严谨的书艺论道的学术态度才能有效构筑表现中国文化主题的设计方法论和设计理论体系，以引导包括设计者在内的所有出版参与者把书籍载体当作一个舞台，在尊重文本准确传达的基础上以实现书境的最佳传达，为读者演绎一出出好看的书戏。相信这正是广大读者和著作者的期待，也是所有书籍设计师的理想。

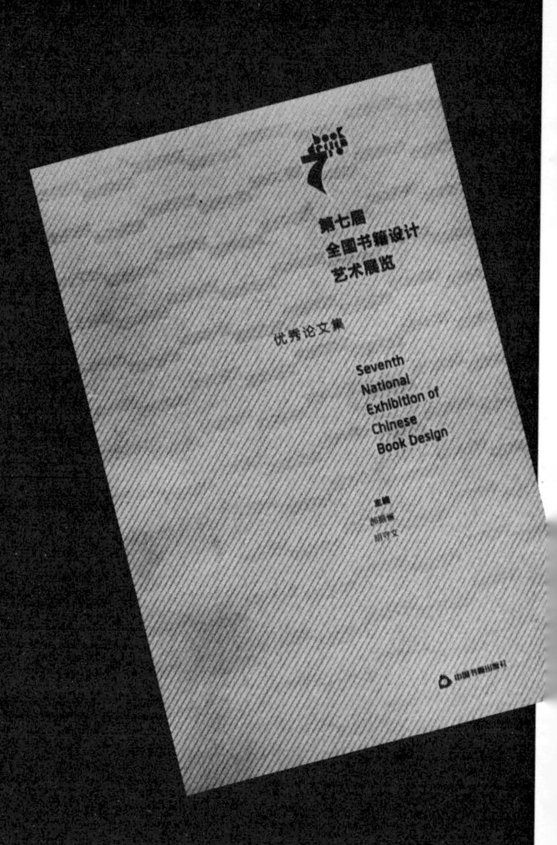

图 6-1-01:
《第七届全国书籍设计艺术展览优秀论文集》
中国书籍出版社，2009 年出版

6·2

设计 理念 制作
2013—2014年
瑞士最美的书展
序

今天已不是提倡“书不释手”的时代，一是科技的发展使获取信息的途径越来越多，电子载体带来廉价的阅读方式；二是长期以来的应试教育把读书变得十分功利，阅读审美体验的欲望正在衰退；三是设计创意受制于市场杠杆，无原则的廉价追求，导致全民艺术素质日益低俗化的现状。读书，这是一种被20世纪最伟大的文学家之一，英裔阿根廷作家博尔赫斯称之为“在时代更迭之间显得越发珍贵的气质”，当代人似乎少了这份气质。

中国每年四十多万种书的海量出版，却面临吾国吾民低迷的、令人汗颜的人均阅读量，出版大国并不等于阅读大国，供远远过于求。反思我们到底做了多少读来有趣、受之有益、物有所值的好书，去吸引读者来眼视、手触、心读，我们设计人该做些什么？

内容固然是书的基盘，但作为读物的组成部分——设计，应该在纸页舞台上，将图文、色彩、空间、形态、物化工艺演绎的书戏更加引人入胜，精彩纷呈，并成为读书人的珍爱。

近些年中国出版、设计、印艺、教育领域的同仁们与外界的交流越来越广泛，每年中国最美的书都参加莱比锡“世界最美的书”的评比，2003 年以来有 13 本书的设计获得包括金、银、铜和荣誉奖在内的“世界最美的书”的称号，既呈现了东方书籍设计的魅力和进步，同时也找到中国与世界在设计、理念、制作诸多方面的不足和差距。

在本届北京设计周中，“敬人纸语”迎来 2013—2014 年瑞士最美的书展及海报展的举行。以往我们较多关注德国最美的书，尽管瑞士设计的书获得“世界最美的书”的概率极高，但本次展览毕竟可以集中了解最近两年瑞士的书籍和海报设计现状与趋势，有一个让我们关注“瑞士风格”在全球设计领域内的最新动向及影响力的机会。

在国际上享有盛誉的“瑞士风格”(Swiss Style),根植于新版式设计运动(The New Typography)。该运动于1916年发端于苏黎世,之后蔓延至欧洲的其他城市,是瑞士对现代设计史最为重要的贡献之一。“瑞士学派”又称为“国际风格”,是20世纪50、60年代在瑞士出现的一种非凡的平面语言和设计运动。新兴的“国际风格”基于通过数理结构的网格、非衬线字体、有序形式规则、非对称性版式设计,以及将所有这一切元素系统性地精心统合设计,将平面设计作为视觉传达在社会学意义上的运用,并成为一种通用的模式。“瑞士风格”的实践者们用现代主义元素和构成主义语法强有力地超越固有形式,以理性科学的品质坚持追求范式变化,这种意愿强化了平面设计的视觉词汇并延续至今,为世界所称道。

本次展览的瑞士最美的书充分感受“瑞士风格”书籍设计在设计、理念、制作的关注:对于编辑理念的开放度,完成实现设计的严谨度与制作品质意识的把握度,都有诸多看点,其普遍的优秀设计水准也反映出瑞士高品质的教育成果。看瑞士海报设计，它保留着平面的特质，其中包括解说性的风格与传统平版印刷手工艺手段的应用，简洁的形式、强有力的观念、客观性以及图文的完美融合，展现了现代平面设计的先锋视觉语言、创新思维、独特手法以及新美学运动方向的探索。

“瑞士最美的书”大赛由来已久，起初由瑞士出版商协会负责组织，1998 年起由瑞士联邦文化局主持，大赛评审团由专业的设计家组成，比赛以国际的视野，强调作品的设计层面：书的整体概念、编辑设计和字体编排、关注原创，还坚持包括印刷、装订和用材的高质量评判标准。每年“瑞士最美的书”的获奖作品会结集出版，并举行多场获奖书展，这和一年一届的“中国最美的书”和四年一届的“全国书籍设计展”的评选活动一样，每次评出的作品要进行多地展出，既提高比赛的知名度，又促进设计师、印刷企业以及出版商之间的交流沟通，好书推广受众，传播书籍审美。

瑞士的平面设计既反映出国际风潮，又体现本土气质。这对于我们面对电子载体的挑战，如何让阅读趣味盎然地重新回到我们身边，多了一点回味。物化与创意、传统与现代、国际化和民族风，瑞士的设计作品带来多层次的参考界面和思考，这对中国的新造书运动和平面设计新范式的探索不无启发。

感谢瑞士文化教育中心给予中国的出版人、设计师、印艺人和广大的爱书人这样美妙的视觉享受机会，最美的书令读者回归感悟有温度的书籍五感阅读体验。感谢瑞士的同行们创造的与东方全然不同的文字系统构成的设计语法和语言，让中国受众踏进超凡创想又细致入微的书世界。

图6-2-01:

“瑞士最美的书展”敬人纸语展览现场

2015年

6·3

书巢取蜜记
——欧洲古典书籍插画展

序

蜜蜂书店，不远不近、不大不小、不松不挤。坐落于宋庄，避繁求静；三层小楼，册山绕墙；拾卷众生，耽读朗朗。业宏兄20年求知筑巢，痴书酿蜜。从买书、卖书到做书、藏书，如工蜂舍生劳作，聚精积髓，成就了今天。自娱小小昆虫，构筑蜜蜂书店，此乃名副其实。

前不久经吴静介绍，慕名登门拜访。一层书山压顶，吸引觅书人群；二层曲径通幽，咖香扑鼻，陶醉读书人；三层宽敞座席和挑高楼顶，满目书画充箱盈架，这里是读书人的天地，书店几乎每天都有文化沙龙，谈古论今。

主人知我专为西方古籍插图而来，不惜挪架启柜，从海量的藏品中挑出部分西方古籍插图，业宏兄如数家珍，侃侃而谈。这些古书年代已久，画家的笔触、纸张的年轮、油墨的印痕……历历在目，每本书都像在诉说自身的一段美妙或沧桑的经历，张张画面自有表情，令人赞叹不已。

从纪元之初至 11 世纪，欧洲文字记录仅限于教士阶层，手抄本中有大量丰富的宗教题材插图，精细而华丽。1454 年，由谷腾堡印制的四十二行本《圣经》开启了印刷的里程碑。16 世纪文艺复兴运动风行，欧洲涌现一大批插图画家。18 世纪，欧洲出现了一股阅读潮，插图备受读者青睐，图量增多，趋向个性化。20 世纪初，英国的威廉·莫里斯委托版画家为乔叟的诗集配图，这批精美绝伦的插图成为世界插图史上的经典，并使欧洲插图艺术迈出新的一步。之后，德国的表现主义、意大利的未来派、俄罗斯的构成主义、瑞士的达达主义以及超现实主义等绘画风格掀起欧洲书籍插图艺术的高潮。

回望中国古籍精湛的插图艺术，20 世纪初的民国至中华人民共和国 50、60 年代的传世佳作，而纵观当下中国书籍插图的状态，唏嘘不已。我同意业宏兄的观点，“缺乏对于书籍美感认知的出版人是做不出传世之书的，更遑论做出百年还可以为世人拿起的书。”话题一出，于是有了今天展览的设想，并出版一本小书，供专业方家探讨，以借古人他山之石。

蜜蜂书店主人，因为爱书，倾其所有，寻觅美书，乐此不疲，一番苦心，一片热情，奉献挚爱与我们共享。这次拜访，如书巢取蜜，与美人相会。

图 6-3-01:《蜜蜂书店藏欧洲古典书籍插画》，2015 年出版

图 6-3-02：“蜜蜂书店藏欧洲古典书籍插画展”海报

6·4 折纸的艺术

在日学习期间，曾看过不少日本的纸张艺术展，素雅、质朴、平和，与生活休戚相关，感受颇多。对山口信博先生的大名和折纸艺术也早有所闻。他的肥皂变容展，点废为宝，更令人匪夷所思，为将“寻常”蜕变成“不凡”而叫绝。

5 年前，有机会参加在韩国坡州 BOOK CITY 举办的“纸的未来”研讨会，有幸与山口先生相聚，并聆听了他精彩的演讲，我领悟到了日本传统折纸中纸张的稻糠之穿越，民邦之礼乐 。作为传承人的山口先生运用结构学、力学原理将一张平面的纸，折叠出一件件精妙实用的物件容器，并赋予行德仪礼的人文内涵。演讲最后他特意穿上为本次活动折制的纸衣纸帽，演绎出一幕奇妙无比的“纸剧”来，给人们带来阵阵温馨的感动。

山口先生折纸艺术看似是折与叠的物化过程，却令我们反思今天中国社会缺乏对“礼”的敬畏心，人与人之间的交往太过功利与实用主义，每一份小小的折纸袋蕴涵着一分温度、一片情，这是山口折纸艺术的价值所在。

古人云：“乐行而志清，礼修而行成，耳目聪明，血气平和，美善相乐，天下皆宁。”传统文化中强调在自然造化中感悟天以生为“道”，天以生为“德”，天以生为“命”，生活在21世纪的人们要有感悟自然的欲望，顺应世界的态度，完善自我的心境，才可耳聪目明而不随波逐流，良莠分清，找到真、善、美的真谛。

纸，用之日常生活，可以说与我们形影不离，纸已是人类生命中离不开的现实存在。因为普通，习以为常，但人们仍可尽情感受纸张魅力，这是大自然给予我们的恩惠，那种与大自然的亲近感是虚拟的电子数码载体所无法替代的。

图 6-4-01:“山口信博折纸艺术展”现场，2014 年

6·5 承道工巧

中国古代书籍文化有着几千年的悠久历史，至今仍焕发出无穷的魅力，并影响着世界。回顾灿烂的中华古籍艺术，温故知新，传承文明，对于开创21世纪的中国书籍设计艺术有着重要的意义。

纸的发明，对我国书籍发展的影响是划时代的，而隋唐时期雕版印刷术的发明不仅加速了知识和信息的传播，也在很大程度上影响了书籍的形式，促使书籍不断地变换着自身的模样，或卷，或折，一路发展而来。以雕版印刷的生产方式印刷的书在各个时期形成各自的特点风貌、别门流派：以年代计有唐刻本、五代十国刻本、宋刻本、辽刻本、西夏刻本、金刻本、元刻本、明刻本、清刻本；以版本印刻机构划分，还可分为官刻本、坊刻本、家刻本等。活字版的发明替代雕版，这是印刷工艺的一场革命。元代王祯发明了一套木活字转轮排版技术，缩短工时，提高效率，使书籍可以快捷方便地进行大规模印刷出版，中国的印刷工艺技术和艺术审美进一步得到了升华。

由于书籍柔软，为防其破损，多用装帧加以保护，或丝绢，或木板，或纸板制成书函。书函的尺寸大小依照实际需要而定，且形制多样。多用硬纸板为衬，白纸做里，外用蓝布或云锦做面。书函一般从书的封面、封底、书口和书脊四面折叠包裹成函，两头露出书的上下两边。也有六面全包，谓之“四合套”，书函形态样式亦多变，有“月牙套”“云头套”等。另外，为了保护珍贵典籍或收藏孤本，藏书家往往特制书卷装置以保存书籍，使用各种材质做成函、帙、匣、箱、屉或夹板等考究的书，既保护书籍又增添书籍欣赏的艺术典雅之美。由此，书籍艺术的创造者施展智慧与技能，诞生出中国独特而丰富多彩的书籍装帧形态，成为一朵中国古籍文化艺苑中的奇葩。从唐经文、宋刻本、明绘本、藏宗教梵夹装、《永乐大典》包背装、《四库全书》的函套、《周易本义》书匣、《二十四史》藏书柜、《绮序罗芳》书屉、《御纂朱子全书》书箱等，其书籍形态之多样、印刷工艺之精巧、装帧手段之独特，千姿百态中体现出中华书籍艺术精华给予世界的贡献，为世人瞩目。

“天有时，地有气，材有美，工有巧，合此四者然后可以为良，材美工巧，然而不良，则不时不得地气也”（《考工记》）。天时、地气指的是中华文化精神的审美层面，并强调设计作品除具有高雅的内涵气质外，还一定要配之优良的工艺和材质，合此四者才能成为上品，反之，则徒有虚表。古人早就把外在与内在，形式和艺术这个辩证关系诠释得清清楚楚。

对照当今书籍出版物的西式化、单一化和划一的标准模式，深感中国传统书籍艺术给予的诸多启示，似乎有一种责任感驱使我们投入富有挑战性的传承中华书籍艺术再创造的活动中去。书籍设计是将工学、设计、艺术融合到一起的过程，是一种精神之物质的创造，所以每一个环节都不能独立地割裂开来。作为物化的书籍，我们应该创造并刻画出时代的印迹美。

为了实现这个愿望，雅昌成立了“人敬人书籍艺术工坊”，按照传统造书手工艺技术，边做边学，经历了种种挫折与失败，终于健全了工坊机制，使一本本传统书籍得到再生，同时也制作出许多具有传统意味的现代书籍，为保护国家非物质文化遗产、出版市场，以及国际交流做出一份努力。工坊作品在国际专业大赛中获得诸多大奖，也为社会所认同，并引发许多优秀设计师参与到这一类传统书籍风格的设计创意活动中来，海外的做书人、出版社、书籍收藏家仰慕中国风也纷至沓来。

今天的信息传达已进入多元时代，人们几乎依赖于视屏载体接收信息。而传统书籍，具有与电子载体全然不同的阅读感受。为了让年轻人认识千年书卷艺术传承的重要性，工坊通过设计教学让学生们亲临现场，亲自动手做书，保留与原始材料最亲密接触的艺术创作活动，体验传统工艺，感悟传统书籍形态的魅力，感受书籍给我们带来的亲近愉悦的阅读心境。每个时代都要有适应这一时代的设计艺术语言，与时俱进的核心就是创新进取。创新是以民族文化精神和民族审美意识为其美的承继与延伸，让时代领略书籍艺术的魅力。

愿“人敬人书籍艺术工坊”创造的书籍为阅读世界增添了一些美好的东西！

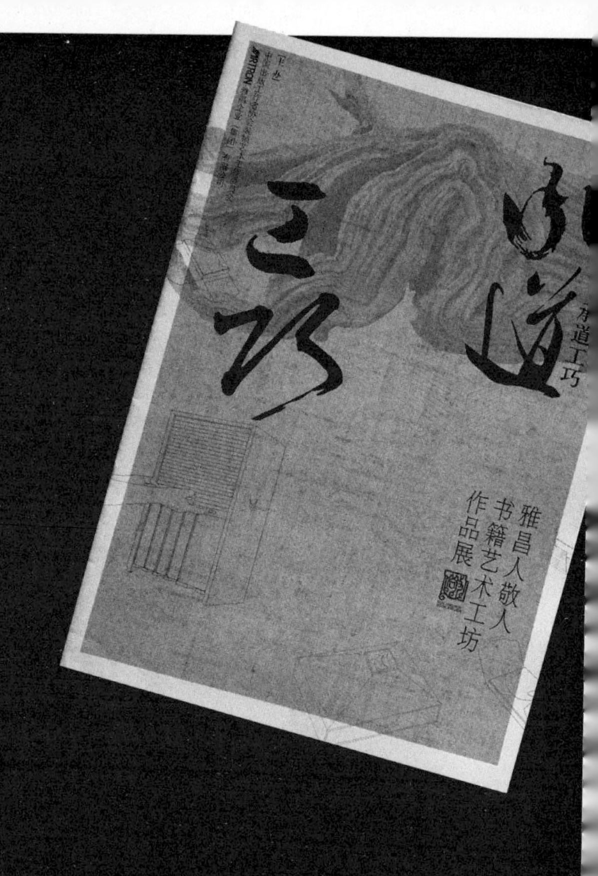

图6-5-01:
“山口信博折纸艺术展”现场
2014年

6·6

新设计论：艺术×工学=设计^2

中文书的设计，就是通过物化手段视觉化信息展示于读者。这是设计者在制作一本书之前必须具备的设计思路。

“新设计论”是书籍形态的外在观赏美和内在阅读美相结合的概念，即“艺术 × 工学=设计^2”。这是用感性与理性来构筑视觉传达载体的思维方式和实际运作规则，使设计达到其原有艺术构想定位的平方值、立方值以至达到多次方值的增值设计结果。

艺术感觉是灵感萌发的温床，是创作活动必不可少的一步。设计则相对来说更侧重于理性（逻辑学、编辑学、心理学、文学等）过程去体现有条理的秩序之美，还要相应地运用人体工学（建筑学、结构学、材料学、印艺学等）概念去完善和补充，像一位建筑师那样去调动一切合理数据与建造手段，为人创造舒适的居住空间，书籍设计师则要为读者提供诗意阅读的信息传递空间，具有感染力的书籍形态一定涵盖视、触、听、嗅、味之五感的一切有效因素，从而提升原有信息文本的增值效应。“艺术 × 工学＝设计 ^{2}”这一新设计论将成为当代书籍设计师应面对的前瞻性挑战，改变旧观念，以迎接数码时代和与世界同步的中国书籍艺术振兴。

不同的领域都可视为一个不同的“世界”，然而其间是一个休戚相关、密不可分、广袤无垠的宇宙世界，将装帧、插图、书衣等孤立地运作已远远脱离信息传媒的时代需求，各类跨界知识的交互必然拓展该领域从业人员的知识面，并大大扩展创意的广度与深度。

书是文本在流动中最适宜停留的场所，书籍空间中又拥有时间的含义，这是新设计论拥有的核心概念，排除不求进取的书装套路和花哨版面的商业索求，书籍设计师该做些什么了！

在电子载体唱衰传统纸书之际，书籍出版人、设计师、印艺技术人员不能故步自封，应以全新的思考点去面对书籍的未来，并充满活力和保持理想去面对这个奇妙无比的书籍世界。

关于中国的书卷文化审美精神，早在《考工记》中有这样陈述："天有时，地有气，材有美，工有巧，合此四者然后可以为良。材美工巧，然而不良，则不时，不得地气也。"古人将"形而上与形而下""创意与物化""艺术与工学"的辩证关系已阐述得如此精辟。

书籍设计是一种物质之精神的创造，作为物化的书籍，新设计论"艺术 × 工学 = 设计^2"将使我们创造出让更多读者喜欢的书，并刻上时代印记的美。书籍为这个世界增添了一些美好的东西！

6·7 不凡的寻常

希岗出身于民间印染工艺世家，自小浸淫于山东民间的剪纸、木版年画、彩印花布、泥塑玩具还有纸扎风筝等民间艺术的氛围，异常留意家乡民间剪纸的特征，如临沂剪纸的稚拙、高密剪纸的奇巧、滨州剪纸的粗犷；在他经历农村生活期间，特别喜爱关注大自然的各种生灵，在脑海深处留下信手拈来的 DNA 记忆符号。虽经历经了近十年学院派的专业训练，但仍保持着那份对天地万物、生命礼赞、民生世相、民俗百态的敬畏与仰慕之心，这些天礼相应、物物相重的审美观已融入他的血液，并渗透于整个精神维度之中。

古人云："乐行而志清，礼修而行成，耳目聪明，血气平和，美善相乐，天下皆宁。"传统文化中强调在自然造化中感悟天以生为"道"，天以生为"德"，天以生为"命"。希岗剪纸艺术的内容几乎没有离开这些主题，他的创作有着一条明晰的思路：讲述中国的故事，演绎东方的魂灵。《二十四节气》《十二生肖》《中国四大名著》《四季歌赋》《竹林七贤》《山川江河》等作品一剪一痕传递着当下人们缺失的感悟自然的欲望，顺应世间的态度，完善自我的心境，托物言志的民族精神，寻求着真、善、美的真谛。

希岗的剪纸艺术来自于民间传统的滋养，但绝不是传统的复制，更不同于民间剪纸程式化的套路，而是独创赵氏剪纸法。新剪纸从形式到手法，从语义到语境，既传统又前卫；既寻常又不凡。作品接着深厚的地气又透着时代的气息。许多习以为常的情景、形影不离的物像，在他曲、直、柔、锐的刀法下，率性与精密、粗狂与细微、质朴与清雅、集积与空白的相互交织，刀下生花。作品传递出淳、真、神、韵的感染力，也让人们感受新剪纸的魅力，这正是希岗剪纸艺术的价值所在，他的作品已引发国内外艺术界、收藏界的关注。

观赏希岗剪纸是一种享受，以剪代笔、胸有成竹，由外向里、纸转刀剪，造型生动奇趣的作品在他手中流将出来。看得出希岗在游刃有余的创作中得到一种满足和乐趣，因出自于心，由自于性，作品自然蕴涵着一份温度、一份情意。他说每日除了上课、吃饭，闲暇总是手不离剪，乐此不疲。我特别喜欢他的动物和瓜蔬作品，幽默风趣彰显一颗顽童之心，凝练概括透着文人之品，我佩服他在欢乐和节制中找到最佳的平衡点。

希岗剪纸作品出版物颇丰，《剪纸的故事》《点亮小桔灯》均获大奖、新作绘本《小鲤鱼跳龙门》《兔爷儿的耳朵》也具不俗的反响。近期他的理论新著《新剪纸》付梓出版，很为他在创作的基础上有了更进一步的理论研究而高兴。任何艺术的发展必由新的观念作推力，传承才有动力。起自南北朝的中华剪纸艺术历经数千年，政治、经济、技术、文化、观念的变革催生着上层建筑的革命，根植于民间的古老艺术也同样面临范式的转移。希岗在现代剪纸艺术理论和实践方面的探寻与思考，必然对当下民间艺术的创新提供一个新的视点和方法论。

剪纸，我们日常生活中最寻常不过的民间艺术形式，在希岗孜孜不倦地耕耘下，脚踏实地地做着不凡的“寻常”工作，他要把老祖宗留下的文化遗产衍生出为后人留得下的不凡作品，延续传承剪纸艺术生命力的香火。从事文化工作的每一个中华儿女又何尝不该如此呢？

图 6-7-01:

“生命礼赞——赵希岗现代剪纸艺术展”图录

2013 年

6·8

嬗变与意象

——读李洪波、王雷的纸张艺术

阳春三月，受成都著名企业五牛集团成立艺术与工学研究院的庆典之邀，在那里，有幸与李洪波、王雷两位年轻艺术家和他们的纸张艺术邂逅。面对当下的艺术环境，我有很长一段时间很麻木，却被他俩的作品深深地吸引，唤起难以名状和久违的兴奋感，刺激、感动、情不自禁。

现时的艺术市场催生出一大批价值不菲的艺术家，固然有货真价实的佼佼者，但也有大量依照市场需求，无创意、省时间、抄近道、千篇一律的疑似仿品，实在令人倒胃口。虽属精神产品，但十分“物质”。而李洪波、王雷的作品件件由物质造化，却改变了物质的属性，转换嬗变为出人意表的、新的形式语言和语境，赋予人们精神的满足和联想的空间。

报纸、书纸、卫生纸等无论贵人还是庶民都司空见惯的日常用物，在艺术家的“反逻辑”“反常态”的分解重构下，新生命诞生了。《汉书》中有道：“形气转续，变化而嬗。”嬗，使自然万物生生繁殖，绵延流长；嬗，是造就艺术生命意象万千的可持续动力。嬗变与意象体现着东方人的智慧，并带来不同于西方的文化气场。

李洪波的纸雕塑借鉴了传统民间纸灯笼的折扎法，却生生地改变了原有功能的存在形态，也改变了人们对自然物种的符号印象。他在固态与时态的转换中，显现出静止与流动、坚硬与柔软、真实与虚幻的魔境，物象在时空的嬗变过程中是否在暗示艺术的形与意的对立统一规则，以及自由与自律关系的哲学思考。

王雷的编织语言之精巧，实在叹为观止。还让我有感于纸与文字的力量，从《语录》《圣经》《汉英大辞典》中流淌出来的纸与字交织出信仰、知识、文化、智慧的力量，让人浮想联翩。王雷将物质原本的属性彻底颠覆，令固态模式转化成森罗万象的世界成为可能。

李洪波和王雷都是中国著名民间艺术学者、当代视觉艺术家、中央美院教授吕胜中的研究生、高足，他们深得导师长期以来中国当代艺术必深深浸淫于民族土壤方可滋乳衍生的要义熏陶，故有如此理想、耐力和创想力。他们两人有着共同的特点，谦虚、好学、不张扬，尽管他们的作品已为世界所关注，受诸多邀请，频繁在海外参展、巡展。当我有意将邀请他们在敬人纸语和雅昌艺术馆办展的想法一提，他们没有二话，立马爽快地允诺了。

“嬗变·意象”展为我们证明了中国当代艺术有着多元的存在方式。艺术的当代性，少不了天马行空的玄妙之旅，更离不开扎扎实实的专一与修炼之为。观众还可以在这些作品的奇思妙想之外，感受一纸、一搓、一卷、一针、一钩、一贴的瞬息万变，感慨无限级数的层叠重累出的矢量、体量、重量、数量、质量的巨大震撼，这是虚拟的电子传播模式所无法替代的。正是因为他们对艺术与工学、形而上与形而下浑然融合的不懈追求，两位年轻艺术家才有这样超乎寻常的定力，如同苦行僧般超越自我的修心境界所铸就的作品给大家带来如此的享受与感动。

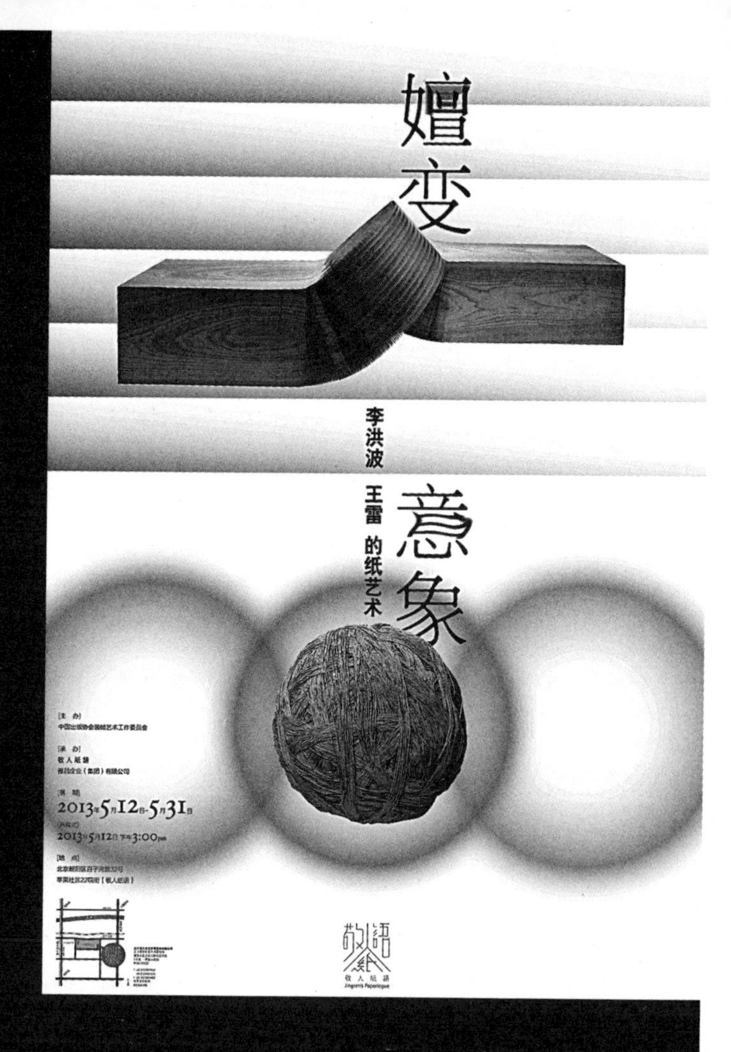

图 6-8-01:

“嬗变·意象——李洪波、王雷的纸艺术”

展览海报，2013 年

▲

图 6-8-02: 木头 / 李洪波纸艺术装置

图 6-8-03: 新约 / 王雷纸艺术装置

▼

6·9 纸语人生

——话说您的故事，用纸留住回忆

阿根廷作家博尔赫斯曾经说过："在所有人类的发明中，最令人惊叹的，无疑是书。其他发明只是人类躯体的拓展罢了。显微镜和望远镜是视觉的拓展；电话是声音的拓展；还有犁和剑可谓是双臂的拓展。可是书却是另一种东西：书籍是记忆和想象的拓展。"

书的定义不仅仅停留在作家的笔下，每个人的生活都在书写着自己的故事，起落的思绪将不同的篇章缀成书。有时候不同的人在不同的故事中相遇，一页连着一页又构成了新的书。

有关人生的经历、生活的体验；对长辈、儿女、自己，为友谊、爱情、亲情。不管是一年还是十年，不管是一段经历还是一生感悟都值得用文字和图像去记载。不经过整理就储存在电脑里的资料像年复一年的落叶让人迷失，如何梳理出过去那些不论是真实还是已成幻象的情感，筛选出一个遥远的名字还是挽留一粒微风中飘浮的尘埃，留住时间和空间的回忆，让自己、让亲人、让友人难以忘记。

“纸语人生”展览邀请各个行业的人士，如普通老百姓、学生、教师、医生、职员、军人、企业家、退休老人，他们或已将家书出版，或已定制成书册保存，或不为出版仅为自己阅读，其中有儿子为父亲写的，有学生为老师画的，有妈妈为宝宝做的，有丈夫为妻子写的，有自己为自己记录的，也有集体的回忆集体编写的；有经过设计师精心编排设计过的，也有即兴创作的，有精致如欧洲的典籍，也有质朴如手制的小册，虽然书呈现的形态各异，但表达出的情感无一不真挚入微。

纸语记录生活，用书页留存回忆，感恩更多情感，传承人文良知，保留住传统纸面阅读温度的回声。

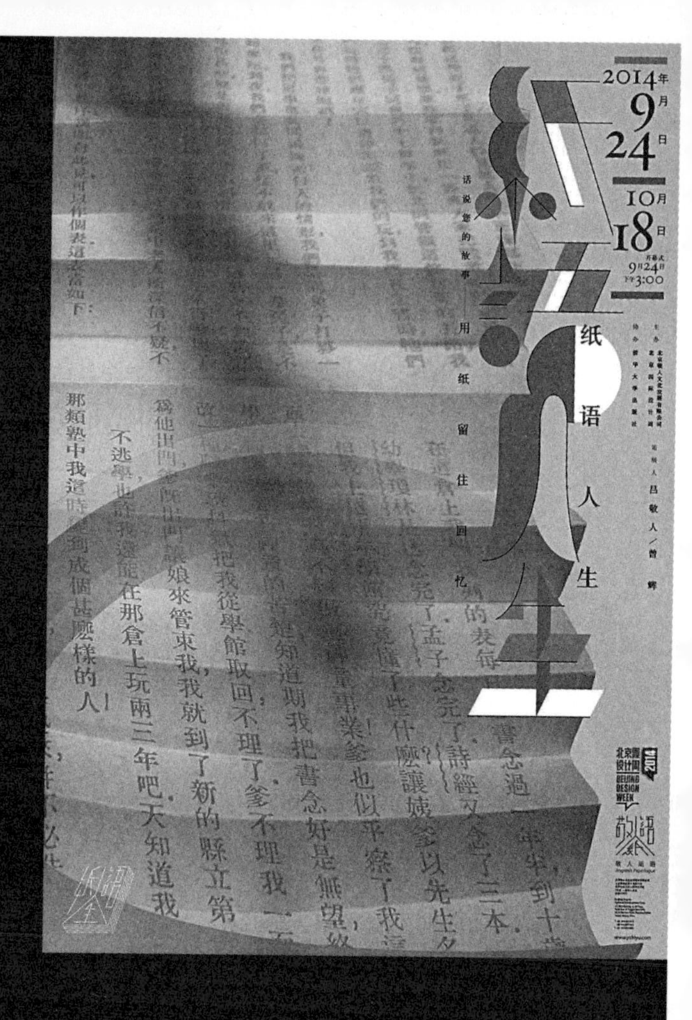

图 6-9-01："纸语人生"展览海报，2014 年

7 教学

7·1

概念书之概念

——写给“纸屏书声—首届中国大学生书籍设计邀请展”

规范、非局限

“概念是反映对象本质属性的思维方式”(《辞海》)。概念产生于一般规律并以崭新的思维和表现形态体现对象的本质内涵。概念书即指充分体现内涵，但与众不同、令人耳目一新、独具个性特征的新形态书籍。

中国大多数出版物的功能，仅局限于文本信息转达和教育的功能，强调规范、中规中矩、不得跨越雷池半步，这固然无可非议，但并非局限那种出其不意，超越常规的设计。从书籍内涵的表现和书籍翻阅形态均流于一般化，在中国出版业内，概念往往被视为异端，一种固化的阅读范式和八股式的设计理论曲解了创造书籍新概念的积极意义，此外还有出书人受成本利益和受众审美习惯等诸多原因的制约，往往令好的设计止步于创意阶段，无法与受众见面。

出版业当下流行一种随流跟风的倾向，这只是一种廉价的复制，是一种倒退，而惰性者总是在背后对个性者进行马后炮式的无端指责。当然我们应该意识到创造新概念与在普通大众审美和需求之间找到一个切入点的重要性，懂得为社会大众服务的责任，附会是一种服务，创造更是一种服务的道理。

书、非本、时间与空间

国内大多数艺术院校平面设计专业均开设书籍设计课程，在教学过程中要求学生掌握书籍设计常规知识，即以书的审美与功能为出发点的同时，又不被固有的观念牵制着每一位同学最宝贵的原创力。

书，非本。承载信息的纸张呈现的是透明的状态，一张张纸应被视为与前页具有不同透明度的差异感，其包含着时间与空间的矢量关系和陈述信息的过程，并去感知那些似乎看不到的东西。书，非书。它只是传递信息的舞台，设计是将信息进行美的编织，将平面语言空间化、立体化、行为化，让读者感受到故事始终的时间与空间的被阅读载体。书不是一个单个的个体，也不是一个平面，书籍设计涉及多个领域的交叉运用，具有跨界知识的多重性和互动性，要像一个导演面对一部剧本后所展开的思考和全方位的工作一样。

敏感与责任是设计师的重要素质

鼓励创意，不要低估学生的敏感性，保护他们的好奇心和对自己创意的新鲜度。随流跟风只是一种廉价的复制，是一种倒退。

展示中的学生作品均有概念书的特征，这倒不是轻视大众读本的功能属性，其中也不乏发现社会问题、寻找切入问题的个人观点，这是设计师的责任。在概念与责任之间找到一个平衡点也是设计者的重要素质。

对于未来的书籍形态，有必要关注信息传播和书籍艺术的互动转换，强调概念的创造更为重要，哪怕是一星一点的火花。

设计是一种态度，而非一种职业

本次大学生书籍设计邀请展汇集了国内多所艺术院校部分学生们的书籍设计作业，每一所学校的教学均有各自的书籍设计理念和教学风格，为此呈现在大家面前的一本本书都是异彩纷呈、耐人寻味的有趣设计。

可以看出他们尝试着应用不曾拥有的知识与思维方式，而不是照搬书本或个人偏好的视觉积累。新鲜的事物触动了学生的神经，设计灵感的来源寻常而广阔，因为生活在这里，观察变得更加细腻。发现是一种行为，也是一个过程，在这个过程中，得到的不仅仅是结果，更重要的是学会了一种设计方式，这种方式可以指导我们做任何设计。

什么是设计，结果是何种载体并不重要，设计是对人类、对国家、对文化、对价值、对生活的一种表达与沟通，设计是一种态度，而非一种职业。

这是一次各院校之间书籍设计教师和同学相互交流的好机会，但不仅限于此，学生作品给予信息传播业、尤其是国内出版行业吹进一股新鲜空气，让做书人带走开启全新编辑思路的一缕清香。

展览主题“纸屏书声”一词有些新鲜，想强调“屏”与“声”并非是当今时尚的电子载体的专利，一本心仪的好书是一种可以与数码技术相媲美的感官满足，以达到诗意的享受。

概念书之概念就是要鼓励学生们从个人体验中得到灵感，既有海阔天空的想象力，又有严谨的逻辑思维能力，不能单凭“美术＋设计”的一条腿走路，概念应是真正发自内心的非常个性的杰作 。

由于准备时间仓促，这次展览没能联系所有的大学参加，仅仅作为探路之石，由点到面，绝无厚此薄彼之意，容下一届期待全国的艺术设计院校师生们都来参与，共游书海。

图 7-1-01:“纸屏书声”展览现场，2011 年

7·2

中文字体设计的教与学

——清华大学美术学院和香港理工大学设计学院的交流教学课程

传说古时候人们对仓颉造出来的文字，十分崇敬，惜字如金，凡用过的一个个文字完成了它的使命后拿到“惜字亭”焚化，文字变作一只只蝴蝶飞往天宇，回到仓颉神的身边，向他诉说芸芸众生感恩文字的动人故事。自仓颉造字至今，不管是天灾人祸，还是战争动乱，汉字像一根看不见的魔线把各个朝代连接在一起，传承至今。

仓颉造字一画开天，文字之先，由此一生二，二生三，三生万物，从象形文字开始，祖先运用指事、象形、形声、会意、转注、假借六法创造了上万个惊天地，泣鬼神，令人着迷的方块字，令世界惊叹其巨大的凝聚能量。中国人自古崇尚美，书写中自然将文字当作美的符号，并把文字当作精神的寄托，更孕育滋养着中华文明的衍生。为此鲁迅曾以“意美以感心，音美以感耳，形美以感目”来评赞汉字之美。

为此，清华大学美术学院和香港理工大学设计学院进行了交流教学课程

中国人使用的汉字是世界上仅存的象形文字之一。丰富的字体使汉字有多元的面貌，呈现在我们生活的每一个角落，并拥有了众多的审美价值。 数码载体的快速发展使学生自小习惯于用键盘敲击文字，而疏于书写，学校更忽略了中国文字的美学教育，同学们很难理解中国的汉字艺术得益于以象形会意为基础的方块文字和书写文字所使用的富有弹性与变化的毛笔之独特表现力，而使汉字产生顿挫之功与飞动之势的气韵之美。

课程中让同学们用自制的大“毛笔”在大地上进行书写。通过在地上挥毫水书，感受文字书写笔画的连贯脉动，这种韵律节奏流淌进内心和身体的每一个部分，体验人与文字进行对话的过程，领悟出神入化的汉字书写法和汉字“神文气动”的美韵和造型。课程过程中还

进行其他与文字相关的 workshop 项目。

设计反映生活，是时代文化某种程度的表征。本次课程设立了“生活中人与字体关系”的主题，要求每个学生从朝朝暮暮的生活体验中认识设计。同学们在生活中去发现文字，体会文字，再创造具有生动气韵，并准确表达内涵的文字。每一组同学走街串巷，既能了解和观察平凡生活中无处不在的文字创想力，从感性体会中激发对重塑文字的欲望，选择最佳的汉字架构和造型方式创造具有表现力，又能准确传达信息主体的新汉字。

传统的课堂传授教学法与接触生活的实践教学相结合正是让同学们多了一种体验不同生活环境的机会，多了一个观察社会、了解庶民群体的视角，多了一些对人生观与价值观的思考，更多了一次体会超越思维形态屏障的沟通和精神陶冶，从而重新审视何为设计，两地交流的初衷也在于此。

经历了多少个通宵达旦的努力，同学们有感而发、注入情感的文字应运而生，欣喜中含着泪花，疲惫里透出一丝满足，不同文化背景的两地同学通过交流对设计概念开始重新产生一种理解和悟彻。

清华美院的一位同学回顾中说：“通过交流教学，使我发现我们获得了许多以前不曾拥有的知识与思维方式，设计灵感的来源寻常而广阔，而不是书本和个人偏好的视觉积累。”

另一位同学说：“新鲜的事物触发了你的神经，观察变得更加细致，你似乎感觉到了‘生活在这里’。发现是一种行为，也是一种过程，在这个过程中，得到的不仅仅是结果，更重要的是学会了一种设计方式，这种方式可以指导我们做任何设计。”

香港理工大学设计学院的几位同学这样说：“汇集功课内容的过程中产生不少有趣的化学作用，对国家、对文化、对价值、对设计、对生活……设计之本在于表达与沟通，空有美术天分而缺乏文字逻辑思维，只会造成‘一条腿走路’的不健康设计气候。”“……从个人体验中得到灵感，是真正发自内心的非常个性的杰作，而不是单单从书本上或根据什么学说而得到的，从生活中领略、设计。这个课程正是提供了这样的机会。”

这是一次非常有意义的学习课程，也是具有实验性的教学经历。

图 7-1-01:《中文字体设计的教与学》，
华中科技大学出版社，2010 年
图 7-1-02 ~ 图 7-1-06:《中文字体设计的教与学》内页

7·3 设计是一种交流

书籍设计因为数码载体的挑战，设计观念正面临全面更新，并催生深入研究现代书籍设计理念的时代。清华美院在书籍设计专业方面有较长的教学历程，老师们非常重视纸面载体视觉信息传达设计的规则研究，设立专业课程教授同学们了解书籍设计者应具备的文化与设计素质和艺术审美品位，以适应当今信息传播载体多元化的社会需求。

课程由课堂授课、国际交流教学、社会实践和堂内workshop 作业等教学方法，着重进行书籍视觉信息设计控制方面的教学。引导同学了解搜集相关信息，通过理性分析探究信息本质和掌握编辑设计概念的意识。教授学生运用纸质载体把握设计信息的时空关系，以达到通过阅读让信息与读者欣然沟通的方法论。

书籍设计教学不只是让同学们掌握外在形态的装帧和形式创新，而更重要的是学会发现和把控信息源转化为书籍语言和语法的实施过程，懂得维系好阅读与被阅读，即主体与客体关系的重要性。最终会使作品具有内在的力量，并在读者心里产生亲和力，以达到书籍至美的语境。

由一张一张纸折叠装订而成的书，已不仅仅是空间的概念，其包含着时间的矢量关系和陈述信息的过程。能够力透纸背的设计已不局限于纸的表面，还思考到纸的背后，能看透到书的深处，甚至再延续到一面接着一面信息传递的戏剧化时空之中，平面的书页变成了具有深刻表现力的立体舞台。 相信同学们通过学习能够明白书籍设计是沟通的艺术，首先阅读他人（文本、社会、生活）感动自己，然后才能进行设计，并打动读者。

书是物化的载体，教学注重动手能力的培养，也为创意的实现提供了保障。让天天摆弄键盘的手去亲抚来自大自然的介质，探究其材美、工巧的奥秘和新意，发现生活中的美感是设计创意的源泉，“现场主义”精神是触发和积蓄创意的动力。

什么是设计？结果是何种载体并不重要。设计是一种交流，是信息沟通整合的编辑过程。我们认为书籍设计课程的教学理念也适用于其他信息载体的设计，其中具有很多相互关联的规律，当学生将所学有所应用时，能以足够的底气去面临各种挑战，我们将感到由衷的欣慰。

▲

图 7-3-01: 在清华大学美术学院讲课

►

图 7-3-02 ~ 图 7-3-04: 在奥芬巴赫设计学院教学，2012 年

▼

图 7-3-05、图 7-3-06: 在韩国 PATI 设计教学

8 后面的话

写给百岁老父

父亲百岁寿辰，兄弟几个要做本纪念册子送给他，每人约定写一篇文字。

其实很多年前就想做这件事，将我们五兄弟成长的经历、父母的悉心栽培以及对阿爸、姆妈的感恩之情记载下来，尤其是 1994 年妈妈离开我们，心中有千言万语，诉说我对这位世上最善良的女人、心目中最圣洁的母亲之爱，但迟迟没有落笔，理由仍然是一个字：忙。

在父母的眼里，孩子们的事永远是他们心中的头等大事，而当我们要为父母付出的时候总有一大堆理由为自己寻找解脱之辞。

如今父亲百岁，我们五个兄弟也已先后进入花甲之年。而对维系生命整整一百年、跨越两个世纪、经历三个朝代的世纪老人，既度过了沧桑忧患、坎坷挫折，也得到爱妻和子女给予他心灵慰藉的日日夜夜。在当今这个心浮气躁、功利至上的大环境下，从父母身上我们却得到很多在社会得不到的为人做事之道，而令我们去甜美地回顾。

2003年，我回上海向爸爸索求一张他的书法墨宝。爸爸的毛笔字我从小喜欢，他虽没专门入门拜师，却是从颜、欧、柳体中自悟自学，深得其中奥妙。他的书法遒劲、苍阔，笔势流经之处有一股疾风迅雷之势，在文人书法中很少有这样旁道独幽的韵味。我也十分喜欢他的钢笔硬笔书法，几十年来不知收到他多少封书信，他总是惜墨如金，言简意赅，却面面俱到，没有半句废话和多余的词，他的书信便条均讲究格式布局以及文字间的疏密张弛，从中看出爸爸思绪的逻辑条理和审美情趣，致使他的文字落在纸面上如行云流水，有一气呵成之感。

爸爸爽快地答应了我的请求，只是自谦年事已高，久未动笔，担心有负我的期盼而出丑云云。待我又一次到上海，父亲郑重其事地将一纸书法慢慢舒展，当书法全张摊开，我眼前好似一道亮光闪过，挺拔雄浑的几行大字展现在我的面前，我惊骇一位九十六岁老人笔下有如此力透纸背的笔力。爸爸笑呵呵地一边念叨："献丑，献丑。"我心里明白，爸爸是很高兴的，他把一生追求的人生理念写在纸上，并作为家训传递给我们。

"敬事以信 敬业以诚 敬学以新 敬民以亲"。

父亲以我的名字中的“敬”字诠释的这四句话，字字有着沉甸甸的分量，句句饱含父子的深情寄托。我们五兄弟的今天，就是父母昔日苦心点拨严持家教的结果，在我们身上无论是求学、执业、做事、为人都隐现着父母的影子。

应该说我的童年时代是幸福的。外界政治的狂风暴雨均被父母遮挡在外，我们兄弟五个在父母的羽翼下得到和风细雨般的良好教育和关爱，更为始终在家庭中洋溢着的那种文化艺术氛围所陶冶。

父母为五兄弟设立的五人图书室、全家周末的戏剧

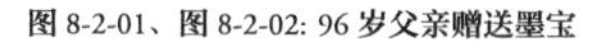

图 8-2-01、图 8-2-02: 96 岁父亲赠送墨宝

敬事以信 敬業以誠
敬學以新 敬民以親
敬人吾兒 銘記

观赏、每年清明的郊外扫墓、夏日公园的家庭野餐、秋季外地的旅行采风，还有兄弟们久盼的圣诞礼物和一年一度隆重的祭祖盛事。

每年初夏，爸爸的藏画要拿出来进行晾晒，数百卷轴的书画铺满了整整一个晒台，我们五兄弟像供奉神灵一样以敬畏的心情细心展开画卷，领略品尝古代巨匠大师的水墨丹青、书道妙法像涓涓细流渗进我们的内心，日积月累终生受用。父亲还专将二哥和我送入师门学画，为了他所尊拜的中国传统艺术神殿还能有延续香火的人。五兄弟得益于父亲对戏剧、绘画、书法、摄影、

图 8-2-03: 1951 年全家福

体育、旅行偏爱的影响，家中经常组织幻灯播放会；自编自导的木偶戏专场演出；有摄影作品的自制洗印设备和暗房；有每周举行的篮球、乒乓球赛事，爸爸有空便会亲自执哨；冬季父亲会带着我们去浴室包房，五兄弟个个披挂浴巾分别扮演古装京剧人物，假模假样地唱一台《华容道》《空城计》，一向怕吵闹的父亲，此时也会默默地欣赏着。

父母寓教于乐，我们在轻松欢快的家教气氛中写日记、练书法，当然也要接受他们严厉的学校功课、考试成绩检查，违反家法也会遭惩具伺候。

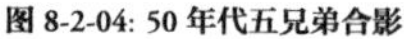
图 8-2-04: 50 年代五兄弟合影

花季少年的美好一切均由于1966年“文革”噩梦来临而告结束。

和所有的家庭一样，十年浩劫留给我们更多的是不幸和悲伤。回想那些日子，父母在困境中坚强地挺过来，我以背叛家庭的“革命”出走对待父母含辛茹苦的悉心抚育，而他们却用爱和宽容温暖着各奔东西的五个孩子的心。如同20世纪60年代初的那几年，母亲忍受严重的肝肿大步行数十里到郊区农村以物换得鸡蛋和蔬菜来填充正在长身体的五个男孩的营养。自然，“文革”让家中资财丧失殆尽，整日挨着批斗，承受身心煎熬之苦的父母，仍然悉心维系着只有中国式家庭才会拥有的那种父母子女间的温馨亲情，保护这个极易受伤害的家和五个孩子。

记得远离家乡的我每次回家探亲，妈妈总要为我精心煲一锅上海人最爱吃的腌笃鲜砂锅汤（一种南方人爱吃的烹调，将鲜肉、竹笋、百叶、火腿、咸肉等放进砂锅慢火炖熬，鲜美无比）。几十年来只要一想到能享受母亲的这道佳肴就馋涎欲滴。1994 年，妈妈在 20 世纪 60 年代的那场大灾难留下的后遗症终于导致病发住院。正在日本留学的我赶回来探望她，妈妈此时已无力言语，当父亲来探视时，妈妈对着俯身聆听的父亲倾全力说了一句“不要忘记给敬人做‘腌笃鲜’拨侬喫（上海话，给他吃）……”母亲这辈子为这个社会，为众多的病人，为丈夫及子女奉献一生，在生命即将燃尽的一刻，她仍在想着为儿子做些什么，我的眼泪再也止不住，天下没有比母爱更值得珍惜的了。

母亲仙逝转眼已十数年，至今仍不忘她圣母般慈祥的眼神和她亲手烹制的“腌笃鲜”的鲜美。与母亲的温柔不同，爸爸以严父的姿态来关照我们这五个调皮而不安分的小老虎。对于父亲的严厉家教，兄弟五个长大成

图 8-2-05: 1993 年全家福

人后才由幼时的惶恐转为由衷的感激。我的四个哥哥都是我成长历程中的榜样，我钦佩他们，并得到他们无微不至的关爱，也许因为我是他们之中最小的弟弟，我相信这是父母的慈爱之心给予他们每个人留下的烙印。

我做书籍设计，与父亲不无关系，从父亲的藏画中得到什么是章法结构、什么是经营赋彩的知识，在五人图书室中受到读书文化的熏陶。爸爸在购得的每一本书上都要写上一行竖排的“五人图书室”居于上方，下面为姓氏“吕”与五兄弟共用的“人”字上下各居一方，五人姓名中间的一个字由老大的“立”居中，二、四的

"吉、达"和三、五的"卓、敬"分立于两旁，成为一个独特的 Logo——我们五人图书室特有的标志，它一直给予我设计意识方面潜在的影响。

父亲是做丝绸企业的，在经营管理中也注入了他的艺术观。他专门请国外的设计师为他设计商标、包装用纸和宣传品，另外还有色彩绮丽的丝绸印染样本。小时候，特别喜欢这些设计中精美别致的图形和文字。有着到处涂鸦毛病的我偏偏手下留情，不忍心破坏这一张张美妙的印刷品（幼时不懂事，平时特别喜欢画画，回到家拿着笔在房间大墙上乱涂），并且我会珍惜地装订保存起来。这大概是我最早做的小本本，打眼、穿线、上封皮、画上个图案、写上几个文字，还蛮像一本书的。

如今我正式从事书籍艺术设计工作和这一专业的教学，我时时感激父亲给予我的影响，从绘画的感性创作到设计的理性思维，更重要的是理解形式与功能的关系，把握设计秩序之美的规则，其中的感悟均来自于父亲的修为。

父亲做每一件事都十分注重规矩，讲究细节的完美，品味完成运作的过程。小时候我特别喜欢看父亲捆扎包裹，小到包扎一封邮件、礼品盒、镜框，大到电扇、沙发或箱柜。你看他打包裹的架势，一手拿着绳头，一手扶着物品，只见包裹在手中上下左右地旋转，绳子随之在这个六面体的空间中钻云破雾般来回穿梭，父亲镇定自若、身板笔直、纹丝不动，物品始终没有腾空离开过桌面，三下五除二,一个捆绑结实、富有形式美感的包裹就这样搞定了。你看绑绳的排列走向奇巧，每一处绳节编法严谨合理，每一个环扣是如此富有创造性，包装纸的边角折叠是那样整齐规矩，凡是较重的物品均会做出一个舒适的拎手。(拎手也是捆扎的这一根绳子的延续，自始至终不间断地一气呵成）不管是方形、圆形、长筒形、多边形的物品，一经爸爸神奇的捆扎，最终呈现的是一件集形式与功能，实用与美感完美结合的艺术品，这简直可称为一种捆绑艺术，用当下五花八门的时髦艺术门类来判定、父亲也可称得上一位“行为艺术家”。

我们五兄弟几十年来天南海北地走，收到爸爸寄来的各种包裹物品，南来北往路经上海时的大包小包行李，远至20世纪60、70年代的上山下乡，近至20世纪80、90年代出国留学，所有需要绑扎的物品全由老父一手包办。倒不是我们偷懒而忍心看着花甲老人为我们受累打包裹，他那一手讲究结构科学、追求形式美感，化腐朽为神奇的捆扎术实令我们在父亲面前缺乏自信心。比较起来，兄弟中唯有四哥继承得最好，我们其他几个兄弟甘拜下风，四哥捆扎的物品看得舒心，拿起来放心。直至最近，老父九十有加，还精心包扎一个当年红卫兵抄家遗漏的两个紫檀木画框让我带回北京，一个让你赏心悦目，安全可靠的艺术包装。

今天，我们面对数码时代带给人们的方便和快捷，那双来自生活休戚相关、能够感悟物态之美的手，其功能似乎在慢慢退化。当我在给学生讲授设计艺术时，不

图 8-2-06：陪 93 岁老父登上了长城

忘父亲的身体力行，在年轻人中去极力唤回人之本来具有的与自然亲密接触的创造本能。

父亲一百岁，这是一个多么了不起的年龄，一个世纪生命的抗争，一个仁者生命的善意回报。回顾父亲百年磨难的坎坷生涯，他卧薪尝胆，苦心经营他的事业；他血气方刚，持大刀报名参加抗日敢死队；他忍辱负重，承受一次次运动和劫难；他严格教子，培养出五个于社会有用之才；他护妻爱家，树立一个健康和睦家庭的楷模；他热爱艺术，倾其所有热衷于古字画的收藏。他是我们五兄弟敬畏的严父，也是我们尊崇的慈爱父亲。

图 8-2-07: 100 岁老父

曾与爸爸在上海朝夕相处二十年，1968 年离家出走，以后的四十年是离多聚少，我们兄弟也分别天南海北，远离故土、故国，但父亲始终是我们五兄弟心灵沟通的驿站，家——永远是五只候鸟倦归的温暖栖息地，因为有爸爸在，我们还想继续回到他的身边更久更久……

2007 夏 五儿 敬人

图书在版编目（CIP）数据

敬人书语 / 吕敬人著 . -- 重庆 : 重庆大学出版社，2018.6

ISBN 978-7-5689-1006-4

Ⅰ . ①敬… Ⅱ . ①吕… Ⅲ . ①书籍装帧－设计－文集 Ⅳ . ① TS881-53

中国版本图书馆 CIP 数据核字 (2018) 第 025549 号

敬人书语
JINGREN SHUYU
吕敬人 著

策划编辑：张维 ◇ 责任编辑：姚颖 ◇ 书籍设计：刘晓翔
责任印制：张策 ◇ 责任校对：关德强

重庆大学出版社出版发行
出版人：易树平
社址：（401331）重庆市沙坪区大学城西路 21 号
网址：http://www.cqup.com.cn
印刷：北京富诚彩色印刷有限公司

开本：787mm×1092mm 1/32 ◇ 印张：27.5 ◇ 字数：423 千字
版次：2018 年 6 月第 1 版 ◇ 印次：2018 年 6 月第 1 次印刷

ISBN 978-7-5689-1006-4
定价：128.00 元